자동차디젤기관

머리말

자동차에 사용되는 연료 자원의 절약과 사회 환경 보호차원에서 소음과 배기가스, 매연 등의 저공해에 대한 요구가 더욱 높아지고 있으며, 디젤 엔진은 열효율과 CO_2의 배출저감 측면에서 가솔린 엔진에 비하여 유리하지만 PM이나 NOx 등의 유해물질의 배출에서는 불리한 것이 사실이다.

따라서 디젤 엔진의 배출가스 정화와 저연비, 고출력이 동시에 실현될 수 있도록 회전속도에 알맞은 분사량, 분사율, 분사시기뿐만 아니라 부하에 따른 복잡한 패턴의 제어나 온도, 흡기관 압력 등의 보상 제어 등이 필요하게 되면서 1980년 초부터 전자제어화가 도입이 되었다.

특히 배기가스 규제를 만족시키기 위하여 연료분사 장치의 개량, 직접분사화, EGR, NOx 촉매, PM 필터 등이 사용되고 있으며, 최근의 커먼 레일 시스템은 종래의 져크식 분사장치에 비하여 분사의 자유도가 높기 때문에 소형 승용차로부터 대형 트럭까지 폭 넓게 보급되고 있으며, 당분간 주역을 지킬 것으로 예측되고 있다.

이 책은 이러한 내용을 각 장별로 이해하기 쉽게 진행할 수 있도록 제1장에서부터 제2장까지는 디젤 엔진의 개요와 구조 및 작동원리, 제3장과 제4장은 냉각장치와 윤활장치에 대하여 서술하였고, 제5장은 기계제어 연료장치, 제6장은 COVEC-F, 제7장은 커먼 레일 연료 분사장치, 제8장과 제9장은 흡입 및 배기장치와 예열장치, 제10장은 배출가스의 특성에 대하여 서술하였으며, 끝으로 제11장은 디젤엔진의 대용으로 시내버스에 사용 중인 CNG 연료장치에 대해서도 서술하였다.

이 책은 디젤 엔진을 공부하려는 공학도에게 길잡이가 되도록 체계적으로 서술하려고 노력하였으나 부족한 부분을 다음 기회에 서술하도록 하겠으며, 혹시 오류가 있다면 여러분들의 기탄없는 조언과 선배 제현의 지도·편달을 부탁드릴 뿐이다.

끝으로 이 책이 출간되기까지 바쁘신 중에도 아랑곳하지 않고 도와주시고 노력하여 주신 여러분들께 이 지면을 통하여 감사의 마음으로 고마움을 대신하며, 도서출판 골든벨 김범준 사장님과 임·직원 여러분께 고마움을 표하는 바입니다.

지은이

Part 01 디젤 엔진의 개요

- 1. 디젤 엔진의 일반적인 사항 ———————————————— 17
- 2. 디젤 엔진의 발달 과정 —————————————————— 18
    - 1. 루돌프 디젤 엔진 ———————————————— 18
    - 2. 차량용 디젤 엔진 ———————————————— 19
- 3. 카르노 사이클 ——————————————————————— 20
- 4. 내연 기관의 사이클 ———————————————————— 21
    - 1. 오토 사이클 —————————————————— 23
    - 2. 디젤 사이클 —————————————————— 25
    - 3. 사바테 사이클 ————————————————— 26
    - 4. 각 사이클의 비교 ———————————————— 28
- 5. 압축 착화의 개요 ————————————————————— 28
    - 1. 압축 압력과 압축 온도 —————————————— 28
    - 2. 연료의 착화 온도 ———————————————— 29
    - 3. 연소 과정 ——————————————————— 30
- 6. 디젤 엔진의 작동 과정 —————————————————— 30
    - 1. 4행정 사이클 디젤 엔진의 작동 ——————————— 30
    - 2. 2행정 사이클 디젤 엔진 작동 ———————————— 33
- 7. 디젤 엔진의 장점 및 단점 ————————————————— 34
    - 1. 디젤 엔진의 장점 ———————————————— 34
    - 2. 디젤 엔진의 단점 ———————————————— 35
- 8. 연료와 연소에 필요한 공기량 ——————————————— 36
    - 1. 연료 ————————————————————— 36
    - 2. 연료의 착화성 —————————————————— 38
    - 3. 연소 촉진제 —————————————————— 40
- 9. 디젤 엔진의 연소과정 —————————————————— 40
    - 1. 착화 지연기간 —————————————————— 41
    - 2. 직접 연소기간 —————————————————— 43
    - 3. 제어 연소기간 —————————————————— 43
    - 4. 후 연소기간 —————————————————— 43

- 10. 디젤 엔진의 노크와 방지 방법 ─── 43
  - 1. 디젤 엔진의 노크 ─── 43
  - 2. 디젤 엔진의 노크 방지 방법 ─── 44

Part 02 디젤 엔진의 구조와 작동

- 1. 4행정 사이클 디젤 엔진 ─── 47
  - 1. 4행정 사이클 디젤 엔진의 개요 ─── 47
  - 2. 4행정 사이클 디젤 엔진 본체 부분 ─── 48
- 2. 2행정 사이클 디젤 엔진 ─── 128
  - 1. 2행정 사이클 디젤 엔진의 개요 ─── 128
  - 2. 2행정 사이클 디젤 엔진 형식 ─── 129
  - 3. 2행정 사이클 디젤 엔진의 소기 ─── 135
  - 4. 2행정 사이클 엔진의 배기 ─── 143
  - 5. 2행정 사이클 디젤 엔진의 구조 ─── 146

Part 03 냉각장치

- 1. 냉각장치의 필요성 ─── 153
- 2. 엔진의 냉각 방법 ─── 153
  - 1. 공랭식 ─── 153
  - 2. 수랭식 ─── 154
- 3. 수랭식의 주요 구조와 그 기능 ─── 156
  - 1. 물 재킷 ─── 156
  - 2. 물 펌프 ─── 156
  - 3. 냉각 팬 ─── 157
  - 4. 구동 벨트 ─── 159
  - 5. 라디에이터 ─── 160

6. 정온기 ··· 163
4. 냉각수와 부동액 ─────────────────── 164
   1. 냉각수 ·· 164
   2. 부동액 ·· 165
5. 온도계 또는 수온계 ─────────────── 166
   1. 부든 튜브 방식 ·· 167
   2. 전기식 ·· 167
6. 수냉식 엔진의 과열 원인 ──────────── 169

Part 04 윤활장치

1. 윤활장치의 개요 ────────────────── 173
   1. 마찰 ·· 173
   2. 윤활유의 작용 ·· 174
   3. 윤활유의 구비조건 ·· 176
   4. 윤활유의 첨가제 ·· 177
2. 윤활유의 분류 방법 ─────────────── 180
   1. SAE 분류 ·· 180
   2. API 분류 ·· 184
   3. SAE 신분류 ·· 184
3. 윤활 방식 ───────────────────── 186
   1. 4행정 사이클 엔진의 윤활 방식 ······························ 186
   2. 2행정 사이클 엔진의 윤활 방식 ······························ 188
4. 윤활유 공급 장치 ──────────────── 189
   1. 윤활유 공급 장치의 구성 요소 ································ 189
   2. 윤활유 공급 장치의 구조 및 기능 ··························· 190

Part 05 기계제어 연료장치

- 1. 연료 장치의 개요 —— 207
- 2. 연료 장치의 구성과 그 작용 —— 208
  - 1. 연료 탱크 —— 208
  - 2. 연료 파이프 —— 208
  - 3. 연료 공급 펌프 —— 209
  - 4. 연료 여과기 —— 210
  - 5. 독립형 분사펌프 —— 212
  - 6. 분사 파이프 —— 235
  - 7. 분사노즐 —— 236
- 3. 분배형 분사펌프 —— 240
  - 1. 분배형 분사펌프의 특징 —— 240
  - 2. 분배형 분사펌프의 구조 —— 241
  - 3. 분배형 분사펌프의 부가 장치 —— 255

Part 06 COVEC-F

- 1. COVEC-F의 개요 —— 265
- 2. COVEC-F의 특징 —— 266
  - 1. 동력 성능을 향상시킨다. —— 266
  - 2. 쾌적한 성능을 향상시킨다. —— 266
  - 3. 가속할 때 스모그를 감소시킨다. —— 266
  - 4. 부가 장치가 불필요하다. —— 267
- 3. COVEC-F의 구성 —— 267
  - 1. COVEC-FI형 —— 267
  - 2. COVEC-FII형 —— 268
- 4. COVEC-F의 제어 —— 268

- **5. COVEC-F의 외관도 및 단면도** ———————— 270
- **6. COVEC-F의 구조** ———————— 271
  - 1. COVEC-F 본체 ···················· 271
  - 2. GE 액추에이터 ···················· 272
  - 3. TCV ···················· 272
  - 4. Np 센서 ···················· 273
  - 5. TPS ···················· 273
  - 6. 오버플로 밸브 ···················· 274
  - 7. 컨트롤 유닛 ···················· 274
- **7. COVEC-F의 작동원리** ———————— 274
  - 1. GE 액추에이터 ···················· 274
  - 2. TCV ···················· 275
  - 3. Np 센서 ···················· 276
  - 4. TPS ···················· 277
  - 5. 체크 밸브 ···················· 277
  - 6. 컨트롤 유닛 ···················· 278

Part 07 커먼레일 연료분사장치

- **1. 커먼레일 연료분사장치의 구성과 작용** ———————— 281
  - 1. 커먼레일 연료분사장치의 적용 배경 ···················· 281
  - 2. 커먼레일 연료분사장치의 개요 ···················· 282
- **2. 커먼레일의 연료 장치** ———————— 284
  - 1. 연료 장치의 다이어그램 ···················· 285
  - 2. 저압 연료 계통 ···················· 285
  - 3. 고압 연료 계통 ···················· 287
- **3. 저압 연료 계통** ———————— 289
  - 1. 저압 연료 펌프 ···················· 289
  - 2. 연료 필터 ···················· 290
- **4. 고압 연료 펌프** ———————— 291
  - 1. 고압 연료 펌프의 기능 ···················· 291

2. 고압 연료 펌프의 작동 원리 ·· 291
　　3. 고압 연료 펌프의 압력 제한 밸브 ·································· 292

● 5. 커먼레일 - 고압 어큐뮬레이터 ───────────── 294

● 6. 인젝터 ─────────────────────── 295
　　1. 인젝터의 구성 요소 ·· 295
　　2. 노즐 부분 ·· 295
　　3. 인젝터의 작동 ·· 296

● 7. 컴퓨터의 기능 ─────────────────── 298
　　1. 컴퓨터의 기본 기능 ·· 298
　　2. 컴퓨터의 보조 제어 기능 ·· 298
　　3. 분사 특성 ·· 298

● 8. 전자 제어 계통 ────────────────── 300
　　1. 입력 요소의 기능 및 원리 ·· 301
　　2. 출력 요소의 기능 ·· 308

● 9. 델파이 커먼레일 연료분사장치의 구성과 작용 ─────── 316
　　1. KJ2.9 - HTI Engine 비교 ·· 316
　　2. Delphi 입출력 요소 ·· 317
　　3. 연료 펌프 ·· 317

● 10. BOSCH 2세대 커먼레일 연료분사장치의 구성과 작용 ──── 318
　　1. A-2.5TCI 엔진의 특성 ·· 318
　　2. 제 원 ·· 318
　　3. 연료 장치 ·· 318
　　4. 전자제어 시스템 ·· 320
　　5. 엔진 예열 ·· 320
　　6. 엔진 고장진단 ·· 321

Part 08 흡입 및 배기장치

● 1. 공기 청정기 ─────────────────── 325
　　1. 공기 청정기의 기능 ·· 325
　　2. 공기 청정기의 구조와 종류 ·· 325

- 2. 다기관 및 소음기 —————————————————————— 327
  - 1. 다기관의 구조와 기능 ·· 327
  - 2. 소음기 ·· 328
- 3. 과급기 ———————————————————————————— 330
  - 1. 과급기의 개요 ·· 330
  - 2. 터보 차저 ·· 338
  - 3. 인터쿨러 ·· 341
  - 4. 과급 압력 제어 ·· 343
  - 5. 트윈 터보 ·· 344
  - 6. 기계식 슈퍼 차저 ·· 345
  - 7. 가변용량제어 터보 차저 ···································· 346

Part 09 예열장치

- 1. 흡기가열방식 예열장치 ———————————————— 351
  - 1. 흡기 히터 ·· 351
  - 2. 히트 레인지 ·· 352
- 2. 예열플러그방식 예열장치 ————————————————— 353
  - 1. 예열 플러그 ·· 353
  - 2. 예열 플러그 파일럿 램프 ·································· 355
  - 3. 예열 플러그 저항기 ·· 355
  - 4. 예열 플러그 릴레이 ·· 356
  - 5. 예열 장치의 작동 ·· 356

Part 10 배출가스 발생원리 및 감소대책

- 1. 디젤 엔진의 배출가스 발생 원리 ———————————— 361
  - 1. 일산화탄소의 생성 ·· 361
  - 2. 탄화수소의 생성 ·· 361

3. 질소산화물의 생성 ……………………………… 362
4. 입자상 물질의 생성 ……………………………… 362

2. 디젤 엔진의 배출가스 감소대책 — 363
1. 엔진 개량에 의한 방법 ……………………………… 363
2. 후처리 장치에 의한 배출 가스 감소대책 ……………………………… 369
3. 대기환경 보전법 시행규칙 ……………………………… 372

Part 11 CNG 연료장치

1. CNG의 개요 — 377
1. 천연가스 ……………………………… 377
2. 천연가스의 물리적 특성 비교 ……………………………… 378
3. 천연가스 자동차의 장점 ……………………………… 378
4. 천연가스와 액화석유가스의 비교 ……………………………… 379

2. CNG 엔진의 연료 계통의 구조와 기능 — 382
1. 연료량 조절 밸브 ……………………………… 382
2. 천연가스 압력 센서 ……………………………… 382
3. 천연가스 온도 센서 ……………………………… 383
4. 고압차단밸브 ……………………………… 383
5. 산소 센서 ……………………………… 384
6. CNG 탱크 압력 센서 ……………………………… 384
7. CNG 탱크 온도 센서 ……………………………… 385
8. 수온 센서 ……………………………… 385
9. 열 교환기 ……………………………… 386
10. 연료 온도 조절기 ……………………………… 386
11. 압력 조절기 ……………………………… 387
12. 웨이스트 게이트 제어 밸브 ……………………………… 387
13. 스로틀 보디 및 스로틀 포지션 센서 ……………………………… 388
14. 흡기 온도 센서와 흡기 압력센서 ……………………………… 389
15. 스로틀 압력 센서 ……………………………… 389
16. 대기 압력 센서 ……………………………… 390
17. 공기 조절기 ……………………………… 390
18. 가속 페달 센서 및 공전 스위치 ……………………………… 391

19. 점화 제어 모듈 ·· 391
20. 점화 플러그 ··· 392
21. 점화 코일 ·· 392
22. 캠축 포지션 센서 ·· 392
23. 컴퓨터 ··· 393

제1장.
디젤 엔진의 개요

1. 디젤 엔진의 일반적인 사항
2. 디젤 엔진의 발달 과정
3. 카르노 사이클
4. 내연 기관의 사이클
5. 압축 착화의 개요
6. 디젤 엔진의 작동 과정
7. 디젤 엔진의 장점 및 단점
8. 연료와 연소에 필요한 공기량
9. 디젤 엔진의 연소과정
10. 디젤 엔진의 노크와 방지 방법

제 1 장

디젤 엔진의 개요

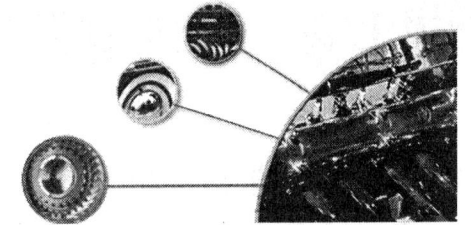

1 디젤 엔진의 일반적인 사항

    디젤 엔진도 열에너지를 기계적 에너지로 바꾸는 엔진 주요 구조와 냉각장치 및 윤활 장치 등은 본질적으로 가솔린 엔진과 다른 점은 없다. 다만, 연료의 연소 과정에서 공기만을 흡입한 후 높은 압축비(15~20 : 1)로 압축하여 그 온도를 500~600℃ 이상 되게 하며, 연료(경유)를 분사 펌프로 압력을 가하여 노즐에서 실린더 내에 분사시켜 자기 착화시키는 점이 다르다. 따라서 디젤 엔진은 전기 점화 장치를 필요로 하지 않고 분사펌프와 분사노즐 등으로 구성된 연료 분사장치를 필요로 한다.

  디젤 엔진도 가솔린 엔진에서와 같이 4행정 사이클 방식과 2행정 사이클 방식이 있으며 차량용(고속 디젤 엔진)으로는 4행정 사이클 엔진을 주로 사용한다. 디젤 엔진의 연소는 오토 사이클과 디젤 사이클을 혼합한 사바테 사이클에 의한다. 또한 디젤 엔진은 가솔린 엔진에 비해 열효율이 높고, 연료 소비율이 낮으며, 배출가스 중의 유해물질(일산화탄소)이 매우 적은 특징이 있다.

  연료의 분사방법에는 2가지가 있는데 연료를 압축공기와 더불어 분사하는 공기분사 방식과 연료만을 고압축하여 분사하는 무기분사 방식이 있다. 분사방식은 어느 방법이나 연료를 미세하게 안개화(무화)시켜 실린더 내에 공급하는 점은 마찬가지이다. 공기분사 방식은 디젤 엔진 개발 초기에 사용하던 방식으로 고압의 공기압축기를 갖추어야 하고, 부하와 회전속도 조절 등 출력제어가 정확하게 이루어지기 곤란한 결점 때문에 최근에 사용되지 않는다. 그리고 무기분사 방식은 공기압축기가 필요치 않고 고속회전이 가능하므로 엔진 무게를 감소시킬 수 있으며, 동시에 기계효율도 높고 연료 분사량 제어가 가능하므로 현재 디젤 엔진에서 사용되고 있다.

2 디젤 엔진의 발달 과정

1. 루돌프 디젤 엔진(Rudolf Diesel Engine)

뮌헨의 공과대학에서 열역학(熱力學)을 공부하고, 파리의 린데(Linde) 냉동기계 제작회사에서 근무하던 루돌프 디젤은 1893년 2월 도이칠란트 특허청으로부터 새로운 내연 기관의 작동 사이클과 실행 방법에 관한 특허를 받았다. 또한 같은 해에 발표된 「합리적 열기관의 이론과 구조」라는 논문을 발표하였으며 이것이 디젤 엔진에 관한 최초의 논문이다. 이 논문의 주요 내용은 다음과 같다.

먼저 밀폐된 실린더 내의 공기(air)를 피스톤을 사용하여 250kgf/cm²로 단열압축(斷熱壓縮)하여 80℃가 되게 한 다음 여기에 직접 미분탄(coal-dust ; 黴粉炭)을 불어 넣어 가스를 등온팽창(等溫膨脹)시키면서 서서히 연소를 진행시킨다. 그리고 연소에 의하여 발생하는 온도가 너무 상승하는 것을 방지하기 위하여 실린더 내의 압력이 90 kgf/cm²정도에 도달하면 연료 공급을 중단하고 그 이후에는 단열팽창(斷熱壓縮)으로 사이클을 완성시키므로 실린더의 평균 온도가 비교적 낮아 실린더를 냉각시키지 않아도 되기 때문에 열효율은 73%가 될 수 있다는 계산이었다.

본문 요지에서 설명한 바와 같이 디젤은 처음 카르노(Carnot : 프랑스의 물리학자, 1824년에 카르노사이클 제안함) 사이클로 작동하는 미분탄 엔진을 계획하였다. 그러나 자신이 의도한 엔진이 카르노사이클로 사용될 수 없다는 사실을 나중에 엔진을 제작하여 지압선도를 채취해 본 후 알게 된다.

1893년 최초의 디젤 엔진이 도이칠란트의 아우구스부르크 기계제작소(MAN)에서 시험 제작 되었으나 운전할 수는 없었다. 이것은 그 당시의 재료와 제조 기술로는 디젤이 원하는 만큼의 고압으로 실린더 내의 공기를 압축하는 것이 불가능하였기 때문이다. 첫 시작품(試作品)에서는 계획하였던 30~40kgf/cm²의 압력 대신 겨우 18kgf/cm²에 도달할 수 있었다. 그러나 이 시작(experiment)에서 처음에 공기만을 압축하고 여기에 연료를 분사하면 충분히 연소시킬 수 있다는 것을 확인할 수 있었다. 첫 시작품은 4행정 사이클 엔진으로 냉각장치가 없었고 변속기에 의하여 구동되는 형식이었으며 가솔린 분사를 시도하였다.

디젤은 연료를 기계적으로 압축하여 연소실 내에 직접 분사할 수 있는 무기분사방식(Airless Injection Type ; 無氣噴射方式)의 개발에 심혈을 기울였으나 성공하지 못하였다. 따라서 압축공기를 이용하여 연료를 연소실에 분사하는 공기분사방식(Air Injection type ; 空氣噴射方式)을 채택하였다. 공기분사방식이란 압축공기를 이용하여 석유(petroleum)를 알맞은 착화시기에 실린더 내에 분사시키는 방식이었다. 이에 따라 전체 구조가 대단히 커졌으며, 복잡해졌다. 그리고 엔진의 과열을 방지하기 위하여 실린더에 물 재킷을 두었으며 캠축을 실린더 헤드에 설치하였다.

이와 같이 변화된 제2의 엔진은 1895년에 완성하였다. 두 번째 엔진도 실용 영역(實用領域)에는 이르지 못하였으나 자력(自力)으로 운전이 가능한 최초의 디젤 엔진이었으며 운전 중 지압선도(indicated pressure diagram ; 指壓線圖)를 채취할 수 있었다. 1897년 세 번째 엔진을 완성하였다. 이 엔진은 육상용(陸上用)의 직렬형 4행정 사이클 1실린더 엔진이었으며 출력은 18PS이었다. 같은 해 2월 17일 뮌헨 공과대학의 쉬네테르(Schneter) 교수에 의하여 엄밀한 시험 결과 낮은 부하에서 지시 열효율 45%, 정미 열효율 36%가 공포되어 디젤 엔진의 진가(眞價)를 인정받게 되었다. 이 기록은 당시의 증기엔진이나 가솔린 엔진에 비하여 2~3배의 경이적인 열효율이었다.

디젤 엔진 발달의 결정적인 계기는 1910년 영국의 비커스(Vickers)사에서 처음 개발한 무기분사식의 개발이었다. 무기 분사식은 공기 분사식에 비하여 부피가 작고 간단하며 제어 정밀도가 높은 분사 장치였다. 그 후 발전을 거듭하여 1923년 Benz-MAN에 의하여 무기 분사식 직접분사장치를 갖춘 최초의 디젤 엔진 차량이 발표되었다. 이 엔진의 출력은 40PS 이었다.

2. 차량용 디젤 엔진

루돌프 디젤은 일찍부터 디젤 엔진을 차량에 사용하려고 연구하였다. 즉 1909년 4행정 사이클, 4실린더, 600rpm에서 30PS를 내는 엔진의 시작을 완료하였으나 공기 분사식이었으므로 차량용으로서는 여러 가지 어려운 점이 있어 실용화되지 못하였다. 그 후 비커스 회사에서 무기분사식의 개발로 인하여 고속 디젤 엔진으로 기능을 발휘할 수 있게 되었으며, 그 실용가치는 결정적인 것으로 되었다. 그 후 프랑스의 푸조(Peugeot), 도이칠란트의 다임러 벤츠(Daimler Benz), MAN회사 등에서 우수한 고속 디젤 엔진을 연구 완성하였으며 다임러 벤츠는 1924년 최초의 디젤 엔진 차량을 발표하였다.

한편 미국에서도 디젤 엔진의 고성능과 내구성에 착안하여 먼저 농업용 트랙터(tractor), 불도저(bulldozer), 대형 트럭 제작회사인 커민스(Cummins), GMC, 부다(Buda), 콘티넨털(Continental), 캐터필러(Caterpillar) 등의 회사가 디젤 엔진 차량을 대량으로 생산하였다. 디젤 엔진의 연료 분사장치는 비커스에 의해 무기 분사식이 개발된 이후 계속 개선되어 1920년 도이칠란트의 로버트 보시(Robert Bosch) 의하여 표준적인 기구가 완성되었다.

3 카르노 사이클(Carnot Cycle)

카르노 가역 사이클은 내연 기관의 이상적 사이클이며, 그 역 사이클(reverse cycle)은 냉동기(冷凍機)의 이상적 사이클이 된다. 이 사이클은 1824년 프랑스 사람 카르노에 의해 제창되었으며 2개의 정온 팽창과 2개의 단열 팽창으로 구성되어 있다. 이 사이클에서 작동 유체로서 이상적인 가스를 사용하였을 경우의 $P-v$ 선도는 그림 1-1에 나타낸 것과 같다.

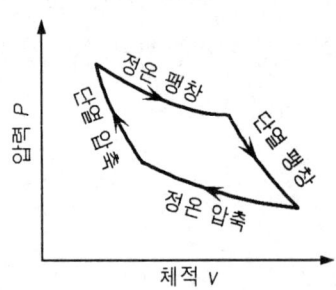

그림 1-1. 카르노사이클의 $P-v$ 선도

지금 작동 유체에 공급한 열량 Q_1, 또 작동 유체에서 빼낸 열량 Q_2의 출입은 2개의 정온 팽창선 a-b와 c-d에 의해서만 일어난다. 때문에 이 사이클을 나중에 설명될 오토 및 디젤 사이클의 양 사이클에 대해 정온(定溫)사이클이라 한다. 다른 사이클과의 비교를 위해 그림 1-2와 같이 조금 변형하여 a, b, c 및 d점에 있어서의 가스 압력 및 체적을 각각 (P_1, V_1), (P_2, V_2), (P_3, V_3), (P_4, V_4) 또 정온 팽창선 a-b 및 c-d의 절대온도를 각각 T_1, T_2라 하면,

$$\text{열효율 } \eta = 1 - \left(\frac{Q_2}{Q_1}\right) = 1 - \left(\frac{T_2}{T_1}\right)$$

$$= 1 - \left(\frac{P_1}{P_2}\right)^{\frac{k-1}{k}}$$

$$= 1 - \left(\frac{V_2}{V_1}\right)^{k-1} \quad \cdots\cdots\cdots\cdots\cdots\cdots\cdots\cdots\cdots\cdots\cdots (1)$$

다음, 단열 팽창선의 양끝에서 가스의 체적 비율 $\frac{V_1}{V_2} = \frac{V_4}{V_3} > 1$을 ε 으로 표시하면 (1)의 공식은 다음과 같이 된다.

$$\eta = 1 - \left(\frac{1}{\varepsilon}\right)^{k-1} \quad \cdots\cdots\cdots\cdots\cdots\cdots\cdots\cdots\cdots\cdots\cdots (2)$$

ε 은 단열 선에 따라서 압축비 또는 팽창비 이며, 그 값은 1보다 크다. 따라서 정온 사이클의 열효율은 이 값이 커질수록 커지는 것을 알 수 있다.

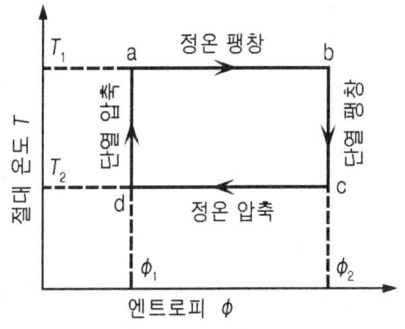

그림 1-2. 카르노사이클의 $T-\phi$

4 내연 기관의 사이클

어떤 물질이 최초의 상태에서 여러 가지 물리적·화학적 변화를 받은 다음, 다시 본래의 상태로 되돌아왔다고 하면 이 물질은 1사이클을 하였다고 한다. 예를 들면 그림 1-3의 $P-v$ 선도에서와 같이 1로부터 단열 압축되어 2의 체적으로 압축된 다음, 이 점에서 열의 공급을 받아 그 압력이 3에 도달하고, 다시 이 상태에서 단열 팽

창하여 4를 거쳐 먼저의 1에 되돌아 왔다고 하면 가스는 1사이클을 하였다고 한다. 따라서 위의 1, 2, 3, 4에 의해 형성된 면적은 1사이클의 일을 표시하고, 역(逆)으로 가스의 상태를 1, 4, 3, 2의 방향으로 변화시켰다고 하면 이 면적은 부(負)가 되며 가스에 외부로부터 일이 시켜졌다는 것을 뜻하게 된다. 전동기에 의해 구동되는 압축기는 이 한 예이며, 이것을 역 사이클(reverse cycle)이라 한다.

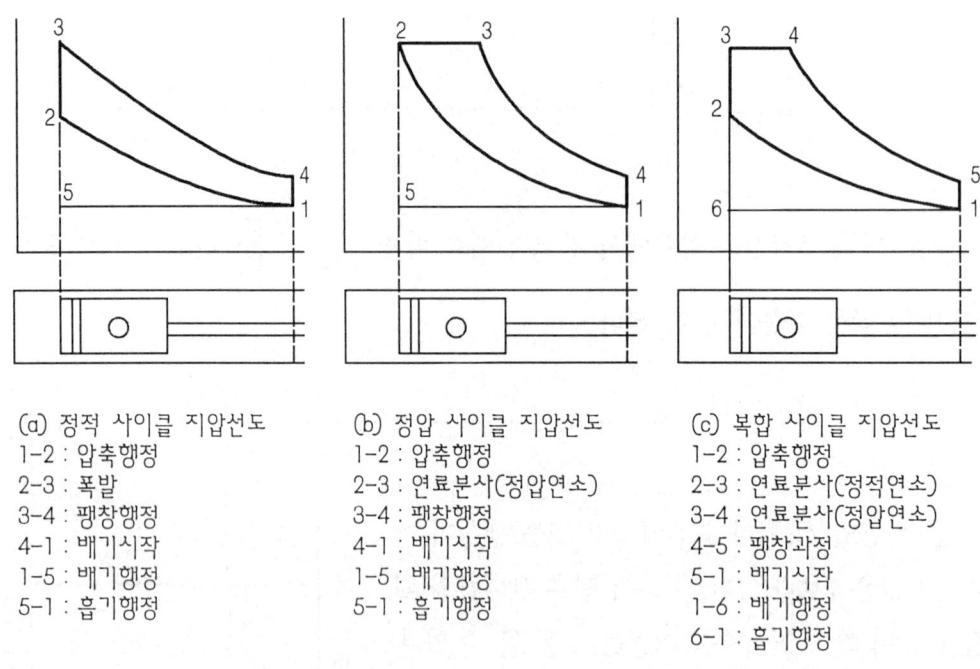

(ⓐ) 정적 사이클 지압선도
1-2 : 압축행정
2-3 : 폭발
3-4 : 팽창행정
4-1 : 배기시작
1-5 : 배기행정
5-1 : 흡기행정

(ⓑ) 정압 사이클 지압선도
1-2 : 압축행정
2-3 : 연료분사(정압연소)
3-4 : 팽창행정
4-1 : 배기시작
1-5 : 배기행정
5-1 : 흡기행정

(ⓒ) 복합 사이클 지압선도
1-2 : 압축행정
2-3 : 연료분사(정적연소)
3-4 : 연료분사(정압연소)
4-5 : 팽창과정
5-1 : 배기시작
1-6 : 배기행정
6-1 : 흡기행정

그림 1-3. 각종 사이클의 $P-v$

내연 기관에서는 압축 행정의 끝 부분에서 열을 공급(연료를 연소시킴)하여 그 출력이 커지도록 한다. 따라서 압축 체적(또는 압력)을 일정하게 하면 출력은 이것에 공급한 연료의 발열량의 크기에 따라 변화한다. 지금 열효율을 η 라 하면

$$\eta = \frac{\text{마력} \times 632}{\text{사용 연료/시} \times \text{발열량}}$$

여기서, $1PS/h = 632Kcal$

가 된다.

루돌프 디젤은 최초 이미 설명한 바와 같이 정온 사이클에 가까운 사이클을 하는 엔진을 제작하려고 고심하였으나 몇 회의 실험결과 그것이 불가능하다는 것을 알았다.

따라서 오늘날의 디젤 사이클은 정온 사이클과는 현저하게 다른 사이클을 한다. 또 가스 엔진이나 가솔린 엔진과 같은 소위 폭발 엔진이 하는 사이클도 정온 사이클의 경우와는 크게 다르다.

내연 기관의 작동 유체는 연소 전에는 공기와 연료의 혼합물 및 잔류 가스의 혼합가스이며, 연소 후에는 연소 생성 가스이다. 이들은 복잡한 화학적 변화를 일으키지만, 여기서는 그 열역학적인 기본 특성을 파악하는 것이 목적이므로 작동 유체를 이상 기체로 취급하는 공기라 생각하고, 이 사이클을 이상 사이클(ideal cycle)로 해석한다. 이렇게 해석하는 것을 공기 표준 해석(air standard analysis)이라 하고, 이러한 사이클을 공기 표준 사이클(air standard cycle)이라 하며 다음과 같은 가정 아래에서 해석된다.

① 작동 유체는 이상 기체로 보는 공기이며, 비열은 일정하다.
② 연소 과정은 가열 과정으로 대치하고, 밀폐 사이클을 이루며, 높은 열원에서 열을 받아 낮은 열원으로 배출한다.
③ 각 과정은 모두 가역 과정이다.
④ 압축 및 팽창 과정은 등엔트로피(단열)과정이다.
⑤ 연소 중 열해리 현상은 발생하지 않는다.

열기관 사이클에서 가장 효율이 높은 이상 사이클은 앞에서 설명한 카르노사이클이지만 실제 제작이 불가능한 사이클이며, 현재 널리 사용되는 기본 사이클은 오토 사이클, 디젤 사이클, 사바테 사이클이다.

1. 오토 사이클(정적 사이클)

오토 사이클은 단열 변화와 정온 변화를 조합한 것이며, 오늘날 실용화된 가스 엔진이나 가솔린 엔진에 응용되고 있다. 2개의 단열과정과 2개의 정적 과정으로 이루어진다. 작동 유체의 각 과정은 다음과 같다(그림 1-4).

0→1 : 흡입 과정   1→2 : 단열압축 과정
2→3 : 정적가열 과정   3→4 : 단열팽창 과정
4→1 : 정적방열 과정   1→0 : 배기 과정

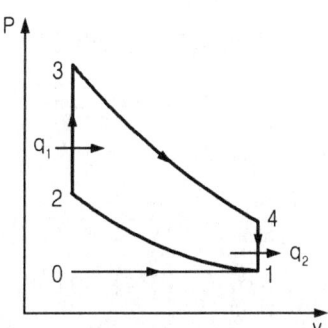

그림 1-4. 오토 사이클의 $P-v$ 선도

$P-v$선도 상에서 과정 $0 \to 1$과 $1 \to 0$은 일의 크기는 같으나 방향이 서로 반대이므로 상쇄된다. 따라서 오토 사이클은 면적 1-2-3-4-1만으로 해석된다. 작동 유체 1kgf당의 공급 열량과 방출 열량을 각각 q_1, q_2라 하면 유효 일에 해당되는 열량은 $Aw_a = q_1 - q_2$이므로 이론 열효율은 다음과 같다.

$$\eta_O = \frac{Aw_a}{q_1} = 1 - \frac{q_2}{q_1} = 1 - \frac{C_v(T_4 - T_1)}{C_v(T_3 - T_2)} \quad \cdots\cdots\cdots(3)$$

과정 $2 \to 3$, $4 \to 1$은 정적 과정이므로 $v_2 = v_3$, $v_1 = v_4$ 이고, 과정 $1 \to 2$와 $3 \to 4$는 단열과정이므로

$$\frac{T_2}{T_1} = \left(\frac{v_1}{v_2}\right)^{k-1}, \quad \frac{T_3}{T_4} = \left(\frac{v_4}{v_3}\right)^{k-1}$$

이 된다. 이상의 관계로부터

$$\frac{T_1}{T_2} = \left(\frac{v_2}{v_1}\right)^{k-1} = \left(\frac{v_3}{v_4}\right)^{k-1} = \frac{T_4}{T_3} = \frac{T_4 - T_1}{T_3 - T_2} \quad \cdots\cdots\cdots(4)$$

이 된다. 따라서 오토 사이클의 이론 열효율은 다음과 같다.

$$\eta_o = 1 - \left(\frac{v_2}{v_1}\right)^{k-1} = 1 - \left(\frac{1}{\varepsilon}\right)^{k-1} \quad \cdots\cdots\cdots(5)$$

여기서, ε : 압축비

위 공식에 의하면 오토 사이클의 효율은 다음의 사실에 관계되는 것을 알 수 있다.
① 오토 사이클의 효율은 압축 후의 가스 온도에 관계된다.
② 오토 사이클의 효율은 가스의 압축 전후의 체적 비율(압축비)에 관계한다.

오토 사이클의 이론 열효율은 압축비 ε와 단열지수 k의 함수이며, 이들이 크면 열효율이 증가한다. 그러나 실제 오토 사이클에서는 압축비가 너무 높을 경우에는 노크(knock)이라는 이상 폭발현상이 발생하므로 압축비에 제한을 받는다. 현재 사용되고 있는 가솔린 엔진의 압축비는 일반적으로 $\varepsilon = 7 \sim 13$정도이다.

2. 디젤 사이클(정압 사이클)

디젤 사이클은 2개의 단열과정, 1개의 정압 과정 및 1개 정적 과정으로 이루어진 사이클이며, 저속중속 디젤 엔진의 기본 사이클이다. 디젤 엔진은 공기만을 실린더 내에 흡입하여 이것을 높은 압축비로 단열 압축한다.

즉 공기의 압축열만으로 착화온도까지 이르게 하므로 폭발에 의한 압력상승을 피하기 위해 연료공급을 적당히 조절하여 정압 연소를 한다. 이와 같이 일정한 압력 하에서 연소가 이루어지기 때문에 정압 사이클이라고도 부른다. 작동유체의 각 과정은 다음과 같다(그림 1-5).

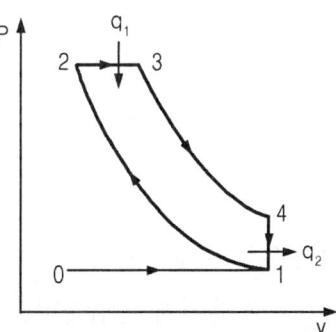

0→1 : 흡입 과정
1→2 : 단열압축 과정
2→3 : 정압가열(연료분사연소)과정
3→4 : 단열팽창 과정
4→1 : 정적방열 과정
1→0 : 배기 과정

그림 1-5. 디젤 사이클의 $P-v$선도

작동 유체 1kgf당의 공급 열량과 방출 열량을 각각 q_1, q_2라 하면 유효 일에 해당되는 열량은 $Aw_a = q_1 - q_2$이므로 이론 열효율은 다음과 같다.

$$\eta_D = \frac{Aw_a}{q_1} = 1 - \frac{q_2}{q_1} = 1 - \frac{C_v(T_4 - T_1)}{C_p(T_3 - T_2)} = 1 - \frac{T_4 - T_1}{k(T_3 - T_2)} \quad \cdots\cdots(6)$$

과정 (1)→(2)는 단열 압축과정이므로

$$\frac{T_2}{T_1} = \left(\frac{v_1}{v_2}\right)^{k-1} = \varepsilon^{k-1} \qquad \therefore T_2 = \varepsilon^{k-1} T_1$$

과정 (2)→(3)은 정압 가열과정이며, 여기서 차단비(단절비)를 $\sigma = v_3/v_2$라 하면

$$\frac{T_3}{T_2} = \frac{v_3}{v_2} = \sigma \qquad \therefore T_3 = \sigma T_2 = \sigma \varepsilon^{k-1} T_1$$

과정 (3)→(4)는 단열 팽창과정이므로

$$\frac{T_4}{T_3} = \left(\frac{v_3}{v_4}\right)^{k-1} \qquad \therefore T_4 = \left(\frac{v_3}{v_4}\right)^{k-1} T_3 = \sigma^k T_1$$

이상에서 구한 T_2, T_3, T_4를 공식 (5)에 대입하여 정리하면 이론 열효율은 다음과 같다.

$$\eta_D = 1 - \frac{1}{\varepsilon^{k-1}} \frac{\sigma^k - 1}{k(\sigma - 1)} \quad \cdots\cdots\cdots\cdots(7)$$

디젤 사이클의 이론 열효율은 압축비가 높아지면 증가하는 점에서 오토 사이클과 같으나 압축비 ε이외에 차단비 σ에도 관계되며, 차단비가 클수록 이론 열효율이 감소한다. 디젤 엔진에서 압축비를 너무 높이면 최대 압력 또한 높아지므로 구조의 강도를 높이기 위하여 무게가 증가하는 문제가 발생하므로 압축비는 일반적으로 15~20 : 1정도이다.

3. 사바테 사이클(복합 사이클)

사바테 사이클은 오늘날 널리 사용되고 있는 고속 디젤 엔진의 기본 사이클이며, 열 공급이 정적 및 정압의 두 과정에서 이루어지므로 복합 사이클 또는 합성 연소 사이클이라고도 한다. 고속 디젤 엔진은 짧은 시간 내에 연료를 연소시켜야 하기 때문에 압축이 끝나기 전에 연료 분사를 시작하여 압축 행정 끝 무렵에 착화하도록 하면 그 동안에 유입된 연료가 거의 일정한 체적 하에서 연소, 즉 폭발하고 그 후에 분사된 연료는 거의 일정한 압력 하에서 연소하게 된다. 작동 유체의 각 과정은 다음과 같다 (그림 1-6).

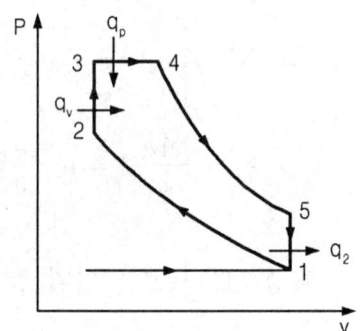

0→1 : 흡입 과정
1→2 : 단열압축 과정
2→3 : 정적가열(연료분사연소) 과정
3→4 : 정압가열(연료분사연소) 과정
4→5 : 단열팽창 과정
5→1 : 정적방열 과정
1→0 : 배기 과정

그림 1-6. 사바테 사이클 $P-v$선도

작동 유체 1kgf당의 공급 열량과 방출 열량을 각각 q_1, q_2라 하면, 유효 일에 해당되는 열량은 $Aw_a = q_1 - q_2$이므로 이론 열효율은 다음과 같다.

$$\eta_S = \frac{Aw_a}{q_1} = 1 - \frac{q_2}{q_1} = 1 - \frac{q_2}{q_v + q_p} = 1 - \frac{C_v(T_5 - T_1)}{C_v(T_3 - T_2) + C_p(T_4 - T_3)}$$

$$= 1 - \frac{T_5 - T_1}{(T_3 - T_2) + k(T_4 - T_3)} \quad\cdots\cdots\cdots\cdots\cdots\cdots\cdots(8)$$

과정 1→2는 단열 압축과정이므로

$$\frac{T_2}{T_1} = \left(\frac{v_1}{v_2}\right)^{k-1} = \varepsilon^{k-1} \qquad \therefore\ T_2 = \varepsilon^{k-1} T_1$$

과정 2→3은 정적 가열과정이며, 여기서 폭발비(압력비)를 $\rho = P_3/P_2$라 하면

$$\frac{T_3}{T_2} = \left(\frac{P_3}{P_2}\right) \qquad \therefore\ T_3 = \rho T_2 = \rho \varepsilon^{k-1} T_1$$

과정 3→4은 정압 가열과정이며, 여기서 차단비(단절비)를 $\sigma = v_4/v_3$라 하면

$$\frac{T_4}{T_3} = \frac{v_4}{v_3} = \sigma \qquad \therefore\ T_4 = \sigma T_3 = \sigma \rho \varepsilon^{k-1} T_1$$

과정 4→5는 단열 팽창과정이므로

$$\frac{T_5}{T_4} = \left(\frac{v_4}{v_5}\right)^{k-1} \qquad \therefore\ T_5 = \left(\frac{v_4}{v_5}\right)^{k-1} T_4 = \sigma^k \alpha T_1$$

이상에서 구한 T_2, T_3, T_4, T_5를 공식 (7)에 대입하여 정리하면 이론 열효율은 다음과 같다.

$$\eta_S = 1 - \frac{1}{\varepsilon^{k-1}} \frac{\rho \sigma^k - 1}{(\rho - 1) + k\rho(\sigma - 1)} \quad\cdots\cdots\cdots\cdots\cdots\cdots\cdots(9)$$

사바테 사이클의 이론 열효율은 압축비 ε, 압력비 α, 차단비 σ, 비열비 k의 함수이며, k가 같을 때는 ε과 ρ가 클수록 그리고 σ가 작을수록 열효율은 높아진다. 따라서 공식 (9)에서 $\sigma = 1$, 즉 $v_4 = v_3$이면 $\eta_S = \eta_O$가 되고 $\rho = 1$, 즉 $P_3 = P_2$이면 $\eta_S = \eta_D$가 된다.

4. 각 사이클의 비교

위에서 설명한 3개의 기본 사이클은 모두 압축비 ε를 크게 하면, 이론 열효율은 증가한다. 그러나 실제로 오토 사이클에서 압축비를 증가시키는 것은 노크(knock)로 인한 제한을 받으며, 디젤 사이클에서는 오토 사이클보다는 압축비를 높일 수 있으나 구조·강도 면에서 최대 압력의 제한을 받는다. 3개의 기본 사이클을 비교하면 다음과 같다.

4-1. 가열량 및 압축비가 일정할 때

오토 사이클(η_O) > 사바테 사이클(η_S) > 디젤 사이클(η_D)

4-2. 가열량 및 최대 압력을 일정하게 할 때

디젤 사이클(η_D) > 사바테 사이클(η_S) > 오토 사이클(η_O)

5 압축 착화의 개요

디젤 엔진은 공기만을 흡입한 후 이 공기를 높은 압력으로 압축시켜 그 온도를 높인 후, 연소실 안에 연료를 분사시켜 연소시키는 것이므로 다음의 사항을 미리 알아두어야 한다.

1. 압축 압력과 압축 온도(열)

기체를 압축하면 그 온도가 높아진다. 이 관계는 그 과정에서 열전도가 전혀 없다고 가정하면(단열 압축) 보일샬의 법칙에 따라 다음의 공식이 성립된다.

$$TV^{k-1} = 일정$$

여기서, T : 절대 온도, V : 기체의 체적, k : 비열비

또, 압축 압력은 온도의 경우와 같이 고려하여 다음의 공식이 성립된다.

$$PV^k = 일정$$

여기서, P : 압력, V : 체적, k : 비열비

이상의 공식에서 구한 압축비와 압축 압력, 온도와의 관계를 그리면 그림 1-7과 같다.

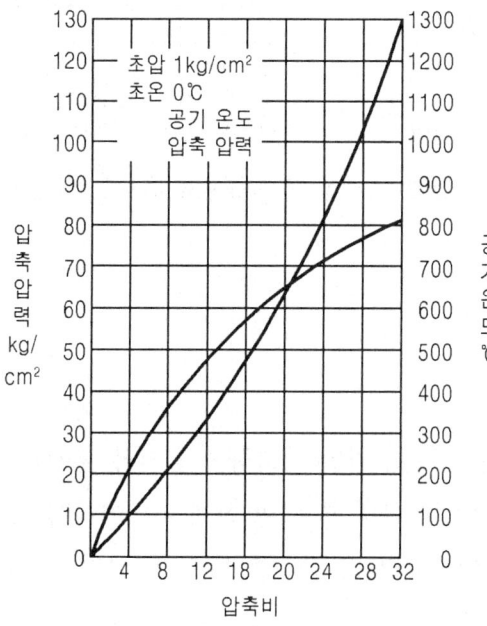

그림 1-7. 압축비와 압축압력 및 온도와의 관계

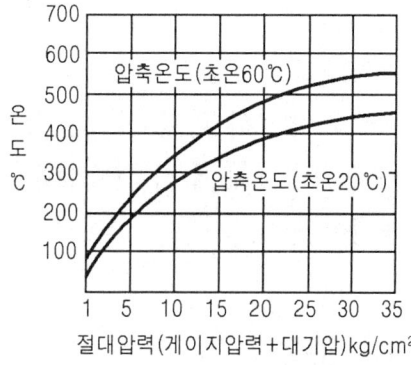

그림 1-8. 압축 압력과 공기와의 관계

그런데 이 그래프는 피스톤과 실린더 사이에 블로바이(blow-by)가 없고, 단열 압축 하였을 경우이므로 실제와는 일치하지 않는다. 그림 1-8은 실제 측정의 예의 하나를 보인다. 또 같은 압축 압력인 경우라도 압축 압력은 엔진의 크랭킹 회전속도에 따라 변화한다. 실제 측정에 의하면 압축비 16 : 1의 엔진에서 회전속도가 150~160rpm일 때 그 압축 압력이 20~25kgf/cm² 이나 일반적인 운전 상태에서는 30~35kgf/cm² 이 된다고 한다.

2. 연료의 착화 온도

연료는 그 온도가 높아지면 외부로부터 불꽃을 가까이 하지 않아도 발화하여 연소한다. 이때의 최저 온도를 그 연료의 착화온도(또는 착화점)라 한다. 이 연료의 착화 온도

와 공기 온도와의 차이가 클수록 공기로부터 연료에의 열전도가 커지므로 빨리 착화된다. 따라서 연료의 착화 온도와 공기온도와의 차이가 큰 것이 바람직하다. 그러나 엔진의 압축비는 구조상 너무 크게 할 수 없기 때문에 연료의 착화 온도는 낮을수록 좋다고 할 수 있다. 일반적으로 연료의 착화 온도는 압력이 높아짐에 따라 그림 1-9에 나타낸 바와 같이 저하하는 경향이 있다.

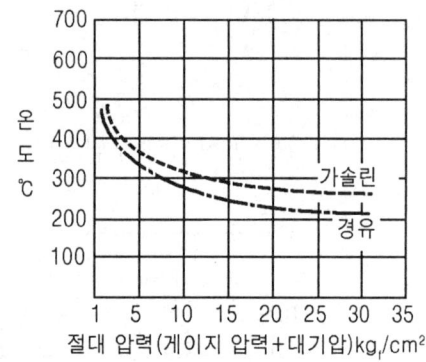

그림 1-9. 압축 압력과 착화 온도와의 관계

3. 연소 과정

분사된 연료는 액체 상태이며, 높은 열에 노출, 가열 기화하여 공기와 혼합가스가 되어 착화 연소된다. 이때 혼합 가스는 알맞은 혼합비 즉 가연 한계 이내이어야 한다. 즉, 연료는 연소실에서 기화→공기와의 혼합→착화의 순서를 따른다. 따라서 분사되는 연료의 분무 상태 및 연료와 공기와의 혼합 상태가 연소의 양부를 좌우한다.

6 디젤 엔진의 작동 과정

1. 4행정 사이클 디젤 엔진의 작동

1-1. 흡입행정(吸入行程)

이 행정에서는 이미 열려 있는 흡입 밸브를 통하여 공기만을 흡입한다. 실제로는 피스톤의 하강운동으로 실린더 내의 부압(負壓)이 발생하기 때문에 대기 압력에 의하여 공기가 들어온다. 흡입 밸브는 상사점 전(BTDC) 10~20°에서 열리기 시작하고, 하사점 후(ABDC) 40° 부근에서 닫힌다. 디젤 엔진은 흡입 계통에 벤투리(venturi), 초크 밸브(choke valve), 스로틀 밸브(throttle valve) 등의 장애물을 두지 않으므로 엔진의 회전속도, 부하의 증감에 관계없이 실린더 내의 공기 흡입량이 일정하다. 그리고 분사된 연료의 연소는 공기의 압축열에 의하여 자기 착화되므로 무 부하 저속운전에서도 공기 흡입량이 제한되지 않는다.

엔진의 출력과 체적효율(體積效率)은 정비례 관계이므로 체적효율은 가능한 한 큰 것이 좋다. 그러나 실제 엔진에서는 에어클리너, 흡기 다기관, 흡입 밸브 등의 유동저항, 배기 밸브, 연소실 벽 등의 고온 부분에 의한 열팽창과 연소실 내의 잔류 가스에 의한 가압(加壓)과 혼합(混合)등을 피할 수 없다. 이에 따라 체적효율이 저하되며, 이것은 엔진의 회전속도와 부하가 증대됨에 따라 더욱 현저해진다.

1-2. 압축행정(壓縮行程)

이 행정에서는 흡입한 공기를 $35 \sim 45 kgf/cm^2$ 로 압축(압축비는 $15 \sim 20 : 1$)하며, 이 때 압축온도는 500~600℃가 된다. 이 행정에서 흡입·배기 양 밸브는 닫혀 있으며 행정의 끝 부분에서 연료가 분사된다. 압축행정 중 실린더 내의 공기는 압축압력의 증가와 함께 온도가 상승하지만 그 열의 일부는 실린더 벽, 연소실 벽 등을 거쳐 실린더 블록으로 전도된다. 즉 압축 행정의 처음에서는 흡입되는 공기의 온도가 실린더 벽보다 낮으므로 실린더 쪽에서 흡수하고 압축 행정의 중간 부분에서는 단열 압축의 과정을 거친다.

피스톤이 압축 행정의 상사점에 가까워지면 공기 온도가 실린더 벽의 온도보다 높아지므로 고온 공기(高溫空氣)로부터 실린더 블록으로 열전도가 일어나 공기의 온도와 압력이 저하된다. 그리고 복실식 연소실에서는 부연소실의 입구에서 공기 통로가 좁아지므로 공기의 온도와 압력이 감소한다. 압축압력과 압축온도는 엔진의 회전속도에 따라 변화한다. 연료가 분사되었을 때 연소실 내의 고온 공기는 적당한 와류 운동을 하고 있어야 하며, 특히 직접 분사실식에서는 연료의 무화(안개화), 기화, 자연발화, 연소과정에 큰 영향을 미친다.

따라서 흡입 행정에서부터 공기에 와류 운동을 발생할 수 있도록 밸브의 모양, 위치, 피스톤 헤드의 형상 및 연소실의 형상 등을 설정하고 다시 압축행정 중의 피스톤 운동으로 더욱 활발한 와류 운동을 하도록 한다. 즉 피스톤 헤드와 실린더 헤드를 접근시켜 스퀴시 부분(squish area)을 만들어 강한 와류가 일어나도록 한다.

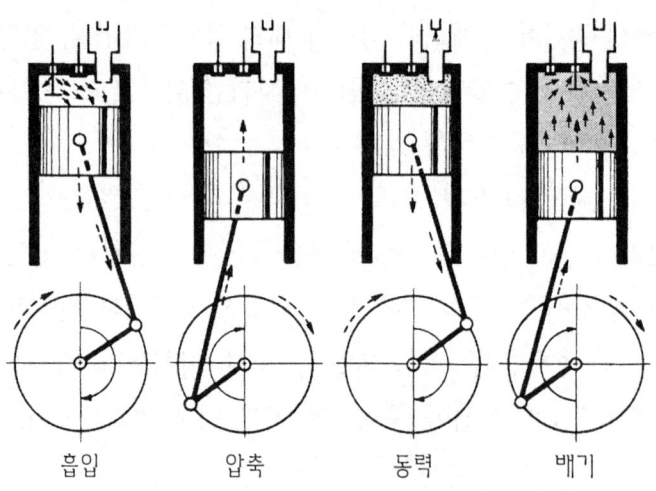

그림 1-10. 4행정 사이클 엔진의 작동 순서

1-3. 동력행정(動力行程)

이 행정에서는 압축행정의 끝 부분에서 분사노즐로부터 예연 소실식은 약 100~120 kgf/cm², 직접 분사실식은 150~300kgf/cm²의 압력으로 분사된 연료가 공기의 압축열로 자연발화 연소하여 피스톤을 내려 미는 힘을 발생시킨다. 이때 연소(폭발)에 의하여 발생하는 최고 압력은 55~65kgf/cm²이다.

이 행정에서 흡입·배기 양 밸브는 완전히 닫혀 있으나, 연료는 분사됨과 동시에 연소를 일으키지 못하므로 피스톤이 상사점에 도달하기 전 소요의 각도 범위 내에서 분사를 시작한다. 연료의 분사 시작으로부터 연소를 일으킬 때까지를 착화 지연기간이라고 부르며 분사 시작점과 상사점과의 분사 진각(噴射進角)은 엔진 회전속도에 따라 진각 된다.

디젤 엔진의 진각에는 연료의 착화 늦음뿐만 아니라 연료장치의 기계적 작동에 따른 지연, 연료 자체의 압축률, 연료 통로의 유동저항 등이 가산된다. 고압으로 분사된 연료는 공기와의 혼합, 기화된 후 자연 발화하여 연소를 일으킨다.

혼합가스의 연소상태는 각 부의 많은 착화 핵이 형성되어 매우 짧은 시간 내에 전체가 연소한다. 그러나 분사노즐에서 약간의 연료 분사가 지속되므로 분사된 양만큼의 연소가 차례로 계속된다. 따라서 연소의 앞쪽은 정적 연소가 되고 피스톤이 상사점을 지난 후에는 정압 연소가 된다. 그리고 디젤 엔진은 회전속도에 관계없이 항상 일정한 양의 공기를 흡입·압축하고 연료 분사량을 가감하여 회전속도를 조절하기 때문에 공기와 연료의 혼합비는 경 부하 저속에서는 매우 크고 중 부하 고속에서는 약간 감소하기는 하나 이론 공기량보다 큰 혼합비 즉 큰 공기 과잉률 하에서 연소가 진행된다.

따라서 디젤 엔진에서는 산소량 부족에 따른 불완전연소는 발생하지 않으며 압축압력, 연료 분사, 공기의 와류 등이 정상이면 거의 완전 연소되어 열에너지가 높은 효율의 유효 회전력으로 변환된다.

1-4. 배기행정(排氣行程)

동력행정에서는 일을 한 연소 가스를 실린더 밖으로 내보내는 행정이며, 배기 밸브는 하사점 전(BBDC) 8~20°에서 열리고 상사점 후(ATDC) 5~4°에서 닫힌다. 디젤 엔진에서는 압축비가 높기 때문에 배기가스의 배출 작용이 양호하고 잔류 배기가스는 가솔린 엔진보다 훨씬 작다. 그러나 배기 밸브, 배기 포트, 배기 다기관, 소음기 등의 통로 저항은 배제할 수 없으므로 엔진의 회전속도나 부하의 증가로 배기가스 유량(流量)이 커지면 연소실 내의 잔류 배기 가스량도 증가한다. 그리고 디젤 엔진의 배기가스에는 일산화탄소(CO)를 거의 포함하지 않으므로 연소효율도 높다는 것을 의미한다.

2. 2행정 사이클 디젤 엔진 작동

2-1. 흡입과 배기 행정

동력행정의 끝 부분에서 배기 밸브(또는 배기 포트)가 열리고 연소가스가 자체의 압력으로 배출되기 시작하는 블로 다운(blow down)이 발생한다. 피스톤이 더욱 하강하여 소기 포트가 열리면, 약 1.5kgf/cm² 정도로 예압(豫壓)된 공기가 실린더 내로 유입된다. 이에 따라 압력이 낮아진 나머지 연소가스가 압출(押出)되어 실린더 내는 와류를 동반한 새로운 공기로 가득 차게 된다.

2-2. 압축행정

피스톤이 상승하면서 먼저 소기 포트를 막고 계속해서 배기 밸브(또는 배기 포트)가 닫히면 새로운 공기가 압축된다. 그리고 이때 크랭크 케이스의 흡기 포트를 통하여 공기가 크랭크 케이스로 흡입된다. 2사이클 엔진의 압축 개시점은 4사이클 엔진보다 약간 늦다. 그러나 새로운 공기가 소기 펌프(송풍기)에 의하여 강한 와류 운동이 주어진 상태로 압입(壓入)되므로 충전효율이 높다.

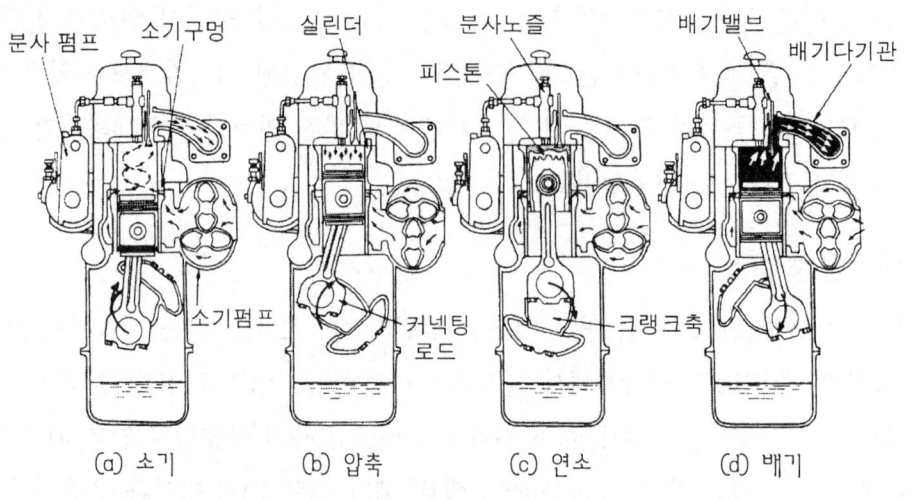

그림 1-11. 2행정 사이클 엔진의 작동

2-3. 동력행정

피스톤이 계속 상승하여 상사점 부근에 도달하면 분사노즐에서 연료가 분사되어 자기착화에 의한 연소가 일어난다. 이때 발생하는 압력이 피스톤을 하강 운동시켜 동력을 발생시킨다. 이어서 배기 밸브(배기 포트)가 열리고, 소기 포트가 열리면 배기와 흡입이 시작된다.

7 디젤 엔진의 장점 및 단점

디젤 엔진을 가솔린 엔진과 비교하면 다음과 같은 장·단점이 있다.

1. 디젤 엔진의 장점

① 열효율이 높다. - 가솔린 엔진은 노크의 영향으로 압축비의 증가 범위가 제한을 받지만 디젤 엔진은 높은 압축비로 작동시킬 수 있으므로 이에 상당하는 만큼의 열효율을 증가시킬 수 있다.

② 연료 소비율이 적다. - 동일한 출력을 얻기 위해서 소비되는 연료의 양이 가솔린 엔진보다 적다. 혹한(酷寒)일 때 가솔린 엔진의 경우에는 평균 연료 소비량 보다 150% 증가되지만 디젤 엔진은 평균 연료 소비율 보다 15~20% 증가된다.
③ 저속 운전에서도 큰 회전력의 발생이 가능하다. - 디젤 엔진은 경부하 운전에서도 흡기를 교축(throttling ; 絞縮)하지 않기 때문에 실린더의 압축압력이 저하되지 않으며 연료 분사량을 제어하여 부하에 순응한다. 따라서 저속에서도 큰 회전력이 발생된다.
④ 대형 엔진의 제작이 가능하다. - 가솔린 엔진은 화염 전파거리가 너무 길면 노크 현상을 유발시키기 때문에 실린더 지름을 160mm 이상으로 제작하는 것은 곤란하다. 그러나 디젤 엔진은 실린더의 지름에 제한이 없다.
⑤ 연료의 가격이 경제적이다. - 가솔린 엔진은 높은 휘발성(高揮發性)의 고옥탄가 연료를 사용하여야 하지만 디젤 엔진은 세탄가가 낮은 중질유의 사용이 가능하다. 따라서 연료 가격의 차이로 경제성이 높은 운행이 보장된다.
⑥ 인화점(引火点)이 높은 경유 등을 연료로 사용하므로 취급할 때 위험이 적다.
⑦ 가솔린 엔진에 사용되고 있는 복잡한 구조의 점화장치가 필요 없기 때문에 전기적인 고장이 없다.
⑧ 저속에서 고속까지 연료의 공급이나 제어가 자유로워 평균 유효압력의 변화가 거의 없기 때문에 회전력(torque)의 변동이 적다.
⑨ 배기가스를 가솔린 엔진과 비교하면 유해 성분이 적다.

2. 디젤 엔진의 단점

① 최대 폭발 압력이 가솔린 엔진의 약 2배 정도이기 때문에 엔진 각부의 구조를 견고하게 제작하여야 한다. 이에 따라 출력 당 중량이 크며 운전 중 소음이 크다.
② 연소상의 문제점으로 인하여 고속회전 및 최대 분사량이 제한된다. 따라서 동일한 출력이 요구되는 경우에는 배기량이 많아진다.
③ 높은 압축비로 작동되기 때문에 출력이 큰 기동 전동기가 필요하다.
④ 연료장치에 정밀한 분사펌프와 노즐이 사용되기 때문에 제작비가 비싸다.
⑤ 공기 과잉률을 높게 하여야 한다. - 디젤 엔진의 경우 발연 한계 혼합비(發燃限

界混合比)가 공기 과잉률 λ = 1.2~2.0 범위인데 비해 가솔린 엔진은 λ = 1까지 완벽한 연소가 이루어진다. 이 원인은 디젤 엔진의 혼합가스 형성 과정이 순간적이며 부분적으로 이루어지기 때문이다. 이로 인하여 완벽한 공기와 연료의 혼합이 어려워 공기 과잉률을 높게 유지시켜야 불완전연소 생성물의 배출을 감소시킬 수 있다.

8 연료와 연소에 필요한 공기량

1. 연료

원유의 성분은 파라핀 계열(C_nH_{2n+2})와 나프텐 계열의 탄화수소(C : 80~85%, H : 12~15%)를 주성분으로 하고 여기에 방향계열(芳香系列) 및 불포화 탄화수소와 작은 양의 산소, 황, 질소 등의 화합물(1~3%)이 포함되어 있다.

1-1. 경유의 일반적인 성질
① 비중은 0.83~0.89 정도이다.
② 인화점은 40~90℃, 착화점은 산소 속에서 254℃, 공기 속에서 358℃ 이다.
③ 1kgf 의 경유의 완전연소를 위한 건조 공기량은 14.4kgf(11.2 m^3)이다.
④ 발열량은 10,700kcal/kgf 정도이다.

1-2. 경유의 구비 조건
① 착화점이 낮을 것(세탄가가 높을 것)
② 점도가 적당하고 점도지수가 클 것
③ 황의 함유량이 적을 것
④ 발열량이 클 것

1-3. 연료의 발열량
발열량이란 단위 질량(kgf)의 연료가 완전 연소하였을 때 발생되는 열량으로서 고위

발열량과 저위발열량으로 분류된다. 고위발열량(hight heat value)은 열량계(熱量計) 내에서 발생되는 총열량이며, 저위발열량(lower heat value)은 총열량에서 연소에 의해 발생된 수분의 증발열을 뺀 열량이다. 일반적으로 발열량은 저위발열량으로 표시하며, 연료를 정량 분석(定量分析)하여 1kgf 속에 함유되는 탄소(C), 수소(H), 산소(O), 황(S), 수분(W) 등의 무게를 알면 다음의 공식으로 저위발열량의 근사 값을 구할 수 있다.

$$저위 발열량(kcal/kgf) = 8100\,C + 29,000\left\{H - \frac{O}{8}\right\} + 2500\,S - 600\,W$$

1-4. 연소에 필요한 공기량

연소란 연료가 공기 중의 산소와 화합하여 열과 빛을 발생하는 것으로서 완전연소와 불완전연소로 분류된다. 완전연소는 연료 속에 함유되어 있는 탄소 및 수소가 산소와 화합하여 이산화탄소(CO_2)와 물(H_2O)이 생성된다. 불완전 연소는 탄소의 일부가 일산화탄소(CO)가 되며, 수소는 그대로 배출되거나 또는 화학반응을 일으켜 중간 생성물이 된다.

15℃의 공기 속에는 산소 21%, 질소 79%로 형성되어 있으며, 이 공기를 이용하여 헥산(hexane ; C_6H_{14})인 연료를 완전 연소시키는데 필요한 공기량은 다음과 같다. 헥산인 연료의 탄소 원자량은 12, 수소는 1이므로 탄소와 수소의 무게 비율은 다음과 같다.

$$탄소중량 = 6 \times 12 = 72 \qquad 수소중량 = 14 \times 1 = 14$$

이것을 백분율로 환산하면,

$$탄소 = \frac{86 - 14}{86} \times 100 = 83.72\,\% \qquad 수소 = \frac{86 - 72}{86} \times 100 = 16.28\,\%$$

가 된다. 공식 가운데 계수는 각 원소의 무게 비율을 나타낸 것이며 탄소와 산소, 수소와 산소의 화학 변화는 다음과 같다.

$$탄소와\ 산소의\ 화학\ 변화 = 12\,C + 32\,O = 44\,CO_2$$
$$수소와\ 산소의\ 화학\ 변화 = 2\,H + 16\,O = 18\,H_2O$$

1kgf의 헥산 속의 탄소의 무게는 0.837kgf, 수소의 중량은 0.163kgf이므로 이들을

완전 연소시키는데 필요한 산소 및 공기량은 다음과 같다.

$$\text{탄소와 산소} = 0.837\,C + \left(\frac{32}{12}\right)\cdot 0.837\,O = \left(\frac{44}{12}\right)\cdot 0.837\,CO_2$$

$$\text{수소와 산소} = 0.163\,H + \left(\frac{16}{2}\right)\cdot 0.163\,O = \left(\frac{18}{2}\right)\cdot 0.163\,H_2O$$

또는,

$$\text{탄소와 산소} = 0.837\,C + 2.216\,O = 3.053\,CO_2$$

$$\text{수소와 산소} = 0.163\,H + 1.302\,O = 1.465\,H_2O$$

따라서

$$\text{전체 산소량} = 2.216 + 1.302 = 3.518$$

$$\text{연소에 필요한 산소량} = 3.518\,kgf$$

이 된다. 그러나 산소는 21 : 79의 비율로 질소와 함께 공기 속에 존재하므로 질소 양은

$$\text{질소} = \frac{79}{21} \times 3.518 = 13.23\,kgf$$

이 된다. 따라서 소요의 공기량은

$$\frac{100}{21} \times 3.518 = 16.75\,kgf \;(\text{또는}\; 3.518 + 13.23 = 16.75\,kgf)$$

이 된다. 즉 핵산의 연료 1kgf을 완전 연소시키려면 이론적으로 16.75kgf의 공기가 필요하다.

2. 연료의 착화성

연료의 착화성은 연소실 내에서 분사된 연료가 착화될 때까지의 시간으로 나타내며 이 시간이 짧은 것일수록 착화성이 좋은 연료이며 착화될 때까지의 시간을 "착화지연

기간"이라고 부른다. 착화 늦음은 연소실 내에 분사된 미세한 입자 상태의 연료가 압축된 높은 온도의 공기로부터 열을 흡수하여 착화점(자연발화 온도)에 도달하며 점도, 비중, 비점, 휘발성 등 연료 고유의 성질에 의해 지배된다. 이 착화성을 정량(定量)적으로 표시하는 것에는 세탄가, 디젤 지수, 임계 압축비 등이 있다.

2-1. 세탄가(cetane number)

디젤 엔진 연료의 착화성(着化性)은 세탄가로 표시하며 세탄가는 착화성이 양호한 세탄($C_{16}H_{34}$)과 착화성이 불량한 α-메틸 나프탈린(α-methyl naphthalin : $C_{10}H_7$-α-CH_3)을 적당한 비율로 혼합한 임의의 착화성을 가지는 표준 연료로 하여 시험 연료와의 착화성을 비교한 것으로서 세탄의 백분율을 그 연료의 세탄가로 결정한다. 예를 들면 세탄가 60의 연료는 세탄 60%와 α-메틸 나프탈린 40%로 형성된 혼합액과 같은 착화성이 있다는 것을 의미한다.

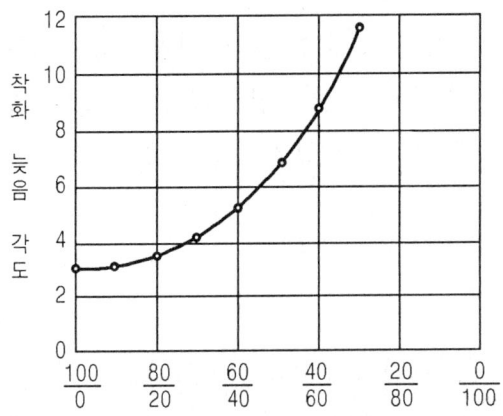

그림 1-12. 세탄과 α-메틸 나프탈린의 혼합비

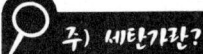

주) 세탄가란?   Explanatory note

네덜란드의 「Shell Max」연구소의 버르라지(G. D. Boerlage)와 브레제(J. J. Broeze) 두 사람에 의해 제창되었으며, CFR 엔진(Co-operation Fuel Research test diesel engine)에 의해 모터법(motoring method)으로 측정한다.

$$세탄가 = \frac{세탄}{세탄 + \alpha-메틸나프탈린} \times 100$$

2-2. 디젤 지수(Diesel index)

디젤 지수는 연료 속에 포함된 파라핀 계열 탄화수소의 함유량을 측정하는 것으로서 착화성을 표시하는 방법의 일종이다.

$$디젤지수 = API\ 비중 \times 어닐린점 \times 10^2$$

> 주) API 비중, 어닐린점이란?   Explanatory note
>
> ① $API\ 비중 = \dfrac{141.5}{15.6℃에서의\ 비중} - 131.5$
>
> ② 어닐린점 : 시험관에 5cc의 경유와 5cc의 어닐린을 넣은 후 가열하여 투명하게 되는 온도를 어닐린점이라고 한다. 이 때 어닐린점은 연료 속에 함유된 파라핀계 탄화수소의 양을 표시한다.

2-3. 임계 압축비(critical compression ratio)

CFR 엔진을 이용하여 시험 조건을 동일하게 하여 각종 연료에 대하여 노크를 일으키기 시작할 때의 최저 압축비를 구하는 것을 임계 압축비라 한다. 임계 압축비(臨界壓縮比)는 연료의 착화점과 거의 일치하며 착화점이 높은 연료일수록 임계 압축비도 높다.

3. 연소 촉진제

착화 지연에 의한 디젤 엔진의 노크를 방지하기 위하여 연료 속에 첨가하는 것으로서 초산아밀($C_5H_{11}NO_3$), 초산에틸($C_2H_5NO_3$), 아초산에틸($C_2H_5NO_2$), 아초산아밀($C_5H_{11}NO_2$)을 1~5%정도 첨가한다.

9 디젤 엔진의 연소과정

디젤 엔진의 연소 과정은 연료가 자기 착화되어 전파 연소로 변환한 후 연료와 공기가 혼합되면서 확산 연소가 된다. 그림 1-13은 디젤 엔진의 연소 과정을 표시한 압력과 시간 선도로서 4단계로 분류하여 생각할 수 있다.

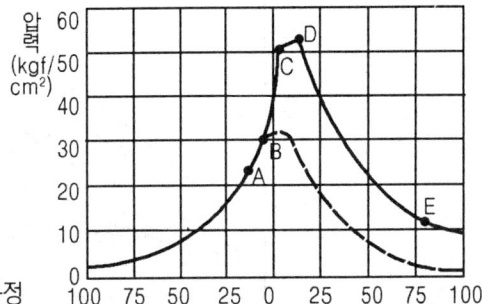

제1단계(A-B) : 착화지연기간
제2단계(B-C) : 직접연소기간
제3단계(C-D) : 제어연소기간
제4단계(D-E) : 후연소기간

그림 1-13. 디젤 엔진의 연소과정

1. 착화 지연기간(연소 준비기간)

압축행정에서 실린더 내의 온도가 상승하여 연료의 자기 착화온도에 도달한다. 그러나 연료는 곧 바로 착화되지 않고 B점에서부터 연소가 시작된다. 즉 연소실 내에 분사된 연료가 착화될 때까지의 기간으로서 이 기간이 길어지면 착화되기 전에 연료량이 많아져 폭발적인 연소가 이루어지므로 노크를 발생하게 된다. 착화 지연에 영향을 주는 원인은 다음과 같다.

1-1. 압축비·실린더 온도·흡기 압력과 온도

압축비 및 실린더 온도(냉각수의 온도), 흡입 공기 압력의 상승에 의한 압축압력, 온도의 상승은 착화 지연을 짧게 한다.

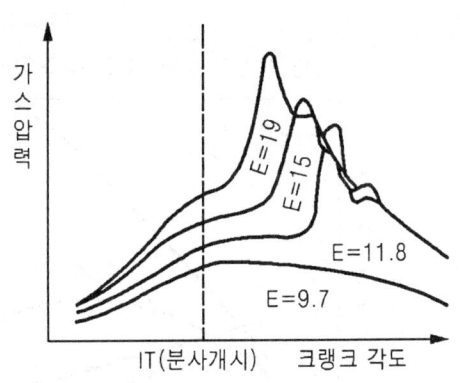

그림 1-14. 압축비와 착화지연

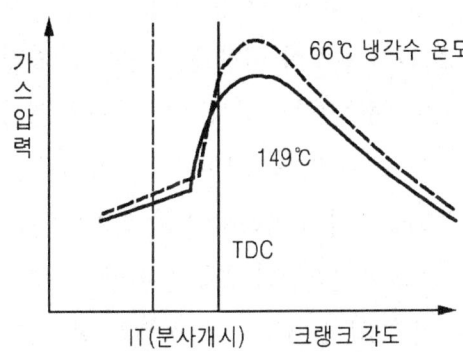

그림 1-15. 실린더 벽 온도와 착화지연

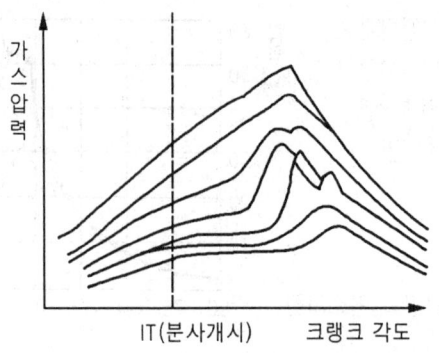

그림 1-16. 흡입 공기 압력과 착화지연

1-2. 연료 분사시기

착화 지연은 최고 온도 및 최대 압력은 상사점 부근에서 최소가 되는 것이 아니라 그림 1-17에서처럼 상사점 전 5~10° 부근에서 최소가 되는데 이것은 와류(渦流)의 영향에 의한 것이다.

1-3. 회전속도

회전속도가 증가하면 열적 부하가 증대되므로 "블로바이 현상"이 감소되며 열 손실의 감소로 인하여 연소실 내의 온도가 상승한다. 따라서 연소실 내의 공기 유동도 활발해지므로 와류에 의한 착화 지연 시간은 짧아진다. 이것을 크랭크축 회전각도로 표시하면 회전속도의 증가에 따라서 착화 지연도 증가한다. 그러나 연소실의 종류에 따라 그 영향은 다르며 그림 1-18은 그 실험의 한 예이다. 와류실식(渦流室式)은 엔진의 회전속도가 증가됨에 따라 공기의 유동이 매우 크고 크랭크축 회전각도도 감소하는 경향이 있다.

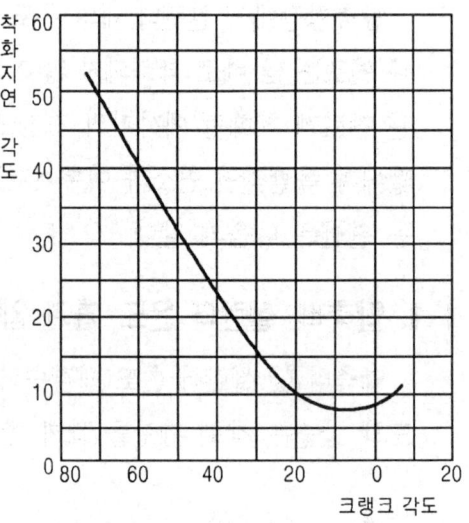

그림 1-17. 분사시기와 착화지연

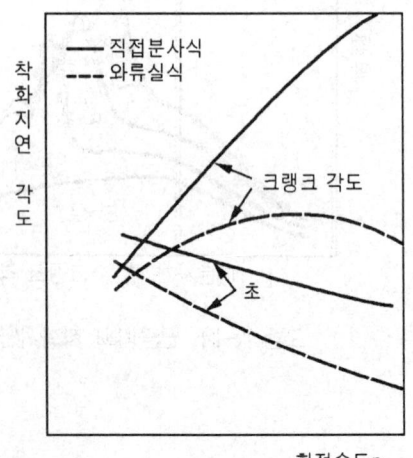

그림 1-18. 회전속도와 착화지연

2. 직접 연소기간(정적 연소기간)

직접 연소기간은 그림 1-13의 연료가 착화하여 폭발적으로 연소하는 기간이다. 즉 착화 지연기간을 지나 B점에 도달하면 연료는 착화가 이루어져 분사된 연료의 대부분이 동시에 연소되므로 실린더의 압력 및 온도가 급격히 상승한다. 이 때 순간적으로 연소되기 때문에 압력 상승률($dp/d\theta$)이 디젤 엔진의 노크를 일으키는 원인이 되기도 하며 이 기간은 실린더 내에서의 공기의 와류, 연료의 착화성, 혼합 상태 등에 의해 좌우된다.

3. 제어 연소기간(정압 연소기간)

제어 연소기간은 연료의 분사와 거의 동시에 연소되는 기간으로 C점을 지나서도 연료는 분사된다. 따라서 C점 이후에 분사된 연료는 B→C 사이에서 발생한 화염으로 인하여 분사와 동시에 연소된다. 제어 연소기간에서의 압력 변화는 연료의 분사량을 제어하여 어느 정도 조절할 수 있으며 연소 압력이 최대가 되는 기간이다.

4. 후 연소기간

후 연소기간은 D점에서 연료의 분사는 완료되지만 그 후에 연료의 입자가 큰 것이나 산소와 접촉하지 못한 상태의 연료가 연소하는 것으로서 연료의 분포, 연료 입자의 크기, 공기의 이동 등에 좌우되며, 전체 연소의 50% 정도를 차지한다. 후 연소기간이 길어지면 배기 온도가 상승되어 열효율이 저하되므로 후 연소기간을 짧게 하는 것이 엔진의 성능을 향상시키는데 도움이 된다.

10 디젤 엔진의 노크와 방지 방법

1. 디젤 엔진의 노크

디젤 엔진의 노크는 착화 지연기간 중에 분사된 많은 양의 연료가 화염 전파기간 중에 일시적으로 연소되어 실린더 내의 압력이 급상승하여 소음을 발생하는 현상이다. 디젤 엔진의 노크는 초기 연소에서의 압력 상승률에 좌우되며, 그림 1-19는 디젤 엔진에서 노크가 발생하였을 때의 지압 선도($P-v$ 선도)이다. 그림 (a)는 착화 지연이 짧고 압력 상승률은 각도 θ로 알 수 있듯이 적으며 b는 착화 지연이 길고 각도 θ'가 크기 때문에 압력 상승률도 크다. 따라서 a는 b보다도 최대 압력은 높고 노크는 적어진다.

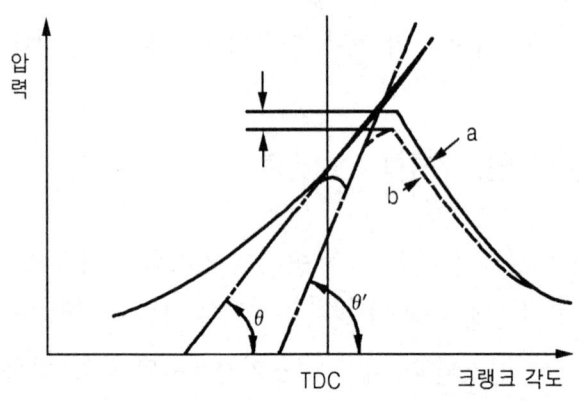

그림 1-19. 압력 상승률(dp/dθ)

2. 디젤 엔진의 노크 방지 방법

급격한 압력 상승률을 방지하기 위하여 연료가 연소될 때 착화 지연기간에 연소가 가능한 혼합비를 가능한 적게 하여 착화 지연기간을 짧게 하는 것이 필요하다. 디젤 엔진의 노크를 방지하는 방법은 다음과 같다.

① 세탄가가 높고 착화성이 좋은 연료(자연 발화점이 낮은 연료)를 사용한다.
② 착화 지연기간 중에는 분사량을 적게 하고 착화된 후에 다량의 연료가 분사되도록 하며 연료 입자를 가능한 작게 한다(스로틀 형 노즐을 사용한다).
③ 압축비를 크게 하여 압축 온도와 압축압력을 높인다.
④ 흡입 공기에 와류가 발생되도록 한다.
⑤ 분사시기를 알맞게 조정한다.
⑥ 엔진의 온도를 상승시킨다.

제2장.
디젤 엔진의 구조와 작동

1. 4행정 사이클 디젤 엔진
2. 2행정 사이클 디젤 엔진

제 2 장

디젤 엔진의 구조와 작동

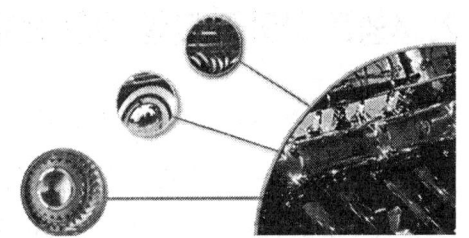

1 4행정 사이클 디젤 엔진

1. 4행정 사이클 디젤 엔진의 개요

4행정 사이클 디젤 엔진은 4행정 사이클 가솔린 엔진과 마찬가지로 흡입·압축·동력·배기의 1사이클을 피스톤의 4행정(4 stroke), 즉 크랭크축 2회전으로 완료하는 엔진이다. 그리고 가스 교환이 확실하게 이루어지는 것이 2행정 사이클 디젤 엔진과 비교했을 때 기본적인 차이점이며, 2행정 사이클 엔진에 비하여 다음과 같은 장점 및 단점이 있다.

1-1. 4행정 사이클 엔진의 장점

① 흡입을 위한 시간이 충분히 주어지므로 행정체적에 대해 흡입되는 새로운 공기 비율 즉 「체적효율」이 높아 출력 증대의 요인이 된다.
② 각 행정의 작동이 완전히 구분되어 있어 2행정 사이클 엔진에 비하여 블로바이 가스가 적으며, 잔류 가스와 새로운 공기의 혼합에 따른 불완전연소도 적다. 따라서 출력에 대한 연료 소비율이 적다.
③ 엔진 회전속도 변화에 따라 가스 교환의 상태와 연소 상태가 변화하지만 안정된 연소 회전범위가 2행정 사이클보다 넓고 운전의 유연성이 크다.

1-2. 4행정 사이클 엔진의 단점

① 동력행정이 크랭크축 2회전에 1회인 것에 따라 회전력 변화가 크다
② 흡·배기 밸브를 작동시켜야 하므로 밸브 기구가 복잡하고 제작비가 비싸다.
③ 배기가스 중 유해성분인 질소산화물(NOx)은 연소 온도가 고온(高溫)일수록 배출량이 증가하는데 2행정 사이클보다 배출량이 많아진다.

2. 4행정 사이클 디젤 엔진 본체 부분

엔진을 크게 나누면 본체 부품과 부속 장치로 구분된다. 엔진의 본체 부품이란 동력을 발생하는 부분으로 실린더 헤드, 실린더 블록, 실린더, 피스톤 커넥팅 로드 어셈블리, 크랭크축과 베어링, 플라이 휠, 밸브와 밸브 개폐 기구 등으로 구성되어 있다. 한편 부속 장치에는 연료장치, 윤활장치, 냉각장치 등이 포함된다.

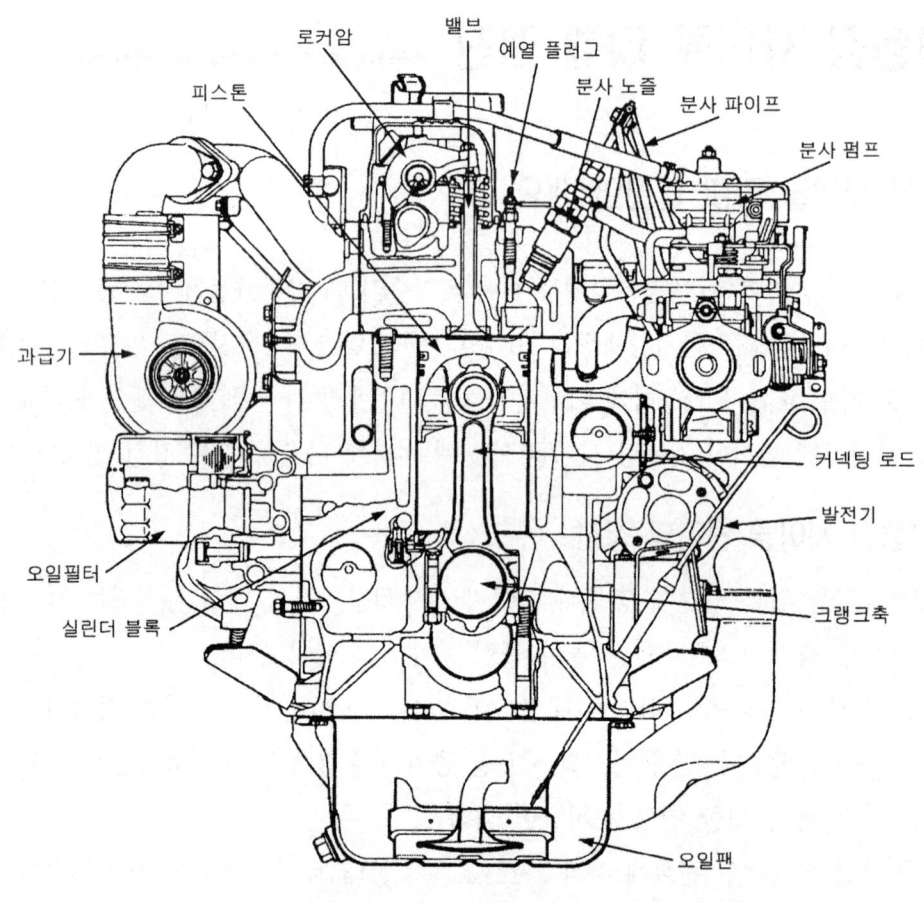

그림 2-1. 디젤 엔진 단면도

2-1. 실린더 헤드(cylinder head)

(1) 실린더 헤드의 구조

실린더 헤드는 헤드 개스킷을 사이에 두고 실린더 블록 위쪽에 볼트로 설치되며 피스톤, 실린더와 함께 연소실을 형성한다. 수랭식 엔진의 헤드는 전체 실린더 또는 몇 개의 실린더로 나누어 일체 주조(一體鑄造)하며 냉각용 물 재킷(water jacket)이 마련되어 있다. 공랭식 엔진의 헤드는 실린더마다 별개로 제작하며 냉각용 핀(fin)이 설치되어 있다. 헤드 아래쪽에는 연소실과 밸브 시트가 있고, 위쪽에는 예열 플러그 및 분사 노즐 설치 구멍과 밸브 개폐 기구의 설치 부분이 마련되어 있다.

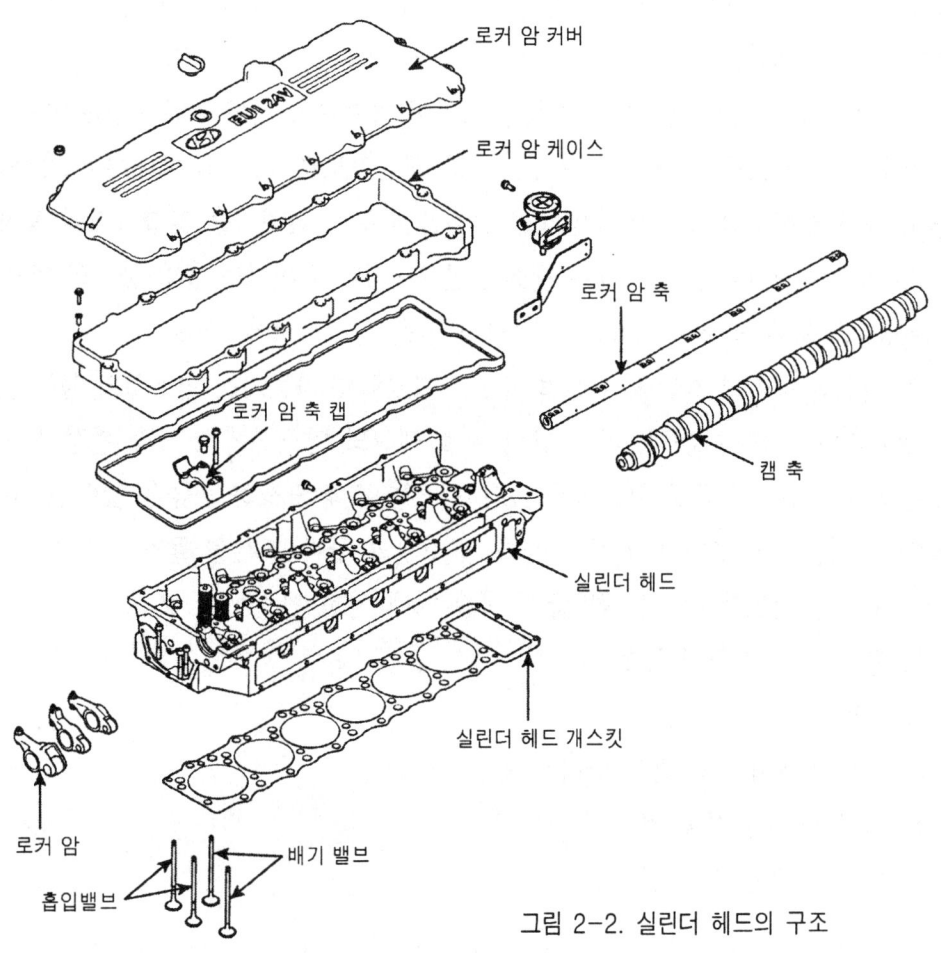

그림 2-2. 실린더 헤드의 구조

(2) 실린더 헤드의 재질

실린더 헤드의 재질은 주철(鑄鐵)이나 알루미늄 합금이다. 알루미늄 합금 실린더 헤드는 열 전도성이 크고 가벼운 장점이 있으나 열팽창률이 크고, 내 부식성 및 내구성이 비교적 적은 결점이 있다. 최근에는 이 결점을 보충할 수 있는 설계가 되어 있어 대부분의 엔진에서 사용되고 있다.

(3) 디젤 엔진의 연소실(燃燒室)

연소실은 공기와 연료의 연소와 연소 가스의 팽창이 시작되는 부분이며, 그 일부에 흡입·배기 밸브와 분사 노즐 및 예열 플러그가 설치되어 있으며, 연소실 체적은 압축비에 따라 결정된다. 디젤 엔진은 매우 높은 온도의 압축 공기 속에 연료를 분사하여 착화 연소시킨다. 따라서 디젤 엔진의 연소실은 분사된 연료와 공기가 잘 혼합될 수 있는 구조이어야 한다.

디젤 엔진의 연소는 혼합가스의 형성 시간이 가솔린 엔진에 비해 1/20~1/30 정도로 대단히 짧고 연료를 분사한 후 크랭크축의 회전각도로 10~15° 이내에서 착화되어야 한다. 따라서 이러한 조건에서 양호한 연소를 이루기 위해서는 혼합가스의 형성을 충분하게 하여야 한다. 짧은 시간에 연소를 완료시키기 위해서는 흡입 공기의 와류, 스퀴시(squish) 등에 의하여 연료와 공기의 혼합을 촉진시켜야 한다.

즉, 연료와 공기의 혼합을 어떤 방법으로 양호하게 하는가는 연소실의 양부 및 특성에 연관된다고 할 수 있다. 이를 위해 디젤 엔진의 연소실에는 압축 행정 끝 부근에 강한 와류가 일어나게 하거나 착화 초기(着火初期)에 발생하는 높은 압력을 이용하여 혼합을 하는 등의 고려가 있어야 한다. 연소실의 구비 조건을 들면 다음과 같다.

① 분사된 연료를 가능한 한 짧은 시간 내에 완전 연소시킬 것
② 평균 유효 압력이 높을 것
③ 연료 소비율이 적을 것
④ 고속 회전에서의 연소 상태가 좋을 것
⑤ 엔진 시동이 쉬울 것
⑥ 노크 발생이 적을 것

또한 대기 오염이 사회 문제화 됨에 따라 배기가스의 유해 성분이 적은 것이 중요한 요구 사항이지만 다른 항목도 결코 무시할 수 없으므로 각각의 항목을 알맞게 설계하여야 한다.

① **출력(出力)을 높이는 구조이어야 한다.**

출력을 높이기 위해서는 체적효율을 향상시켜 평균 유효압력을 증대시키는 구조이어야 한다. 구체적인 항목을 들면 다음과 같다.

㉮ 밸브의 면적을 넓게 하고, 양정(揚程)을 크게 할 것.

㉯ 가스의 흐름에 무리가 없이 유연한 형상일 것
　　㉰ 압축비를 높일 수 있을 것.

② 노크를 일으키지 않는 구조이어야 한다.

　디젤 엔진의 노크는 착화 늦음 기간 중에 분사된 많은 양의 연료가 화염 전파기간 중에 일시적으로 연소되어 실린더 내의 압력이 급격히 상승되기 때문에 발생되므로 노크를 방지하려면 가능한 한 압력 상승을 낮추며, 따라서 노크를 방지하기 위해서는 다음과 같은 구비 조건을 갖추어야 한다.

　　㉮ 착화 지연기간이 짧을 것.
　　㉯ 착화가 빨리 이루어지도록 하기 위하여 적당한 와류를 만들 것. 즉 공기를 실린더에 흡입할 때 와류를 만드는 포트 및 스쿼시를 만드는 형상일 것.

③ 열효율이 높은 구조이어야 한다.

　열효율을 높이면 연료 소비율을 감소되며 구체적인 사항은 다음과 같다.

　　㉮ 압축비를 높인다.
　　㉯ 연소실의 구조가 간단할 것
　　㉰ 흡입 공기의 온도를 높일 것
　　㉱ 연소실 벽의 온도를 높일 것

④ 배기가스에 유해 성분이 적은 구조이어야 한다.

　배기가스 규제가 엄격하면서 연소실의 구조도 예전의 성능 향상형에서 배기가스 청정형(淸淨形)으로 변모해 왔다. 일산화탄소(CO) 및 탄화수소(HC)의 발생은 불안전 연소에 의해서 발생되는 경우가 많으므로 다음과 같은 항목을 고려한 구조로 한다.

　　㉮ 간단한 연소실 형상과 압축비를 크게 할 것
　　㉯ 희박한 혼합비라도 연소가 가능한 형상으로 할 것

⑤ 밸브 기구 등이 간단한 구조일 것

　엔진의 내구성이나 경량화 면에서 또한 정비 면에서 연소실의 형상에 지배되므로 이것들을 고려한 형상으로 한다. 디젤 엔진의 연소실의 종류에는 단실식(single chamber type)인 직접 분사실식과 복실식(double chamber type)인 예연소실식, 와류실식, 공기실식 등으로 나누어진다.

1) 직접 분사실식(直接噴射室式) 연소실

직접 분사실식 연소실은 피스톤 헤드에 하트형(heart type), 구형(球形), 반구형(半球形) 등으로 오목하게 하여 연소실이 형성하고 있다. 공기를 흡입 압축한 다음 분사 노즐을 통하여 연료를 피스톤 헤드의 중앙 부분에 직접 분사시키는 형식으로서 실린더 헤드는 평면으로 되어 있으며 공기와 연료의 혼합이 원활하게 이루어지도록 다공형 분사 노즐을 사용하여 연료를 방사상(放射狀)으로 분사한다.

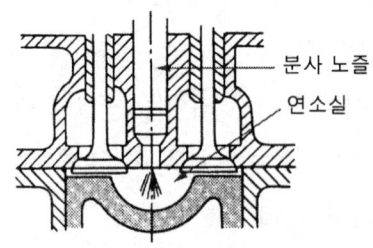

그림 2-3. 직접 분사실식 연소실

또한 흡입 공기에 방향성을 부여하여 실린더 내에서 와류를 일으키도록 하고 피스톤이 상사점에 도달하였을 때 실린더 헤드와 피스톤 헤드에 의해서 형성되는 스쿼시(squish)에 의해 압축 행정의 끝 부분에서 강한 와류가 발생된다. 주로 2행정 사이클 엔진에서 사용된다.

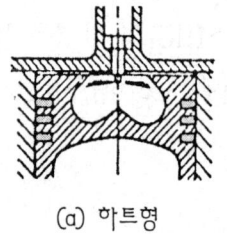 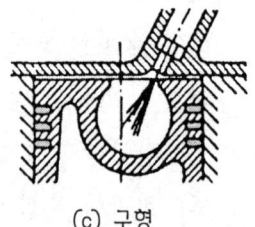

(a) 하트형   (b) 반구형   (c) 구형

그림 2-4. 직접 분사실식의 연소실 형상

직접 분사실식은 비교적 대형이며, 저속 엔진에서 사용하였으나 최근에는 연료 소비율이 적고, 시동 성능이 좋아 고속 및 소형 엔진으로 사용하는 경향이 점차 증가되고 있다. 압축비는 13~16 : 1, 분사 압력은 200~300kgf/cm²이다. 직접 분사실식 연소실의 장점 및 단점은 다음과 같다.

① 직접 분사실식 연소실의 장점

 ㉮ 실린더 헤드의 구조가 간단하므로 열효율이 높고, 연료 소비율이 작다.
 ㉯ 연소실 체적에 대한 표면적 비율이 낮아 냉각 손실이 작다.
 ㉰ 엔진 시동이 쉽다.
 ㉱ 실린더 헤드의 구조가 간단하므로 열 변형이 적다.

② 직접 분사실식 연소실의 단점

 ㉮ 연료와 공기의 혼합을 위해 분사 압력을 높게 하여야 하므로 분사 펌프와 노즐의 수명이 짧다.
 ㉯ 사용 연료 변화에 매우 민감하다.
 ㉰ 노크 발생이 쉽다.
 ㉱ 엔진의 회전속도 및 부하의 변화에 민감하다.
 ㉲ 다공형 노즐을 사용하므로 값이 비싸다.
 ㉳ 분사 상태가 조금만 달라져도 엔진의 성능이 크게 변화한다.
 ㉴ 질소산화물(NO_x)의 발생률이 크다.

2) 예연소실식(豫燃燒室式) 연소실

 예연소실식 연소실은 실린더 헤드와 피스톤 헤드 사이에 형성되는 주연소실과 실린더 헤드에 설치된 예연소실이 있으며, 예연소실에 연료가 분사된다. 예연소실과 주연소실 사이에는 피스톤 면적의 0.3~0.6% 되는 분출 구멍이 설치되어 있기 때문에 압축행정에서 압축된 공기가 유입된다.

 예연소실의 면적은 전체 압축 체적의 30~40%로서 분사된 연료의 일부가 착화되어 고온·고압가스를 발생시키면 그 압력에 의하여 나머지 연료는 분출 구멍을 통하여 주연소실로 분출되기 때문에 압축 공기와 혼합되어 완전 연소하게 된다. 예연소실은 2단계 연소를 하며 연료와 공기의 혼합은 예연소실에서 분출될 때 발생되는 기류(氣流)를 이용하는 특징이 있다.

 그림 2-5는 예연소실 내의 압력 변화를 나타낸 것으로서 압축행정에서 피스톤이 주연소실 내의 공기를 압축하면 곧 상승하지만 예연소실은 좁은 구멍으로 주연소실과 연결되어 있기 때문에 압축 공기의 흐름이 억제되므로 압축행정에서 예연소실의 압축압력은 주연소실보다 낮다. 따라서 예연소실의 압력 변화에 비하여 주연소실의 압력 변

화가 크지 않기 때문에 운전 상태가 조용하다. 압축비는 15~20 : 1, 분사 압력은 100~120kgf/cm², 노즐은 핀틀형이나 스로틀형을 사용한다. 예연소실식 연소실의 장점 및 단점은 다음과 같다.

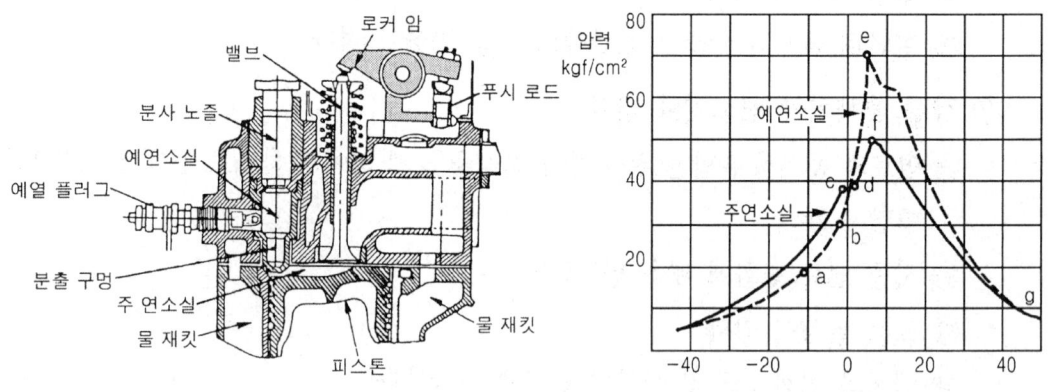

그림 2-5. 예연소실식 연소실   그림 2-6. 예연 소실식의 실린더 내 압력 변화

① 예연소실식 연소실의 장점
   ㉮ 예연소실에서 1/2 정도가 연소된 상태에서 주연소실로 분출되어 연소되기 때문에 노크의 발생이 적고, 세탄가가 낮은 연료를 사용할 수 있다.
   ㉯ 분사 압력(100~120kgf/cm²)이 낮기 때문에 연료 장치의 고장이 적고 수명이 길다.
   ㉰ 사용 연료의 변화에 둔감하므로 연료의 선택 범위가 넓다.
   ㉱ 예연소실 내의 연소 압력은 높으나 주연소실은 분출 구멍의 스로틀로 억제되므로 가스의 압력이 비교적 낮아 운전 상태가 조용하다.
   ㉲ 공기의 와류에 의하여 혼합가스 형성이 양호하여 무화 한계(霧化限界)가 높다.
   ㉳ 질소산화물의 발생이 적다.

② 예연소실식 연소실의 단점
   ㉮ 연소실 표면적에 대한 체적비가 크기 때문에 냉각 손실이 크고 실린더 헤드의 구조가 복잡하다.
   ㉯ 압축행정에서 분출 구멍을 통하여 예연소실과 연결되어 있어 공기 흐름의 저항으로 압력 상승이 늦어지며 연소실 체적이 크기 때문에 시동 성능이 불량하므로 예열 플러그가 필요하다.

㉰ 시동 성능과 냉각 손실을 고려하여 높은 압축비로 하기 때문에 출력이 큰 기동 전동기가 필요하다.
㉱ 연료 소비율이 비교적 많다.
㉲ 연소실(실린더 헤드)의 구조가 복잡하다.

3) 와류실식(渦流室式) 연소실

와류실식 연소실은 실린더나 실린더 헤드에 와류실을 설치하고 압축행정에서 공기가 와류실에 유입될 때 강한 와류가 발생되도록 하여 연료를 분사시키면 연소가 이루어진다. 연소실의 형상(形狀)에는 리카드 형(recard type), 퍼킨스 형(perkins type), 허큐리스 형(hercules type) 등이 있으며, 와류실에 분사된 연료는 강한 와류에 의하여 공기와 연료가 혼합하여 착화 연소되고 일부 남아있는 연료가 주연소실의 새로운 공기와 혼합되어 연소된다.

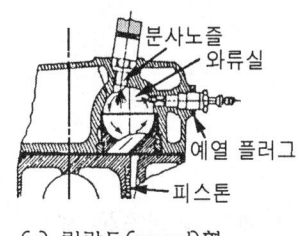 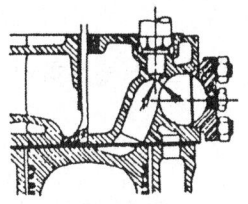 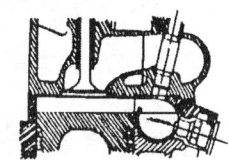

(a) 리카드(recard)형   (b) 퍼킨스(perkins)형   (c) 허큐리스(hercules)형

그림 2-7. 와류실식의 연소실 형상

와류실의 체적은 전체 압축 체적의 60~70%이며, 분출 구멍의 면적은 피스톤 면적의 1~3.5% 정도이다. 연소 상태는 직접 분사실식과 예연소실식의 중간 특성을 나타내며 예연소실과 같이 스로틀 작용은 크지 않지만 2단계로 연소하는 경향을 나타낸다.

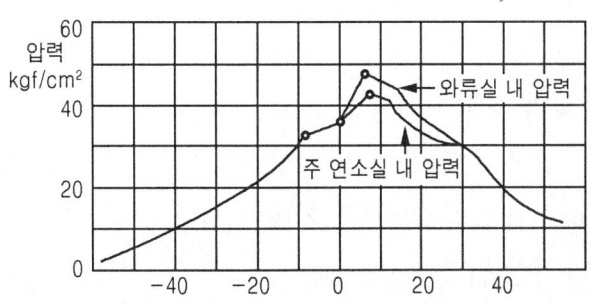

그림 2-8. 와류실식의 실린더 내 압력 변화

와류실식에서 스로틀 작용에 역점을 두지 않는 것은 와류실에서 발생되는 와류를 이용하여 대부분의 연료를 연소시키는 것이 목적이기 때문이다. 압축비는 15~17 : 1, 분사 압력은 100~140kgf/cm²이다. 와류실식 연소실의 장·단점은 다음과 같다.

① **와류실식 연소실의 장점**
㉮ 압축 행정에서 발생하는 강한 와류를 이용하므로 회전속도 및 평균 유효 압력이 높다.
㉯ 분사 압력이 낮아도 된다.
㉰ 엔진 회전속도 범위가 넓고, 운전이 원활하다.
㉱ 연료 소비율이 비교적 적다.

② **와류실식 연소실의 단점**
㉮ 실린더 헤드의 구조가 복잡하다.
㉯ 분출 구멍의 조임 작용, 연소실 표면적에 대한 체적비가 커 열효율이 낮다.
㉰ 저속에서 노크 발생이 크다.
㉱ 엔진을 시동할 때 예열 플러그가 필요하다.

4) 공기실식(空氣室式) 연소실

공기실식 연소실은 주연소실과 연결된 공기실을 실린더 헤드와 피스톤 헤드 사이에 설치하여 연료를 주연소실에 직접 분사하게 된 연소실이다. 압축행정의 끝 부분에서 공기실에 강한 와류가 발생되며 이때 연료가 공기실을 향하여 분사되면, 주연소실에서 연소가 이루어지고 일부의 연료는 공기실에 유입하여 착화되기 때문에 공기실 내의 압력이 높아진다. 피스톤이 하강하면 이에 따라 공기실 내의 공기가 주연소실에 분출되어 주연소실 내의 연소를 도와주며, 공기실 체적은 전압축 체적의 6.5~20%정도이다. 압축비는 13~17 : 1, 분사 압력은 100~140kgf/cm² 이다. 공기실식 연소실의 장·단점은 다음과 같다.

① **공기실식 연소실의 장점**
㉮ 연소 진행이 완만(緩慢)하여 압력 상승이 낮고, 작동이 조용하다.
㉯ 연료가 주 연소실로 분사되므로 기동이 쉽다.
㉰ 폭발 압력이 가장 낮다.

② 공기실식 연소실의 단점
  ㉮ 분사 시기가 엔진 작동에 영향을 준다.
  ㉯ 후적(after drop)연소 발생이 쉬워 배기가스 온도가 높다.
  ㉰ 연료 소비율이 비교적 크다.
  ㉱ 엔진의 회전속도 및 부하 변화에 대한 적응성이 낮다.

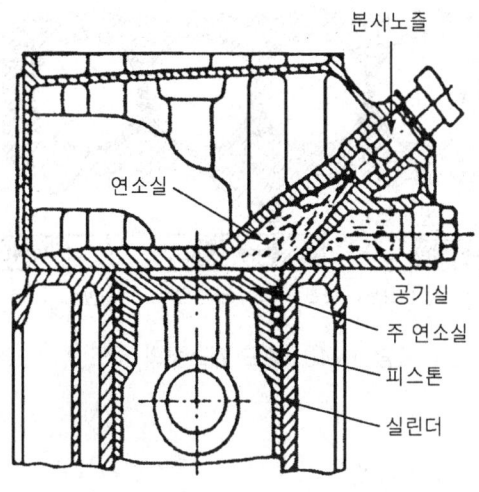

그림 2-9. 공기실식 연소실의 구조

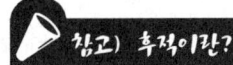

참고) 후적이란?   Reference

분사가 완료된 후 분사 노즐 팁(tip)에 연료 방울이 맺혔다가 연소실에 떨어지는 현상이며, 후적이 발생하면 후 연소 기간이 길어지고 엔진이 과열하며 출력 저하의 원인이 된다.

(4) 헤드 개스킷(head gasket)

헤드 개스킷은 실린더 헤드와 블록의 접합 면 사이에 끼워져 양면을 밀착시켜서 압축가스, 냉각수 및 엔진 오일이 누출되는 것을 방지하기 위하여 사용한다. 종류에는 구리판이나 강철판으로 석면(石綿)을 감싸서 제작한 보통 개스킷, 강철판의 양쪽 면에 흑연을 혼합한 석면을 압착하고 표면에 다시 흑연을 발라서 제작하며 높은 온도·높은 부하 및 높은 압축에 잘 견디는 스틸 베스토 개스킷(steel besto gasket) 그리고 강철판으로만 얇게 제작한 스틸 개스킷(steel gasket) 등이 사용되고 있다.

헤드 개스킷의 구비 조건은 다음과 같다.

① 기밀 유지 성능이 클 것

② 냉각수 및 엔진 오일이 새지 않을 것

③ 내열 성능과 압력에 견디는 성능이 클 것

④ 강도가 적당할 것

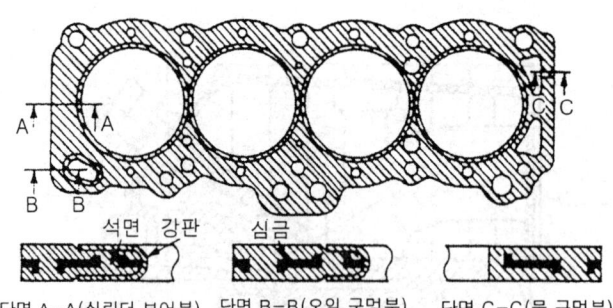

그림 2-10. 헤드 개스킷의 구조

2-2. 실린더 블록(cylinder block)

(1) 실린더 블록의 구조

실린더 블록은 엔진의 기초 구조물이며 여기에 여러 가지 부품이 설치되어 있다. 자동차용 실린더 블록은 일체주조(一體鑄造)되어 있으며, 수랭식 엔진의 경우에는 실린더와 실린더를 둘러싼 물 재킷(water jacket)이 설치되어 있다. 또한 실린더 윗면에 실린더 헤드가 볼트로 설치되고 아래쪽 중앙 부분에는 엔진 베어링을 사이에 두고 크랭크축이 설치된다.

크랭크축 메인 베어링의 상반부는 실린더 블록의 반원부에, 하반부는 실린더 블록에 볼트로 설치되는 베어링 캡 속에 들어있다. 그리고 실린더 블록 일부에 가공된 구멍의 베어링을 통하여 캠축이 지지되어 있으며, 블록 아래 끝에는 오일 팬(oil pan)이 설치되어 아래 크랭크 케이스를 형성한다. 직렬형 엔진에서는 흡입·배기 다기관과 연료 분사펌프가 실린더 블록 옆면에 설치되고 앞 끝에는 물 펌프와 타이밍 기어 커버가 설치된다. 실린더 블록 뒷면에는 플라이휠에 설치된 클러치 어셈블리를 씌우는 클러치 하우징이나 변속기 케이스가 설치된다.

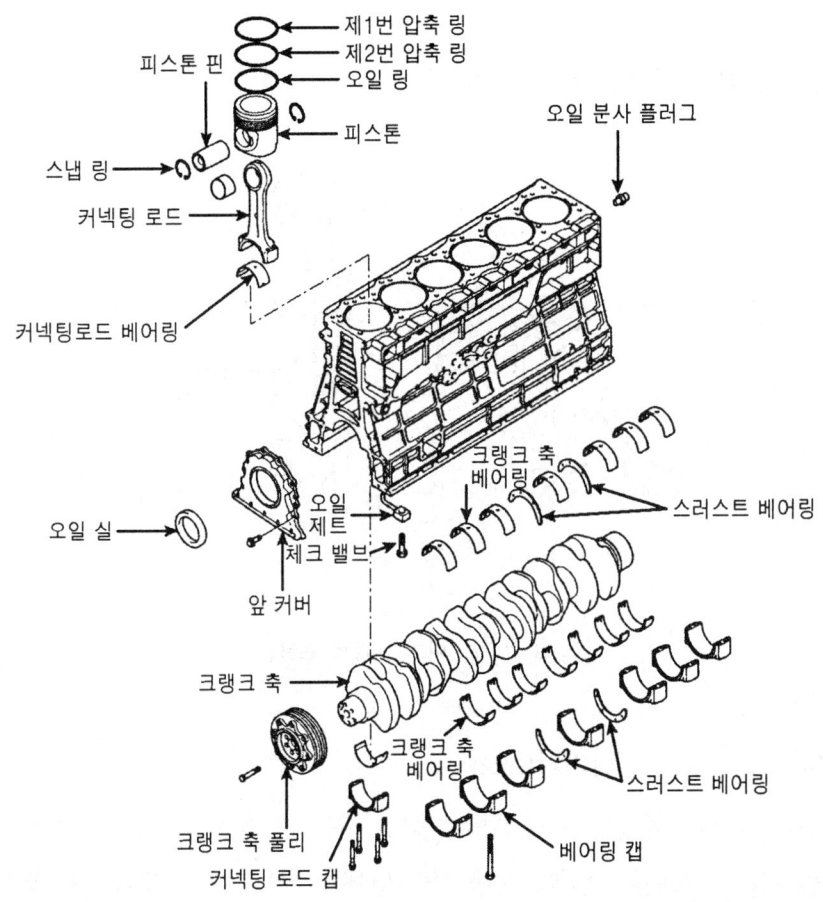

그림 2-11. 실린더 블록과 그 주위 부품들

    실린더 블록은 그 수명이 엔진 전체의 수명을 좌우하게 되므로 설계·제조 및 재질 등에서 충분히 고려되어야 하며, 재질은 내마모성이나 내 부식성이 크고, 주조와 기계 가공이 쉬운 실리콘(Si), 망간(Mn), 니켈(Ni), 크롬(Cr) 등을 포함하는 특수 주철이 대부분이나 최근에는 알루미늄 합금(두랄루민)을 사용하기도 한다. 실린더 블록을 알루미늄으로 할 경우에는 실린더 벽은 내마모성이 크고 길들임 성이 좋도록 특수 가공하거나 라이너(liner)를 별도로 사용하여야 한다.

    실린더 블록의 구비 조건은 다음과 같다.
  ① 엔진의 부품 중 가장 큰 부품이므로 가능한 소형·경량일 것
  ② 엔진의 기초 구조물이므로 강도와 강성이 클 것
  ③ 구조가 복잡하므로 주조 성능 및 절삭 성능이 좋을 것

④ 실린더 벽의 내마모성이 클 것
⑤ 실린더 벽이 마모된 경우 분해, 정비가 쉬울 것

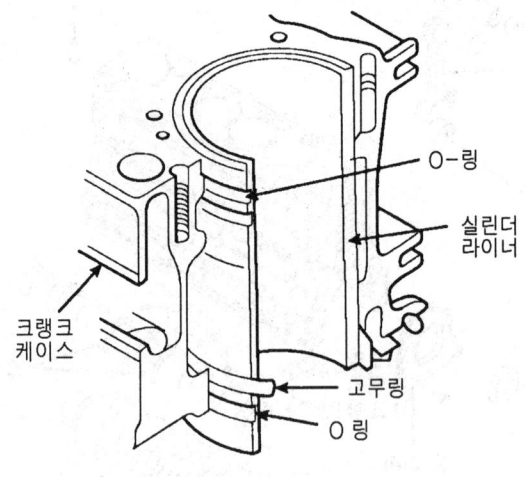

그림 2-12. 라이너 설치 상태

(2) 실린더(cylinder) 및 라이너(liner)

실린더는 피스톤 행정의 약 2배의 길이가 되는 진 원통형이며 그 내부를 피스톤이 기밀(機密)을 유지하면서 왕복운동을 하여 열에너지를 기계적 에너지로 바꾸어 동력을 발생시키는 부분이다. 실린더 내에서 큰 동력을 얻으려면 실린더와 피스톤에 의하여 압축된 공기나 연소된 가스의 블로바이(blow by)가 없어야 하며, 피스톤의 미끄럼 운동에 의한 마찰과 마멸이 적어야 하므로 실린더 벽은 정밀하게 연마 다듬질되어 있어야 한다.

또 실린더 벽의 마모를 줄이기 위해 실린더 벽을 크롬으로 도금하기도 한다. 실린더에는 실린더 블록과 동일 재질로 제작한 일체식 실린더와 실린더 블록과 별개의 재질로 제작한 후 실린더 라이너(또는 슬리브)를 끼우는 실린더 라이너 형식이 있다.

1) 일체식 실린더

일체식 실린더는 실린더 블록과 같은 재질로 실린더를 일체로 제작한 형식이며, 실린더 벽이 마멸되면 보링(boring)을 하여야 하는 형식으로 소형엔진에서 주로 사용한다. 라이너 형식과 비교하면 다음과 같은 특징이 있다.

① 가스 블로바이 및 냉각수 누출 우려가 적다.
② 가공 성능·강성 및 강도가 크다.

③ 부품수가 적고 중량이 가볍다.
④ 실린더 수가 많은 경우 실린더 사이의 간격을 좁게 할 수 있어 소형화가 가능하다.
⑤ 정비 성능이 떨어진다.
⑥ 라이너 형식보다 내마모성이 저하된다.

2) 라이너(슬리브)형식 실린더

라이너 형식은 실린더 블록과 실린더를 별도로 제작한 후 실린더 블록에 끼우는 형식으로 일반적으로 보통 주철의 실린더 블록에 특수주철의 라이너를 끼우는 경우와 알루미늄 합금 실린더 블록에 주철로 만든 라이너를 끼우는 형식이 있다. 그리고 라이너 형식에는 습식과 건식이 있다. 실린더를 라이너 형식으로 하는 경우 다음과 같은 이점이 있다.

① 특수 주철을 사용하며 원심 주조 방법으로 제작할 수 있다.
② 실린더 벽이 마모되었을 경우 일체식에서는 보링(boring)작업을 하여야 하지만 습식의 경우에는 라이너만 교환하면 된다.

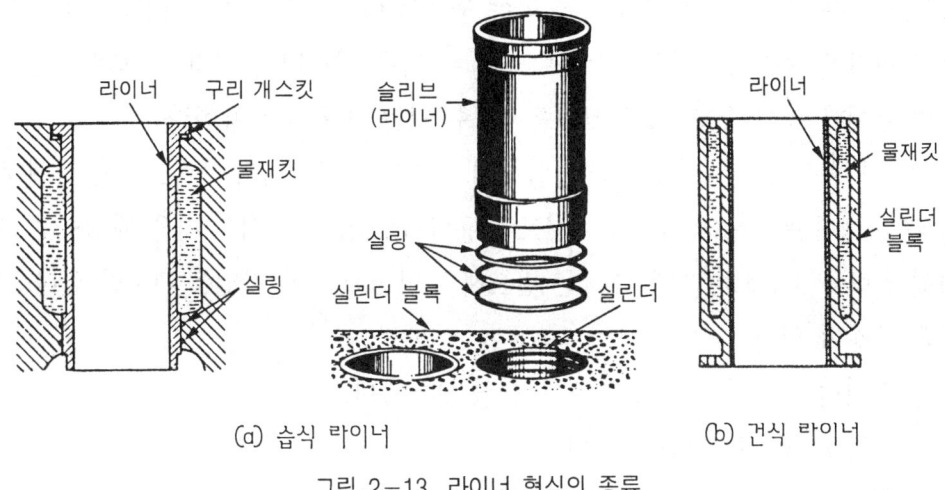

(a) 습식 라이너   (b) 건식 라이너

그림 2-13. 라이너 형식의 종류

① **습식 라이너**(wet type)

습식은 라이너의 바깥둘레가 물 재킷의 한 쪽으로 되어 냉각수와 직접 접촉하게 되어 있으며, 1개씩 교환이 가능하고, 일반적으로 STD(standard) 사이즈로만 생산된다. 습식은 그 위 끝 부분에 플랜지(flange)가 있어 실린더 블록의 홈에 끼워져 설치 위치가 정해지며 실린더 헤드와의 기밀과 수밀(水密)을 유지하기 위해 라이너 윗면이 실린더 블록의 윗면보다 약간 높게 되어 있다.

라이너 아래 부분(실린더 부분과 접촉하는 부분)에는 2~3개의 고무제 실링(seal ring)이 끼워지며, 이것은 열팽창에 따른 변형을 방지하고 냉각수가 크랭크 케이스로 누출되는 것을 방지한다. 습식은 실린더 블록의 재질이 보통 주철이나 알루미늄 합금일 경우에 사용하며 다음과 같은 특징이 있다.

① 직접 냉각수와 접촉하므로 냉각 성능이 우수하다.
② 실린더 블록의 주조가 비교적 쉽다.
③ 정비 성능이 양호하다.
④ 실링이 손상되면 냉각수 누출의 염려가 있다.
⑤ 실린더 블록의 강성이 저하한다.
⑥ 라이너의 누께는 5~8mm 정도이다.

② **건식 라이너**(dry type)

건식은 라이너가 냉각수와 직접 접촉하지 않고 실린더 블록을 거쳐 냉각하게 되어 있으므로 라이너 바깥 둘레와 블록 안쪽 둘레의 마찰력으로 유지시킨다. 이 형식은 주로 실린더 블록과 실린더가 일체 주조로 된 경우 실린더를 여러 번 보링하여 실린더 벽의 두께가 얇아져 더 이상 보링을 할 수 없는 경우에 사용한다.

그러나 최근에는 주철제 실린더 블록의 재질보다 라이너의 내마모성을 크게 하고자 할 경우 제작할 때부터 새 엔진에서도 사용하기도 한다. 건식은 끼울 때 2~3톤 정도의 압입 압력이 소요되며 끼운 후에는 반드시 호닝(horning) 작업을 하여야 한다. 다음과 같은 특징이 있다.

① 실린더 블록의 강성과 강도가 습식보다 크다.
② 냉각수 누출의 염려가 없다.
③ 구조가 복잡하여 정비 성능이 약간 떨어진다.
④ 라이너의 두께는 2~4mm 정도이다.

(3) 실린더 벽의 마모

실린더 벽의 마모는 엔진의 내구성을 좌우하는 가장 기본이 되는 것이다. 마모의 원인과 경향 그리고 정비 방법에 대하여 설명하면 다음과 같다.

1) 실린더 벽 마모의 원인

① 기계적 마모

㉮ 피스톤 링의 장력, 피스톤의 측압 등 금속 접촉에 의한 마모

㉯ 흡입공기 중 먼지에 의한 마모

㉰ 연료에 의한 윤활유 희석에 의한 마모. 이것은 오일 막을 유지하는 힘이 약해지고 특히 고온 운전에서 그 영향이 크다.

② 부식적 마모

연소에 의하여 생성된 것 및 연료 중 유해성분에 의한 부식이다.

③ 취급 불량에 의한 마모

㉮ 윤활유의 부족 또는 불량한 윤활유의 사용에 의한 마모.

㉯ 과부하 상태에서의 장시간 운전에 의한 마모.

㉰ 워밍업(난기 운전)이 부족한 상태에서의 사용에 의한 마모

2) 실린더 벽의 마모 경향

실린더 벽의 마모 경향은 실린더 윗부분(상사점 부근)에서 가장 크며, 하사점 부근에서도 피스톤이 운동 방향을 바꿀 때 일시 정지하므로 이때 오일 막이 차단되어 그 마멸이 현저하다. 그러나 하사점(BDC) 아래 부분은 거의 마멸되지 않는다. 또한 디젤 엔진의 마모는 커넥팅 로드나 크랭크축에 특별한 장해가 없는 경우 다음과 같은 마모의 경향을 나타내는 일이 많다.

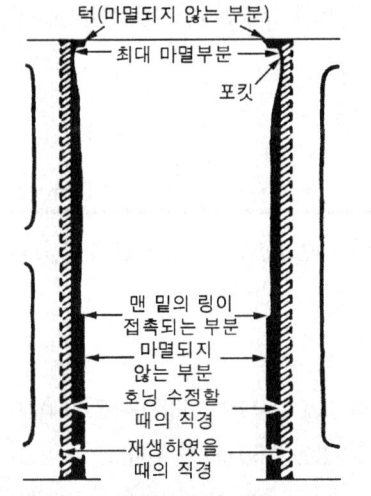

그림 2-14. 실린더 벽의 마멸 경향

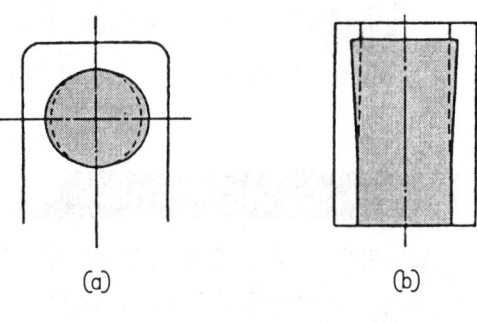

그림 2-15. 실린더의 마모 경향

① 실린더 위 부분의 마모

그림 2-14에 나타낸 것과 같이 피스톤 상사점 위치에서의 제1번 압축 링 부근이 최대로 마모가 되고 하사점에 가까워짐에 따라 마모는 적어진다. 이것은 피스톤 슬랩(Piston slap), 피스톤 사이드 노크나 열팽창에 의한 것이다.

② 크랭크축 직각 방향(측압방향)의 마모

그림 2-15(a)에 나타낸 것처럼 크랭크축 방향과 직각 방향을 비교하면 직각 방향의 마모가 크다. 이것은 피스톤의 측압(thrust)에 의한 것이다.

3) 보링에 의한 수정

장기간 사용으로 실린더가 마모되어 일정 한도를 넘을 경우 엔진의 성능을 회복시키기 위하여 내면을 깎아내어 수정하는 작업. 즉 보링을 한다. 보링 작업의 순서는 대개 다음과 같이 한다.

① 실린더 마모량을 측정하고 피스톤 간극 및 호닝량을 고려하여 보링 치수를 결정한다.

② 보링 머신으로 여러 번 나누어 절삭을 한다.

③ 보링에서의 바이트 자국을 없애기 위하여 호닝을 한다.

④ 보링값 계산방법 : 실린더 벽이 가장 크게 마모되는 부분은 상사점 부근이며 측압 방향의 마모가 더욱 크다. 이것을 진원으로 절삭하기 위해 최대 마모 부분을 기준으로 하여 진원 절삭값 0.2mm를 더 절삭해야 한다. 또 실린더 지름이 70mm 이상일 때에는 0.2mm 이상, 70mm 이하일 때에는 0.15mm 이상 마모되면, 보링을 해야 한다. 그리고 피스톤 오버 사이즈(O/S) 규격에는 0.25mm, 0.50mm, 0.75mm, 1.00mm, 1.25mm, 1.50mm가 있다.

예제) Example

1. 실린더 안지름이 85.00mm인 디젤 엔진이 0.27mm가 마모되었을 경우 보링값(수정값)과 오버 사이즈(O/S)값은 각각 얼마인가?

   최대 마모값 75.27mm + 0.2 = 75.47mm
   그러나 피스톤 오버사이즈에는 0.47 mm가 없으므로 이 값보다 크면서 가장 가까운 값 0.50 mm를 선택한다. 따라서 보링 값은 85.50 mm이고 O/S값은 0.50 mm가 된다.

(4) 실린더 수와 그 배열

1) 실린더 수

4행정 사이클 디젤 엔진에서는 일반적으로 4, 6, 8실린더가 사용된다. 동일 배기량으로 실린더 수를 많게 하는 경우의 장점 및 단점을 들면 다음과 같다.

① 실린더 수가 많은 경우의 장점

 ㉮ 회전력 변동이 적다
 ㉯ 회전이 원활하다.
 ㉰ 회전의 응답성이 양호하다.
 ㉱ 소음이 감소된다.
 ㉲ 비출력(比出力 ; 배기량의 출력)이 증가한다.

② 실린더 수가 많은 경우의 단점

 ㉮ 구조가 복잡하다.
 ㉯ 제작비가 비싸다.
 ㉰ 흡입공기의 분배가 곤란해진다.
 ㉱ 보수 및 정비가 어려워진다.

2) 실린더의 배열

자동차용 엔진에 사용되는 실린더의 배열에는 그림 2-16에 나타낸 것처럼 직렬형, 수평 대향형, V형이 있다. 이 선택은 설치장소, 냉각 방법, 제작비용, 실린더 수, 폭발, 균형 등에 의하여 결정된다.

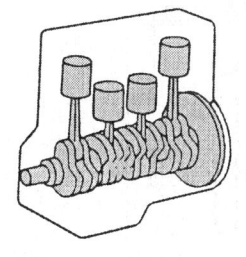 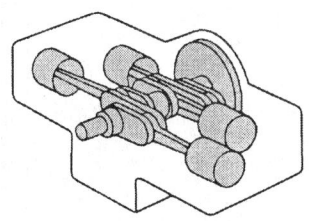 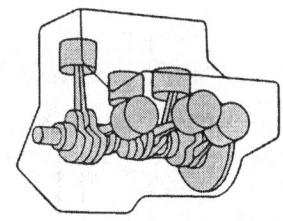

(a) 직렬형   (b) 수평 대향형   (c) V형

그림 2-16. 실린더 배열

3) 피스톤 행정과 실린더 안지름 비율

엔진 배기량의 크기, 즉 출력의 크기는 피스톤 행정(L)과 실린더 안지름(D)에 의하여 결정된다. 여기서 동일 배기량이라도 L/D의 값, 즉 행정과 안지름 비율의 크기는 엔진 성능을 좌우하는 중요한 값이다. L/D가 1인 엔진을 장방형 엔진(square engine), 1이하의 엔진을 단 행정 엔진(over square engine), 1 이상의 엔진을 장 행정 엔진(under square engine)이라 부르며, 다음과 같이 각각의 특징이 있다.

① 단 행정 엔진

㉮ 피스톤 평균속도를 높이지 않고도 회전속도를 높일 수 있으므로 단위 실린더 체적당 출력을 증가시킬 수 있다.

㉯ 엔진의 높이를 낮출 수 있어 차량 적재 상태에서 주행 안정상 유리한 점이 되지만 역으로 엔진의 길이는 길어진다.

㉰ 연소실이 편평하게 되며 냉각 손실은 증가한다.

㉱ 폭발 압력이 높아지고 베어링에 걸리는 하중이 커진다.

㉲ 연소실 용적에 대한 그 표면적이 크게 되고 배기가스 중 유해 성분인 탄화수소의 배출량은 많아진다.

② 장 행정 엔진

장 행정 엔진은 롱 스트로크 엔진이라고도 부르며, 그 특징은 오버 스퀘어 엔진과 반대되지만 특기할만한 장점은 다음과 같다.

㉮ 행정이 길기 때문에 내구성 및 유연성이 있는 운동이 가능하다.

㉯ 배기가스 대책으로는 유리한 점이 있다.

㉰ 저속에서 회전력이 크고 측압이 적다.

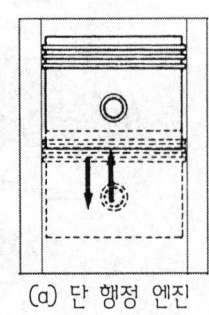
(a) 단 행정 엔진

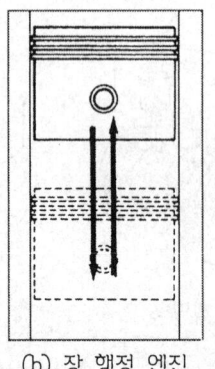
(b) 장 행정 엔진

그림 2-17. 피스톤 행정/실린더 안지름 비율

2-3. 피스톤(piston)

피스톤은 실린더 내를 직선 왕복 운동을 하여 동력 행정에서의 고온·고압가스로부터 받은 동력을 커넥팅 로드를 통하여 크랭크축에 회전력(torque)을 발생시키고 흡입, 압축, 배기 행정에서 크랭크축으로부터 힘을 받아서 각각 작용을 한다.

(1) 피스톤의 기능 및 구비 조건

디젤 엔진의 피스톤은 일반적으로 55~65kgf/cm² 정도의 압력을 받고 500~550℃ 정도의 온도가 되며, 더욱이 평균 피스톤 속도는 13~15m/s 정도의 고속으로 실린더 내를 왕복한다. 따라서 피스톤의 기능을 충분히 발휘할 수 있도록 하기 위해서는 다음과 같은 조건을 만족하는 것이 바람직하다.

① 내압(耐壓) 및 내열성(耐熱性)이 양호한 구조일 것.
② 피스톤 헤드의 열 부하가 적게 되도록 열을 신속하게 저하시키는 구조일 것.
③ 정숙한 운전을 하기 위하여 열팽창이 적은 구조일 것.
④ 고속 운전에서 피스톤 관성의 영향을 적게 하기 위하여 가벼운 구조일 것.
⑤ 내마모성이 양호할 것.

1) 내압 및 내열성이 양호한 구조

내압 및 내열성에 강한 구조가 되도록 하기 위하여 강도·강성(强度·剛性)이 충분한 재질을 사용하여야 하지만 다음 항목을 고려하여야 한다.

① 피스톤 헤드 뒷면에 리브(rib)를 설치하여 강도 및 강성을 보강한다.
② 피스톤 스커트의 두께는 강성·강도 및 열전도 등을 고려하여 결정하고 피스톤 스커트 쪽으로 갈수록 얇아지는 구조가 되도록 한다.

2) 열 부하가 적고 열전도가 양호한 구조

열전도가 양호한 재질을 사용하여 다음과 같은 구조로 한다.

① 피스톤 헤드의 열을 받는 면적을 가능한 적게 한다.
② 피스톤 안쪽 면의 헤드와 옆벽(側壁)을 둥그스름한 모양으로 연결하여 열의 흐름이 쉬운 형상으로 한다.
③ 톱 랜드를 작게 하고 제1번 압축 링을 될 수 있는 대로 위쪽에 설치하고, 피스톤 링과 링 홈과의 틈새도 작아야 하며 열이 흐르기 쉬운 형상으로 한다.

④ 피스톤 간극을 작게 한다.

3) 열팽창이 적은 구조

열팽창이 적은 재질을 사용하여 다음과 같은 구조로 한다.
① 피스톤 스커트의 열팽창을 방지하기 위하여 T 슬롯(slot) 또는 U 슬롯을 설치한다.
② 열팽창이 적은 인바 강을 넣거나 강철 링을 피스톤 보스에 넣어 열팽창을 억제시킨다.

4) 가벼운 구조

비중(比重)이 적은 재질을 사용하고 다음과 같은 구조로 한다.
① 강도와 강성이 변하지 않는 범위에서 피스톤의 두께를 얇게 한다.
② 피스톤 스커트의 일부를 절단한 형상(슬리퍼)으로 한다.

5) 내마모성이 양호한 구조

① 피스톤 스커트의 일부를 잘라내고 실린더와의 마찰 면적을 적게 한다.
② 양호한 오일 막(油膜)의 유지를 위하여 주석과 납으로 도금한다.

(2) 피스톤의 구조

피스톤은 헤드, 링 지대, 피스톤 스커트, 피스톤 보스 등으로 구성되어 있다.

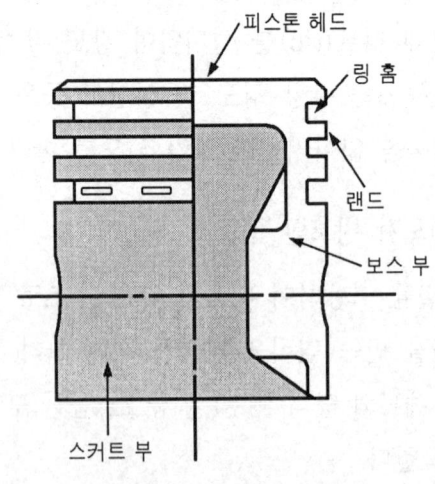

그림 2-18. 피스톤의 구조

1) 피스톤 헤드(piston head)

피스톤 헤드는 연소실을 형성하는 부분이며 압축행정에서 와류의 발생에도 관계되는 곳으로 다음과 같은 형상이 있다.

① 돔형(볼록형) 피스톤 헤드

돔형(convex type)은 반구형(半球形)이나 다구형(多口形) 연소실의 엔진에 많이 사용되고 있으며, 피스톤의 헤드를 볼록형 또는 반구형으로 하고 있다. 구조는 그림 2-19와 같으며, 실린더 헤드를 조정한 것으로 인하여 세탄가가 높은 연료의 사양, 세탄가가 낮은 연료의 사양 구별이 가능하다. 이 형식의 특징은 다음과 같다.

㉮ 압축비를 높일 수 있다.
㉯ 피스톤 헤드의 무게가 증가한다.
㉰ 가공이 복잡하고 번거롭다.

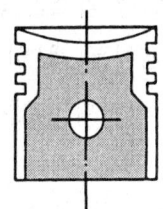
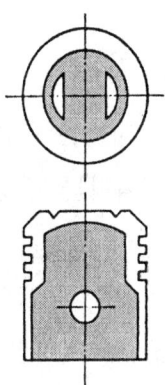

그림 2-19. 돔형 피스톤 헤드   그림 2-20. 밸브 노치형 피스톤 헤드

높은 압축비 엔진에서는 흡입·배기 밸브와 피스톤 헤드와의 접촉을 피하기 위하여 밸브의 양정을 충분히 취할 수 있도록 그림 2-20에 나타낸 것과 같이 밸브 노치를 설치한 것도 있다.

② 오목형 피스톤 헤드

오목형(concave type)의 피스톤은 헤드가 움푹하게 들어간 모양이며, 그림 2-21은 그 구조를 나타낸 것이다. 이 형식은 패인 곳이 연소실의 일부를 형성하는 것으로서 연소실의 높이를 낮게 할 수 있으나 피스톤 헤드의 열을 받는 면적이 크기 때문에 열 부하가 커진다.

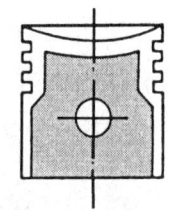

그림 2-21. 오목형 피스톤 헤드

③ 편평형 피스톤 헤드

편평형 피스톤 헤드는 제작이 쉬우며 열을 받는 면적이 가장 적으며, 그 구조는 그림 2-22와 같다.

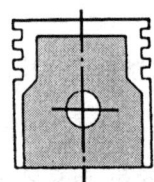

그림 2-22. 편평형 피스톤 헤드

2) 피스톤 링 지대

링 지대는 피스톤 링을 끼우기 위한 링 홈과 홈 사이인 랜드(land)가 있다. 그리고 오일 링이 끼워지는 링 홈에는 링이 긁어내린 엔진 오일을 피스톤 안쪽으로 보내기 위한 오일 구멍이 뚫려져 있다. 또 어떤 형식의 피스톤에서는 제1번 랜드에 좁은 홈을 여러 개 파서 피스톤 헤드 부의 높은 열이 스커트 부로 전달되는 것을 차단해주는 히트 댐(heat dam)을 두기도 한다.

또 엔진의 고속화에 따라 피스톤 링의 폭(축 방향 폭)이 좁은 것이 작동상 필요하므로 피스톤 링 지대의 치수도 작게 하며, 피스톤 전체 길이도 짧아졌다. 그리고 피스톤 헤드의 열을 전달하기 위해서는 피스톤 헤드 면에서부터 제1번 압축 링 홈의 위 끝까지 거리도 짧은 편이 좋다. 피스톤 링 홈은 일반적으로 압축 링 2~3개, 오일 링 1~2개이다. 피스톤 링의 두께는 1.5~2.5mm 정도이며, 오일 링은 4mm 정도이다. 피스톤 링과 링 홈과의 상하방향 간극은 0.02~0.03mm 정도이다. 피스톤 링 지대의 구조는 그림 2-23과 같다.

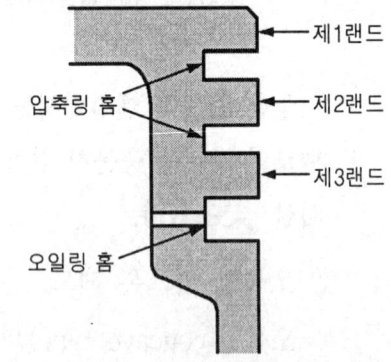

그림 2-23. 피스톤 링 지대의 구조

3) 피스톤 보스 부분 및 스커트 부분

피스톤 보스 부분은 피스톤 핀을 지지하는 곳으로 강성을 높이기 위하여 두께가 두껍게 되어있다. 또 운전 중에 적절한 피스톤 간극(piston clearance)을 유지하고 정숙한 운전을 하기 위하여 보스 부분과 스커트 부분은 타원(橢圓) 가공이나 테이퍼(taper) 가공으로 되어 있다.

① **타원 가공(캠 연마) 피스톤**

보스 부분은 두께가 두껍기 때문에 핀 방향과 측압 방향의 열팽창에 차이가 있으므로 상온(常溫)에서는 그림 2-24에 나타낸 것과 같이 측압 방향은 지름이 큰 타원으로 가공한다. 온도의 상승에 따라 팽창하여 진원(眞元)에 가깝도록 한 것이다.

② **테이퍼 가공 피스톤**

운전 중 피스톤의 온도 분포는 헤드 부분이 스커트 부분 보다 높기 때문에 상온에서는 그림 2-25와 같이 피스톤 헤드의 지름을 작게 가공한다. 피스톤 스커트 부분의 열팽창을 억제하기 위해서는 여러 가지 방법은 있지만 다음 장에서 설명하기로 한다.

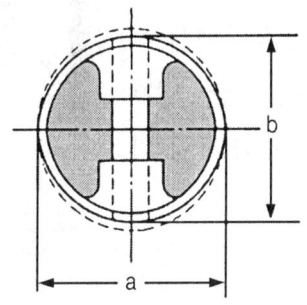   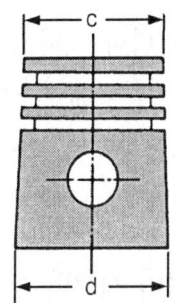

그림 2-24. 타원 가공 피스톤   그림 2-25. 테이퍼 가공 피스톤

(3) 피스톤의 재질

피스톤의 재질은 특수 주철과 알루미늄 합금이 있으며, 주철은 강도가 크고 열팽창률이 적어 피스톤 간극을 적게 할 수 있어 블로바이나 피스톤 슬랩을 감소시킬 수 있으나 무게가 무거워 운전 중 관성(慣性)이 커지므로 고속 엔진의 피스톤으로는 부적합하다. 그러나 알루미늄 합금은 무게가 가볍고 열 전도성이 커 피스톤 헤드의 온도가 낮아져 고속·높은 압축비 엔진에 적합하다. 그리고 피스톤용 알루미늄 합금에는 구리 계열의 Y합금과 규소 계열의 로 엑스(LO-EX)가 있다.

표 2-1. 피스톤 재료의 성분과 그 특성

종류	Cu	Mg	Si	Ni	비중	특성
Y합금 (구리계열)	3.5~4.5	1.2~1.8	0.6	1.7~2.3	2.8	열팽창은 크나 열전도성이 양호하다.
로엑스 (규소계열)	0.8~1.5	0.7~1.3	11.0~13.0	1.0~2.7	2.7	열팽창은 중간 정도이나 열전도성은 양호하다.
고(高)규소 합금	0.8~1.5	0.8~1.3	23~26	0.8~1.3	2.65	열팽창이 작고, 열전도성은 양호하다.

(4) 피스톤 간극

피스톤 간극이란 실린더 안지름과 피스톤 최대 바깥지름(스커트의 지름)과의 차이를 말하며 엔진 작동 중 열팽창을 고려하여 둔다. 따라서 피스톤 간극은 스커트 부분에서 측정하며, 간극을 두는 값은 피스톤의 재료, 형상, 엔진 냉각 상태 등에 따라서 결정되지만 일반적으로 알루미늄 합금 피스톤에서는 실린더 안지름의 0.05% 정도이다.

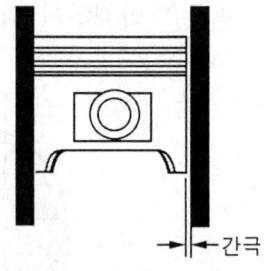

그림 2-26. 피스톤 간극

1) 피스톤 간극이 작으면

피스톤 간극이 작으면 엔진 작동 중 열팽창으로 인해 실린더와 피스톤 사이에서 고착(융착, 소결)이 발생한다.

2) 피스톤 간극이 크면

① 압축 압력의 저하
② 블로바이가 발생한다.
③ 연소실에 엔진 오일이 상승하여 연소된다.
④ 피스톤 슬랩이 발생한다.
⑤ 연료가 엔진 오일에 떨어져 희석(稀釋)되어 엔진 오일의 수명을 단축시킨다.
⑥ 엔진의 기동 성능이 떨어진다.
⑦ 엔진 출력이 감소한다.

> **참고) 피스톤 슬랩이란?**   Reference
>
> 피스톤 간극이 너무 크면 피스톤이 상·하사점에서 운동 방향을 바꿀 때 실린더 벽에 충격을 주는 현상이다. 저온에서 현저하게 발생하며 오프셋 피스톤을 사용하여 방지한다.

(5) 알루미늄 합금 피스톤의 종류

1) 스플릿 피스톤(split piston)

스플릿 피스톤은 측압이 적은 쪽의 링 홈 부분과 스커트 부분 사이에 T형, U형의 슬롯(slot)을 둔 피스톤이다. 가로방향 슬롯은 실린더와 미끄럼 운동을 하는 스커트 부분에 열전도를 제한하며, 세로방향 슬롯은 스커트 부분에 탄성을 지니도록 하고 열팽창을 피하여 측압에 의한 변형을 적게 하며, 피스톤 간극을 작게 하기 위한 것이다. 또한 슬롯 끝 부분에는 크고 둥근 모양으로 만들어 응력 집중을 피하고 있다.

2) 인바 피스톤(invar piston)

인바 피스톤은 보스 부분에 열팽창이 작은 인바 강(니켈 35%, 탄소 0.1~0.3%, 망간 0.4% 함유한 니켈강)을 주입한 피스톤이다. 인바 강에 의하여 알루미늄 합금의 열팽창을 억제시키므로 피스톤 간극을 작게 할 수 있으며, 엔진이 냉각되었을 때 양호한 운전이 가능하다. 그리고 엔진 작동 중 일정한 피스톤 간극을 유지할 수 있다.

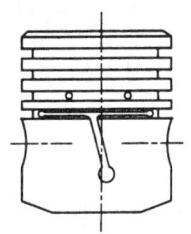

그림 2-27. 스플릿 피스톤

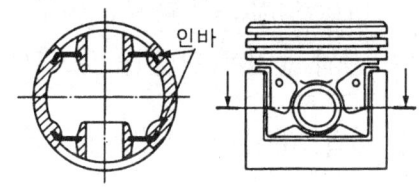

그림 2-28. 인바 피스톤

3) 슬리퍼 피스톤(slipper piston)

슬리퍼 피스톤은 보스 방향의 스커트 부분을 절단하여 무게를 줄인 피스톤이다. 스커트 부분의 실린더 벽과 마찰 면적을 적게 하여 마찰 손실을 감소시키며, 이 절단된 부분에 의하여 하사점에서 스커트 부분과 크랭크축의 평형추와 부딪히는 것을 피할 수 있으므로 커넥팅 로드를 짧게 할 수 있다.

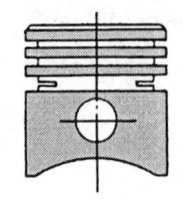

그림 2-29. 슬리퍼 피스톤

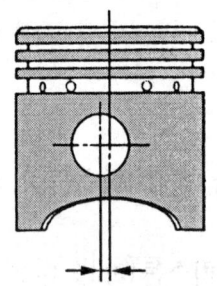

그림 2-30. 오프셋 피스톤

4) 오프셋 피스톤(off-set piston)

오프셋 피스톤은 피스톤 핀의 중심 위치를 피스톤 중심에서 좌우 어느 쪽에 1.5~3.0mm 정도 오프셋(offset)시킨 피스톤이다. 측압 쪽에 오프셋을 할 경우 실린더 상사점 부근에서 피스톤이 평행 이동할 때의 충격이 완화되므로 피스톤 슬랩(piston slap ; 타음)을 감소시킬 수 있다. 또한 역방향의 측압 쪽에 오프셋을 하면 피스톤의 실린더에 가해지는 미끄럼 운동 압력을 감소시켜서 실린더의 마모를 적게 할 수 있다.

5) 솔리드 피스톤(solid piston)

솔리드 피스톤의 스커트 부분은 상·중·하의 지름이 동일한 피스톤으로서 강도가 크다. 슬롯(slot)이 없으므로 피스톤 간극을 크게 하여야 한다. 따라서 소음 발생이 많으며 높은 부하 운전에 견딜 수 있으므로 트럭 엔진에 사용된다.

6) 오토 서믹 피스톤(auto thermic piston)

보스 부분에 강철 조각(鋼片)을 넣고 일체 주조한 피스톤으로 인바 강보다 가격이 싸기 때문에 강철 조각을 사용한 것이다. 알루미늄 합금과 강의 열팽창 차이에 의한 바이메탈 작용을 이용하여 스커트 부분의 측압 방향으로 열팽창을 억제하는 것이다. 인바 피스톤과 같이 구조는 복잡하지만 피스톤 간극을 작게 할 수 있으므로 소음이 적다.

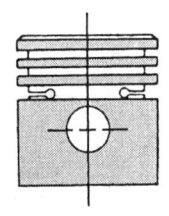 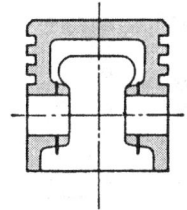

그림 2-31. 솔리드 피스톤   그림 2-32. 오토 서믹 피스톤

참고) 측압(thrust)이란?   Reference

피스톤의 미끄럼 운동이 커넥팅 로드를 거쳐 크랭크축을 회전시킬 때 피스톤 헤드에 작용하는 힘과 크랭크축이 회전할 때의 저항력으로 실린더 벽에 피스톤이 압력을 가하는 현상이다.

2-4. 피스톤 링(piston ring)

(1) 피스톤 링의 구조와 기능

피스톤 링은 압축 및 동력 행정에서 기밀(氣密)을 유지하기 위하여 링 일부를 절단하여 적당한 탄성을 주어 피스톤 링 홈에 3~5개 정도 설치한 금속제 링이며 압축 링과 오일 링이 있다. 그 구조는 그림 2-33과 같다.

압축 링은 연소가스가 연소실에서 크랭크 케이스에 누출되는 것을 방지하고 피스톤 헤드의 열을 실린더 벽에 전달한다. 오일 링은 실린더 벽에 잔류하는 오일을 긁어내려 적절한 오일 막을 형성한다. 링의 B치수(축 방향 폭)는 엔진의 고속화에 따라 압축 링은 얇아지는 경향에 있지만 실제로 사용하는 것은 1.5~2.5mm 정도이다.

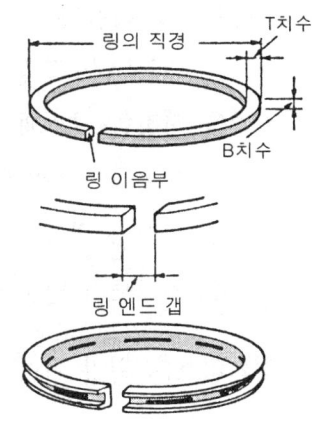

그림 2-33. 피스톤 링의 구조

오일 링은 오일제어 작용의 향상과 오일이 복귀되는 홈을 크게 하기 위하여 피스톤 링이 두꺼워지는 경향이 있지만 실제로는 4~5mm 정도이다. 링의 T치수(지름 방향 폭)는 압축 링에서는 장력을 증가하고 높은 면압을 얻기 위해 두껍게 되는 경향이 있으나 실제로는 3.3~4.4mm 정도이다.

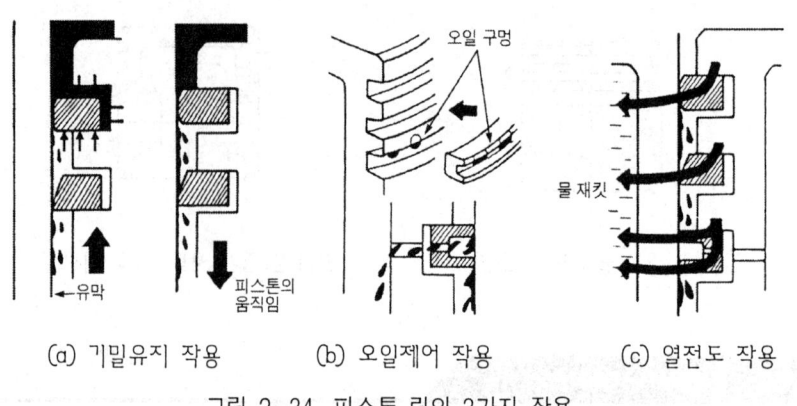

(a) 기밀유지 작용　　(b) 오일제어 작용　　(c) 열전도 작용

그림 2-34. 피스톤 링의 3가지 작용

(2) 피스톤 링의 재료와 가공 방법

1) 피스톤 링의 재료

피스톤 링은 높은 온도와 높은 압력의 가혹한 윤활 조건 아래에서 고속으로 미끄럼 운동을 하기 때문에 재료로는 일반적으로 회주철이나 구상 흑연주철, 특수주철 등이 사용되며 다음과 같은 조건이 요구된다.

① 내열·내마모성이 있을 것
② 적절한 장력과 높은 면압이 있을 것
③ 고온에서 장력의 변화가 적을 것
④ 실린더 벽을 마모시키지 않을 것
⑤ 열전도가 양호할 것

2) 피스톤 링의 가공 방법

피스톤 링에는 내구성 향상 및 초기의 길들이기를 원만하게 하기 위하여 표면처리를 한 것이 있으며, 제1번 압축 링과 오일 링은 내구성 향상을 위하여 크롬 도금을 한다. 크롬 도금의 두께는 0.05mm 정도로 하고, 이것에 의하여 피스톤 링의 마모는 1/3~1/4, 실린더의 마모는 1/2 정도로 감소된다. 얇은 모양의 제1번 압축 링은 상하 면이 마모되면, 면압이 감소되므로 상하 면에도 크롬 도금(3면 크롬도금)을 하는 경우가 있다. 피스톤 링의 방청과 길들이기 향상을 위하여 페록스 코팅(사삼산화철을 형성)이나 파커 라이징(인산염 피막을 형성)등으로 피막을 만드는 경우가 있다. 그리고 크롬 도금한 실린더에는 크롬 도금한 피스톤 링을 사용해서는 안 된다.

(3) 피스톤 링의 작용

1) 압축 링의 작용

압축 링은 실린더와 피스톤 사이에서 압축 행정을 할 때 공기 누출 방지 및 동력 행정에서 연소 가스의 누출을 방지하며 피스톤 헤드 윗부분 링 홈에 2~3개가 설치된다. 압축 링은 상사점에서 내려올 때 실린더 벽과의 마찰로 링 홈의 윗면으로 밀려 링 윗면과 링 홈의 윗면이 밀착되고 유막 위를 미끄러져 하사점에 도달한다. 하사점에서 올라갈 때에는 링 홈의 아래 면에 밀착되어 링 홈 윗면에 간극이 생겨 긁힌 오일이 고인다. 이 고인 오일이 실린더 벽에 공급되므로 항상 실린더 벽 전체 면에는 오일 막이 형성된다.

피스톤 링이 상사점과 하사점에서 행정을 바꿀 때마다 피스톤 링의 위치가 바뀌는 작용을 링의 호흡 작용(piston ring aspiration)이라 부른다. 그리고 압축 링은 기밀 유지를 위하여 장력이 매우 중요하다. 장력이 너무 크면 실린더 벽과의 마찰 손실이 증가하고 그 정도가 지나치면 실린더 벽의 오일 막이 차단되어 피스톤 링과 실린더 벽이 직접 접촉한다. 반대로 피스톤 링의 장력이 작으면 실린더 벽과 피스톤 사이의 오일 막이 두껍게 되어 블로바이를 일으키기 쉽고, 피스톤의 열전도 작용이 감소하여 피스톤의 온도가 상승한다.

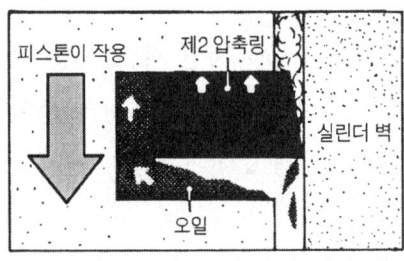

① 흡입행정 : 피스톤의 홈과 링의 윗면이 접촉하여 홈에 있는 소량의 오일의 침입을 막는다.

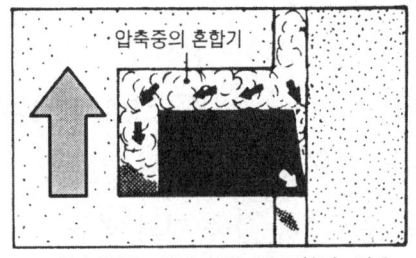

② 압축행정 : 피스톤이 상승하면 링은 아래로 밀리게 되어 위로부터의 혼합기가 아래로 새지 않도록 한다.

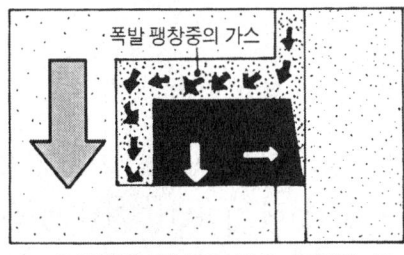

③ 동력행정 : 가스가 링을 강하게 가압하고, 링의 아래 면으로부터 가스가 새는 것을 방지한다.

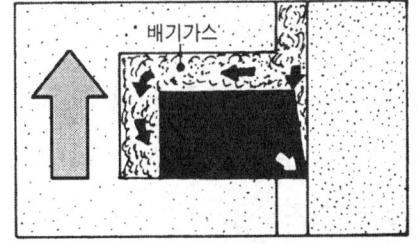

④ 배기행정 : 압축행정과 비슷한 움직임 이상에서 피스톤의 움직임에 영향을 받지 않는 것은 ③뿐이다.

그림 2-35. 압축 링의 작용

2) 오일 링의 작용

오일 링은 실린더 벽을 윤활하고 남은 과잉의 엔진 오일을 긁어내려 실린더 벽의 오일 막을 조절한다. 링의 전 둘레에 걸쳐 홈이 파져 있어 긁어내린 오일을 피스톤 안쪽으로 보내어 피스톤 핀의 윤활을 하도록 하고 오일 팬에 떨어진다.

최근에는 엔진의 회전속도 증가로 오일 제어 작용이 어렵게 되므로 링의 장력을 높이고 유연성을 향상시키는 익스팬더 링(expander ring)을 넣기도 하며, 고속용 엔진에서는 U 플렉스(U-flex)링을 사용하기도 한다. U 플렉스 링은 많은 구멍이 있어 많은 양의 오일을 긁어내릴 수 있다.

그림 2-36. 오일 링의 형상

(4) 압축 링의 플래터링 현상

1) 플래터링 현상

압축 링의 플래터링 현상이란 엔진의 회전속도가 높아지면 피스톤 링이 링 홈 내에서 상하 방향이나 반지름 방향으로 진동하여 가스 누설에 의한 엔진의 출력 저하 등이 일어나는 것을 말한다.

① 저속 운전에서 압축 링의 작동

저속 운전에서는 흡입 행정과 압축행정의 시작에서 링의 관성력(Pr)과 실린더와의 마찰력(Pc)의 방향 변화 때문에 링의 아래쪽 면이 그림 2-37(a)에 보이는 것과 같이 링 홈의 하단에 접촉된다.

② 고속 운전에서의 압축 링의 작동

고속 운전에서는 압축 링의 가속도가 커져서 링의 관성력(Pr)은 가스 압력(Pf)과 마찰력(Pc)을 이겨낸다. 그러므로 링은 그림 2-37(b)에 나타낸 것처럼 링 홈의 하단으로부터 부상하고 링은 누출가스의 압력(Pb)으로 면 압이 저하된다. 그리고 다시 그림 2-37(c)과 같이 링과 실린더 벽과의 사이에 간극이 생겨 링으로서의 기능을 상실하고 가스의 누설이 급증한다. 이것을 링의 플래터링 현상이라 한다.

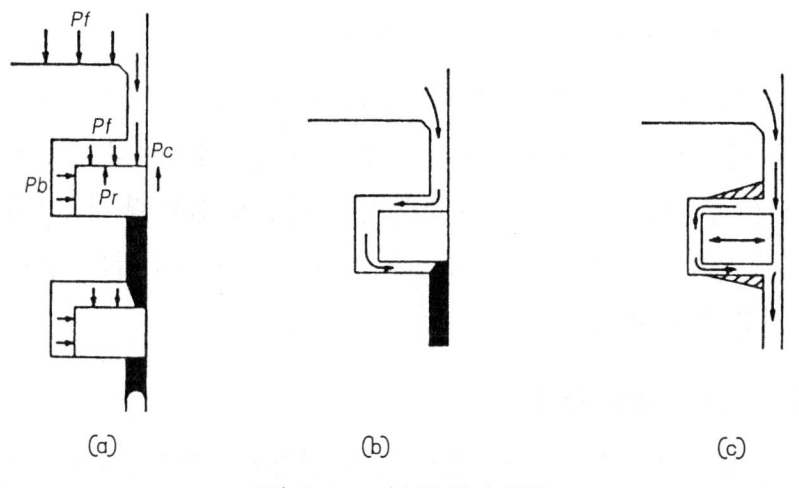

그림 2-37. 피스톤 링의 작동

2) 플래터링 현상 발생에 따른 영향

압축 링에 플래터링 현상이 발생하면 다음과 같은 영향을 준다.

① 가스 누출이 급증하므로 엔진의 출력이 저하된다.
② 누출 가스 압력에 의하여 오일 막이 끊어져 링이나 실린더의 마모를 촉진시킨다.
③ 링을 통하여 실린더에 열전도가 적어지고 피스톤의 온도가 상승한다.
④ 누출 가스 때문에 윤활유에 슬러지(Sludge)가 발생하여 윤활 부분에 퇴적물이 쌓이게 된다.
⑤ 윤활유의 소모량이 증가한다.
⑥ 블로바이 가스(blow-by gas)가 증가한다.

3) 플래터링 현상의 방지 방법

압축 링의 플래터링 현상을 방지하는 데는 다음과 같은 방법이 있다.

① T 치수(지름 방향폭)를 증가시켜 링의 장력을 높여 면압(面壓)을 증가시킨다.
② 얇은 링을 사용하여 링의 무게를 적게 하고 관성력을 감소시킨다.
③ 링 이음 부분은 배압이 적으므로 링 이음 부분의 면압 분포를 높인다.
④ 실린더 벽에서 긁어내린 윤활유를 도피시킬 수 있는 홈을 링 랜드에 설치한다.

(5) 피스톤 링 이음 부분

1) 링 이음 부분의 간극(end gap ; 절개부 간극)

링 이음 부분의 간극은 엔진 작동 중 열팽창을 고려하여 두며 피스톤 바깥지름에 관계된다. 링 이음 부분의 간극이 규정보다 크면 블로바이가 일어나고, 엔진 오일 소모가 증가한다. 또 링 이음 부분의 간극이 작으면 열팽창으로 인해 링 이음 부분이 접촉하여 고착을 일으키거나 실린더 벽을 긁게 된다. 링 이음 부분의 간극은 제1번 압축 링(top ring)을 가장 크게 한다.

2) 링 이음 부분의 조립 방향

링을 피스톤에 조립할 때 각 링 이음 부분의 방향이 한쪽으로 일직선상에 있게 되면 블로바이가 발생하기 쉽고, 엔진 오일이 연소실에 상승한다. 이를 방지하기 위하여 링 이음 부분의 위치는 서로 120~180° 방향으로 끼워야 하며 이때 링 이음 부분이 측압 쪽을 향하지 않도록 해야 한다.

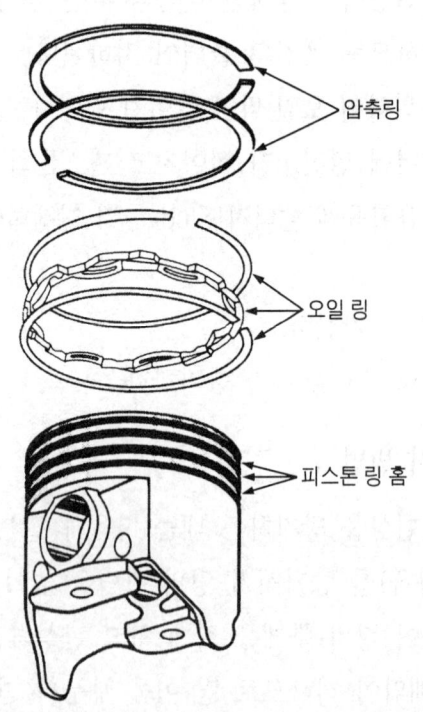

그림 2-38. 피스톤 링 이음 부분의 조립 방향

2-5. 피스톤 핀(piston pin)

피스톤 핀은 피스톤 보스 부분에 끼워져 피스톤과 커넥팅 로드 소단부를 연결해주는 핀이며, 피스톤이 받은 폭발력을 커넥팅 로드로 전달한다. 구조는 그림 2-39와 같다.

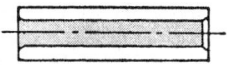 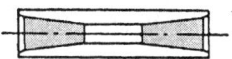 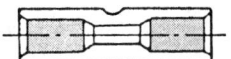

그림 2-39. 피스톤 핀

피스톤은 폭발 압력과 피스톤의 관성력에 따라 압축력과 인장력이 되풀이되므로 강인성이 필요하다. 그리고 바깥둘레면(外周面)은 피스톤 혹은 커넥팅로드 소단부와 높은 면압으로 미끄럼 접촉이 되므로 내마모성이 요구된다. 또 피스톤과 같이 가능한 가볍게 하고, 피스톤 핀의 재료는 크롬 강, 크롬-몰리브덴강 등이 사용되며, 표면은 침탄 방법이나 고주파 경화 방법으로 표면 경화되어 있다. 피스톤 핀의 구비 조건은 다음과 같다.

① 무게가 가벼울 것
② 강도가 클 것
③ 내 마멸성이 클 것

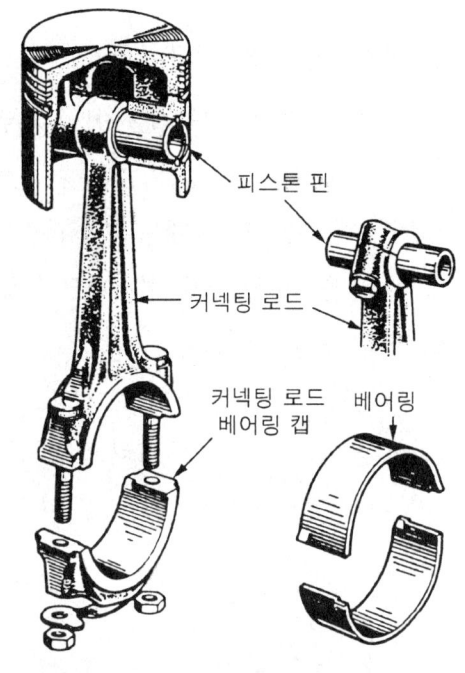

그림 2-40. 피스톤 핀의 설치 상태

참고) 표면경화(表面硬化)   Reference

금속 내부는 변화를 주지 않고 금속의 표면만 단단하게 하는 열처리 방법이다. 표면 경화 방법에는 금속 표면에 탄소를 침투시키는 침탄 방법, 암모니아 불꽃을 사용하여 질소를 침투시키는 질화 방법, 청산가리, 청산소다 등을 사용하여 탄소와 질소를 동시에 침투시키는 청화 방법, 산소-아세틸렌 불꽃을 이용하는 화염 경화 방법, 고주파 및 고전압을 사용하는 고주파 경화 방법 등이 있다.

(1) 피스톤 핀의 고정 방법

1) 고정식(固定式)

고정식은 피스톤 핀을 피스톤 보스 부분 가열 끼워 박음이나 볼트로 고정하는 것이다. 구조는 그림 2-41(a)에 나타냈으며, 이 형식은 피스톤 핀의 축 방향 이동이 없기 때문에 커넥팅 로드 소단부와 접촉되는 부분은 마모되기 쉽다. 또 피스톤 보스 부분에 볼트구멍을 뚫기 때문에 피스톤의 내구성이 저하되며, 커넥팅 로드 소단부에 구리합금의 부싱(bushing)이 들어간다.

2) 반부동식(요동식 ; 半浮動式 또는 搖動式)

반부동식은 피스톤 핀을 커넥팅 로드 소단부에 "클램프 볼트"로 고정하거나 압입하는 것이며, 그 구조는 그림 2-41(b)에 나타냈다. 이 형식은 커넥팅 로드 소단부의 베어링이 필요 없기 때문에 소단부의 폭이나 오일 간극을 적게 할 수 있다. 그러나 피스톤 핀은 고정되므로 설치하는데 있어서 변형을 없애기 위하여 핀의 중앙 두께를 두껍게 하여야 한다.

압입된 것은 전부동식의 결점인 소음을 없앨 수 있으며, 무게 균형이 양호하므로 최근에는 널리 사용된다. 그리고 볼트로 고정하는 것은 피스톤 핀의 축 방향 위치를 정하기 위해 핀의 중앙에 홈을 만들 필요가 있으며 또 무게 균형이 나쁜 단점이 있다.

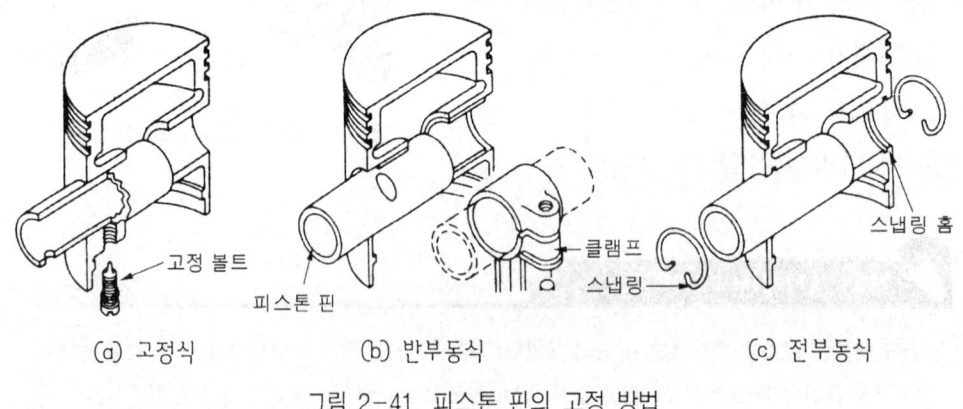

그림 2-41. 피스톤 핀의 고정 방법

3) 전부동식(全浮動式)

전부동식은 피스톤이 보스 부분과 커넥팅 로드 소단부에 모두 고정되지 않고 자유로

이 회전할 수 있는 구조다(그림 2-41(c)). 피스톤 핀의 축 방향 이동은 보스 부분에 홈을 만들고 스냅 링을 끼워 피스톤 핀의 빠져나오는 것을 방지한다.

알루미늄 합금 피스톤의 경우 열팽창이 크기 때문에 핀 구멍을 적게 만들어 피스톤을 가열하고 피스톤 핀을 삽입하여 적절한 오일 간극이 유지하도록 한다. 이 형식을 피스톤 핀이 고정되지 않으므로 하중점이 변화하여 핀의 편 마모가 적다. 그러나 다른 형식보다 오일 간극이 커지기 때문에 소음의 원인이 된다.

2-6. 커넥팅 로드(connecting rod)

(1) 커넥팅 로드의 개요

커넥팅 로드는 피스톤 핀과 크랭크축을 연결하는 막대이며, 피스톤의 왕복 운동을 크랭크축으로 전달하는 일을 한다. 소단부(small end)는 피스톤 핀에 연결되고, 대단부(big end)는 크랭크축 베어링을 통하여 크랭크 핀과 결합되어 있다. 커넥팅 로드에는 가스 압력에 의한 압축력, 피스톤의 관성력에 의한 인장력, 커넥팅로드 자신의 관성력에 의한 휘어짐 등의 하중을 받기 때문에 이것을 견디기 위해 충분한 강도와 강성이 필요하다.

따라서 재질은 니켈-크롬(Ni-Cr)강, 크롬-몰리브덴(Cr-Mo)강 등의 특수강을 단조(forging)하여 제작한다. 형상은 무게를 가볍게 하고 충분한 기계적 강도를 얻기 위해 그 단면을 I형으로 주로 만든다. 또 실린더 벽에 엔진 오일을 분사하기 위하여 커넥팅 로드 베어링 위 부분에 오일 분출 구멍을 두고 있다.

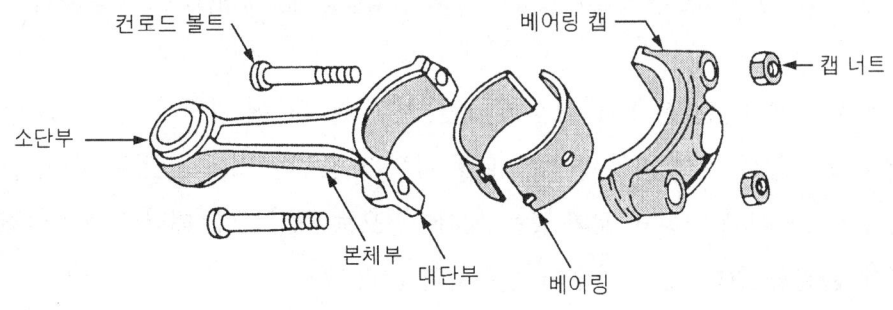

그림 2-42. 커넥팅 로드의 구조

1) 커넥팅로드 소단부

커넥팅로드의 소단부는 피스톤 핀과 연결하는 곳으로 전부동식과 고정식의 경우는 베어링 부분에 인청동 부싱(bushing)를 압입한다. 윤활유의 공급은 전부동식의 경우 소단부의 위 부분 또는 기울어진 밑의 오일 구멍을 통해 비말(飛沫)형태로 급유된다.

2) 커넥팅로드 본체부

본체부의 형상은 기계적 강도와 중량의 경감을 위하여 I형 단면으로 되어 있다.

3) 커넥팅로드 대단부

커넥팅로드의 대단부는 크랭크 핀과 연결되는 곳으로 그 치수는 크랭크축의 크랭크 핀의 직경과 폭에 의해 결정된다. 대단부의 형상은 얇은 베어링이 설치되고 그의 변형을 최소로 하기 위해 충분한 강성이 필요하다. 본체부와 캡의 분할은 일반적으로 커넥팅로드의 중심선에 직각으로 이루어지지만 크랭크 핀의 바깥지름이 큰 경우 정비를 용이하게 하기 위하여 45° 경사지게 분할하는 경우가 있다(그림 2-43).

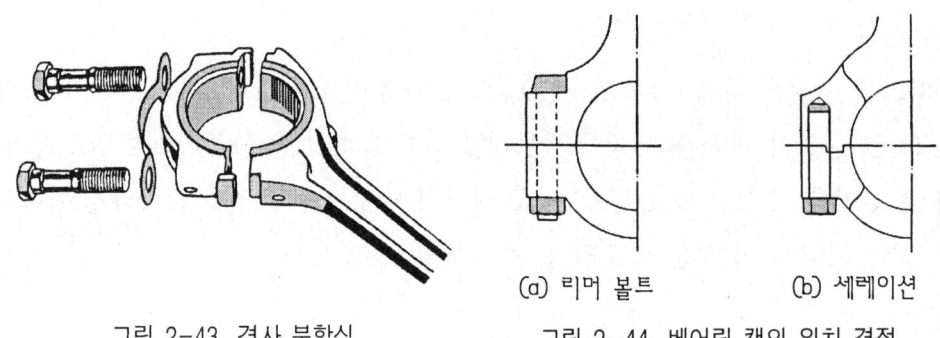

그림 2-43. 경사 분할식   (a) 리머 볼트   (b) 세레이션

그림 2-44. 베어링 캡의 위치 결정

본체부와 캡의 고정은 관통 볼트와 너트, 또는 본체부에 가공된 암나사와 볼트를 사용한다. 본체부와 캡의 위치 결정은 관통 볼트의 경우는 리머 볼트로 하며, 볼트의 경우는 그림 2-44에 나타낸 것과 같은 세레이션으로 고정한다. 대단부에는 실린더의 측압쪽에 윤활을 위한 분사 구멍이 설치되어 있다.

(2) 커넥팅 로드의 길이

커넥팅 로드의 길이는 소단부 중심에서 대단부 중심 사이의 길이로 표시하며, 피스톤 행정의 1.5~2.3배 또는 크랭크축 회전 반지름의 3.0~4.5배가 적당하다. 커넥팅 로드의 길이가 길면 실린더 벽에 작용하는 피스톤의 측압이 작아 실린더 벽 마멸이 감소하여 엔진 수명이 길어지는 이점이 있으나 강도와 무게 면에서 불리하고, 엔진의 높이가 높아진다. 반대로 길이가 짧으면 엔진의 높이가 낮아지고 무게를 줄일 수 있으나 실린더 측압이 커져 엔진 수명이 짧아지고 엔진의 길이가 길어지게 된다.

2-7. 크랭크축(crank shaft)

크랭크축은 실린더 블록의 아래쪽 반원부에 메인 저널 베어링의 상반부(上半部)가 설치되고, 하반부(下半部)는 블록에 볼트로 설치되는 베어링 캡으로 지지되며 동력 행정에서 얻은 피스톤의 동력을 회전운동으로 바꾸어 엔진으로 출력을 외부로 전달하고, 흡입, 압축, 배기 행정에서는 피스톤에 운동을 전달하는 회전축이다.

크랭크축의 구비 조건은 다음과 같다.
① 정적(靜的) 및 동적 평형(動的平衡)이 잡혀 있어야 한다.
② 강도(强度)와 강성(强盛)이 충분하여야 한다.
③ 내마멸성이 커야 한다.

(1) 크랭크축의 구조

크랭크축의 회전 중심을 형성하는 부분을 메인 저널(main journal), 커넥팅 로드 대단부와 결합되는 부분을 크랭크 핀(crank pin), 메인 저널과 크랭크 핀을 연결하는 부분을 크랭크 암(crank arm) 그리고 회전 평형을 유지하기 위해 크랭크 암에 둔 평형추(balance weight) 등의 주요부로 구성되어 있다.

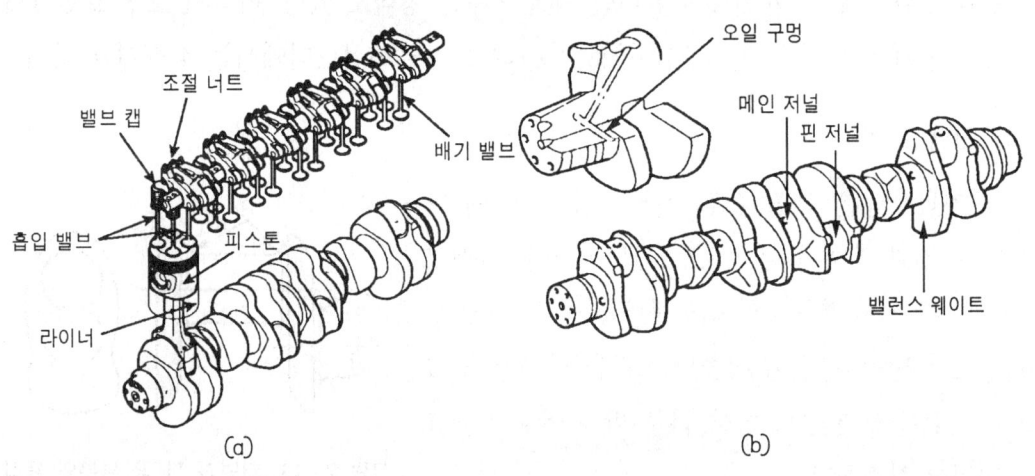

그림 2-45. 크랭크축의 구조

또, 크랭크축 앞 끝에는 캠축 구동용의 타이밍 기어 또는 타이밍 벨트 구동용 스프로킷과 물 펌프 및 발전기 구동을 위한 크랭크축 풀리가 설치되며 뒤쪽에는 플라이 휠 설치를 위한 플랜지(flange)와 클러치 축 지지용 파일럿 베어링을 끼우는 구멍이 있다. 내부에는 커넥팅 로드 베어링으로 오일 공급을 하기 위한 오일 구멍 및 오일 통로가 있고, 크랭크 케이스의 오일 누출을 방지하기 위한 오일 실(oil seal)을 두고 있다.

1) 크랭크 핀

크랭크 핀의 수는 직렬형이나 수평 대향형 엔진에서는 실린더 수와 같은 수이며, V형 엔진에서는 실린더수의 1/2이다. 이것은 1개의 크랭크 핀에 대해 좌우 2개의 커넥팅로드를 연결하기 때문이다. 크랭크 핀은 폭발 압력에 따라 압축력을 받으므로 충분한 강성과 커넥팅로드 대단부의 베어링에 따라 높은 면압과 마찰을 받게 되므로 충분한 표면 강도가 필요하다. 또 회전 질량에 따른 관성력이나 크랭크축 자체의 비틀림 진동을 적게 하기 위해서는 가벼운 쪽이 좋기 때문에 강성이 저하되지 않도록 될 수 있는 대로 크랭크 핀의 바깥지름을 작게 한다.

2) 메인 저널

메인 저널의 수는 베어링의 수에 의하여 정해지지만 엔진의 고속화에 따라 실린더 사이사이에 베어링을 설치한 구조가 많아졌다. 메인 저널은 폭발 압력에 의한 굽힘 작용은 크랭크 핀보다 작으므로 베어링 하중과 비틀림 진동에서 치수를 결정한다. 메인 저널은 크랭크 축 앞·뒤 끝 부분과 각 크랭크 핀 1개마다 두는 것을 원칙으로 하지만 크랭크 핀 2개나 3개에 1개의 메인 저널을 두는 형식도 있다. 따라서 크랭크 핀 4개에 대하여 메인 저널은 3~5개를 주로 사용하고 직렬 6실린더에서는 4~7개를 둔다.

3) 크랭크 암

크랭크 암은 강도(强度)상에 그림 2-46에 나타낸 것과 같이 타원형으로 만들어진다. 크랭크 암의 핀 저널 부분과의 접합부에는 큰 R(둥근 모양)로 만들어 응력이 집중되는 것을 방지한다. 그러나 R이 크면 강도는 증가되지만 베어링의 유효 면적이 감소한다.

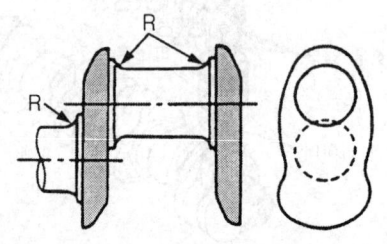

그림 2-46. 저널과 핀 끝 부분의 둘레

4) 오일 통로

커넥팅로드 대단부의 윤활유 공급은 크랭크 핀과 메인 저널에 마련된 크랭크 암의 통로를 통하여 이루어진다. 이들의 오일구멍은 베어링에 가해지는 하중이나 유압 분포 등을 고려한 형상으로 만들 필요가 있으며 일반적인 오일구멍은 그림 2-47(a)과 같다. 피스톤이 상사점 위치에 있을 때 베어링에 가해지는 하중을 적게 받도록 하기 위하여 각도를 가지게 한 것(그림 2-47(b)) 그리고 크랭크 핀 부에 2개의 오일구멍을 만들어 베어링의 오일 홈에 의한 접촉 면적의 감소를 없애고 고속에서 윤활을 양호하게 한 것 등이 있다(그림 2-47(c)).

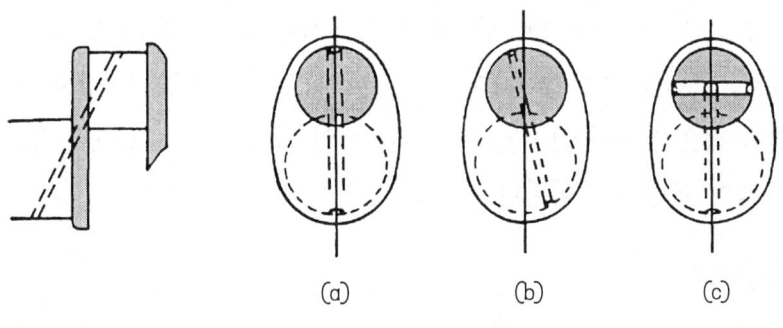

그림 2-47. 오일 통로의 위치

5) 평형추

평형추는 크랭크 핀과 메인 저널을 연결하는 크랭크 암을 연장하여 만들어진 것이며 그림 2-48에 나타낸 것과 같은 형상이다. 실린더 수가 적은 엔진에서는 회전운동부분의 질량에 따라 관성력이나 왕복운동 부분에 따라 관성력의 일부로 균형을 맞추어 평형을 유지하며 베어링에 걸리는 하중을 경감한다.

실린더 수가 많은 엔진에서는 서로 짝 지워져 있으나 부분적으로 불균형이 있으므로 베어링 하중의 경감과 고속에서 비틀림 진동을 감소하기 위한 평형추가 설치되어 있다. 그러나 평형추만으로는 불충분한 면이 있으므로 최근 4실린더 엔진에서 크랭크축의 양측에 밸런스 축을 2개 설치한다. 그것을 엔진의 회전속도의 2배로 정·역회전시켜서 상하방향의 2차 진동을 줄여 원활하게 회전시키는 경우가 있다.

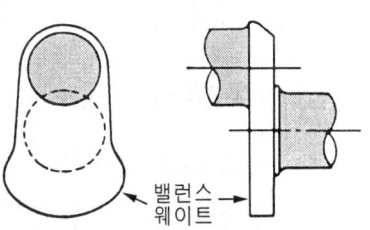

그림 2-48. 평형추

(2) 크랭크축의 재질과 가공

크랭크축의 재질은 고탄소강, 크롬-몰리브덴(Cr-Mo)강, 니켈-크롬(Ni-Cr)강 등으로 단조하여 제작한다. 최근에는 엔진의 고속화 경향으로 피스톤 행정과 실린더 안지름 비가 작아지는 단 행정 엔진 제작으로 인하여 메인 저널과 크랭크 핀의 중심거리가 짧아짐에 따라(이를 오버랩 크랭크축이라 함) 크랭크축의 강성이 높은 것이 요구된다. 이에 따라 미하나이트 주철 또는 구상 흑연 주철제 크랭크축도 사용된다. 그리고 메인 저널과 크랭크 핀은 고주파 경화 방법으로 표면 경화한다.

1) 단조 크랭크축

단조의 경우에는 일반적으로 탄소강(S50C, S55C)이 사용되며, 고부하의 엔진에서는 특수 합금강(니켈, 크롬강 등)이 사용된다. 단조제(鍛造製)는 강도·강성이 높고 재료의 결함이 적으며 신뢰성도 높다. 핀이나 메인 저널 부분은 고주파 경화나 침탄 방법 등을 이용하며 표면을 경화한다.

2) 주조 크랭크축

주조의 경우는 구상 흑연 주철이나 펄라이트 가단주철이 사용되고 있다. 제조상 복잡한 형상으로도 가능하며, 크랭크 핀 등을 중공(中空)으로 하여 회전질량을 감소시켜 평형추의 모양도 자유롭게 할 수 있다. 또한 오일구멍은 유관(流官)을 주입하기 때문에 가공을 없앨 수 있는 장점이 있다.

주철은 크랭크축과 같이 응력 집중 부분을 지니는 경우는 피로 강도의 저하가 적기 때문에 강철에 비해 유리하며, 또 핀 저널 베어링의 마모는 강제(鋼製)보다 적다. 그러나 주조 결함에 의한 제품의 변형이 발생되며, 신뢰성이 조금은 저하되지만 현재는 이것이 많이 보완되어 실제로 사용하는 경우가 많아지고 있다.

(3) 크랭크축의 형식과 분사 순서

크랭크축의 형식은 실린더 수, 실린더 배열, 메인 저널 수, 분사 순서 등에 따라 달라진다. 실린더 수가 많아짐에 따라 각 실린더의 분사 순서에 알맞도록 크랭크축의 크랭크 핀은 일정한 각도로 정렬되어 있어야 한다.

1) 직렬 4실린더 형

직렬 4행정 사이클 4실린더의 크랭크축은 폭발 간격이 180°이므로 제1과 제4, 제2와 제3실린더의 크랭크 핀이 동일 방향이며, 180°의 각도로 배치된다. 메인 저널은 베어링의 수에 의하여 3개인 것(그림 2-49(a))과 5개인 것(그림 2-49(b))이 있다. 베어링이 많을 경우 베어링에 가해지는 하중의 경감과 고속 운전에서 비틀림 진동을 감소시킬 수 있으므로 널리 사용되고 있지만 엔진의 길이가 길어진다.

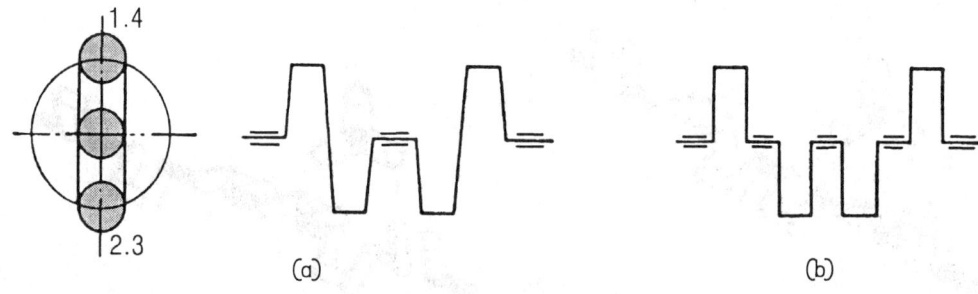

그림 2-49. 직렬 4실린더의 크랭크축

2) 직렬 5실린더 형

직렬 5실린더 엔진의 크랭크축은 그림 2-50에 나타낸 바와 같이 제1번~제5번의 크랭크 핀이 5방향으로 나누어져 있다. 각 크랭크 핀이 이루는 각도는 제1번과 제2번 및 제4번과 제5번이 144°이고, 제2번과 제3번 및 제3번과 제4번이 72°를 이루도록 되어 있으며, 메인 저널 수는 6개로 구성되어 있다.

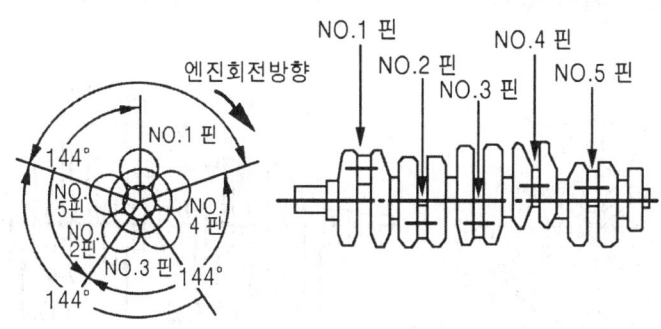

그림 2-50. 직렬 5실린더 엔진의 크랭크축

3) 직렬 6실린더 형

직렬형 4행정 사이클 6실린더의 크랭크축은 그림 2-51(a), (b)와 같이 우수식(right hand type) 크랭크축과 좌수식(left hand type) 크랭크축이 있다. 제1과 제6, 제2와 제5, 제3과 제4실린더의 크랭크 핀이 동일 방향에 있고 각각 120° 간격으로 되어 있다. 베어링 수는 4개와 7개가 있지만 직렬 6실린더 엔진에서는 왕복 운동 부분의 질량에 따라 관성력이 잘 조화를 이루기 때문에 진동이 적고 원활한 회전을 할 수 있다.

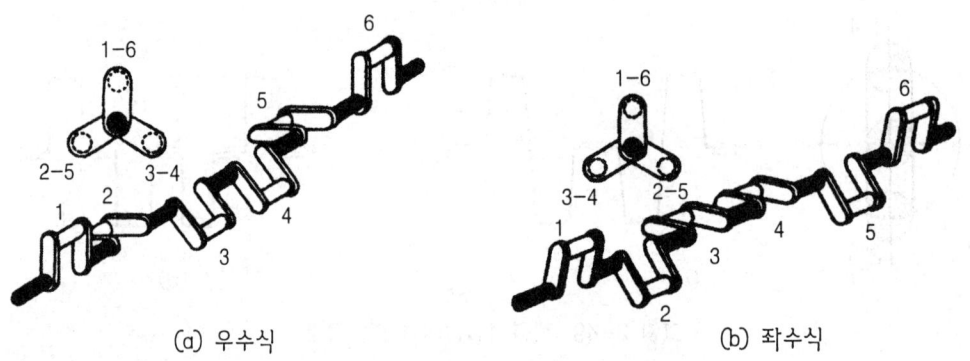

그림 2-51. 직렬 6실린더의 크랭크축

4) 60° V-6 실린더 형

60° V-6 실린더 엔진의 크랭크축은 그림 2-52에 나타낸 바와 같이 제1번~제6번 크랭크 핀이 6방향으로 나누어져 있다. 각 크랭크 핀이 이루는 각은 제1번과 제2번, 제3번과 제4번 및 제5번과 제6번이 60°이고, 제2번과 제3번 및 제4번과 제5번은 180°를 이루도록 되어 있다.

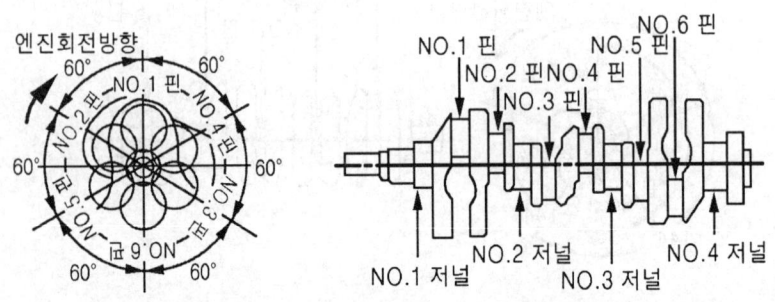

그림 2-52. 60° V-6 실린더 엔진의 크랭크축

이것은 뱅크 각(bank angle)을 60°로 하였기 때문에 폭발 간격을 크랭크 각도로 120°마다 일어나도록 하기 위해서는 그림 2-53에서와 같이 크랭크 핀을 60° 오프셋 (offset)시키지 않으면 안 되기 때문이다.

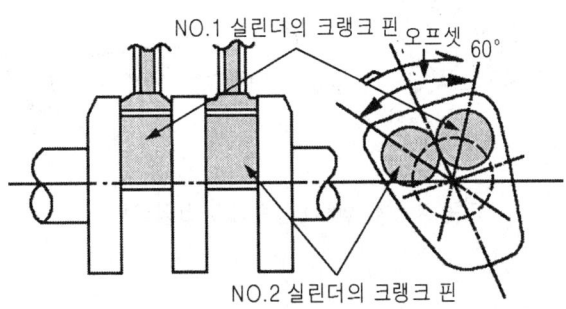

그림 2-53. 60° V-6 실린더 엔진의 크랭크 핀 오프셋

5) V-8 실린더 형

4행정 사이클 V형 8실린더의 크랭크축은 그림 2-54(a), (b)에 나타낸 것처럼 180°형과 90°형이 있다. 180°형은 4행정 사이클 4실린더의 크랭크축과 같은 형상이지만, 1개의 크랭크 핀에 각각 2개의 커넥팅로드가 부착되어 있다.

90°형은 십자형에 4방향으로 크랭크 핀이 배치되어 있고, V형 실린더를 좌우로 벌린 각도는 90°가 많이 사용되며 베어링 수는 3베어링과 5베어링이 있다. V형 8실린더에서 실린더 번호를 부르는 방법은 일반적으로 좌우로 나누어져 있는 실린더 중에서 가장 앞부분을 제1실린더로 하고 크랭크축에 배치되는 순번에 번호를 붙이는 경우가 많다.

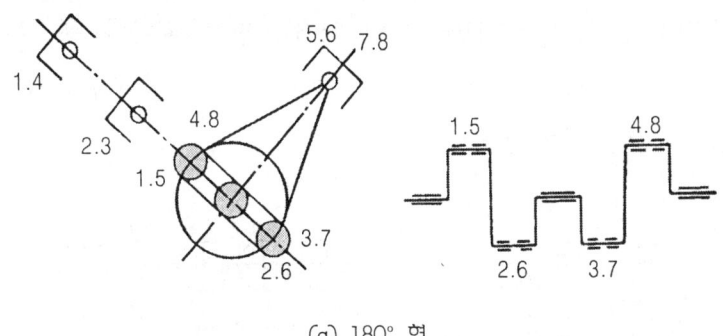

(a) 180° 형

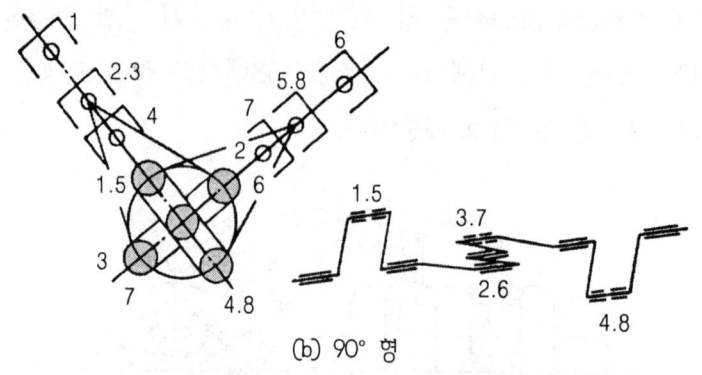

(b) 90° 형

그림 2-54. V형 8실린더의 크랭크축

(4) 분사 순서(噴火順序)

1) 분사 순서를 결정할 때 고려하여야 할 사항

실린더 수가 많은 엔진에서는 내구성, 공기의 분배, 회전의 원활함 등이 분사순서에 따라 영향을 받기 때문에 그 결정에는 다음을 만족시켜야 한다.

① 회전력 변동을 적게 하기 위하여 폭발 간격이 일정할 것
② 크랭크축에 비틀림 진동을 일으키지 않을 것
③ 베어링 하중이 과대하게 되지 않도록 또는 열부하의 집중을 피하기 위하여 서로 이웃한 실린더에 연이어 폭발시키지 말 것
④ 흡입·배기관 내에서 가스의 상호 간섭을 피할 것

2) 직렬 4실린더 엔진의 분사 순서

직렬 4실린더 엔진은 크랭크축이 매 180°회전할 때마다 폭발행정이 발생하여 720°(180°×4) 회전하는 동안에 각 실린더마다 폭발이 일어나야 하므로 4회의 폭발을 하면서 1사이클을 완성한다.

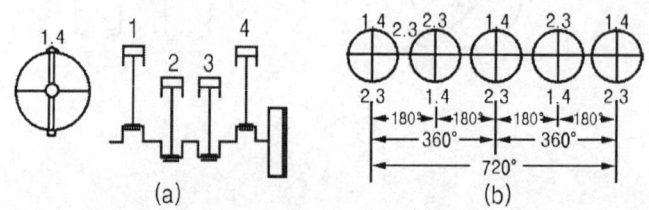

그림 2-55. 4실린더 엔진 크랭크 핀과 피스톤의 위치

위 그림 2-55에 나타낸 바와 같이 제1번과 제4번 피스톤이 상사점에 도달하면, 둘 중의 중 하나가 압축 행정을 끝내고 폭발 행정을 한다. 예를 들어 제1번 피스톤이 폭발 행정을 하게 되면, 제4번 피스톤은 흡입 행정을 하면서 제1번과 제4번 피스톤이 함께 하강하며, 크랭크축은 180° 회전하여 하사점에 도달한다. 이때 제2번과 3번 피스톤은 상사점에 도달한다. 2번과 제3번 피스톤이 상사점에 도달하면 둘 중의 하나가 압축 행정을 끝내고 폭발 행정을 한다.

가령 제3번 피스톤이 압축 행정을 끝내면 제2번 피스톤은 배기 행정을 끝내고 상사점에 도달한다. 또한 압축행정을 끝낸 제3번 피스톤이 폭발행정을 할 때 제2번 피스톤은 흡입 행정을 하면서 제2번과 제3번 피스톤은 하강을 하며, 크랭크축은 180° 회전하여 하사점에 도달하게 된다. 이 때 제1번과 제4번 피스톤은 상사점에 도달하게 된다.

제1번과 제4번 피스톤이 또 다시 상사점에 도달하면 360° 전에 제1번 피스톤이 폭발 행정을 하였으므로 이번에는 제4번 피스톤이 압축 행정을 끝내고 제1번 피스톤은 배기 행정을 끝낸다. 이때 제4번 피스톤은 폭발 행정을 하면서 제1번과 제4번 피스톤은 하사점에 도달하면 제2번과 제3번 피스톤이 상사점에 도달한다. 360° 전에 제3번 피스톤이 폭발 행정을 하였기 때문에 이번에는 제2번 피스톤이 폭발 행정을 하게 된다. 이렇게 하여 분사 순서는 1-3-4-2가 된다.

표 2-2. 폭발 순서 1-3-4-2의 경우

크랭크축 회전각도 실린더번호	1회전		2회전	
	0~180°	180~360°	360~540°	540~720°
1	폭발	배기	흡입	압축
2	압축	폭발	배기	흡입
3	배기	흡입	압축	폭발
4	흡입	압축	폭발	배기

한편 1-2-4-3의 분사 순서는 다음과 같이 하여 결정된다. 제1번과 제4번 피스톤이 상사점에 도달하여 제1번 피스톤이 폭발행정을 하고 180° 회전하여 제1번과 제4번 피스톤이 하사점에 도달하며, 제2번과 제3번 피스톤은 상사점에 도달한다. 이때 제2번 피스톤이 압축 상사점에 도달하여 폭발 행정을 하였다면, 또 다시 크랭크축은 180° 회전하여 제1번과 제4번 피스톤이 상사점에 도달하여 이번에는 제4번 피스톤이 폭발 행

정을 하게 된다. 다음에 다시 제2번과 제3번 피스톤이 상사점 도달 하게 되면 제3번 피스톤이 폭발 행정을 하게 된다. 이렇게 하여 1-2-4-3의 분사 순서가 된다. 그러면 분사 순서를 정하는 방법을 알았으므로 각 실린더마다 작동 행정을 아래의 표로 나타내면 다음과 같다.

표 2-3. 폭발 순서 1-2-4-3의 경우

크랭크축 회전각도 실린더번호	1회전		2회전	
	0~180°	180~360°	360~540°	540~720°
1	폭발	배기	흡입	압축
2	배기	흡입	압축	폭발
3	압축	폭발	배기	흡입
4	흡입	압축	폭발	배기

3) 직렬 5실린더 엔진의 분사 순서

직렬 5실린더 엔진의 크랭크축은 각 크랭크 핀이 144°마다 또는 72°간격으로 되어 있어서 폭발 간격이 144°이다. 따라서 제1번 피스톤이 상사점을 통과한 후 크랭크축 회전각도로 144° 후에 2번째로 상사점이 되는 것은 제2번 피스톤이다. 마찬가지로 3번째로 상사점으로 되는 것은 제4번 피스톤이 되고, 이하 제5번, 제3번 피스톤 순서로 되어 분사순서는 1-2-4-5-3이 된다.

표 2-4. 5실린더 엔진의 분사 순서와 작동 행정의 관계

크랭크축 회전각도 실린더번호	1회전		2회전	
	0~180° 36° 72° 108° 144°	180~360° 216° 252° 288° 324°	360~540° 396° 432° 468° 504°	540~720° 576° 612° 648° 684°
1	동력	배기	흡입	압축
2	압축	동력	배기	흡입 / 압축
3	동력 / 배기	흡입	압축	
4	흡입	압축	동력	배기 / 흡입
5	배기	흡입	압축	동력 / 배기

이 분사 순서에 의한 각 실린더의 작동 행정은 표와 같이 된다. 직렬 5실린더에서는 가스 압력의 변동에 수반하는 회전력 변동이 4실린더와 6실린더의 중간이 되고 또 피스톤-커넥팅 로드 등의 질량이 엔진 내부에서 왕복 운동하거나 회전 운동하는 것에 의해 발생하는 관성력의 불 평형은 4실린더 보다 작으며, 소음 및 진동면에서 우수한 엔진이라 할 수 있다.

(4) 직렬 6실린더 엔진의 분사 순서

1) 우수식(右手式) 크랭크축의 경우

우수식 크랭크축이란 앞에서 마주 보았을 때 제3번과 제4번 크랭크 핀이 오른쪽에 위치하고 있는 것이다. 이 크랭크축은 그 각도가 120°이므로 120° 회전할 때마다 1회의 폭발 행정이 있으며, 크랭크축이 2회전하는 동안에 6회의 폭발 행정을 하고 각 실린더는 흡입·압축·폭발 및 배기의 4행정을 하여 1사이클을 완성한다.

그림 2-56의 (b)는 크랭크축이 120° 회전할 때마다 크랭크 핀이 상사점에 도달하는 것을 표시한 것이다. 지금 A의 위치에서 폭발 행정을 할 수 있는 것을 구한다면 제1번이나 제6번 피스톤 중의 어느 것이 된다. 맨 처음의 분사를 제1번 피스톤이 하면 다음 차례는 B의 위치(크랭크축 120° 회전)에 있는 제2번 또는 제5번 피스톤 중의 어느 것이 된다.

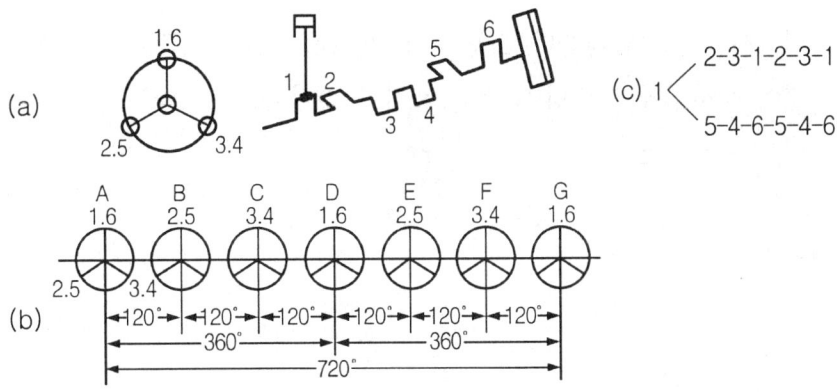

그림 2-56. 우수식 6실린더 엔진의 분사순서

이와 같이 하여 크랭크축이 120° 회전할 때마다 상사점에 오는 크랭크 핀의 위치를 B, C, D, 및 F라 하고 상사점에 있는 크랭크 핀을 그림 2-56의 분사 순서와 작동 행정과의 관계로 표시한 다음 A의 제1번에서부터 B, C, D, 및 F의 번호를 차례로 조합하면 하여 얻어지는 분사 순서는 1-5-3-6-2-4, 1-2-3-6-5-4, 1-2-4-6-5-4, 1-5-4-6-2-3 등이 있다. 이 이중에서 1-5-3-6-2-4가 실용화되어 있다.

표 2-5. 6실린더 엔진의 작동 행정과의 관계

크랭크축 회전각도 실린더 번호	1회전				2회전			
	0~180°		180~360°		360~540°		540~720°	
	60°	120°	240°	300°	420°	480°	600°	660°
1	폭발		배기		흡입		압축	
2	배기		흡입		압축		폭발	배기
3	흡입	압축		폭발		배기		흡입
4	폭발	배기		흡입		압축		폭발
5	압축		폭발		배기		흡입	압축
6	흡입		압축		폭발		배기	

2) 좌수식(左手式) 크랭크축의 경우

좌수식 크랭크축이란 앞에서 보았을 때 제3번과 제4번 크랭크 핀이 왼쪽에 위치하고 있는 것이다. 이 경우에도 120° 회전할 때마다 1회의 폭발 행정이 있으며, 크랭크축이 2회전하는 동안에 6회의 폭발 행정을 하고, 각 실린더는 흡입·압축·폭발 및 배기의 4행정을 하여 1사이클을 완성한다. 그림 2-57의 (b)는 크랭크축이 120° 회전할 때마다 크랭크 핀이 상사점에 도달하는 것을 표시한 것이다.

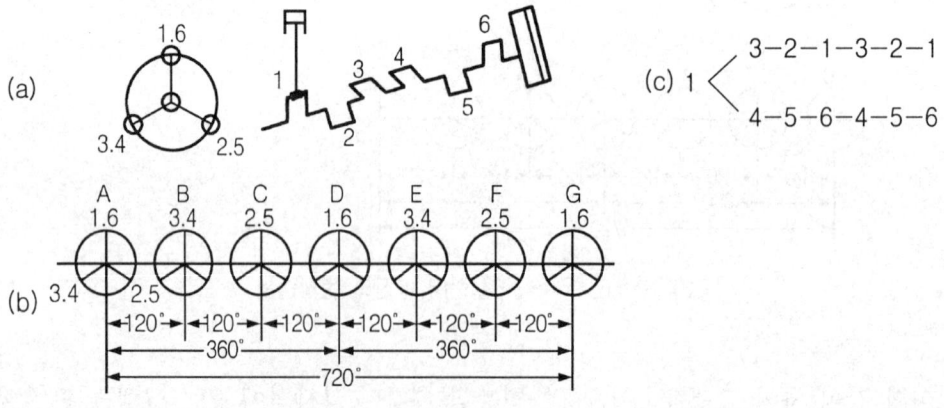

그림 2-57. 좌수식 6실린더 엔진의 분사순서

지금 A의 위치에서 폭발 행정을 할 수 있는 것을 구한다면 제1번이나 제6번 피스톤 중의 어느 것이 된다. 맨 처음의 분사를 제1번 피스톤이 하면 다음 차례는 B의 위치에 있는 제3번 또는 제4번 피스톤 중의 어느 것이 된다. 이와 같이 하여 크랭크축이 120° 회전할 때마다 상사점에 오는 크랭크 핀의 위치를 B, C, D, 및 F라 하고 상사점에 있는 크랭크 핀을 그림 2-59의 순서와 작동 행정과의 관계와 같이 표시한 다음 A의 제1번에서부터 B, C, D, 및 F의 번호를 차례로 조합하면 1-4-2-6-3-5, 1-3-2-6-4-5, 1-3-5-6-4-2, 1-4-5-6-3-2 등으로도 할 수 있다. 이 중에서 1-4-2-6-3-5가 실용화되어 있다.

표 2-6. 6실린더 엔진의 작동 행정과의 관계

크랭크축 회전각도 실린더 번호	1회전				2회전			
	0~180°		180~360°		360~540°		540~720°	
	60°	120°	240°	300°	420°	480°	600°	660°
1	폭발		배기		흡입		압축	
2	흡입	압축		폭발		배기		흡입
3	배기		흡입		압축		폭발	배기
4	압축		폭발		배기		흡입	압축
5	폭발	배기		흡입		압축		동력
6	흡입		압축		폭발		배기	

(5) V-6 실린더 엔진의 분사 순서

V-6 실린더 엔진은 좌우 실린더 중심선이 60°를 이루고 있는 60° V형과 90°를 이루는 90° V형이 있다. 여기서는 현재 우리나라에서 사용하고 있는 60° V형에 대해서 설명하기로 한다.

60° V형 6실린더 엔진의 실린더에서는 그림 2-58에 나타낸 바와 같은 크랭크축을 사용하며, 분사 순서는 1-2-3-4-5-6으로 되어 있다. 60° V형 6실린더 엔진의 실린더 배열은 오른쪽(오른쪽 뱅크라고도 함)에

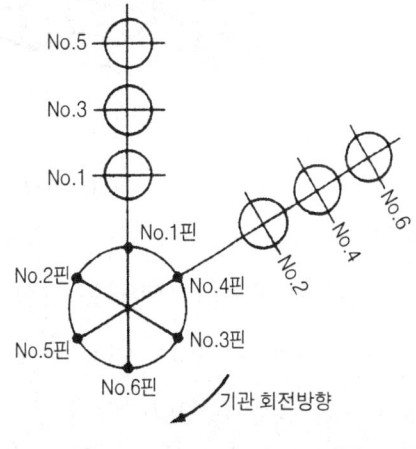

그림 2-58. 60° V형 6실린더 엔진의 실린더 배열

짝수를, 왼쪽에 홀수 실린더가 60°의 뱅크 각을 두고 배치되어 있다. 크랭크축은 크랭크 각도 120°마다 폭발 행정을 한다.

표 2-7. 60° V형 6실린더 엔진의 분사순서와 작동 행정 관계

크랭크축 회전각도 실린더 번호	1회전		2회전	
	0~180° 30° 60° 90° 120° 150°	180~360° 210° 240° 270° 300° 330°	360~540° 390° 420° 450° 480° 510°	540~720° 570° 600° 630° 660° 690°
1	폭발	배기	흡입	압축
2	압축	폭발	배기	흡입 · 압축
3	흡입 · 압축	폭발	배기	흡입
4	흡입	압축	폭발	배기
5	배기	흡입	압축	폭발 · 배기
6	폭발 · 배기	흡입	압축	폭발

(6) V-8 실린더 엔진의 분사순서

V-8 실린더 엔진에는 좌우 실린더의 중심선이 90°를 이루는 90°V형이 가장 많으며, 각 크랭크 핀에 2개의 커넥팅로드가 설치된다. 크랭크 핀의 각도는 그림 2-59에 나타낸 바와 같이 180° 2방향의 것과 90° 4방향의 것이 있는데 90°의 것이 실용화되어 있다.

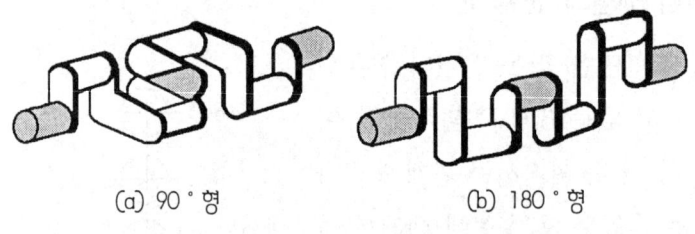

(a) 90°형   (b) 180°형

그림 2-59. V-8 실린더 엔진의 크랭크축

또한 양 뱅크의 실린더는 그림 2-60에 나타낸 바와 같이 비대칭으로 되어 있다. 실린더 번호는 그림 2-60(a)와 같이 오른쪽 뱅크와 왼쪽 뱅크로 나누어 각각 그 순서대로 부른 것과 그림(b), (c)와 같이 맨 앞의 실린더를 제1번으로 하고, 다음 커넥팅 로드가 크랭크축에 설치되어 있는 순서에 따라 번호를 붙이는 것이 있다.

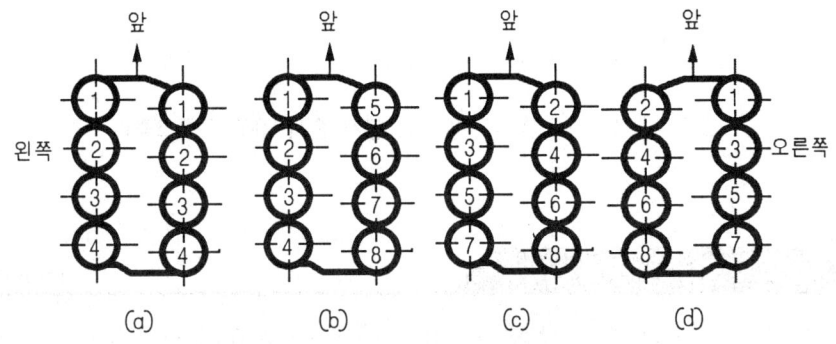

그림 2-60. V-8실린더 엔진의 실린더 번호

90°V-8 실린더 엔진의 크랭크축은 크랭크축의 각도가 90°이며, 90° 회전할 때마다 1회의 폭발 행정을 한다. 따라서 크랭크축이 2회전하는 동안에 8회의 폭발 행정을 하고, 각 실린더는 4행정(흡입·압축·폭발 및 배기)을 하여 1사이클을 완료한다. 그림 2-61(a)은 비대칭형의 크랭크축을 나타내었고, (b)는 크랭크축이 90° 회전할 때마다 상사점에 오는 피스톤의 위치를 표시한 것이다.

지금 A의 위치에서 폭발 행정을 할 수 있는 피스톤의 위치를 구하면 오른쪽 제1번이나 왼쪽 제1번 피스톤 중의 어느 것이 된다. 맨 처음의 분사 순서를 오른쪽 제1번 피스톤으로 정하면 다음의 분사는 B의 위치(크랭크축 90° 회전)에서 그 상사점에 있는 오른쪽 제3번이나 왼쪽 제1번 중의 어느 것이 된다. 이와 같이 하여 피스톤의 위치를 B, C, D, E……로 하고 그 분사 순서는 그림(c)와 같다.

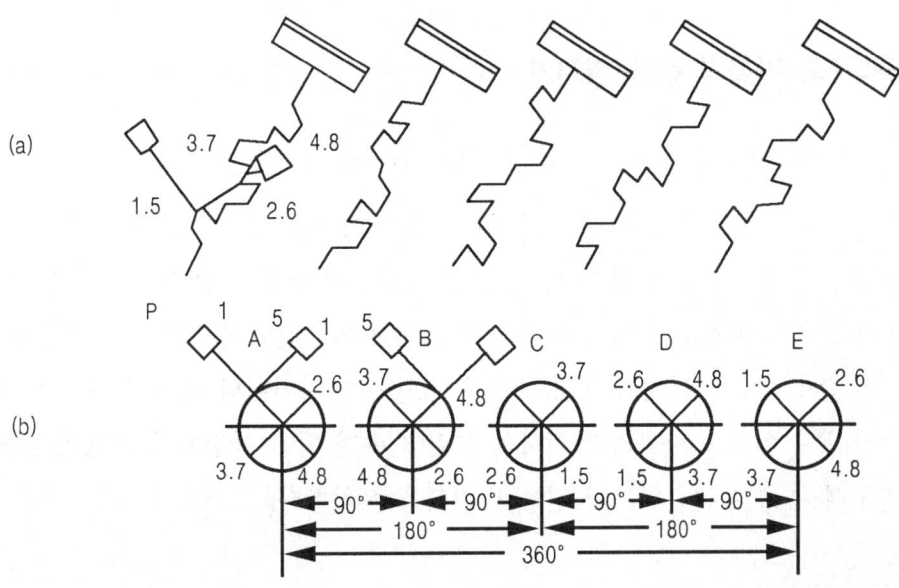

(c)　　　1 $\begin{matrix} 3-4-2-1 \\ 5-7-8-6 \end{matrix}$

그림 2-61. V-8 실린더 엔진의 분사 순서(90° 크랭크축)

 참고) 크랭크 축 저널 수정 방법　　　　　　　　　　　　　　　Reference

크랭크 축 저널의 언더 사이즈 기준 값에는 0.25mm, 0.50mm, 0.75mm, 1.00mm, 1.25mm, 1.50mm의 6단계가 있다. 또 크랭크축 저널을 연마 수정하면 지름이 작아지므로 표준 값에서 연마 값을 빼내어야 한다. 이렇게 하여 그 치수가 작아지므로 언더 사이즈(under size)라고 하며 크랭크 축 베어링은 표준보다 더 두꺼운 것을 사용하여야 한다.

 **예제)**　　　　　　　　　　　　　　　　　　　　　　　　　　　Example

1. 사용 중인 엔진의 크랭크 축 메인 저널의 지름을 측정하였더니 59.75mm 이었다. 수정 값과 언더 사이즈 값을 각각 구하시오(단, 저널의 표준 치수는 60.00mm 이다).

이것을 진원으로 수정하려면 측정값에서 0.2mm를 더 연마하여야 하므로 59.75mm − 0.2mm(진원 절삭값) = 59.55mm이다. 그러나 언더 사이즈 표준 값에는 0.55mm가 없으므로 이 값보다 작으면서 가장 가까운 값인 0.50mm를 선정한다. 따라서 저널 수정값은 59.50mm 이며, 언더 사이즈 값은 60.00mm(표준 치수) − 59.50mm(수정값) = 0.50mm이다.

2-8. 크랭크축 비틀림 진동 방지기

(1) 크랭크축의 비틀림 진동(torsional vibration damper)

실린더 수가 많은 엔진의 크랭크축은 복잡한 형태를 하고 있으며, 이것에 커넥팅로드 및 피스톤이 연결되어 회전력을 받으므로 비틀림 진동이 발생하기 쉽다. 비틀림 진동은 각 실린더의 회전력 변동이 클수록, 크랭크축이 길고 강성이 작을수록 또 운동부분의 질량이 클수록 커지며 피로 때문에 크랭크축 자신이나 타이밍 기어를 파손하는 원인이 된다. 이것을 완화하기 위하여 실린더 수가 많은 엔진에서는 크랭크축이 길어질 경우에 크랭크축의 비틀림 진동 방지기를 부착한다.

(2) 크랭크축의 비틀림 진동 방지기

크랭크축의 비틀림 진동 방지기는 크랭크축 앞부분에 크랭크축 풀리와 일체로 조합되어 설치가 되어 있으며, 그 구조는 그림 2-62(a), (b)에 나타낸 것과 같다. 그림 2-62(a)는 댐퍼 매스에 황을 첨가한 고무로 댐퍼 매스는 일정한 회전을 계속하려 하므로 고무가 변형하여 감쇠 작용을 하는 것이다. 그밖에 그림 2-62(b)와 같이 마찰판과 코일 스프링의 장력에 의하여 감쇠 작용을 하는 것도 있다.

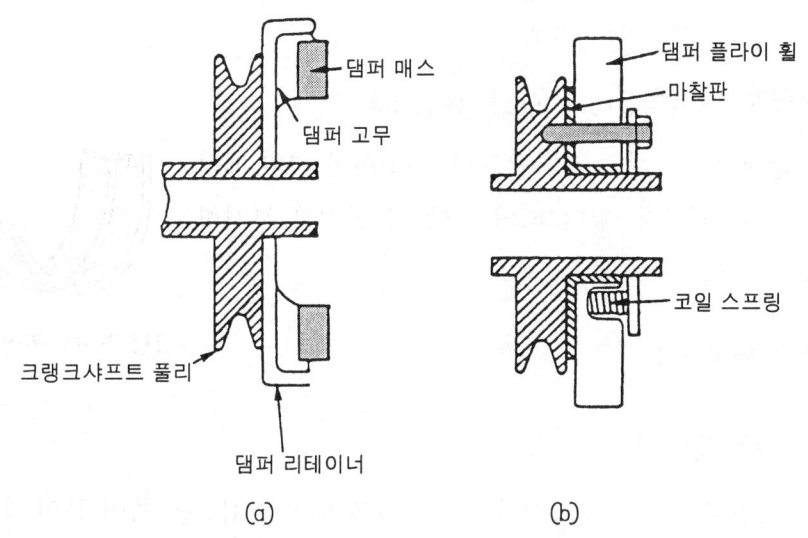

그림 2-62. 크랭크축의 비틀림 진동 방지기

2-9. 플라이 휠(fly wheel)

플라이 휠은 동력 행정 중의 회전력을 저장하였다가 크랭크축의 회전속도를 원활히 하기 위하여 크랭크 축 뒤끝에 볼트로 설치된다. 즉, 크랭크축의 맥동적인 출력을 원활히 하도록 하는 일을 한다. 플라이 휠은 운전 중 관성(慣性)이 크지만, 자체 무게는 가벼워야 하므로 중앙부는 두께가 얇고 주위는 두껍게 한 원판(圓板)으로 되어 있다.

재질은 주철이나 강철이며 뒷면은 클러치의 마찰 면으로 사용된다. 바깥둘레에는 엔진을 기동할 때 기동 전동기의 피니언과 물려 회전력을 받는 링 기어(ring gear)가 열박음(가열 끼워 맞춤)으로 고정되어 있다. 또 디젤 엔진에서는 플라이 휠에 피스톤 상사점이나 분사시기를 표시하는 분사 시기 표지(timing mark)가 파져 있다. 플라이 휠의 무게는 회전속도와 실린더 수에 관계한다.

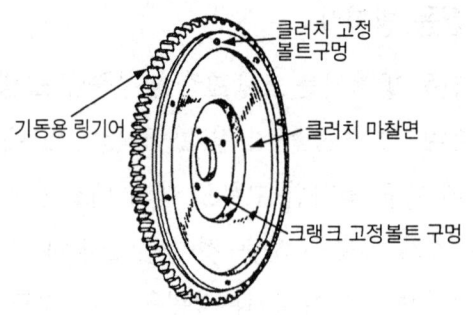

그림 2-63. 플라이 휠의 구조

2-10. 크랭크축 베어링(crank shaft bearing)

크랭크축에서 사용하는 베어링은 반 원통형의 평면 베어링(plain bearing)이다. 평면 베어링에는 분할형과 부시형(bushing)이 있다.

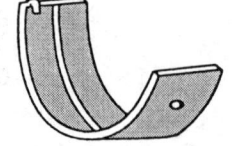

그림 2-64. 평면 베어링

(1) 크랭크축 베어링의 구조

1) 삽입형 평면 베어링

삽입형 평면 베어링은 강철제의 셸(shell)에 베어링 합금을 녹여 붙인 후 알맞게 다듬질하여 전체 두께를 1~3mm로 하며 합금 층의 두께는 배빗 메탈은 0.1~0.3mm, 켈밋 합금은 0.2~0.5mm로 한다. 베어링의 메탈층이 두꺼우면 길들임성과 매입성은 좋아지나 내피로성이 낮아지며, 두께가 너무 얇으면 매입성이 떨어져 베어링 표면이나 저널에 긁힘이 생긴다.

베어링 메탈층의 두께는 가능한 한 얇을수록 유리하며, 베어링의 두께는 반원부 중앙부 두께로 표시한다. 베어링 양끝 부분은 중앙부 보다 조금 얇게 되어 있는데 그 이유는 조립을 쉽게 하고, 오일 막이 끊어지는 것을 방지하기 위함이다.

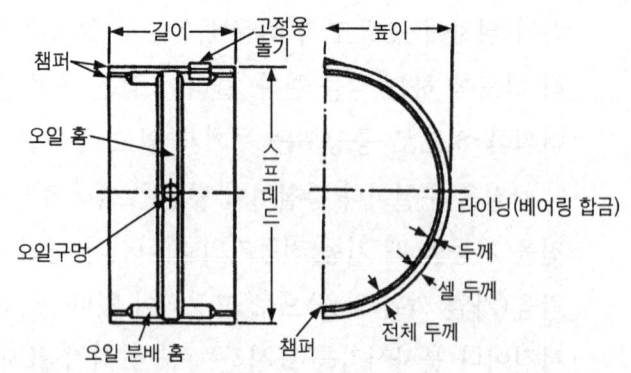

그림 2-65. 크랭크축 베어링의 구조

이 베어링의 특징은 다음과 같다.

① 합금층이 얇고 내면의 다듬질이 양호하며 반복 하중에 의한 영향이 적다.

② 호환성이 있으며 치수가 정밀하게 가공되어 있다.

③ 조립할 때 연마작업, 스크레이핑, 구멍 뚫기 등의 가공이 불필요하다.

① **베어링 돌기**

베어링을 축 방향에 고정하여 크랭크축이 회전할 때 따라 돌지 않도록 하기 위하여 그림 2-66(a)과 같은 돌기가 설치되어 있다. 상하 면에 설치된 베어링 돌기는 동일 방향으로 설치하고 어느 쪽의 회전방향으로 따라 돌지 않게 한다.

② **오일 구멍과 오일 홈**

오일 구멍의 위치는 베어링에 가해지는 하중이 가장 적게 받는 곳 또는 오일 막 형성이 쉬운 위치로 한다. 베어링 면 전체에 항상 윤활유가 공급되도록 원둘레 방향에는 오일 홈을 파 놓는다. 크랭크 핀에 오일 구멍이 2개 있는 것 등은 오일 홈을 설치하지 않은 구조도 있다.

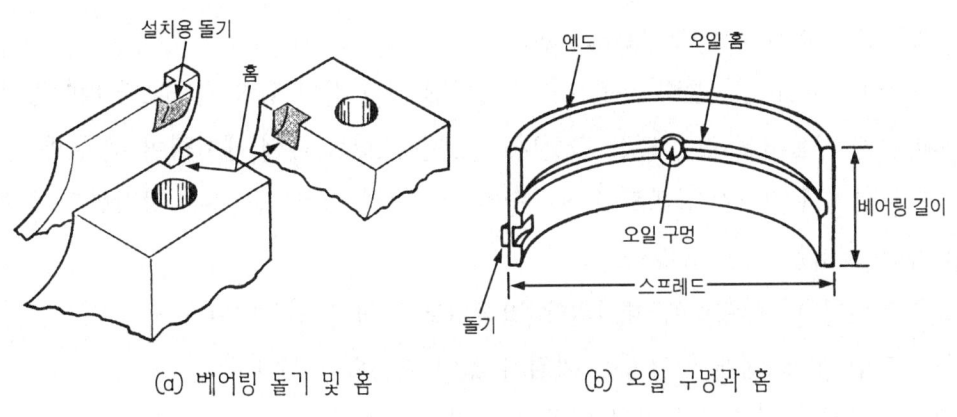

그림 2-66. 베어링 돌기 및 오일 구멍과 홈

③ **베어링 크러시**(bearing Crush)

베어링 크러시는 그림 2-67(a)에 나타낸 것과 같이 베어링 캡 등의 분할 면보다 베어링이 튀어나온 치수이며, 볼트의 조임에 따라 압축되어 셀과 하우징의 접촉을 향상시켜 열전도가 잘 되도록 한다. 크러시가 적으면 셀과 하우징 사이에 이물질이 끼기 쉽고 또한 열전도가 나빠진다. 반대로 지나치게 크면 베어링이 변형된다. 크러시를 두는 이유는 다음과 같다.

① 베어링 바깥둘레를 하우징 둘레보다 조금 크게 하고, 볼트로 압착시켜 베어링 면의 열전도율 높이기 위함이다.
② 크러시가 너무 크면 안쪽 면으로 찌그러져 저널에 긁힘을 일으키고, 작으면 엔진 작동에 따른 온도 변화로 인하여 베어링이 저널을 따라 움직이게 된다. 이를 방지하기 위함이다.

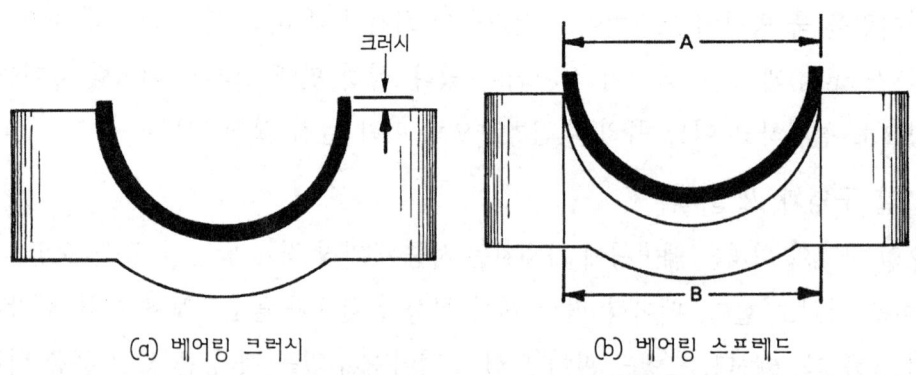

(a) 베어링 크러시   (b) 베어링 스프레드

그림 2-67. 베어링 크러시와 스프레드

④ **베어링 스프레드**(bearing spread)

베어링 스프레드는 그림 2-67(b)에 나타낸 것과 같이 캡 안지름보다 베어링 바깥지름이 크게 만들어져 있는 것을 말한다. 이것은 조립할 때에 베어링이 캡 등에 잘 밀착되도록 하거나 크러시를 위하여 베어링이 안쪽으로 변형되는 것을 방지한다. 스프레드를 두는 이유는 다음과 같다.
① 조립할 때 베어링이 제자리에 밀착되도록 하기 위함이다.
② 조립할 때 캡에 베어링이 끼워져 있어 작업이 편리하다.
③ 크러시가 압축됨에 따라 안쪽으로 찌그러지는 것을 방지한다.

⑤ **베어링 두께**

일반적으로 베어링의 두께는 베어링의 양끝 부분이 얇게 되어 있다. 이것은 베어링 수평 방향의 오일 간극을 크게 해두고 베어링 하중이 과대하게 되어 상하 방향으로 변형될 때 수평 방향의 오일 간극이 없어지지 않도록 한다.

⑥ **스러스트 베어링**(thrust bearing)

스러스트 베어링은 크랭크축의 위치 결정과 측압을 받기 위한 베어링이다. 구조는

그림 2-68에 나타낸 것과 같이 (a)는 평면 베어링에 돌기를 설치한 것으로 기계 가공이 복잡하고 값이 비싸게 된다. (b)는 스러스트 와셔라 부르는 것으로 측압을 받는 돌기 부분만을 따로 만든 것이다.

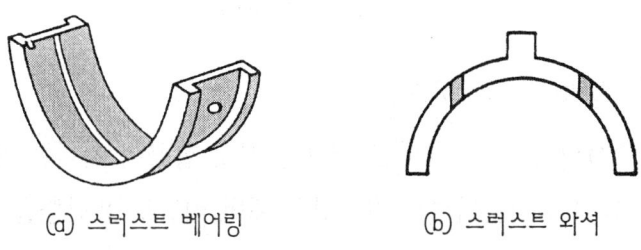

(a) 스러스트 베어링   (b) 스러스트 와셔

그림 2-68. 스러스트 베어링

2) 주조 베어링

베어링을 끼우는 곳에 베어링 대신 베어링 재료를 녹여 붙인 다음 기계 가공하여 완성하는 베어링으로 초기에는 사용하였으나 현재는 사용하지 않으며 그 특징은 다음과 같다.

① 커넥팅로드 대단부(大端部) 등을 적게 할 수 있다.
② 열전도가 양호하다.
③ 조립할 때 가공이나 마모시의 교환이 번거롭다.

(2) 크랭크축 베어링 재료

크랭크축에서 사용하는 베어링의 재료에는 구리, 납, 아연, 은, 카드뮴, 알루미늄 등의 합금인 배빗 메탈, 켈밋 합금, 알루미늄 합금 등이 있으며, 어느 것이나 저널의 재질보다 융점이 낮고 연하므로 한계 윤활 상태가 되면 자체가 소모되어 저널의 마멸을 방지한다.

1) 배빗 메탈(Babbit metal)

배빗 메탈은 주석(Sn) 80~90%, 안티몬(Sb) 3~12%, 구리(Cu) 3~7%가 표준 조성이다. 특성은 취급이 쉽고 매입성, 길들임성, 내부식성 등은 크나 고온 강도가 낮고 피로 강도, 열전도성 좋지 못하다. 현재는 주로 켈밋합금이나 트리메탈의 코팅(coating)용으로 사용되고 있다.

2) 켈밋 합금(Kelmet Alloy)

켈밋 합금은 구리(Cu) 60~70%, 납(Pb) 30~40%가 표준 조성이다. 특징은 열전도성이 양호하고, 녹아 붙지 않아(융착)되지 않아 고속·고온 및 높은 하중에 잘 견디나 경도가 커 매입성 길들임성, 내부식성 등이 작다.

3) 알루미늄 합금(Aluminium Alloy)

알루미늄과 주석의 합금이며, 배빗 메탈과 켈밋 합금이 지니는 각각의 장점을 구비한 베어링이다. 그러나 길들임성과 매입성은 배빗 메탈로 표면층을 만들어서 개선하고 있다.

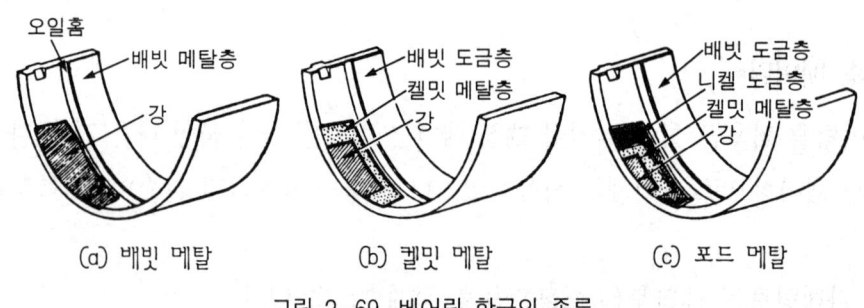

그림 2-69. 베어링 합금의 종류

(3) 크랭크 축 베어링의 구비 조건

① 마찰 계수가 적고 오일 막을 유지하는 힘이 커야 하며 내식성 및 내마모성이 있을 것
② 작동 온도에도 강도, 하중에 견디는 성질이 크고 내피로성이 강할 것
③ 열전도가 양호하여 열팽창이 적고 더욱이 셀과 하우징의 접착성이 좋을 것
④ 내부식성이 좋을 것
⑤ 매입성 및 길들임성이 양호할 것

2-11. 밸브 개폐 기구와 밸브(valve train & valve)

(1) 밸브 개폐 기구의 개요

밸브 개폐 기구는 캠의 작동을 정확하게 밸브에 전달하여 밸브를 개폐시키는 것으로 캠축의 배치나 밸브의 배치에 따라 OHC(Over head Cam shaft)형, OHV(Over Head Valve)형, SV(Side Valve)형 등이 있다.

1) OHC형의 밸브 개폐 기구

① OHC형의 구조와 특징

OHC형의 밸브 개폐 기구는 실린더 헤드에 흡입 및 배기 밸브를 설치하고 캠축을 실린더 헤드 상부에 1~2개를 설치한 구조로서 특징은 다음과 같다

㉮ 운동 부분의 무게가 적고 강성이 크므로 최고 회전속도를 높일 수 있다.

㉯ 관성력이 적어 밸브의 가속도를 크게 할 수 있으며 고속 안전성이 양호하다.

㉰ 푸시로드가 없기 때문에 흡입 포트의 설계가 용이하며 또한 실린더 블록의 구조도 간단해진다.

㉱ 밸브의 배치나 흡입·배기 포트를 양호한 형상으로 할 수 있으므로 흡입·배기 효율이 좋고 안전한 연소실 설계가 가능하다.

㉲ 엔진의 높이가 OHV형보다 높다.

㉳ 캠 축을 윤활하기 위하여 OHV형보다 많은 양의 오일을 실린더 헤드 위 부분에 공급하여야 한다.

㉴ 실린더 헤드 위 부분의 구조나 캠축 구동방식이 복잡해진다.

② SOHC 다이렉트형

SOHC 다이렉트형은 그림 2-70에 나타낸 것과 같이 캠에서 피스톤형의 리프터를 통하여 밸브를 직접적으로 작동시키는 구조이다. 로커 암이나 스윙 암 등이 없기 때문에 구조가 간단하고 운동 부분의 무게가 적으며 강성이 크다. 그러나 로커 암의 레버 비율을 이용할 수 없으므로 캠 양정을 크게 하여야 한다. 이 형식은 밸브 배치를 직렬 형으로 할 수밖에 없으므로 연소실은 쐐기 형이나 욕조 형을 사용한다. 밸브 간극의 조정은 리프터와 밸브 스템 엔드 사이에 삽입하는 심(shim)의 두께를 변화시켜 조정한다.

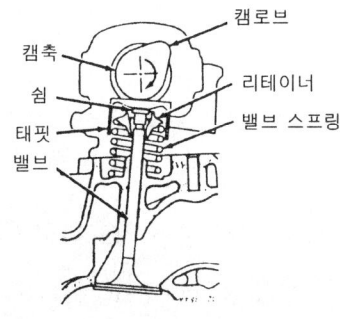

그림 2-70. SOHC 다이렉트형

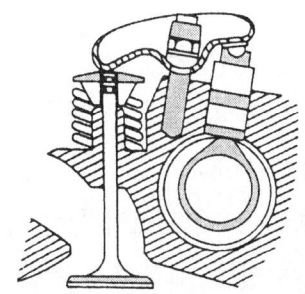

그림 2-71. SOHC 스윙 암 형

③ SOHC 스윙 암 형

스윙 암 형은 그림 2-71에 나타낸 것과 같이 캠에서 스윙 암을 통하여 밸브를 작동시키는 구조이다. 이 형식은 스윙 암의 레버 비율을 이용할 수 있으며 로커 암 형 보다 가볍고 강성이 크다. 또한 스윙 암은 캠과 접촉하는 부분의 면적을 크게 하여 내구성을 높이고 있다. 스윙 암이 옆으로 흔들이는 것을 방지하기 위하여 스프링을 피벗(pivot) 부분에 설치하고 있다. 밸브 배치는 다이렉트형과 같이 직렬형이므로 연소실은 쐐기형이나 욕조형을 사용한다. 밸브 간극의 조정은 피벗 부분의 스크루로 용이하게 할 수 있다.

④ SOHC 로커 암 형

로커 암 형은 그림 2-72에 나타낸 것과 같이 캠에서 로커 암을 통하여 밸브를 작동시키는 구조이다. 이 형식은 밸브 배치가 직렬형 또는 V형 어느 쪽도 가능하며, 연소실 설계의 자유도가 큰 장점이 있다. 직렬형은 밸브 배치나 연소실이 스윙 암 형과 같기 때문에 큰 장점은 없으나 캠축의 위치를 낮게 설치할 수 있다(그림 2-72(a)). V형은 반구형 연소실에 적합한 형식으로서 흡입·배기 효율이 양호하므로 널리 사용되고 있다.

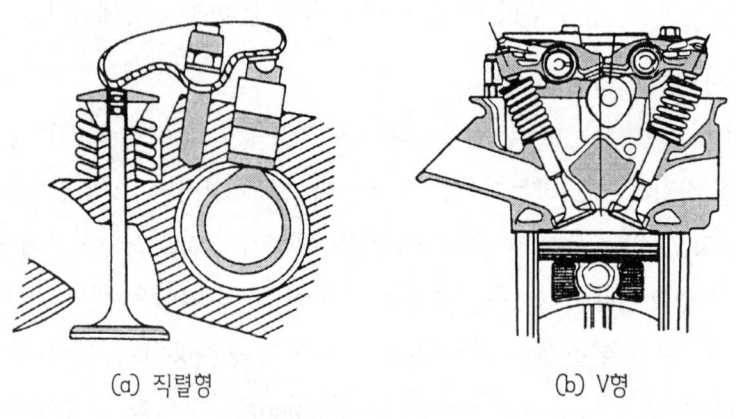

(a) 직렬형　　　　　(b) V형

그림 2-72. SOHC 로커 암 형

⑤ DOHC 다이렉트형

DOHC 다이렉트형은 그림 2-73에 나타낸 것과 같이 실린더 헤드 위 부분에 캠축을 2개 설치하여 SOHC 다이렉트형과 마찬가지로 직접 밸브를 작동시키는 구조이다. 이 형식은 흡입·배기 포트의 형상, 밸브의 경사각도 배치 등이 양호하고 이상적인 연소실을 만들 수 있다. 체적 효율 등 성능으로는 가장 양호하기 때문에 스포츠카 엔진 등에 사용된다. 그러나 캠축의 구동이나 실린더 헤드 상부의 구조가 복잡하기 때문에 값이 비싸고 정비성도 좋지 않다.

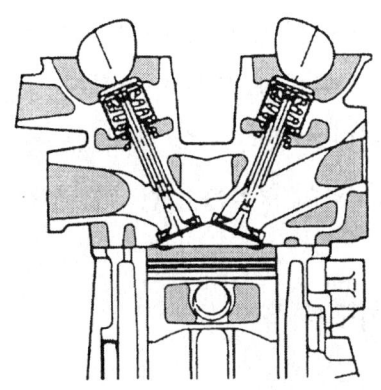

그림 2-73. DOHC 다이렉트형

2) OHV형 밸브 개폐 기구

① OHV형 밸브 개폐 기구의 구조

OHV형 밸브 개폐 기구는 그림 2-74에 나타낸 것과 같이 흡입·배기 밸브를 실린더 헤드에 설치하고 캠축을 실린더 블록에 설치한 구조이다. 캠의 작동은 밸브 리프터를 통하여 푸시로드에 전달하여 로커 암을 통하여 밸브가 밀려 내려간다. 캠이 회전하면 밸브 스프링에 의하여 밸브를 닫음과 동시에 로커 암, 푸시로드, 리프트가 복귀된다.

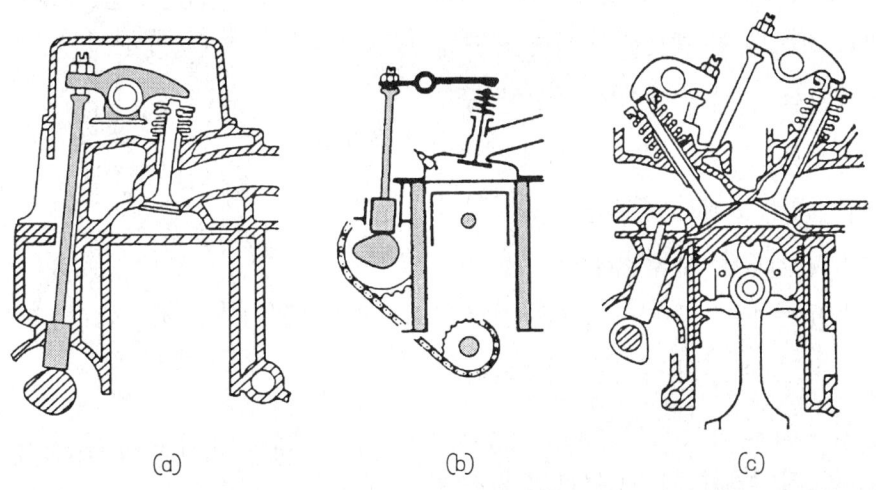

그림 2-74. OHV형 밸브 개폐 기구

그림 2-74(b)에 나타낸 것과 같이 캠축을 실린더 블록의 높은 위치에 설치하여 무게를 가볍게 하고 고속성능을 향상시키는 하이 캠축형 엔진(high cam shaft type engine)이 있으며, 그림 2-74(a), (b)모두 밸브의 배치는 직렬형이기 때문에 연소실은 쐐기형이나 욕조형을 사용한다. 또한 연소실 형상을 이상적인 반구형으로 하기 때문에 그림 2-74(c)에 나타낸 것과 같이 푸시로드를 경사지게 설치하여 밸브를 V형 배치로 설정한 엔진도 있다. 이 형식은 실린더 블록이나 실린더 헤드의 가공이 힘들고 구조도 복잡해진다.

② OHV형 밸브 개폐 기구의 특징

OHV형 밸브 개폐 기구의 특징은 다음과 같다.

㉮ 밸브의 지름이나 양정을 크게 할 수 있으며, 가스가 흐르는 통로의 구부러짐이 적으므로 체적효율을 높일 수 있다.

㉯ 연소실 형상을 치밀한 반구형이나 쐐기형으로 할 수 있으므로 열효율을 높일 수 있다.

㉰ 운동부분의 무게가 무겁고 관성력이 크므로 밸브 스프링의 장력을 크게 할 필요가 있다.

㉱ 구조가 복잡하고 소음이 크다.

3) F형 밸브개폐기구

F형 밸브개폐기구는 그림 2-75에 나타낸 것과 같이 흡입 밸브를 실린더 헤드에, 배기 밸브를 실린더 블록에 설치한 구조이다. 실린더 블록에 설치한 1개의 캠축에 의하여 흡입 및 배기 밸브를 작동시키며, 이 형식의 특징은 다음과 같다.

① 흡입 및 배기 밸브의 지름을 크게 할 수 있고 포트의 형상도 양호하다.

② 정숙한 운동이 가능하다.

③ 구조가 복잡하기 때문에 실제 사용하는 것은 적다.

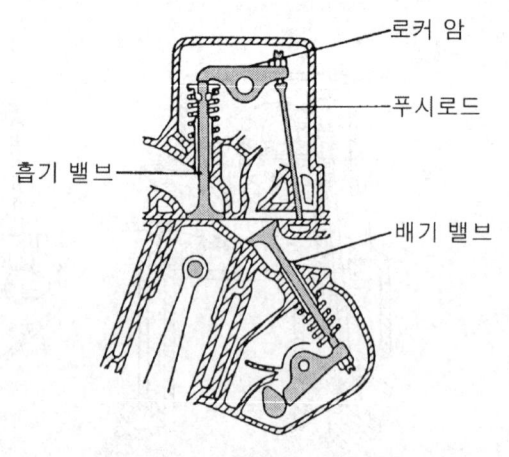

그림 2-75. F형 밸브개폐기구

4) SV(Side Valve, L형) 밸브개폐기구

SV형 밸브개폐기구는 그림 2-76에 나타낸 것과 같이 캠축, 흡입 및 배기 밸브를 실린더 블록에 설치하고 캠에서부터 밸브 리프트를 통하여 밸브를 밀어 올리는 구조이다. 이 형식의 특징은 다음과 같다.

① 밸브 개폐기구나 실린더 헤드의 구조가 간단하고 소음이 적으며, 엔진의 높이를 낮게 할 수 있다.
② 가스 흐름 통로의 굴곡이 크고 밸브의 양정을 크게 할 수 없다.
③ 연소실 형상이 편평하고 치밀하게 할 수 없으므로 고성능은 기대할 수 없다.

(2) 밸브 개폐 기구의 구성 부품과 그 기능

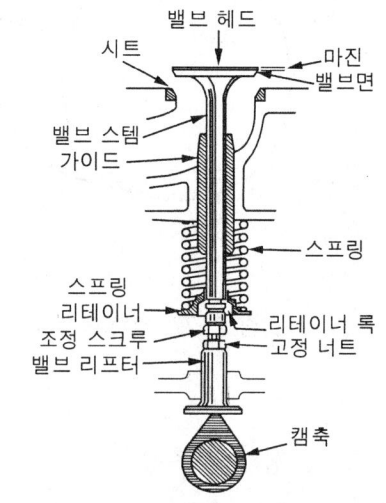

그림 2-76. SV형 밸브개폐기구

1) 캠축과 캠(cam shaft & cam)

캠축은 엔진의 밸브 수와 같은 수의 캠이 배열된 축으로 I헤드형 엔진에서는 크랭크 축과 평행하게 설치되어 있고, OHC 엔진에서는 실린더 헤드에 설치되어 있다. 캠축의 주 기능은 흡·배기 밸브 개폐이며, 캠축의 재질은 특수 주철, 저탄소강에 침탄 시킨 것, 중탄소강에 화염 경화나 고주파 경화시킨 것을 사용한다.

캠축의 베어링은 OHV형 엔진에서는 원통형의 부싱(bushing)이며, 셀에 배빗 메탈의 재료를 사용한다. OHC형에서는 실린더 헤드의 재질이 알루미늄 합금인 경우 알루미늄 합금을 지지대로 지지하므로 베어링을 별도 사용하지 않아도 된다. 베어링 수는 OHV형 엔진의 직렬 4실린더에서는 3~4개, 직렬 6실린더에서는 4개 정도이며, OHC형 엔진에서는 이것보다 많다.

① 캠의 형상

캠의 형상은 밸브 개폐 상태, 열림 시간, 밸브의 양정은 캠의 형상에 따라 결정되므로 엔진에 따라 다양한 캠이 사용된다. 그러나 어느 형상에서나 로커 암(또는 밸브 리프터)과 캠이 직접 접촉하므로 이 부분과의 마찰과 마멸을 감소시키기 위해 접촉면의 하나는 반드시 원호형으로 하고 있다. 캠의 형상에는 접선 캠, 볼록 캠 및 오목 캠 등이 있다.

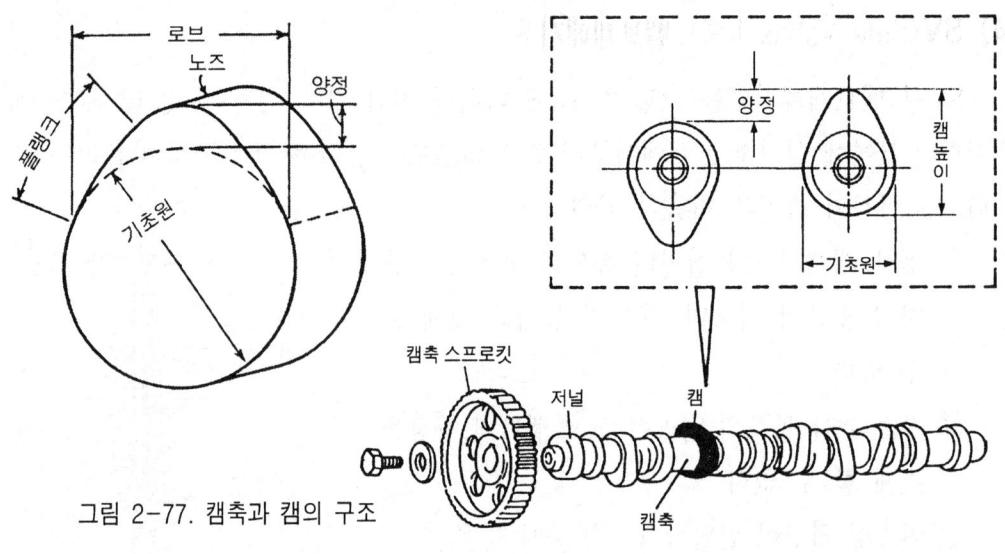

그림 2-77. 캠축과 캠의 구조

㉮ 캠의 기본형

캠은 그림 2-78에 나타낸 것과 같이 기초원과 노즈 원을 직선이나 원호로 연결하는 형상이다. 밸브의 개폐기간이나 양정 가속도 등은 캠의 형상에 따라 결정되며 밸브 리프터와 접촉하는 면은 내마모성을 높이기 위하여 화염 경화 또는 고주파 경화한다. 캠의 양정은 그림 2-78의 기초원에서 노즈까지의 거리이다. 일반적으로 밸브개폐기구의 종류에 따라 캠의 양정이 다르다.

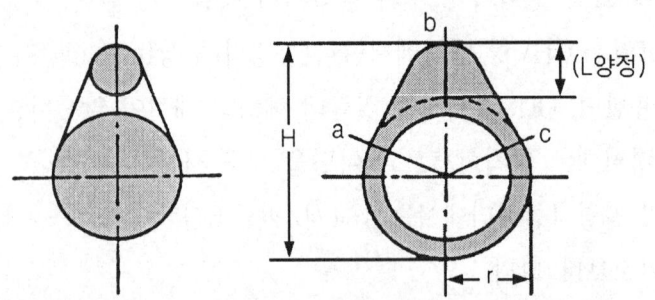

그림 2-78. 캠의 형상

㉯ 접선 캠

접선 캠은 그림 2-79(a)에 나타낸 것과 같이 기초원과 노즈 원을 공통의 접선으로 연결하는 형상이다. 이 캠은 측면이 평면이기 때문에 제작이 가장 쉬우며 밸브 리프트의 접촉면은 원호 면으로 되어 있다. 접선 캠은 밸브 개폐가 급격하게 되어 감속도가 크기 때문에 캠과 밸브 리프터의 원활한 접촉을 위하여 장력이 큰 밸브 스프링이 필요하다. 또한 밸브 스프링의 장력이 큰 관계로 밸브 시트에 큰 충격을 주게 됨으로 주로 저속 엔진에 사용한다.

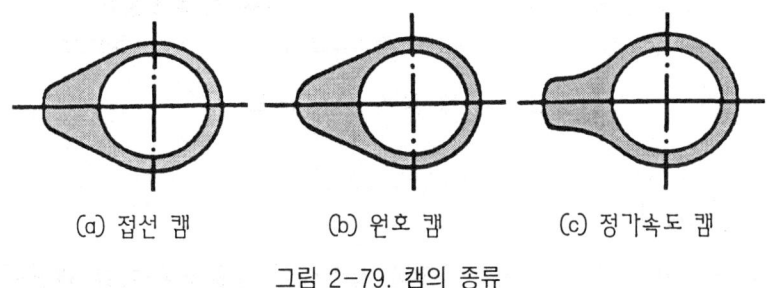

(a) 접선 캠   (b) 원호 캠   (c) 정가속도 캠

그림 2-79. 캠의 종류

㉰ **볼록(원호) 캠**

볼록 캠은 그림 2-79(b)에 나타낸 것과 같이 2개의 원호로 연결하는 형상이며, 제작이 쉬우며 평면 리프터와 조합되어 사용한다. 이 캠은 그림 2-79(a)에 나타낸 것과 같이 양정의 곡선을 포함한 접촉 시간과 접촉 면적이 큰 장점이 있으나 밸브 개폐시의 가속도가 크기 때문에(그림 2-79(b)) 고속에서는 작동이 불안정하게 되기 쉽고, 또한 가속도가 불연속으로 급격히 변화되므로 밸브 기구에 진동이 발생하기 쉽다. 따라서 작동이 고속이며 캠 양정의 곡선대로 작동하지 않게 될 염려가 있다.

㉱ **오목(정가속도) 캠**

오목 캠(Concave cam)은 밸브의 가속도가 일정한 캠이다. 이 캠은 볼록 캠에 이어서 양정 곡선을 포함한 접촉 시간과 면적이 크지만 캠의 단면은 복잡한 곡선이 된다. 따라서 롤러 리프터(롤러 태핏)와 조합하여 대형 엔진에서 사용된다.

㉲ **비례 캠**

앞에서 설명한 3종류의 캠은 운전 중에 밸브 리프터, 푸시로드, 로커 암 등의 밸브 개폐기구에 가속도 변화가 일어나기 쉽고 캠 양정의 곡선대로 밸브가 작동하지 않는다. 비례 캠은 가속도 변화를 생각해서 필요한 위치 변화를 준 캠이다. 따라서 특정 회전속도에서 밸브 리프터의 접촉이 캠에서 떨어지는 것을 방지할 수 있다.

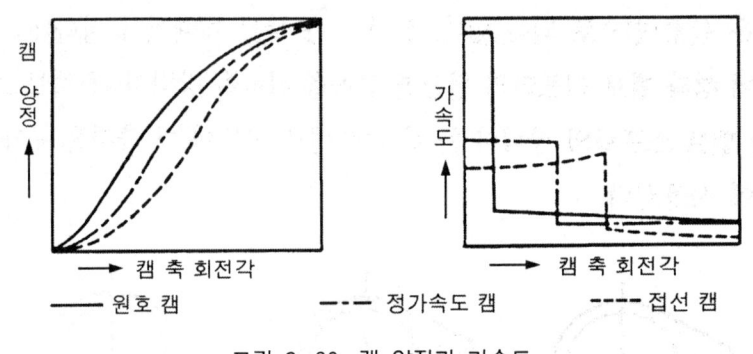

그림 2-80. 캠 양정과 가속도

2) 캠축의 구동 방식

캠축의 구동장치는 주로 엔진의 앞쪽에 설치되며, 4행정 사이클 엔진에서 캠축은 크랭크축 회전속도의 1/2로 회전하면서 크랭크축 회전에 대해 흡·배기 밸브의 개폐시기를 바르게 유지시켜야 한다. 캠축의 구동 방식에는 기어 구동 방식, 체인 구동 방식, 벨트 구동 방식 등 3가지가 사용되고 있다.

① 기어 구동 방식(Gear drive type)

이 방식은 크랭크축 기어와 캠축 기어의 물림에 의한 방식이며, 4행정 사이클 엔진에서는 크랭크축 2회전에 캠축 1회전하는 구조로 되어 있다. 따라서 크랭크축 기어와 캠축 기어의 지름의 비율은 1 : 2로 되어 있다. 크랭크축 기어의 재질은 저 탄소 침탄강, 크롬강으로 표면을 경화하며, 캠축 기어의 재질은 합성수지(베이클라이트)로 제작하여 소음 감소 및 크랭크축 기어의 마멸을 감소시키는 것도 있다. 기어 구동 방식의 특징은 다음과 같다.

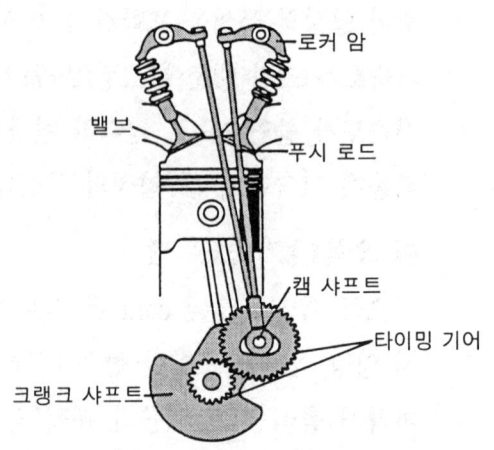

그림 2-81. 기어 구동 방식

㉮ 전달 효율이 좋고 밸브 개폐시기가 정확하다.
㉯ 캠축 기어는 헬리컬 기어를 사용하여 소음이 적다.
㉰ 캠축 기어 재질이 합성수지인 경우 마모되기 쉽지만, 소음이 적고 불규칙적인 충격을 흡수할 수 있으며 윤활유의 공급이 적어도 된다.

> **참고) 타이밍 기어**
>
> Reference
>
> 크랭크축 기어와 캠 축 기어는 피스톤의 상하 운동에 맞추어 밸브 개폐 시기와 분사 시기를 바르게 유지시키므로 타이밍 기어(timing gear)라고 한다. 이 타이밍 기어의 백래시(back lash)가 커지면(기어가 마멸되면) 밸브 개폐 시기가 틀려진다. 백래시란 한 쌍의 기어가 물렸을 때 기어이 면 뒤에 생기는 간극을 말한다.

② **체인 구동 방식**(chain drive type)

이 방식은 타이밍 체인을 통하여 캠축을 구동하는 것이며 양 체인의 스프로킷 비는 4행정 사이클 엔진의 경우 2 : 1이며, 스프로킷의 재질은 강철이다. 특징은 동력 전달 효율이 높고 캠축의 설치 위치를 자유롭게 정할 수 있으나 체인이 늘어나 헐거워지면, 밸브 개폐시기가 틀려지는 결점이 있다. 최근에는 체인의 헐거움을 자동적으로 조절하는 텐셔너(tensioner)와 체인의 진동을 방지하는 댐퍼(damper)를 두고 있다. 체인 구동 방식의 특징은 다음과 같다.

㉮ 캠축의 위치를 자유로이 선정할 수 있으며 전달 효율도 양호하다.

㉯ 체인의 이완이 발생하기 쉽기 때문에 소음·진동의 원인이 된다.

㉰ 구조가 복잡하다.

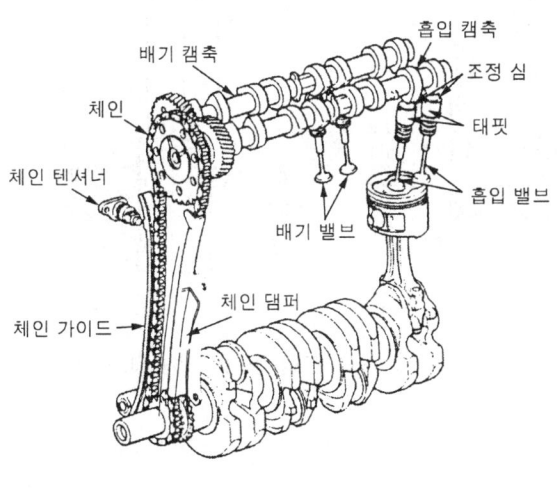

그림 2-82. 체인 구동 방식

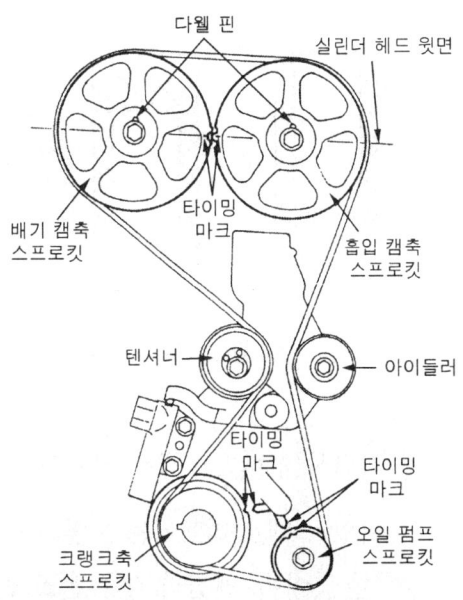

그림 2-83. 벨트 구동 방식

③ 벨트 구동 방식(belt drive type)

이 방식은 타이밍 벨트로 캠축을 구동하는 방식이며, 벨트에도 스프로킷 돌기 형상과 동일한 돌기가 파져 있다. 벨트 구동 방식의 특징은 다음과 같다.

㉮ 소음이 적고 윤활이 불필요하다.

㉯ 가볍고, 값이 싸다.

㉰ 더 큰 강도를 갖게 하기 위하여 적당한 폭이 필요하기 때문에 엔진의 길이가 길어야 한다.

(3) 밸브 리프터(valve lifter or valve tappet ; 밸브 태핏)

밸브 리프터는 캠축의 회전운동을 상하 운동을 변환시켜 푸시로드로 전달하는 것이며 실린더 블록의 리프터 가이드에 의하여 지지되어 있다. 밸브 리프터에는 기계식과 유압식이 있다.

1) 기계식(機械式) 밸브 리프터

기계식 밸브 리프터는 I헤드형은 원통형이며, 그 내부에 푸시로드를 받는 오목 면이 있으며 밑면에는 편 마멸 방지하기 위해 리프터 중심과 캠 중심을 오프셋(offset)시키고 있다.

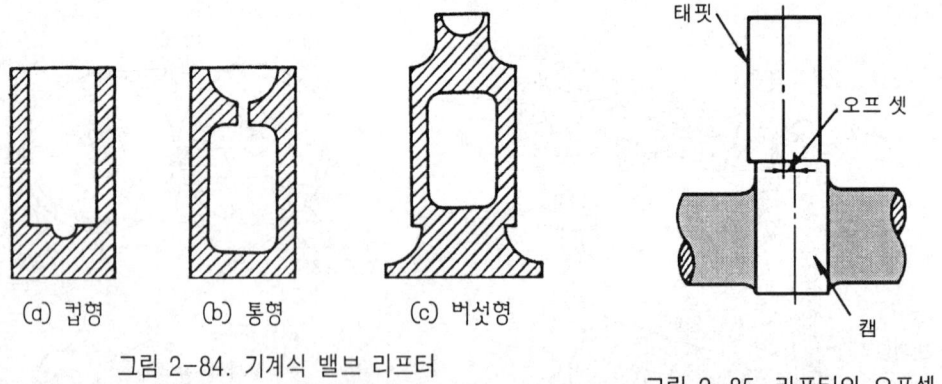

그림 2-84. 기계식 밸브 리프터 그림 2-85. 리프터의 오프셋

2) 유압식(油壓式) 밸브 리프터

유압식 밸브 리프터는 오일의 비압축성과 윤활 장치의 오일 압력을 이용하여 작동하게 한 것이며, 엔진의 작동 온도 변화에 관계없이 밸브 간극을 0으로 유지시키도록 한 방식이다. 유압식 밸브 리프터는 엔진 성능 향상, 연료 소비율 감소, 경량화와 더불어

진동 및 소음 감소, 엔진의 무정비화를 목적으로 제작된 것이다.

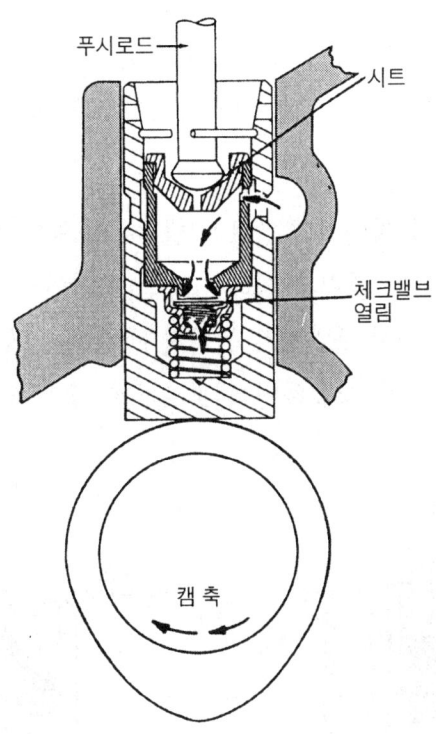

그림 2-86. 유압식 밸브 리프터의 구조

① 유압식 밸브 리프터의 특징

㉮ 밸브 간극을 점검·조정하지 않아도 된다.
㉯ 밸브 개폐 시기가 정확하고 작동이 조용하다.
㉰ 오일이 완충 작용을 하므로 밸브 개폐 기구의 내구성이 향상된다.
㉱ 밸브 개폐 기구의 구조가 복잡해지고 윤활 장치가 고장이 나면 엔진 작동이 정지된다.

② 유압식 밸브 리프터의 작동

㉮ 밸브가 닫혀 있을 때

엔진 오일 펌프에서 보내 준 오일이 리프트 보디에 있는 오일 구멍과 플런저의 오일 구멍을 거쳐 플런저 안을 채우고 다시 오일 구멍을 지나서 플런저 아래쪽 방(low chamber)을 채우면 이 압력이 플런저를 상승시켜 푸시로드와 로커 암이 맞닿게 된다. 따라서 밸브 간극이 0이 된다.

㉯ 밸브가 열릴 때

캠축의 캠의 회전에 따라 리프터가 상승하면 플런저 아래쪽 방이 상승하며 체크 볼(check ball)이 닫힌다. 체크 볼이 닫히면 리프터 보디와 플런저가 일체가 되어 푸시로드를 상승시킨다. 이때 밸브 간극이 0이므로 작동 소음이 생기지 않는다.

㉰ 밸브가 닫힐 때

캠 로브가 리프터를 지나가면 밸브는 밸브 스프링의 장력으로 닫히고 리프터는 밀려 내려진다. 이에 따라 플런저 아래쪽 방의 유압이 낮아져 체크 볼이 열리며 엔진 오일 펌프의 오일이 다시 플런저로 들어와 새어 나간 오일을 보충시킨다. 이와 같이 작동하여 플런저가 다시 상승하면 밸브 간극이 0이 된다.

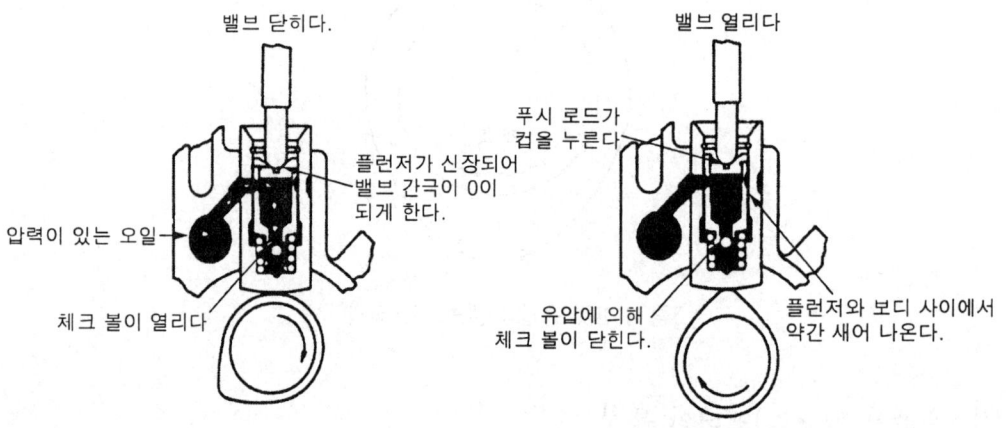

그림 2-87. 유압식 밸브 리프터의 작용

(3) 푸시로드와 로커 암 축 어셈블리

1) 푸시로드(push-rod)

푸시로드는 I헤드형 밸브 개폐 기구에서 밸브 리프터와 로커 암을 연결하는 강철제의 막대이다. 작용은 밸브 리프터의 상하 운동을 로커 암으로 전달한다. 재질은 크롬강을 연마 다듬질한 후 표면 경화하고 있다.

2) 로커 암 축 어셈블리(rocker arm assembly)

로커 암 축 어셈블리는 로커 암, 스프링, 로커 암 축 및 지지대로 구성되어 있으며 로커 암 축은 지지 대를 통하여 실린더 헤드에 설치되어 있다. 작동은 한쪽 끝이 푸시로드에 의하여 밀어 올려지면 다른 한쪽 끝은 밸브 스템 엔드를 눌러 밸브를 연다. 또 밸브와 접촉하는 부분에는(I헤드형의 경우는 푸시로드 쪽) 밸브 간극 조정용 스크루가 설치되어 있다.

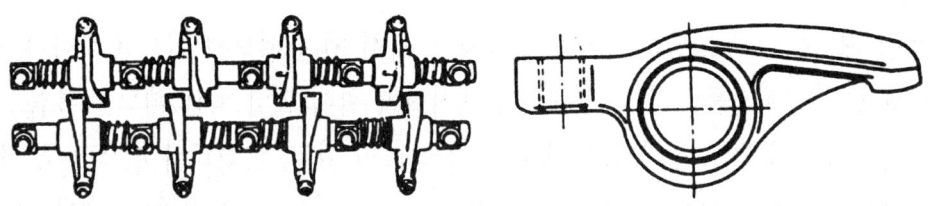

그림 2-88. 로커 암 축 어셈블리의 구조

(4) 흡입·배기 밸브(valve)

차량용 엔진의 흡·배기 밸브는 포핏 밸브(poppet valve)를 사용하며, 밸브는 연소실에 설치된 흡·배기 구멍을 각각 개폐하여 공기를 흡입하고, 연소 가스를 내보내는 일을 하며, 압축과 동력 행정에서는 밸브 시트에 밀착되어 연소실 내의 가스가 누출되지 않도록 한다.

1) 밸브의 구비 조건

① 고온(高溫)에서 견딜 것(엔진 작동 중 흡입 밸브는 최고 450~500℃, 배기 밸브는 700~800℃ 정도이다)
② 밸브 헤드 부분의 열전도율이 클 것
③ 고온에서의 장력과 충격에 대한 저항력이 클 것
④ 고온 가스에 부식되지 않을 것
⑤ 가열이 반복되어도 물리적 성질이 변화하지 않을 것
⑥ 관성이 작아지도록 무게가 가볍고 내구성이 클 것
⑦ 흡입 및 배기가스 통과에 대한 저항이 적은 통로를 만들 것

2) 밸브의 재질

밸브는 페라이트 계열 또는 오스테나이트 계열의 내열강(耐熱鋼)을 사용하며, 금속 조직의 흐름이 끊어지지 않도록 업셋(upset)단조로 제작한다. 최근에는 밸브 헤드는 오스테나이트 계열을, 스템은 페라이트 계열을 사용하여 전기용접하고 밸브 스템 엔드

부분은 스텔라이트(코발트, 크롬, 텅스텐, 탄소, 철의 합금)를 녹여 붙이기도 한다.

3) 밸브 주요부의 기능

① **밸브 헤드**(valve head)

밸브 헤드는 고온고압의 가스에 노출되며, 특히 배기 밸브에서는 열 부하가 매우 크다. 헤드 부분의 지름은 흡입 효율을 증대시키기 위해 흡입 밸브 헤드 지름을 크게 한다. 밸브 헤드의 구조는 가볍고, 내구성(耐久性)이 있고, 열전도가 좋으며 흡·배기 효율이 양호한 형상으로 만들어야 한다. 밸브 헤드의 지름은 될 수 있는 대로 크게 하는 편이 흡입 및 배기 효율이 좋고 체적 효율은 증가하지만 실린더 지름에 의하여 제한된다. 일반적으로 실린더 지름(D)과 밸브 지름(d)의 관계는 d = (0.35 0.5)D 정도이다. 밸브지름과 실린더 용적의 관계를 그림 2-89에 나타냈다.

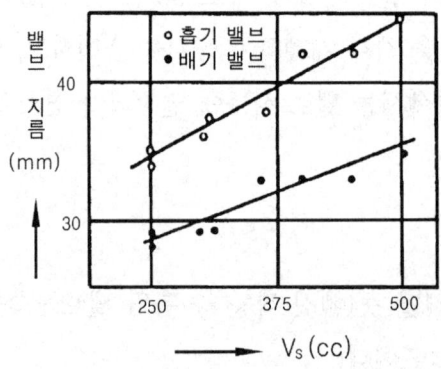

그림 2-89. 밸브 지름과 실린더 용적

차량용 엔진에 사용되고 있는 것은 포핏 밸브이며, 밸브 헤드 등의 형상에 따라 그림 2-90에 나타낸 것과 같은 종류가 있다.

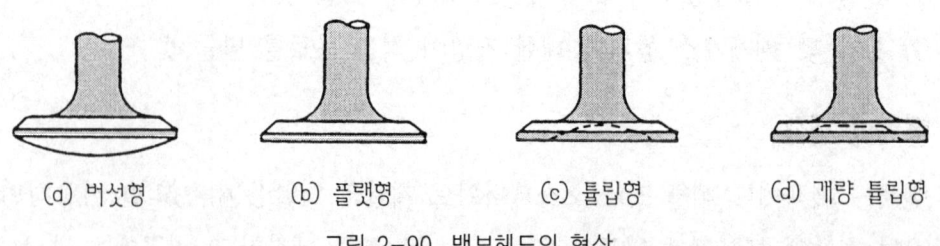

(a) 버섯형　　(b) 플랫형　　(c) 튤립형　　(d) 개량 튤립형

그림 2-90. 밸브헤드의 형상

㉮ 버섯형

버섯형은 헤드 면의 두께를 두껍게 하고 아래쪽을 원추형으로 한 것으로 중심부의 강도는 크지만 수열 면적이 크고 또한 중량도 무겁기 때문에 저속 소형 엔진에 사용된다.

㉯ 플랫형

플랫형은 밸브 헤드가 편평하므로 수열 면적이 적고 제작도 용이하기 때문에 배기 밸브로 널리 사용되고 있다.

㉰ 튤립형

튤립형은 무게가 가볍고 가스의 유동 저항이 적기 때문에 고속 운전용 엔진에 사용되지만 수열 면적이 크므로 흡입 밸브에 사용되는 형상이다.

㉱ 개량 튤립형

개량 튤립형은 튤립형의 결점을 개량하여 수열 면적을 적게 한 것으로 플랫형과 튤립형의 특징을 가지고 있다. 흡입 밸브로 널리 사용되고 있다.

㉲ 중공형 냉각 밸브(나트륨 밸브)

고속·높은 부하 운전용 엔진에서는 배기 밸브의 냉각 성능을 향상하기 위하여 그림 2-91에 나타낸 것과 같이 밸브 스템을 중공(中空)으로 하고, 그 속에 금속 나트륨을 40~60% 정도 봉입한 냉각 밸브를 사용한 것도 있다. 운전 중에 액화된 나트륨(융점 95℃)이 밸브의 왕복 운동에서 움직이며 밸브 헤드의 열을 밸브 스템으로 전달한다.

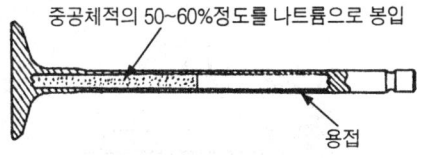

그림 2-91. 중공형 냉각 밸브

② 밸브 마진(valve margin)

마진의 두께가 얇으면 고온에서 밸브가 작동할 때의 충격으로 밸브 시트와 접촉할 때 둘레에 걸쳐 위로 벌어져 충분한 기밀 유지가 되지 못한다. 일반적으로 마진의 두께가 0.8mm 이하인 경우에는 다시 사용하지 못한다.

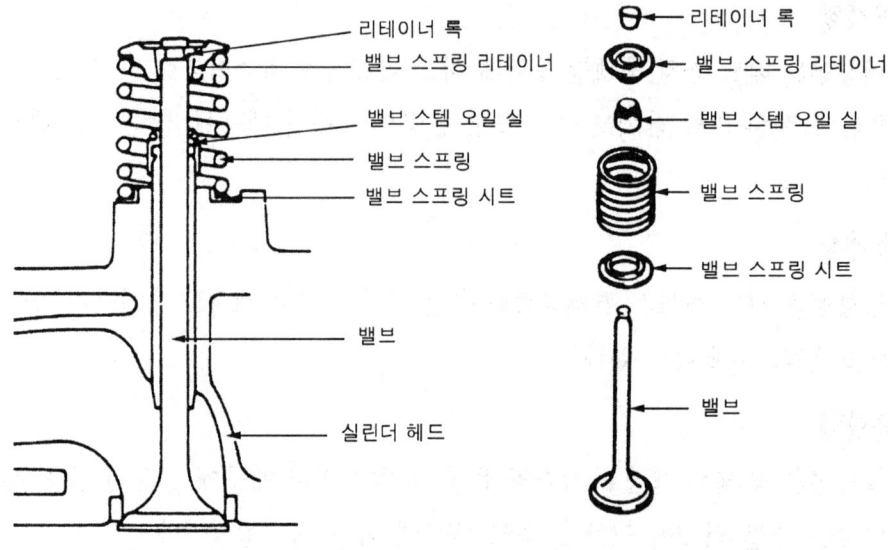

그림 2-92. 밸브의 구조

③ 밸브 면(valve face)

밸브 면은 시트(seat)에 밀착되어 연소실 내의 기밀 유지 작용을 한다. 이에 따라 밸브 면의 양부는 실린더 내의 압축 압력과 밀접한 관계가 있으며, 엔진의 출력에 큰 영향을 미친다. 밸브 면은 엔진 작동 중 고온·고압 하에서 시트와 충격적으로 접촉하고 이 접촉에서 밸브 헤드의 열을 시트로 전달한다. 따라서 마멸이 쉬우며 밀착 불량으로 손상되기 쉬워 밸브 면은 표면 경화하고 있다. 밸브 면과 수평선이 이루는 각도를 밸브 면 각도라고 하며 60°, 45°, 30°의 것이 있으며 주로 45°를 가장 많이 사용한다.

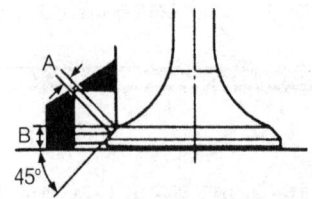

그림 2-93. 밸브 면의 각도

④ 밸브 스템(valve stem)

밸브 스템은 그 일부가 밸브 가이드에 끼워져 밸브 운동을 바르게 유지하고, 밸브 헤드의 열을 가이드를 통하여 실린더 헤드로 전달한다. 밸브 스템은 밸브 가이드의 안쪽에서 고속으로 미끄럼 운동을 하므로 내마모성이 요구된다.

밸브 스템의 지름 ds =(0.2~0.28)d 정도이며, 실제 사용례를 보면 8~9mm 정도가 가장 많다. 밸브 스템에는 내부식성, 내마모성을 향상시키기 위하여 크롬 도금이나 질화 등의 표면처리를 하는 것도 있다. 또 스템 엔드도 표면 경화되어 있다.

⑤ 밸브 스프링 리테이너 록 홈과 리테이너 로크

밸브 스프링 리테이너 로크 홈은 스프링 리테이너를 밸브 스템에 고정시키기 위한 록(키)을 끼우기 위한 홈이며, 밸브 스프링은 실린더 헤드와 리테이너 사이에 끼워지고 리테이너 로크에 의하여 밸브 스템에 고정된다. 록은 원뿔형이 가장 많이 사용되며, 밸브 스템에 마련된 홈에 끼워진다. 록을 뺄 때에는 반드시 밸브 스프링 압축기로 압축한 후 빼낸다.

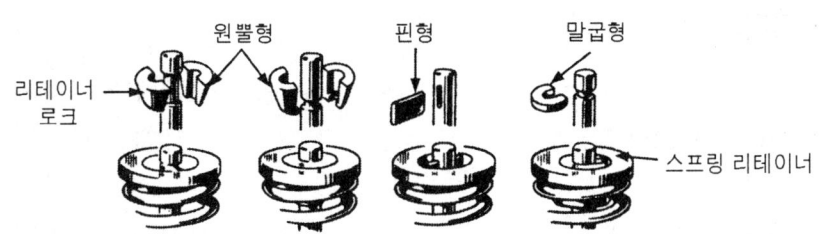

그림 2-94. 밸브 스프링 리테이너와 로크

⑥ 밸브 스템 엔드(valve stem end)

스템 엔드는 밸브에 캠의 운동을 전달하는 로커 암과 충격적으로 접촉하는 부분이며, 스템 엔드와 로커 암 사이에 열팽창을 고려한 밸브 간극이 설치된다. 그리고 밸브 스템 엔드는 평면으로 다듬질되어 있다.

4) 밸브 시트(valve seat)

밸브 시트는 밸브 면과 밀착되어 연소실의 기밀 유지 작용과 밸브 헤드의 냉각 작용을 한다. 시트는 밸브 면과 연속적인 충격 접촉을 하므로 이에 손상되지 않을 정도의 경도가 있어야 한다. 시트의 각도는 60°, 45°, 30°가 있고 시트의 폭은 1.5~2.0mm이며, 폭이 넓으면 밸브의 냉각 효과는 크지만 압력이 분산되어 기밀 유지가 불량하다. 폭이 좁으면 밀착 압력이 커 기밀 유지는 잘되나 냉각 효과가 감소한다. 또 어떤 엔진에서는 작동 중 열팽창을 고려하여 밸브 면과 시트 사이에 1/4~1° 정도의 간섭각을 둔다. 알루미늄 합금 실린더 헤드에는 시트만을 주철이나 내열강으로 제작한 후 끼운다.

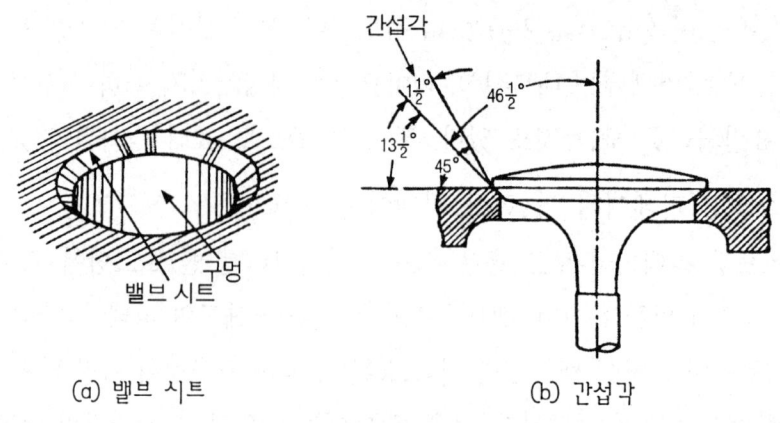

(a) 밸브 시트　　　　　　　(b) 간섭각

그림 2-95. 밸브 시트와 간섭각

5) 밸브 가이드(valve guide)

밸브 가이드는 밸브의 상하 운동 및 시트와 밀착을 바르게 유지하도록 밸브 스템을 안내해 주는 부분이다.

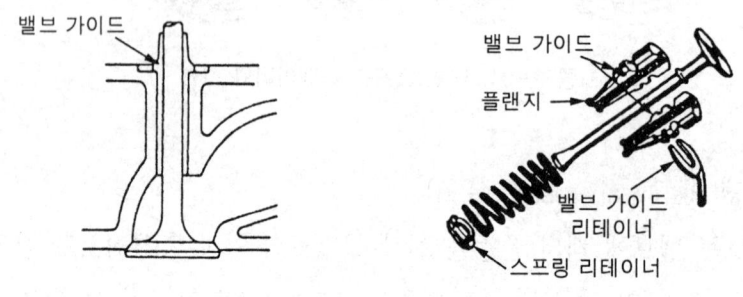

그림 2-96. 밸브 가이드의 구조

6) 밸브 스프링(valve spring)

밸브 스프링은 압축과 동력 행정에서 밸브 면과 시트를 밀착시켜 기밀을 유지시키고 흡입과 배기 행정에서는 캠의 형상에 따라서 밸브가 열리도록 작동시킨다. 밸브 스프링의 재질은 탄성이 큰 니켈강이나 규소-크롬강을 사용한다.

밸브 스프링은 흡입 밸브의 경우에는 대기 압력의 저항을 받으면서 밸브를 닫는 힘이 필요하고, 열릴 때에는 밸브의 관성력을 이겨낼 수 있어야 한다. 그리고 배기 밸브는 배기 다기관 내에서 실린더로 미는 배압(Back pressure)을 받으면서 닫힌다. 또 밸브 스프링의 장력이 너무 크면 밸브가 열릴 때 큰 힘이 필요하므로 엔진의 출력이 손실되고, 닫힐 때 시트가 손상되기 쉽다. 반대로 스프링 장력이 작으면 밀착 불량으로 출력 감소, 가스 블로바이 발생, 밸브 스프링 서징 현상이 발생한다.

> **참고) 밸브 스프링 서징 현상이란?** Reference
>
> 고속에서 밸브 스프링의 신축(伸縮)이 심하여 밸브 스프링의 고유 진동수와 캠 회전속도 공명(共鳴)에 의하여 스프링이 퉁기는 현상이다. 서징 현상이 발생하면 밸브 개폐가 불량하여 흡배기 작용이 불충분해진다. 서징 현상 방지 방법은 다음과 같다.
>
> ㉮ 2중 스프링, 부등 피치 스프링, 원뿔형 스프링 등을 사용한다.
> ㉯ 정해진 양정 내에서 충분한 스프링 정수를 얻도록 한다.

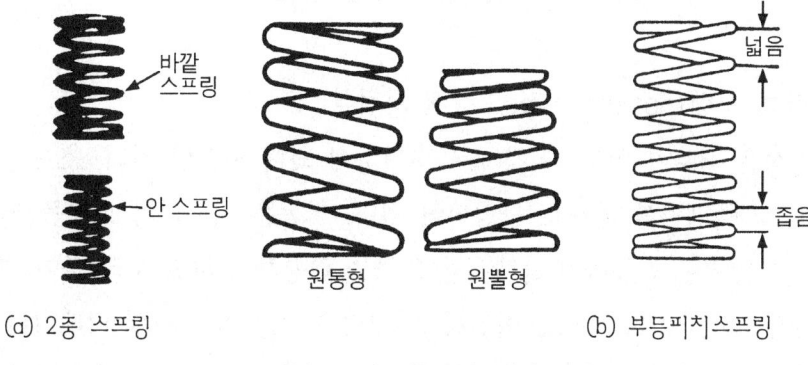

그림 2-97. 밸브 스프링의 종류

7) 밸브 회전 기구

① 밸브 회전 기구의 필요성

㉮ 밸브 면과 시트 사이, 스템과 가이드 사이에 쌓이는 카본 제거
㉯ 밸브 면과 시트, 스템과 가이드의 편 마멸 방지
㉰ 밸브 헤드의 온도를 균일하게 할 수 있다.

② 밸브 회전 기구의 종류

㉮ **릴리즈 형식**(release type ; 자유 회전식)

스프링 리테이너, 와셔형 록, 팁 컵 등으로 구성되어 있으며, 밸브 리프터가 팁 컵을 밀면 록과 리테이너에 운동이 전달되고 밸브 스프링이 압축되며 밸브가 열린다. 이때 밸브는 스프링의 장력을 받지 않게 되어 밸브는 엔진의 진동으로 회전한다.

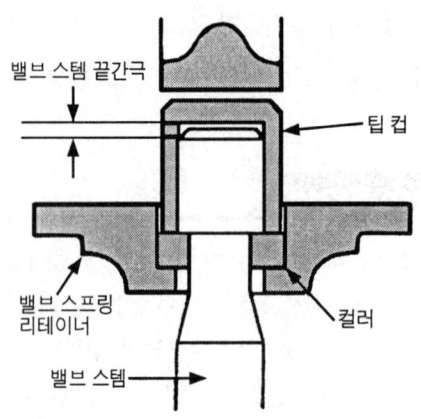

그림 2-98. 릴리즈 형식의 밸브 회전 기구

㈏ **포지티브 형식**(positive type ; 강제 회전식)

이 형식은 밸브가 열릴 때 강제로 회전하게 되며 시프팅 컬러, 스프링 리테이너, 로터 볼 및 플렉시블 와셔로 구성되어 있다. 작동은 리프터가 밸브를 열면 시프팅 컬러에 큰 압력이 작용하여 플렉시블 와셔를 편평하게 하고 로터 볼이 경사면을 굴러 내려가며 리테이너가 조금 회전하게 된다. 이 작동이 스프링 리테이너 로크과 밸브 스템으로 전달되어 밸브가 회전한다. 밸브가 닫혀 압력이 낮아지면 로터 볼이 원위치로 되돌아가 다음의 운동이 시작된다.

그림 2-99. 포지티브 형식의 밸브 회전 기구

8) 밸브 간극(valve clearance)

밸브 간극은 엔진 작동 중 열팽창을 고려하여 OHV헤드형과 OHC형은 로커 암과 밸브 스템 엔드 사이에, SV형은 밸브 리프터(태핏)와 스템 엔드 사이에 두고 있다. 일반적으로 동일 엔진에서도 배기 밸브 쪽의 간극을 더 크게 두고 있다. 이것은 배기 밸브

쪽 온도가 높아 열팽창이 크기 때문이다. 대략 흡입 밸브가 0.2~0.35mm, 배기 밸브가 0.3~0.4mm정도이며, 엔진이 냉간 상태와 온간 상태의 간극이 다르다.

① **밸브 간극이 너무 크면**
　㉮ 정상 작동 온도에서 밸브가 완전하게 열리지 못한다(늦게 열리고 일찍 닫힌다).
　㉯ 흡입 밸브 간극이 크면 흡입 공기량 부족을 초래한다.
　㉰ 배기 밸브 간극이 크면 배기 불충분으로 엔진이 과열된다.
　㉱ 심한 소음이 나고 밸브 개폐 기구에 충격을 준다.

② **밸브 간극이 작으면**
　㉮ 정상 작동 온도에서 일찍 열리고 늦게 닫혀 밸브 열림 기간이 길어진다.
　㉯ 블로바이로 인해 엔진 출력이 감소한다.
　㉰ 흡입 밸브 간극이 작으면 역화(逆火) 및 실화(失火)가 발생한다.
　㉱ 배기 밸브 간극이 작으면 후화(後火)가 일어나기 쉽다.

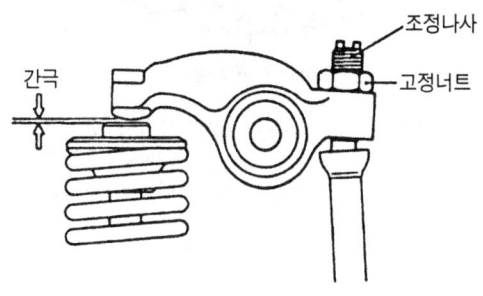

그림 2-100. 밸브 간극

9) 4행정 사이클 엔진의 밸브 개폐 시기

공기의 흐름 관성을 유효하게 이용하기 위하여 흡·배기 밸브는 정확하게 피스톤의 상사점 및 하사점에서 개폐되지 못한다. 따라서 흡입 밸브는 상사점 전에서 열려 하사점 후에 닫히고, 배기 밸브는 하사점 전에서 열려 상사점 후에 닫힌다. 그리고 상사점 부근에서는 흡기 밸브는 열리고, 배기 밸브는 닫히려는 순간 흡·배기 밸브가 동시에 열려 있는 상태가 되는데 이를 밸브 오버랩(valve over lap)이라고 한다. 밸브 오버랩을 두는 이유는 흡입 행정에서는 흡입 효율을 높이고, 배기 행정에서는 잔류 배기가스를 원활히 배출시키기 위함이다.

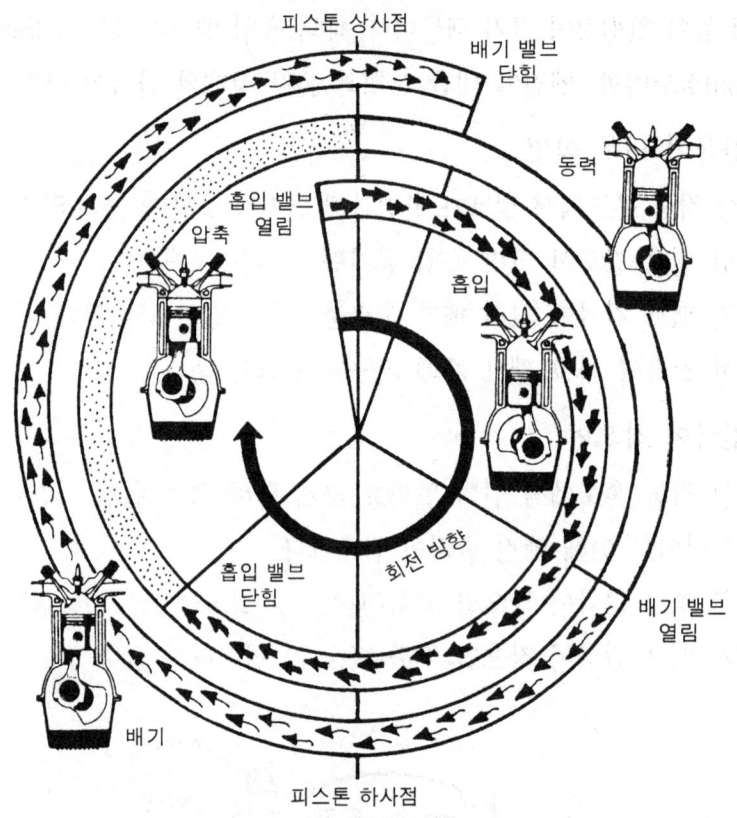

그림 2-101. 밸브 개폐 시기 선도

2 2행정 사이클 디젤 엔진

1. 2행정 사이클 디젤 엔진의 개요

2행정 사이클 디젤 엔진은 실린더에 소기 및 배기 포트를 설치하고, 이것을 피스톤의 작동에 따라 개폐하고 있다. 따라서 밸브 개폐기구가 없기 때문에 구조가 간단하며 크랭크축 1회전으로 1회의 폭발을 하는 엔진이다. 2행정 사이클 디젤 엔진은 4행정 사이클 디젤 엔진과 비해 다음과 같은 특징을 가지고 있다.

① 크랭크축 1회전마다 폭발행정이 일어나기 때문에 출력 향상이 쉬우며 회전력의 변동이 적다.

② 밸브 개폐 기구가 없거나, 구조가 간단하다.
③ 소기 및 배기가 불안전하여 연료 소비율이 나쁘다.
④ 흡입·소기 및 배기 기간은 어느 것이든 짧기 때문에 저속에서의 가스 교환이 특히 나쁘고 저속 회전력이 적다.
⑤ 오일 소모량이 많다.
⑥ 배기가스 중 질소산화물은 4행정 사이클 디젤 엔진보다 몇 약 1/5 정도로 적다.

2. 2행정 사이클 디젤 엔진 형식

2-1. 포트 타이밍 다이어그램

2행정 사이클 디젤 엔진에는 실린더에 흡입·소기 및 배기 등 3가지의 포트를 설치한 것(3포트 형식)과 소기와 배기 포트를 설치한 것(2포트 형식)이 있으며, 이들 포트를 피스톤의 작동에 따라 개폐한다. 크랭크축이 1회전할 때 포트의 개폐시기를 포트 타이밍 다이어그램(port timing diagram)이라 한다(그림 2-102).

(1) 3포트 형식(3 port type)

3포트 형식의 포트 타이밍은 그림 2-102(a)에 나타낸 것과 같이 흡입·소기 및 배기의 모든 시점에 대해서 대칭이 된다. 흡입 포트가 열리는 각도를 크게 하면 흡입 공기량이 많아지기 때문에 크랭크 케이스 내의 유효 압축행정이 감소된다.

따라서 일반적인 각도는 120° 정도지만 고속형 엔진에서는 140° 정도의 것도 있다. 소기 포트의 열림 각도를 크게 하면 실린더 내의 잔압이 높아지기 때문에 크랭크케이스 내의 압력과 균형이 틀려지므로 역류(逆流)할 염려도 있다. 일반적인 각도는 100~120° 정도이다. 배기 포트의 열림 각도는 약140~160°이지만 고속형 엔진에서는 170~180° 정도의 것도 있다.

(2) 로터리 밸브 형식(rotary valve type)

로터리 밸브 형식의 엔진은 크랭크 케이스에 설치한 흡입 포트를 로터리 밸브로 개폐함으로써 그림 2-102(b)에 나타낸 것과 같이 흡입 포트 개폐시기를 피스톤의 작동에 관계없이 임의로 할 수 있다. 흡입기간의 각도는 중·저속 및 소형 엔진에서는

120° 정도로서 3포트 형식과 차이가 없지만 고속형 엔진에서는 180° 정도로 3포트 형식보다 크고, 더욱 빨리 열리고 빨리 닫히기 때문에 크랭크 케이스 내의 압축비를 높일 수 있다. 소기·배기의 각도는 3포트 형식과 같은 정도이다.

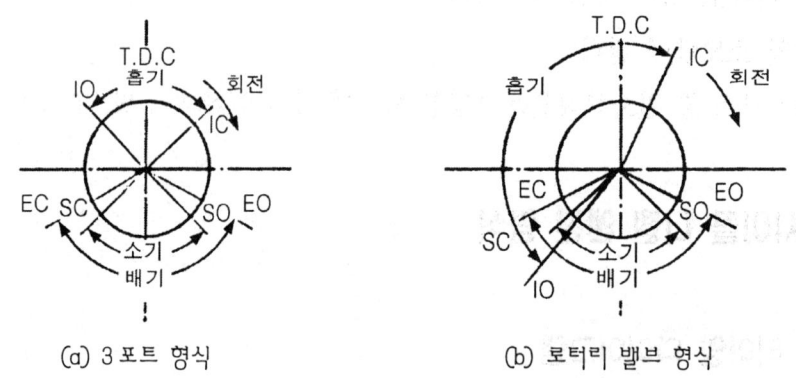

그림 2-102. 포트 타이밍 다이어그램

(3) 리드 밸브 형식(reed valve type)

리드 밸브 형식은 크랭크 케이스에 설치된 흡입 포트의 개폐를 자동 밸브인 리드 밸브로 작동하기 때문에 엔진의 회전속도나 부하에 의하여 흡입 포트의 개폐시기가 변화한다. 리드 밸브에 의한 흡입 포트 개폐 각도의 예를 들면 그림 2-103에 나타낸 것과 같다.

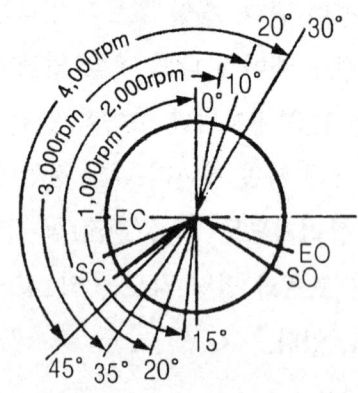

그림 2-103. 리드 밸브 형식의 다이어그램

2-2. 급기 방법(給氣方法)

2행정 사이클 엔진에서는 크랭크축이 1회전하는 사이에 1사이클을 완료하므로 4행정 사이클 엔진과 같은 독립된 흡입 행정과 배기 행정이 없다. 따라서 실린더에 스스로 흡입하는 작용은 할 수 없으며 새로운 공기에 의하여 연소 가스를 밀어내는 소기 작용을 하지 않으면 안 된다. 그러므로 급기 방법은 소기 압력을 생성하는 펌프에 의하여 다음과 같이 구분한다.

```
◆ 크랭크 케이스 압축형
      ── 3포트 형식
      ── 2포트 형식 …… 리드 밸브
                    …… 로터리 밸브 …… 로터리형
                                …… 디스크형
                                …… 크랭크형
◆ 펌프형 ── 피스톤 펌프
        ── 블로워 …… 원심형
                …… 루츠형
```

(1) 3포트 형식(피스톤 밸브형)

3포트 형식은 그림 2-104에 나타낸 것과 같이 실린더 흡입·소기 및 배기 3종류의 포트를 설치하여 피스톤의 작동에 따라 포트 개폐를 제어한다. 흡입 포트의 개폐 각도는 상사점에 대칭이 되기 때문에 흡입의 제동(制動)으로 배기가 발생하기 쉽다. 3포트 형식의 특징은 다음과 같다.

① 저속 회전에서 배기가 많기 때문에 저속 회전의 안전성이 나쁘고 엔진의 진동이나 소음의 원인이 되기 쉽다.
② 저속 회전에서의 연료 소비율이 많고 회전력(torque)도 낮다.
③ 저속·고속 지역에서의 급기 비율(給機比率)이 다른 형식보다 적기 때문에 사용회전 범위가 좁다.
④ 구조가 가장 간단하다.

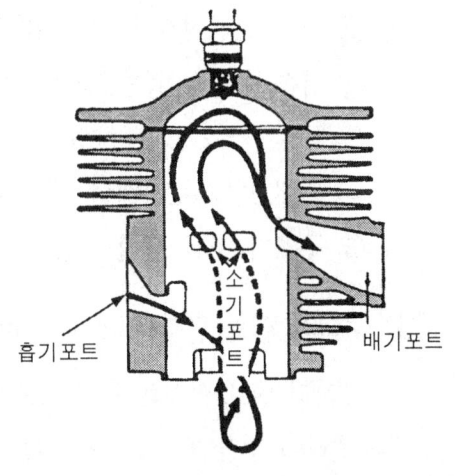

그림 2-104. 3포트 형

(2) 리드 밸브 형식(reed valve type)

리드 밸브 형식은 흡입 포트의 개폐를 그림 2-105에 나타낸 것과 같이 포트 입구 부근에 설치한 리드 밸브로 제어하는 구조이다. 리드 밸브는 크랭크 케이스 내의 압력에 의하여 작동하는 자동 밸브이며, 그림 2-106에 나타낸 것과 같은 구조이다.

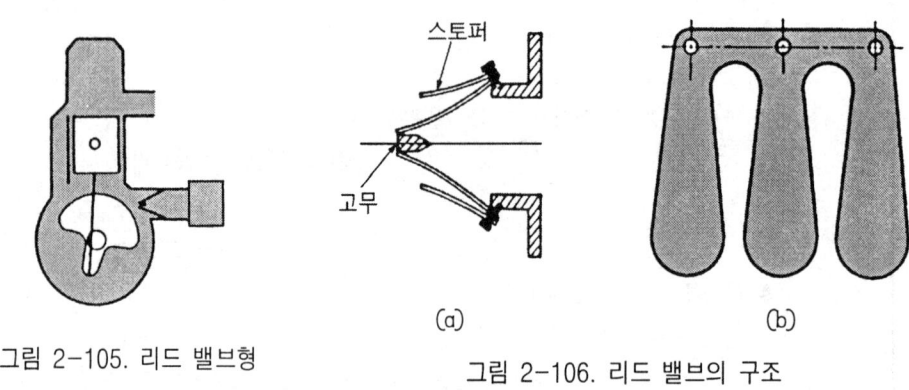

그림 2-105. 리드 밸브형

그림 2-106. 리드 밸브의 구조

리드 밸브는 0.2~0.3mm 정도의 베릴륨 강으로 만들어졌으며, 닫을 때 충격을 완화시키기 위해서 내유성의 고무가 접촉면에 사용된다. 그리고 열릴 때의 응력을 균일하게 하기 위하여 스토퍼가 설치되어 있으며 최대 양정은 7~8mm 정도이다. 리드 밸브의 개폐 시기는 엔진의 회전속도 및 부하에 따라 변화되지만 3포트 형식과 비교하면 빨리 흡입 포트를 여는 것이 가능하며, 흡입 포트가 없으므로 소기 포트의 수를 증가시키는 것이 가능하다. 리드 밸브 형식의 특징은 다음과 같다.

① 저속 회전에서 급기 효율이 좋고 연료 소비율이 양호하다.
② 저속 안정성이 양호하며 공전 회전속도를 낮출 수 있다.
③ 특히, 저속지역에서의 급기 비율이 다른 형식에 비해 가장 좋다.
④ 크랭크 케이스 내의 부압이 적기 때문에 엔진 시동이 용이하다.
⑤ 구조가 조금 복잡하다.

(3) 로터리 밸브 형식(rotary valve type)

로터리 밸브 형식은 흡입 포트를 개폐시키는데 로터리 디스크 밸브를 사용하는 방식과 플라이 휠을 밸브로 사용하는 방식이 있다. 로터리 디스크 밸브는 크랭크축에 가벼운 원판의 밸브를 부착하고 이것에 그림 2-107(a)에 나타낸 것과 같이 제작된 크랭크 케이스의 포트와 리드 밸브가 겹쳤을 때 흡입이 이루어지는 구조이다.

디스크 밸브의 재질은 일반적으로 합성수지가 많지만 내구성을 향상시키기 위한 얇은 강판제도 있다. 그림 2-107(b)에 나타낸 것과 같이 플라이 휠에 포트를 설치하여 밸브의 작동이 이루어지는 형식은 구조를 간단히 할 수 있다.

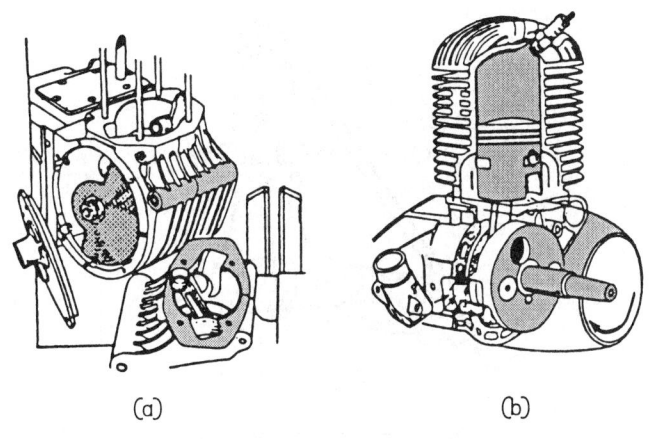

그림 2-107. 로터리 밸브 형식

로터리 밸브 형식의 특징은 다음과 같다.
① 3포트 형식과 비교하면 전체 회전 범위에서 급기 비율이 높다. 그러나 리드밸브 형식보다 저속 지역에서 조금은 떨어지지만 완만한 커브의 급기 비율이 얻어진다.
② 흡입 포트를 빨리 닫기 때문에 저속 지역에서의 잔류가스가 적다.
③ 흡입 포트 단면을 비교적 크게 할 수 있고 포트의 길이를 짧게 할 수 있으므로 고속 성능이 향상된다.
④ 로터리 밸브를 설치하기 때문에 크랭크 케이스 폭이 넓어진다.
⑤ 2실린더 이상의 엔진에서는 흡입 포트, 로터리 밸브의 위치 등 설계상 힘들다.

크랭크 케이스 압축형 엔진의 급기 비율에 영향을 주는 크랭크 케이스 압축비는 어느 형식이던 큰 차이는 없으며 일반적으로 1.3 ~ 1.4 정도이다.

(4) 피스톤 펌프 형식(piston pump type)

피스톤 펌프 형식의 크랭크 케이스 압축형 엔진에서는 소기 압력이 불충분하기 때문에 그림 2-108에 나타낸 것과 같이 급기를 압축하기 위한 펌프 피스톤을 설치한 구조도 있다. 이 형식은 압축 효율은 좋지만 비교적 형상이 커지며 또한 고속에서의 체적 효율이 저하되므로 고속형 엔진에는 부적합하다. 급기 비율은 향상되지만 구조가 복잡하고 기계 손실이나 엔진 무게가 증가하기 때문에 소형 엔진에는 사용되지 않는다. 크랭크 케이스 내의 베어링이나 윤활 방법은 설계상으로는 자유롭다.

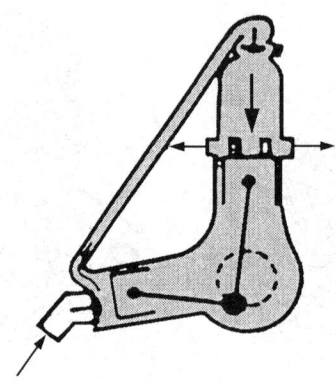

그림 2-108. 피스톤 펌프 형식

(5) 블로어 형식(blower type)

블로어 형식은 급기·소기를 하는데 그림 2-109에 나타낸 것과 같이 블로어를 사용하는 구조이다. 블로어의 특성에 의하여 저속 회전에서 충분한 소기 압력을 얻을 수 없지만 회전속도를 증가시키면 소기 압력이 높아진다. 그리고 블로어는 고속회전이 가능하므로 엔진 자체의 구조를 간단하게 할 수 있고 피스톤 펌프 형식보다 기계 손실이 적기 때문에 대형 디젤 엔진에 많이 사용된다.

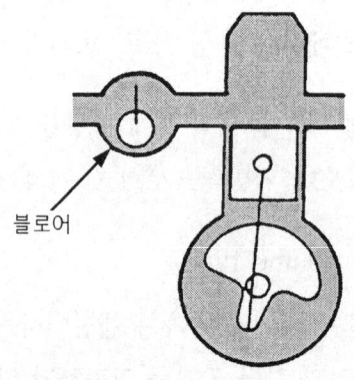

그림 2-109. 블로어 형식

3. 2행정 사이클 디젤 엔진의 소기

2행정 사이클 디젤 엔진은 실린더에 스스로 흡입 작용을 할 수 없으므로 크랭크 케이스 등에서 압축하고 난 다음 실린더에 새로운 공기를 공급함과 동시에 연소가스를 압축한다. 이 작용을 소기(掃氣)라 하며 소기의 양부(良否)는 2행정 사이클 디젤 엔진의 성능에 큰 영향을 준다. 소기의 형식에는 다음과 같은 종류가 있다.

```
◆ 횡단 소기 방식 ──── 디플렉터 방식, 상향 포트 방식
◆ 루프 소기 방식
◆ 단류 소기 방식 ──── 피스톤형 ····· 대향 피스톤 방식
                              ····· U형 실린더 방식
                  ──── 단 류 형 ····· 배기 밸브 방식
```

3-1. 소기 형식

(1) 횡단 소기 방식

횡단 소기(cross scavenging) 방식은 그림 2-110에 나타낸 것과 같이 실린더 내에서 소기 포트와 배기 포트가 마주보게 설치되어 있으며 가스가 실린더를 횡단하여 흐르는 형식이다. 포트가 마주보게 되어 있으므로 새로운 공기가 그대로 배출되는 경우가 많아 소기 효율이 나쁘다. 그대로 배출되는 손실을 적게 하기 위하여 여러 가지의 방법이 고안되었지만 디플렉터 방식(deflector type)은 피스톤 헤드에 디플렉터를 설치하여 가스의 흐름을 상향(上向)으로 하는 것이며 그림 2-110(a), 그림 2-110(b)에 나타낸 것과 같이 소기 포트를 상향(上向)으로 한 것 등이 있다.

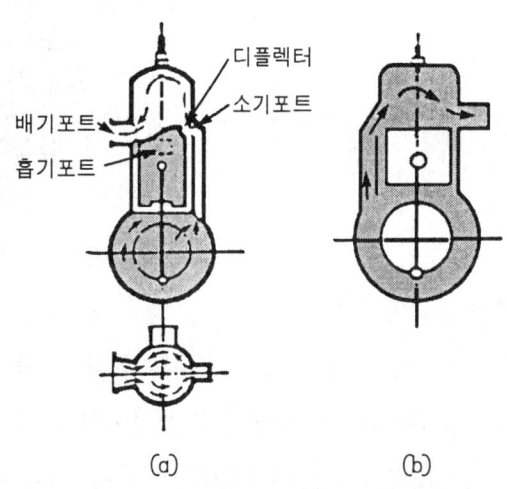

그림 2-110. 횡단 소기 방식

횡단 소기 방식의 특징은 다음과 같다.
① 디플렉터 방식의 경우 연소실의 형상이 나쁘며, 디플렉터 때문에 피스톤의 열 부하 및 무게가 커진다.
② 상향 포트 방식의 경우 소기 포트의 상하 방향의 폭이 커지기 때문에 유효 행정이 적어진다.
③ 실린더의 소기 포트 쪽과 배기 포트 쪽의 온도가 일정하지 않기 때문에 비틀림을 일으키기 쉽다.
④ 구조가 다른 형식보다 간단하다.

(2) 루프 소기 방식

루프 소기(loop scavenging)방식은 그림 2-111에 나타낸 것과 같이 일반적으로 배기 포트의 반대쪽 방향에서 소기를 불어넣기 때문에 실린더 내를 역 방향으로 가스가 흐르는 형식이다. 이 형식은 새로운 공기가 그대로 배출되는 경우가 적어 소기 효율이 양호하다.

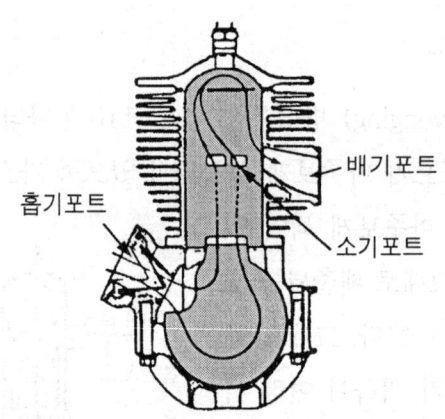

그림 2-111. 루프 소기 방식

소기 포트의 수 및 위치 등에 따라 그림 2-112(a)에 나타낸 시닐레 방식은 현재 우리나라의 소형 2행정 사이클 디젤 엔진의 대부분이 이 형식을 기본으로 하고 이것을 개량하여 널리 사용하고 있다. 그림(b)에 나타낸 형식은 시닐레 방식을 전후하여 개발된 것으로 소기 포트가 원둘레 방향으로 기울기가 없는 것이다. 그림(c)에 나타낸 형식은 독일의 크라이슬러 방식으로 소기 포트의 흡입 올림 각도를 크게 하고, 배기 포트를 직각으로 2개 설치한 것이다. 그림 (d), (e), (f)는 소기 포트의 수를 증가시켜 소기 포트 면적을 넓게 하여 소기 효율을 양호하게 한 것으로 현재 각 제작회사가 독자적으로 개발한 형식을 사용하고 있다.

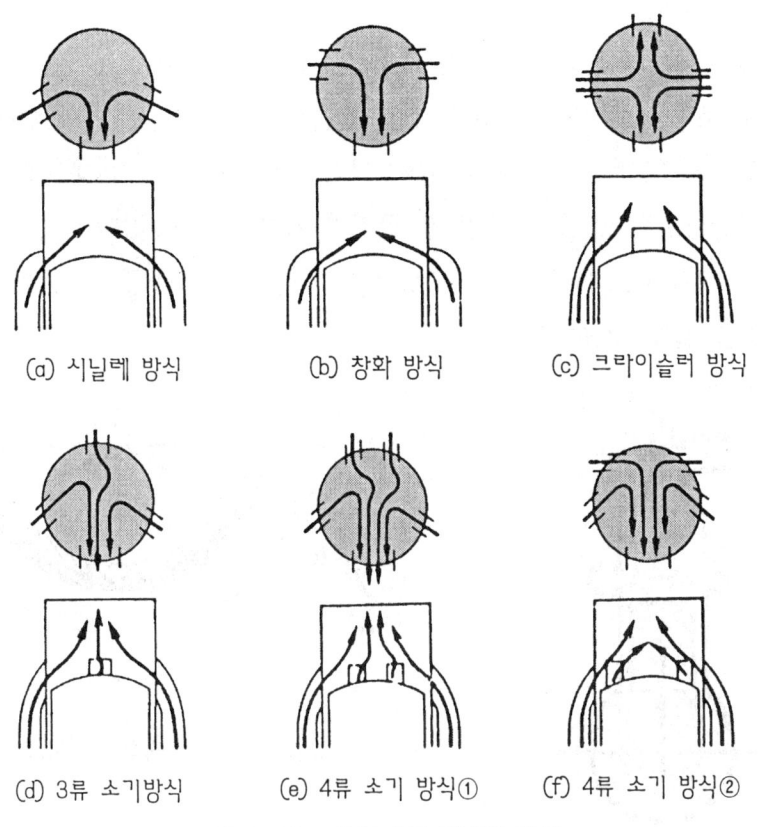

그림 2-112. 루프 소기 방식의 종류

루프 소기 방식의 특징은 다음과 같다.
① 새로운 공기의 배출이 적고 소기 효율이 양호하여 연료 소비율도 적다.
② 피스톤 헤드의 형상이 매끈하기 때문에 열 부하가 적고 평형도 양호하다.
③ 3류 소기, 4류 소기로 하면, 소기 포트 면적을 넓게 할 수 있으며, 고속형 엔진에 적합하다.
④ 소기 도입 통로가 실린더 바깥쪽으로 튀어나오므로 실린더 수가 많은 엔진에서는 불리하다.

(3) 단류 소기 방식

단류 소기(uniflow scavenging)방식은 그림 2-113에 나타낸 것과 같이 소기 포트에서 들어온 새로운 공기가 방향을 바꾸지 않고 한쪽 방향으로만 흐르는 형식으로 특징은 다음과 같다.

① 소기와 배기의 혼합이 비교적 적고 실린더의 원둘레에 소기 포트를 설치하기 때문에 소기 포트 면적이 넓고 소기 효율이 다른 형식보다 양호하다.
② 그림 2-114에 나타낸 것과 같이 형식에 따라서는 소기·배기의 포트 타이밍을 비대칭형으로 할 수 있으며 후 급기가 가능한 것이 있다.
③ 소기·배기 포트의 수가 많으므로 포트의 높이를 낮게 할 수 있으며 따라서 유효 행정을 길게 할 수 있다.

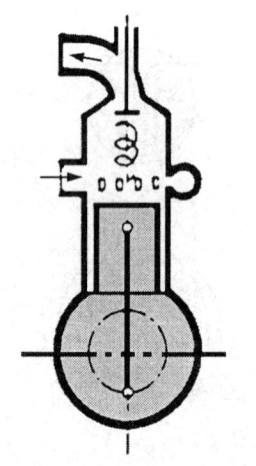

그림 2-113. 단류 소기 방식

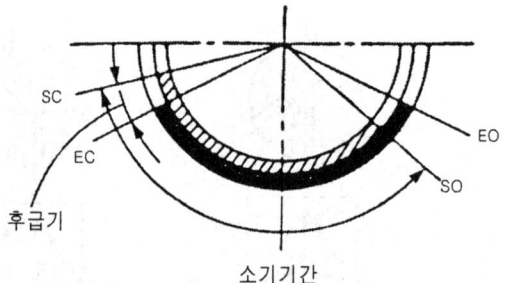

그림 2-114. 비대칭형 포트 타이밍

1) 대향 피스톤 방식

대향 피스톤 방식은 그림 2-115에 나타낸 것과 같이 하나의 실린더에서 피스톤이 상하로 마주보고 작동하며, 위쪽 피스톤은 소기 포트, 아래쪽 피스톤은 배기 포트를 개폐하는 구조이다. 위쪽의 피스톤은 사이드 로드에 의해 크랭크 핀에 연결되어 있다. 대향 피스톤 방식의 특징은 다음과 같다.

① 연소실은 위·아래 피스톤에 의하여 형성되므로 실린더 헤드가 필요 없다.
② 소기·배기 포트 면적을 가장 넓게 할 수 있으므로 소기 효율이 가장 좋다.

③ 소기 포트가 그림 2-116에 나탠 것과 같이 실린더 내 가상원(假想圓 : 실린더 안 지름의 약 70 %)의 선이 끊어진 방향으로 열려져 소기를 할 때 와류를 만든다.
④ 밸브 개폐 기구가 필요 없지만 위쪽 피스톤을 움직이기 위하여 사이드 로드 등이 필요하기 때문에 구조가 복잡하게 되며, 엔진의 높이가 높아진다.

이 형식은 소형 2행정 사이클 디젤 엔진에서 사용하는 경우가 있다.

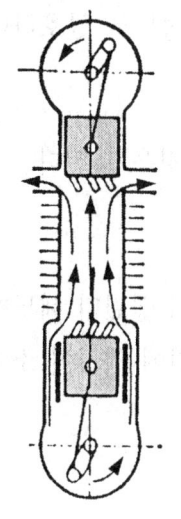

그림 2-115. 대향 피스톤 방식

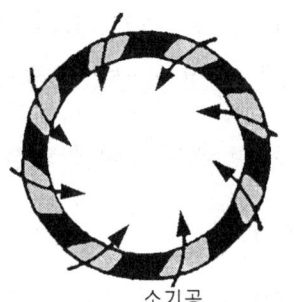

그림 2-116. 소기 와류

(2) U형 실린더 방식

U형 실린더 방식은 그림 2-117에 나타낸 것과 같이 대향 피스톤 방식의 실린더를 중간 정도의 열림으로부터 꺾어져 구부린 것 같은 구조이며, 한쪽의 실린더가 소기를, 다른 쪽의 실린더가 배기를 하는 것이다.

그림 2-117(a)에 나타낸 방식은 커넥팅로드가 2개 있으며, 좌우 피스톤의 작동에 시간 차이를 두고 배기 피스톤이 선행되어 비대칭형의 소기를 한다.

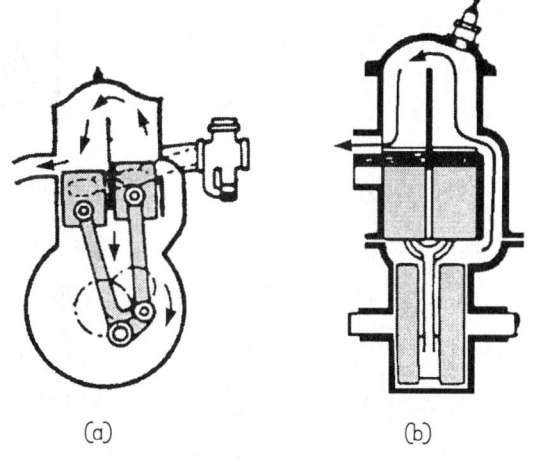

그림 2-117. U형 실린더 방식

그림 2-117(b)에 나타낸 형식은 커넥팅로드가 1개이고 끝 부분이 둘로 나누어진 포크형이며, 피스톤이 동시에 작동함으로 대칭형 소기이지만 구조는 커넥팅로드가 2개 설치된 형식에 비하여 간단히 할 수 있다. U형 실린더 방식의 특징은 다음과 같다.

① 무 부하상태 및 저속 운전에서 실화(失火)가 적고 공전이 원활하다.
② 소기 실린더와 배기 실린더 사이에 실린더 벽의 냉각이 어렵고 비틀림을 일으키기 쉽다.
③ 소기 효율은 대향 피스톤 방식과 거의 같은 정도로 양호하다.
④ 연소실 형상을 양호한 형태로 할 수 없다.

이 형식은 2행정 사이클 디젤 엔진에서 사용한 경우가 있다.

(3) 배기 밸브 방식

배기 밸브 방식은 그림 2-118에 나타낸 것과 같이 실린더 헤드에 배기 밸브를 설치하고, 소기 포트를 실린더 원둘레에 설계하여 블로워에 의하여 소기를 하는 구조이다.

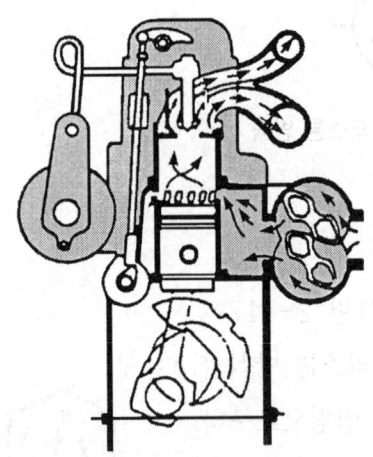

그림 2-118. 배기 밸브 방식

배기 포트 면적을 증가하기 위하여 배기 밸브를 2~4개 설치하고 있으므로 2행정 사이클 디젤 엔진에서는 배기 기간이 짧고 밸브의 개폐가 급격하게 이루어지기 때문에 고속에서는 밸브 개폐기구에 무리가 온다. 소기는 대향 피스톤 방식과 같은 방식으로 실린더 내에서 와류(渦流)를 만들어 한쪽 방향으로 흐른다. 배기 밸브 방식의 특징은 다음과 같다.

① 소기와 배기의 혼합이 비교적 적고, 소기 효율이 양호하다.
② 밸브가 과열되기 쉽다.
③ 윤활이나 냉각 등은 4행정 사이클 엔진과 같은 방식으로 할 수 있으며 다른 단류 소기 방식보다 구조가 간단하다.

이 형식은 2행정 사이클 디젤 엔진에서 사용되고 있다.

3-2. 2행정 사이클 디젤 엔진의 효율(效率)

2행정 사이클 디젤 엔진의 소기 양부(良否)를 나타내는 데는 여러 가지의 효율이 사용된다. 효율에서 사용되는 기호를 설명하면 다음과 같다.

> η_s = 소기 효율
>
> η_h = 급기 효율
>
> R_r = 급기 비율
>
> G_s = 소기 완료 후 실린더에 머무른 새로운 공기의 무게
>
> G_e = 소기 완료 후 실린더에 남은 연소가스의 무게
>
> G_a = 소기 완료 후 실린더 내 모든 가스의 무게 ($G_a = G_s + G_e$)
>
> G_v = 측정할 때의 대기온도·압력으로 행정 체적을 점유하는 가스의 무게
>
> G_c = 1회 소기에 사용하는 모든 새로운 공기의 무게

(1) 소기 효율

$$\eta = \frac{G_s}{G_a} \quad \cdots\cdots\cdots\cdots\cdots\cdots\cdots\cdots\cdots\cdots\cdots\cdots\cdots\cdots\cdots\cdots\cdots\cdots\cdots\cdots\cdots\cdots\cdots(1)$$

소기 효율(scavenging efficiency)은 소기 상태로 소기 형식을 평가하는데 가장 중요한 항목이며, 소기 상태의 양부는 2행정 사이클 디젤 엔진의 성능이나 연소 상태 및 배기가스 조성 등에 큰 영향을 준다. 소기 효율에 영향을 주는 항목에는 다음과 같은 것이 있다.

① 소기 형식
② 소기 포트 단면적
③ 소기 흐름의 입각(入角)
④ 소기 압력
⑤ 소기 관계

(2) 급기 효율

급기 효율은 급기(새로운 공기)의 이용도를 나타내는 것으로 다음과 같다.

$$\eta = \frac{G_s}{G_c} \quad \cdots\cdots\cdots\cdots\cdots\cdots\cdots\cdots\cdots\cdots\cdots\cdots\cdots\cdots\cdots\cdots (2)$$

급기 효율(trapping efficiency)에 영향을 주는 것은 실린더 내의 소기가 흐르는 방향과 소기·배기 포트에 있어서의 압력 변화로 다음과 같은 항목으로 결정된다.
① 소기 통로의 형상에 의한 소기 흐름의 방향 설정
② 소기·배기 포트의 단면적 및 포트 타이밍
③ 크랭크 케이스 압축비로 소기 량에 의한 소기 압력
④ 배기 관계

(3) 급기 비율

급기 비율(delivery ratio)은 다음 공식으로 나타낸다.

$$R_r = \frac{G_c}{G_v} \quad \cdots\cdots\cdots\cdots\cdots\cdots\cdots\cdots\cdots\cdots\cdots\cdots\cdots\cdots\cdots\cdots (3)$$

급기 비율을 증가시키면 체적 효율이 증가하는 것보다 출력이 증대한다. 급기에 영향을 주는 것은 흡입 포트 전후의 압력 변화이며 압력 변화는 다음 항목에 의하여 결정된다.
① 흡입 및 배기 관계
② 포트 단면적 및 포트 타이밍
③ 가스 유로(流路)의 저항
④ 크랭크 케이스나 실린더 용적

(4) 체적 효율

2행정 사이클 디젤 엔진의 체적 효율은 다음 공식과 같다.

$$\eta_v = \frac{G_s}{G_v} = \frac{G_s}{G_c} \cdot \frac{G_c}{G_v} = \eta_h \cdot R_r \quad \cdots\cdots\cdots\cdots\cdots\cdots\cdots\cdots\cdots\cdots\cdots (4)$$

4. 2행정 사이클 엔진의 배기

4-1. 배기관 효과

2행정 사이클 디젤 엔진의 소기나 배기는 포트 전후의 압력 차이에 따라 이루어지므로 배기관 내의 압력파를 적절히 이용하면 효율을 향상시킬 수 있으며, 특히 다음과 같은 효과를 얻을 수 있다.

① 소기를 촉진시킨다(급기 비율의 향상).
② 새로운 공기가 배출되는 것을 방지한다(급기 효율의 향상).

(1) 급기 비율의 향상

소기 기간 중에 그림 2-119에 나타낸 것과 같이 배기 포트 출구 부근이 큰 부압이라면 실린더와 크랭크 케이스 내의 부압을 크게 하여 소기를 촉진시켜 급기 비율을 높일 수 있다. 배기 상태에서 발생하는 배기관 내의 압력파(관내 맥동)에 의하여 하사점 부근에서 배기 포트 출구 부근에 부압(負壓)을 형성한다.

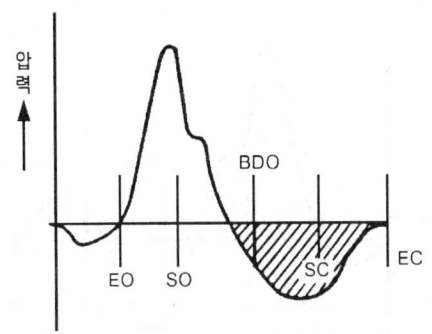

그림 2-119. 배기 포트 출구 부근의 압력(부압)

실제 사용되는 엔진에서는 그림 2-120에 나타낸 것과 같이 디퓨저(diffuser)를 사용하여 이 원추면에서 부(負)의 압력파를 연속적으로 반사시켜 배기 포트 출구 부근의 부압을 높게 하여 다시 장기간 지속시키고 있다.

직선으로 된 배기관이나 디퓨저 부분의 길이는 엔진의 특성에 따라 다르므로 부압이 높고 소기에 유효하게 작용하도록 각각 실험에 따라 결정할 필요가 있다. 또 디퓨저의 열림 각도가 클수록 반사율은 좋고 부압도 크게 되지만 가장 적당한 크기의 열림 각도가 있다.

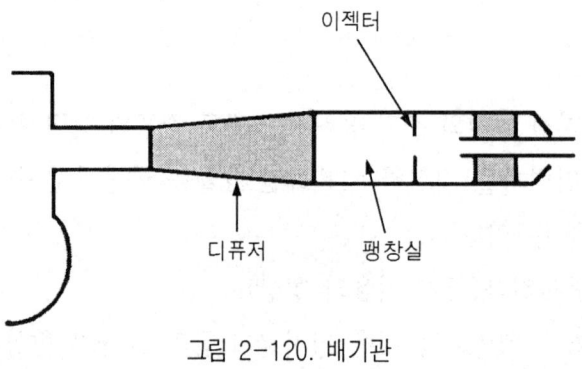

그림 2-120. 배기관

(2) 급기 효율의 향상

대칭형 소기의 엔진에서는 소기 포트를 닫은 후에 새로운 공기가 배기 포트로부터 유출되는 경우가 있다. 따라서 그림 2-121에 나타낸 것과 같이 배기 포트를 닫았을 때 배기 포트 출구 부근이 정압이라면 새로운 공기가 배출되는 것을 방지하고 급기 효율을 향상시킬 수 있다.

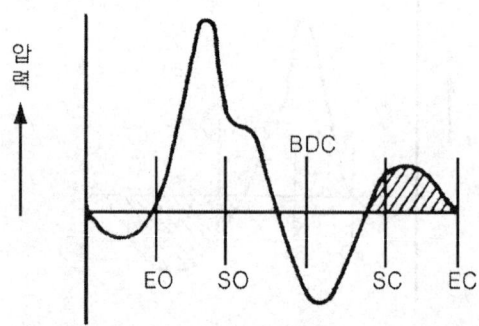

그림 2-121. 배기 포트 출구부근의 압력(정압)

그림 2-120에 나타낸 것과 같이 디퓨저의 바로 다음에 적절한 팽창 관을 설치하고 그 관의 끝에 이젝터(ejector)를 설치하면 배기 포트 출구 부근에 정압파로 배출시킬 수 있다. 이젝터 구멍의 면적도 배기 포트 단면적의 비가 적을수록 정압이 크지만 이젝터의 구멍을 지나치게 적게 하면 배압이 커지고 엔진의 운전이 불안정하게 된다. 또 디퓨저만이라면, 심한 소음을 내지만 팽창관에 이젝터를 설치하여 방음효과도 기대할 수 있다.

(3) 2행정 사이클 3실린더 엔진의 경우

앞에서 설명한 (1)과 (2)는 1실린더나 2실린더인 경우의 배기 효과이며, 자기(自己) 실린더의 압사파(壓死波)를 이용하고 있지만, 3실린더의 경우 다른 실린더의 블로다운(blow down) 압력을 이용하여 급기 효율을 높여 연료 소비율을 향상시키고 있다. 2행정 사이클 3실린더에서는 폭발 간격이 120° 이므로 그림 2-122에 나타낸 포트 타이밍으로 되어 배기 포트 닫힘 시기를 앞 실린더의 소기 및 배기 포트 열림 시기와 오버랩 시키고 있다.

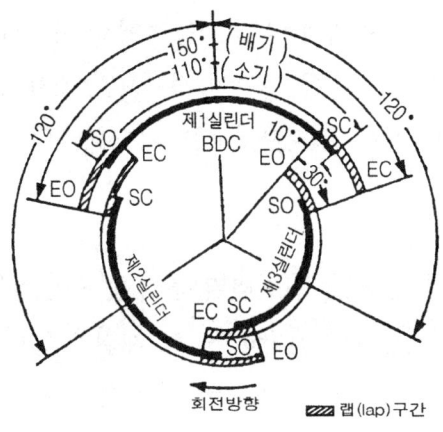

그림 2-122. 3실린더의 엔진의 포트 타이밍

따라서 제 1실린더의 소기 포트가 닫힐 때부터 배기 포트가 닫힐 때까지의 사이에 그림 2-123과 같이 3실린더의 블로다운 압력파가 도달하고 새로운 공기의 배출을 방지하며 과급 효과를 향상시키고 있다. 3실린더 엔진의 경우 자기 실린더의 압력파는 약한 쪽이 바람직하므로 배기 다기관과 소음기 사이에 프리 체임버(pre chamber)를 설치하고 있다.

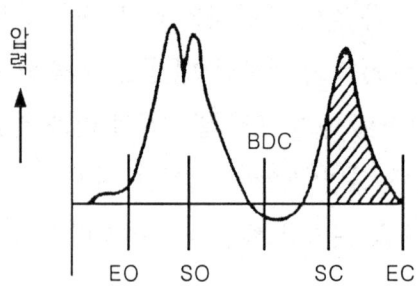

그림 2-123. 3실린더의 경우 압력(1실린더의 배기 포트 출구 부근)

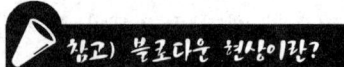
Reference

배기행정의 초기에 배기 밸브가 열려 자체 압력으로 자연히 배출되는 현상이다

5. 2행정 사이클 디젤 엔진의 구조

2행정 사이클 디젤 엔진 본체 부분의 구조는 4행정 사이클 디젤 엔진과 거의 같은 형상이지만 밸브 개폐기구 등의 운동 부분이 적으므로 소형 또는 경량이다. 또한 일부 2행정 사이클 엔진 특유의 것이 있으므로 여기서 설명하기로 한다.

5-1. 실린더 헤드와 연소실

실린더 헤드는 공랭식인 경우 각 실린더별 분리형, 수랭식은 일체형이 많이 사용되며, 구조는 4행정 사이클 엔진보다 간단하다. 그 재질은 일반적으로 알루미늄 합금이며, 연소실은 그림 2-124에 나타낸 것과 같이 스퀴시 돔형, 반구형, 쐐기형 등이 사용된다. 연소실의 형상은 피스톤 헤드 형상, 분사노즐 위치나 소기 방식 등을 고려하여 결정하지만 일반적으로 4행정 사이클 엔진의 연소실에서 필요한 조건과 같다.

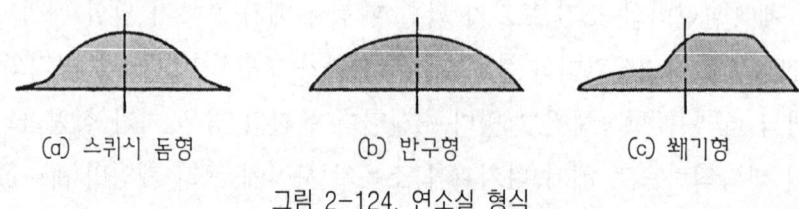

그림 2-124. 연소실 형식

5-2. 실린더(Cylinder)

2행정 사이클 엔진의 실린더는 일반적으로 흡입·소기 및 배기의 각 포트를 여러 개 설치하고 있으며, 이들 포트의 설계(각 포트의 형상이나 크기, 개폐시기)가 엔진 성능의 양부(良否)에 큰 영향을 주는 중요한 항목이다.

실린더 재질은 특수주철이 많지만 알루미늄 합금으로 내부에 주철 라이너를 사용하거나 실린더 내면을 경질 크롬 도금한 것 등이 있다. 실린더의 열 부하가 4행정 사이클 엔진과 다르고 일정하지 않기 때문에 열 변형을 일으키지 않도록 배기 포트 부근의 냉각을 적절히 고려하고 또한 피스톤 링이 포트로부터 튀어나와 파손되지 않도록 각 포트는 모따기를 할 필요가 있다.

5-3. 피스톤과 피스톤 링

일반적인 피스톤은 그림 2-125에 나타낸 것과 같은 구조로서 피스톤 헤드는 구면형이 많고 높이는 무게 경감 때문에 짧은 것이 사용된다. 또 두께는 피스톤 헤드를 두껍게 하고 스커트 부분을 얇게 한다.

피스톤 재질은 일반적으로 열팽창 계수가 낮은 규소 알루미늄 합금이 사용된다. 피스톤 링은 그림 2-126에 타나낸 것과 같은 형상이 있다. 각각의 특징은 4행정 사이클 엔진과 같지만 L형 단면(이너 컷형)을 제1번 압축 링에 사용하여 기밀 성능과 엔진 출력을 향상시키고 있다.

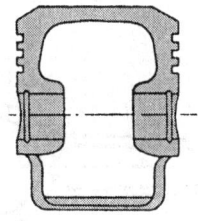

그림 2-125. 피스톤의 형상

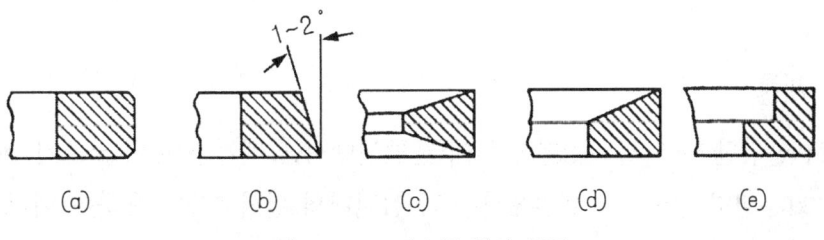

그림 2-126. 피스톤 링의 종류

5-4. 크랭크축과 커넥팅 로드

2행정 사이클 엔진의 크랭크축은 조립식으로 메인 저널과 크랭크 암, 크랭크 암과 크랭크 핀을 각각 압입(壓入)하기 때문에 그림 2-127에 나타낸 것과 같이 구성된다. 2실린더의 경우 3~6개의 베어링으로 지지되며 일반적으로 볼 베어링을 사용한다.

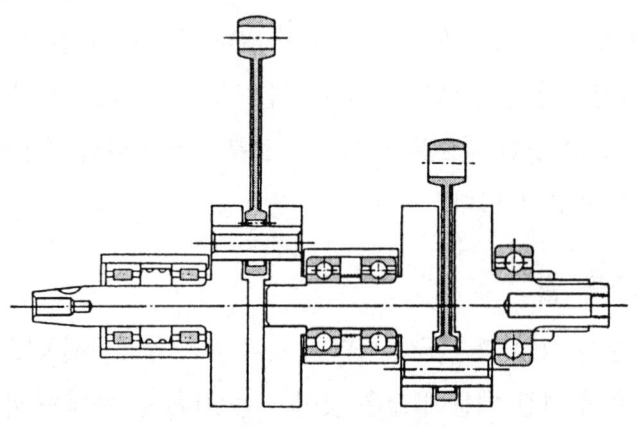

그림 2-127. 크랭크축의 형상

또 2행정 사이클 엔진에서는 크랭크 케이스 사이의 기밀 유지가 중요하지만 일반적으로 래버린스 패킹이 사용되며 양끝은 오일 실(oil seal)에 의하여 유지된다. 대단부, 소단부의 베어링에는 니들 베어링(needle bearing)이 사용된다. 또한 커넥팅로드가 측압을 소단부에서 규제하여 대단부의 냉각이나 윤활을 향상시키는 방식이 사용되고 있다.

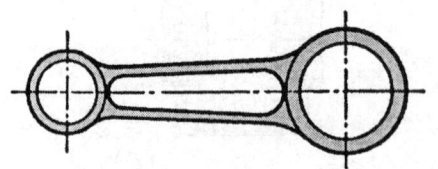

그림 2-128. 커넥팅 로드의 구조

5-5. 배기 계통

앞에서 설명한 바와 같이 2행정 사이클 엔진에서는 배기 계통의 구조가 엔진의 성능에 크게 좌우된다. 2실린더 엔진에서는 각 실린더의 반사파를 이용하여 배기 출구 부근의 압력을 소기 기간 중에는 부압으로 하고 소기 포트를 닫을 때에는 정압이 되는 소음기 형상으로 하는 것이 중요하다. 또 3실린더 엔진에서는 다른 실린더의 블로다운 압력을 유효하게 이용할 수 있도록 하는 형상으로 만드는 것이 소음기 설계의 요점이다. 일반적으로 사용되고 있는 배기 계통의 구조는 그림 2-129에 나타낸 것과 같다.

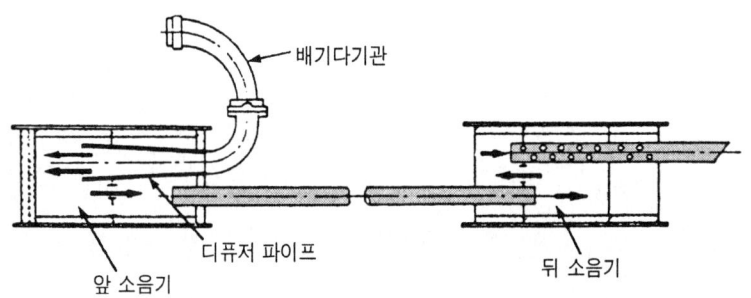

그림 2-129. 배기 계통의 예

제3장.
냉각장치

1. 냉각장치의 필요성
2. 엔진의 냉각 방법
3. 수랭식의 주요 구조와 그 기능
4. 냉각수와 부동액
5. 온도계 또는 수온계
6. 수냉식 엔진의 과열 원인

제3장

농산물지

제 3 장

냉각장치

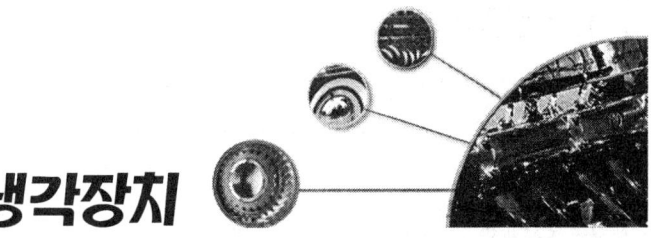

1 냉각장치의 필요성

가 동 중인 엔진의 동력 행정에서 발생되는 열(1,500~2,000℃)을 냉각시켜 엔진의 온도를 정상 작동 온도인 75~85℃로 알맞게 유지시키는 장치이다.

2 엔진의 냉각 방법

엔 진을 냉각시키는 방법에는 공기로 엔진의 외부(外部)를 냉각시키는 공랭식(空冷式)과 냉각수를 사용하여 엔진의 내부(內部)를 냉각시키는 수랭식(水冷式)이 있다.

1. 공랭식(air cooling type)

공랭식은 엔진을 대기(大氣)와 직접 접촉시켜서 냉각시키는 방법으로 냉각수의 보충, 누출, 동결(凍結) 등의 염려가 없고 구조가 간단하여 취급이 쉬운 장점이 있으나 기후, 운전 상태 등에 따라 엔진의 온도가 변화하기 쉽고 냉각이 균일하지 못한 단점이 있다. 공랭식에는 자연통풍방식과 강제통풍방식이 있다.

1-1. 자연통풍방식(自然通風方式)

자연통풍방식은 차량이 주행할 때 받는 공기로 냉각시키는 것으로 실린더 헤드와 블록과 같이 과열되기 쉬운 부분에 냉각 핀(cooling fin)을 두고 있다.

1-2. 강제통풍방식(强制通風方式)

강제통풍방식은 냉각 팬(cooling fan)을 사용하여 강제로 다량(多量)의 공기를 엔진으로 보내어 냉각하는 것이다. 냉각 팬은 크랭크축에 직결되어 있으며 엔진을 균일하게 냉각시키기 위하여 엔진 주위를 시라우드(shroud, 덮개)로 감싸고 이곳을 냉각 공기가 통과하도록 되어 있다.

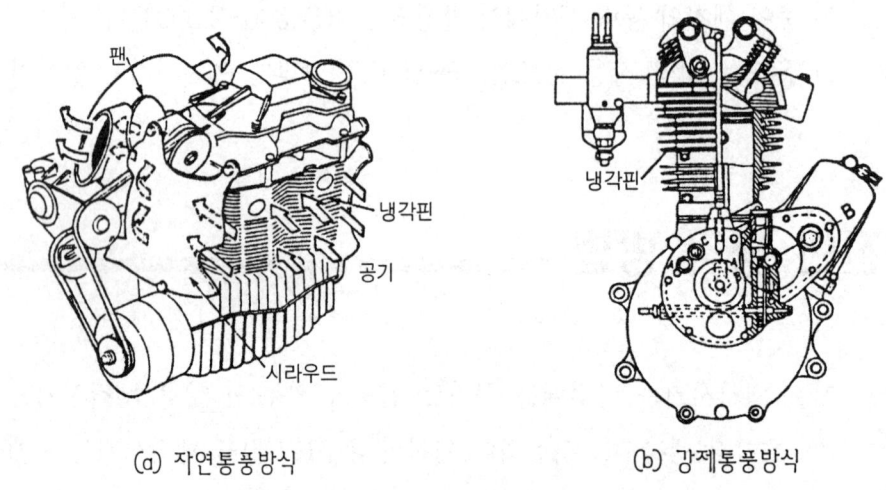

(a) 자연통풍방식   (b) 강제통풍방식

그림 3-1. 공랭식 엔진

2. 수랭식(water cooling type)

수랭식은 냉각수를 사용하여 엔진을 냉각시키는 방식이며, 냉각수는 연수(軟水)를 사용하여야 한다. 수랭식은 냉각수를 순환시키는 방식에 따라 자연순환방식, 강제순환방식, 압력순환방식, 밀봉압력방식 등이 있다.

2-1. 자연순환방식(自然循環方式)

자연순환방식은 냉각수를 대류(對流)에 의해 순환시키는 것이며, 현재의 고성능 엔진에서는 부적합하다.

2-2. 강제순환방식(强制循環方式)

강제순환방식은 물 펌프로 실린더 헤드와 블록에 설치된 물 재킷 내에 냉각수를 순환시켜 냉각시키는 것이다.

2-3. 압력순환방식(壓力循環方式)

압력순환방식은 냉각 계통을 밀폐시키고, 냉각수가 가열되어 팽창할 때의 압력이 냉각수에 압력을 가하여 냉각수의 비등점(沸騰點)을 높여 비등에 의한 손실을 감소시킬 수 있는 방식이다. 이때 압력의 조절은 라디에이터 캡의 압력 밸브로 하며, 특징은 라디에이터 크기를 작게 제작할 수 있고, 냉각수 보충 횟수를 줄일 수 있으며 엔진의 열효율도 높일 수 있다.

2-4. 밀봉압력방식(密封壓力方式)

밀봉압력방식은 라디에이터 캡으로 압력이 조절되지만 냉각수가 가열 팽창하였을 때 오버플로 파이프(over flow pipe)로 팽창된 냉각수가 배출된다. 이러한 결점을 보완하여 라디에이터 캡을 밀봉하고 냉각수의 팽창과 맞먹는 크기의 보조 물탱크를 설치하고 냉각수가 팽창하였을 때 외부로 배출되지 않도록 한 방식이다. 특징은 냉각수 유출에 의한 손실이 적어 장시간 냉각수 양을 점검 및 보충하지 않아도 된다.

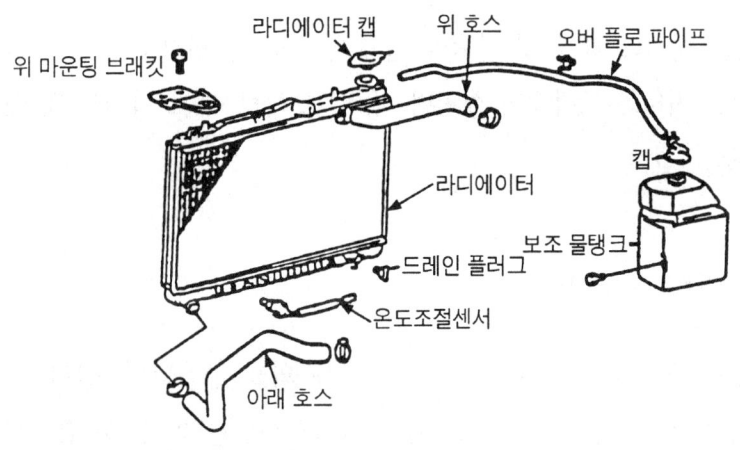

그림 3-2. 밀봉 압력 방식의 구조

3 수랭식의 주요 구조와 그 기능

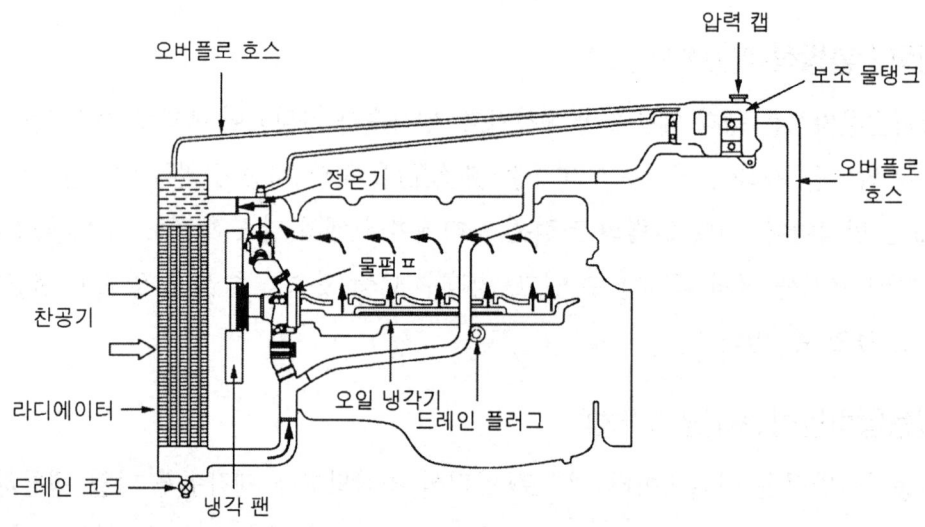

그림 3-3. 수랭식의 주요 구조

1. 물 재킷(water jacket)

물 재킷은 실린더 헤드 및 블록에 일체 구조로 된 냉각수가 순환하는 물 통로이다. 이 물 재킷을 지나는 냉각수가 실린더 벽, 밸브 시트, 밸브 가이드 및 연소실 등의 열을 냉각시킨다.

2. 물 펌프(water pump)

물 펌프는 구동 벨트를 통하여 크랭크축에 의해 구동되며, 실린더 헤드 및 블록의 물 재킷 내로 냉각수를 순환시키는 원심력(遠心力)펌프이다. 물 펌프의 능력은 송수량(送水量)으로 표시하며, 펌프의 효율은 냉각수 온도에 반비례하고 압력에 비례한다. 따라서 냉각수에 압력을 가하면 물 펌프의 효율이 증대된다.

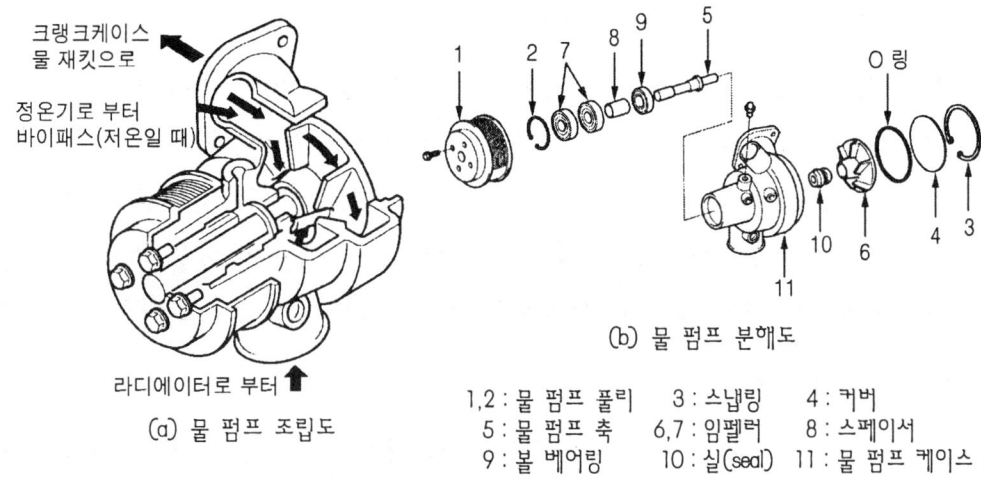

(a) 물 펌프 조립도
(b) 물 펌프 분해도

1,2 : 물 펌프 풀리   3 : 스냅링   4 : 커버
5 : 물 펌프 축   6,7 : 임펠러   8 : 스페이서
9 : 볼 베어링   10 : 실(seal)   11 : 물 펌프 케이스

그림 3-4. 물 펌프의 구조

Reference

밀폐된 용기 내에 냉각수를 가득 채우고 그 안에서 날개(impeller)를 회전시키면 용기 주위의 압력은 높아지고, 중앙의 압력은 낮아지게 된다. 이런 용기 중앙에 파이프를 설치하면 냉각수가 흡인되어 주위의 파이프로 냉각수를 배출시킬 수 있다.

3. 냉각 팬(cooling fan)

냉각 팬은 물 펌프 축과 일체로 회전하며 라디에이터를 통하여 공기를 흡입하여 라디에이터 통풍을 도와준다. 냉각 팬은 강철판이나 플라스틱으로 만든 4~6개의 날개로 되어 있고, 라디에이터 뒤쪽에 약간의 거리를 두고 설치되어 있다. 최근에는 냉각 팬의 회전을 자동적으로 조절하여 냉각 팬의 구동으로 소비되는 엔진의 출력을 최대한으로 줄이고, 엔진의 과다한 냉각이나 냉각 팬의 소음을 감소시키기 위해 팬 클러치 방식이나 전동기 방식이 사용된다.

3-1. 팬 클러치 방식(fan clutch type)

팬 클러치 방식은 반자동 팬이라고도 하며, 냉각 팬의 회전을 엔진의 온도에 의해 자동적으로 회전을 조절하여 냉각 팬의 구동 손실을 가능한 감소시키고 엔진의 과다한 냉각이나 소음을 줄이기 위해 사용한다. 팬 클러치 방식에는 유체 커플링 방식과 팬 클러치 방식이 있다.

(1) 유체 커플링 방식(fluid coupling type)

이 방식은 물 펌프와 냉각 팬 사이에 실리콘 오일을 봉입한 유체 커플링을 설치한 것이며, 동력 전달은 실리콘 오일의 저항을 이용한다. 유체 커플링은 엔진이 저속으로 회전할 때에는 냉각 팬이 물 펌프와 같은 속도로 회전을 하지만, 고속 회전에서는 냉각 팬의 회전 저항이 증가하고 유체 커플링에 미끄럼이 발생하여 냉각 팬의 회전속도는 물 펌프의 회전속도보다 낮아지므로 소음이나 냉각 팬의 구동 손실을 감소시킬 수 있다.

(2) 팬 클러치 방식(fan clutch type)

이 방식은 물 펌프와 냉각 팬 사이에 바이메탈에 의한 온도 조절기가 설치되며, 냉각 팬의 회전속도는 라디에이터를 통과하는 공기의 온도에 의해 결정된다. 그리고 냉각 팬의 작동은 분배 판 조절 구멍으로 유동하는 실리콘 오일량에 비례하는 회전력으로 결정되며, 오일량이 많아지면, 회전력이 증가하여 냉각 팬의 회전속도가 빨라진다. 작동은 다음과 같다.

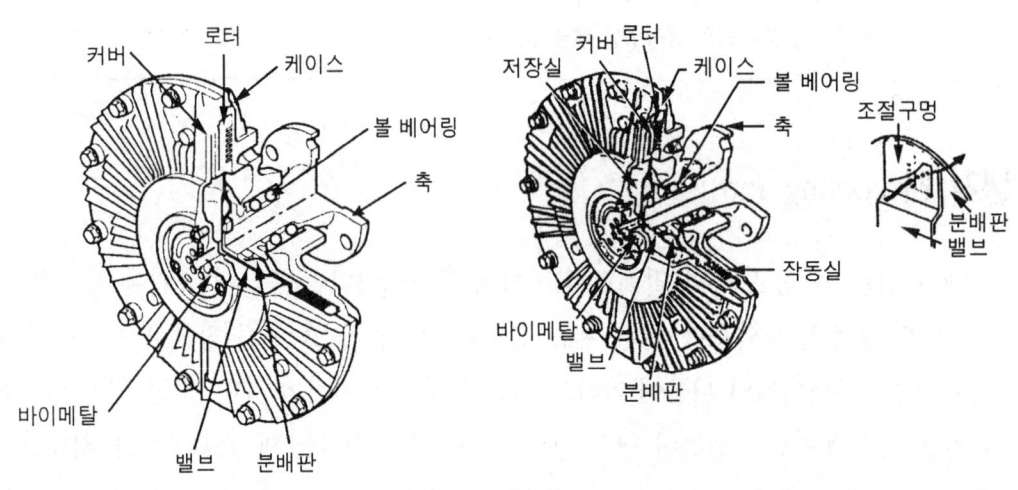

그림 3-5. 유체 커플링의 구조   그림 3-6. 팬 클러치의 구조

1) 라디에이터를 통과하는 공기의 온도가 낮을 때

바이메탈이 수축하여 밸브는 분배 판의 조절 구멍을 막는다. 이때 작동실의 실리콘 오일은 원심력에 의해 오일 출구를 통해 오일 저장실로 되돌아가므로 냉각 팬은 저속으로 회전한다.

2) 라디에이터를 통과하는 공기의 온도가 높아질 때

바이메탈이 늘어나 밸브가 분배 판의 조절 구멍을 천천히 열어 오일 저장실의 실리콘 오일이 작동실로 흐르므로 실리콘 오일의 접촉 범위에 따라 로터의 회전이 증가하며 그 회전력이 냉각 팬으로 전달되므로 팬의 회전속도가 점차 빨라진다.

3) 라디에이터를 통과하는 공기의 온도가 매우 높을 때

밸브가 분배 판의 조절 구멍을 완전히 열어 많은 양의 실리콘 오일이 작동실로 들어오므로 냉각 팬의 회전속도가 최대로 된다.

3-2. 전동기 방식(Motor type)

이 방식은 전동기로 냉각 팬을 구동시키는 것이며, 축전지 전원으로 작동한다. 작동은 수온 센서로 냉각수 온도를 감지하여 어떤 온도에 도달하면 ON(냉각 팬 회전)되고, 어떤 온도 이하가 되면, OFF(냉각 팬이 정지)된다.

이 방식의 장점은 라디에이터 설치 위치가 자유롭고, 난방이 빨라지며, 일정한 바람의 양(風量)을 확보할 수 있어 엔진이 공전하거나 복잡한 시내를 주행할 때에도 충분한 냉각 효과를 얻을 수 있다. 그러나 값이 비싸고 냉각 팬을 구동하는 소비 전력과 소음이 큰 단점이 있다. 전동기 방식은 일반적으로 냉각수 온도가 85℃ 이상 되면 전동기가 구동되고, 85℃이하이면 전동기의 구동이 정지된다.

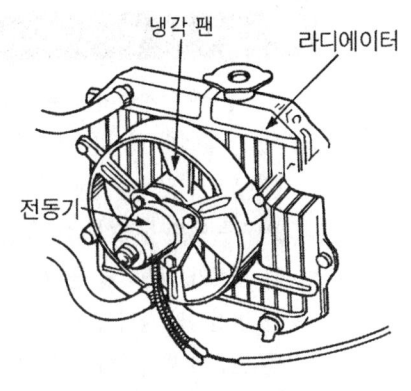

그림 3-7. 전동기 방식의 냉각 팬

4. 구동 벨트(drive belt or fan belt)

4-1. 구동벨트의 구조

구동 벨트는 이음새가 없는 고무제 벨트를 사용하며 크랭크축 풀리, 발전기 풀리, 물펌프 풀리 등을 연결 구동한다. V-벨트는 각 풀리의 양쪽 경사진 부분에 접촉되어야 하며 풀리 밑바닥에 닿으면 미끄러지며 접촉면의 각도는 40°이다. 최근에는 V-벨트 대신 안쪽에 돌기를 둔 벨트와 풀리를 사용하고 있다. 구동 벨트는 반드시 엔진의 가동이 정지된 상태에서 걸거나 빼내야 한다.

4-2. 구동벨트 장력 점검·조정 방법

구동 벨트의 장력 점검은 발전기 풀리와 물 펌프 풀리 사이에서 점검하며 10kgf의 힘으로 눌렀을 때 6~10mm(예전에는 13~20㎜)의 헐거움이면 양호하다. 그리고 장력 조정은 발전기 브래킷의 고정 볼트를 풀고 발전기를 이동시키면 된다.

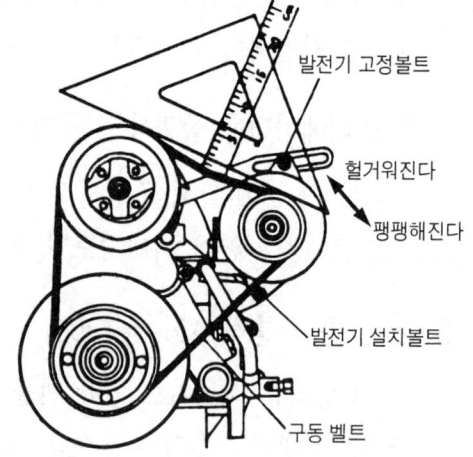

그림 3-8. 구동 벨트 장력 점검·조정

참고) 구동 벨트의 장력　　　　　　　　　　　Reference

① 구동 벨트 장력이 너무 크면(팽팽하면)
　㉮ 각 풀리의 베어링 마멸이 촉진된다.
　㉯ 벨트가 끊어질 염려가 있다.
② 구동 벨트 장력이 너무 작으면(헐거우면)
　㉮ 벨트가 미끄러져 물 펌프의 회전속도가 느려 엔진이 과열되기 쉽다.
　㉯ 발전기의 출력이 저하된다.
　㉰ 소음이 발생하며, 구동 벨트의 손상이 촉진된다.

5. 라디에이터(radiator ; 방열기)

5-1. 라디에이터의 기능

라디에이터는 실린더 헤드 및 블록에서 뜨거워진 냉각수가 라디에이터 위 탱크로 들어오면 수관(튜브)을 통하여 아래 탱크로 흐르는 동안 자동차의 주행속도와 냉각 팬에 의하여 유입되는 대기와의 열 교환이 냉각핀에서 이루어져 냉각된다. 냉각 효과는 라디에이터와 함께 냉각 팬, 물 펌프의 성능에 따라 좌우된다.

그리고 라디에이터의 구비 조건은 다음과 같다.
① 단위 면적당 방열량이 클 것
② 가볍고 작으며, 강도가 클 것
③ 냉각수 흐름 저항이 적을 것
④ 공기 흐름 저항이 적을 것

5-2. 라디에이터의 구조

라디에이터는 위쪽에 위 탱크, 라디에이터 캡, 오버플로 파이프, 입구 파이프 등이 있고, 중간에는 코어(수관과 냉각 핀)가 있으며 아래쪽에는 출구 파이프와 냉각수 배출용 드레인 플러그가 설치되어 있다.

(1) 라디에이터 코어의 재질 및 구조

라디에이터 코어는 냉각수가 흐르는 수관과 냉각 핀으로 구성되어 있으며, 재질은 열전도성이 큰 얇은 판재의 구리나 황동이다. 최근에는 알루미늄을 주로 사용하며 냉각 핀의 종류에는 평면 판을 일정한 간격으로 설치한 플레이트 핀(plate fin),

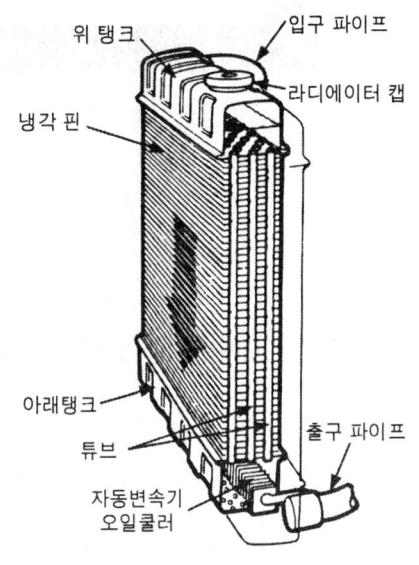

그림 3-9. 라디에이터의 구조

핀이 파도 모양으로 된 코루게이트 핀(corrugate fin), 그리고 수관이 벌집 모양으로 된 리본 셀룰러 핀(ribbon cellular fin) 등이 있다.

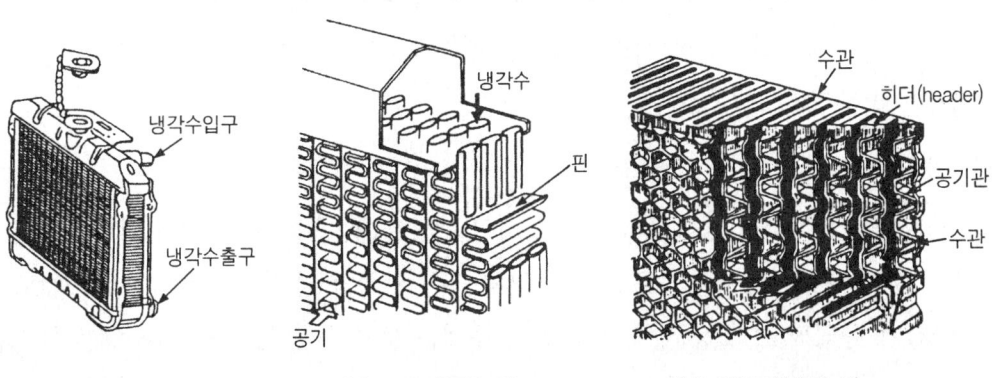

(a) 플레이트 핀   (b) 코루게이트 핀   (c) 리본 셀룰러 핀

그림 3-10. 냉각 핀의 종류

(2) 라디에이터 캡(radiator cap)

1) 라디에이터 캡의 개요

라디에이터 캡은 냉각수 주입구 뚜껑이며, 냉각장치 내의 비등점(비점)을 높이고, 냉각 범위를 넓히기 위하여 압력식 캡을 사용한다. 압력식 캡의 압력은 게이지 압력으로 0.2~0.9kgf/cm² 정도이며, 이때 냉각수 비등점은 112℃정도이다.

Reference

> 액체를 가압(加壓)하면 냉각이 잘 되는 것은 액체의 비등 온도가 액면에 가하는 압력에 따라서 변화하며, 액체에 따라 다소 차이점은 있으나 일반적으로 액체에 압력을 가하면 비등점이 상승하고, 압력을 낮추면 비등점이 내려가는 성질이 있다.

2) 라디에이터 캡(압력식 캡)의 작용

① 압력이 낮을 때

압력이 낮을 때(냉각수가 냉각된 상태)압력 밸브와 진공(부압)밸브는 밸브 스프링의 장력으로 각각 시트에 밀착되어 냉각장치의 기밀(氣密)을 유지한다.

② 압력 밸브의 작동

냉각장치 내의 압력이 규정 값 이상이 되면, 압력 밸브가 스프링 장력을 이기고 열려 통로를 연다. 이에 따라 냉각장치 내의 과잉 압력의 수증기가 오버 플로 파이프(over flow pipe)를 거쳐 배출되어 라디에이터 수관의 파손을 방지한다. 압력 밸브의 주작용은 냉각수의 비등점을 상승시키는 것이므로 압력 밸브 스프링이 파손되거나 장력이 약해지면 비등점이 낮아진다.

③ 진공 밸브의 작동

냉각수가 냉각되어 냉각장치 내의 압력이 부압(負壓)으로 되면 대기 압력으로 인하여 진공 밸브가 그 스프링을 누르고 열려 압력 순환 방식의 경우에는 라디에이터 내로 대기(大氣)가 유입되고, 밀봉 압력 방식의 경우에는 보조 물탱크 내의 냉각수가 들어간다.

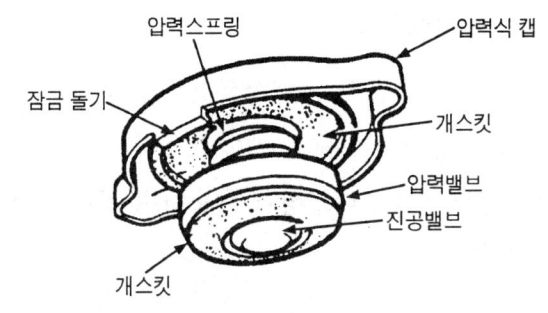

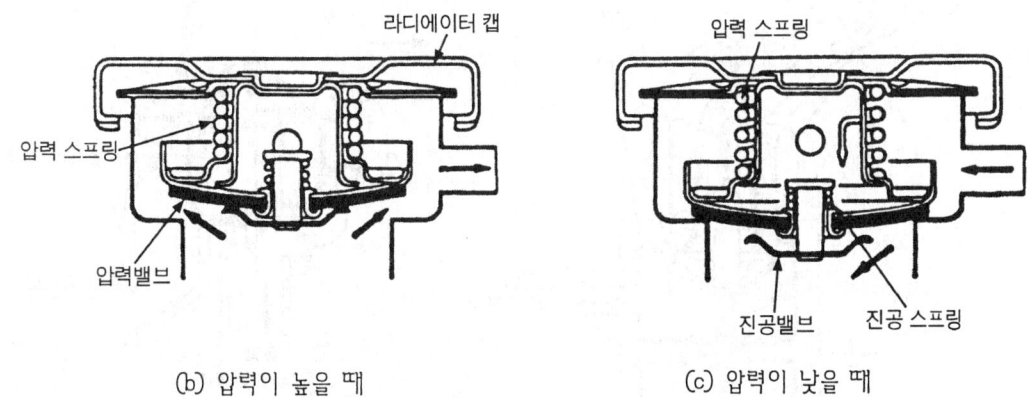

그림 3-11. 라디에이터 캡의 구조와 작동

6. 정온기(thermostat ; 수온 조절기)

정온기는 실린더 헤드 물 재킷 출구 부분에 설치되어 냉각수 온도에 따라 냉각수 통로를 개폐하여 엔진의 온도를 알맞게 유지하는 기구이다. 작동은 냉각수의 온도가 차가울 때는 정온기가 닫혀서 라디에이터 쪽으로 냉각수가 흐르지 못하게 하고, 냉각수가 가열되면 점차 열리기 시작하여 정상 온도가 되면 완전히 열려서 냉각수가 라디에이터로 순환한다. 정온기의 종류에는 바이메탈형, 벨로즈형, 펠릿형 등이 있으며, 현재 펠릿형 이외에는 사용하지 않고 있다.

6-1. 벨로즈형(bellows type) 정온기

이 형식은 벨로즈 속에 휘발성이 큰 에테르 또는 알코올을 봉입하여 냉각수 온도에 따라 봉입한 액체가 팽창 또는 수축하며, 여기에 고정된 밸브가 통로를 개폐하는 방식이며 65℃정도에서 열리기 시작하여 85℃에서 완전히 열린다.

6-2. 펠릿형(pellet type) 정온기

이 형식은 왁스 케이스 내에 왁스와 합성고무를 봉입하고 냉각수 온도가 상승하면 왁스가 합성 고무 막을 압축하여 왁스 케이스가 스프링을 누르고 내려가므로 밸브가 열려 냉각수 통로를 열어 준다. 내구성이 우수하며 85℃에서 열리기 시작하여 100℃ 정도에서 완전히 열린다.

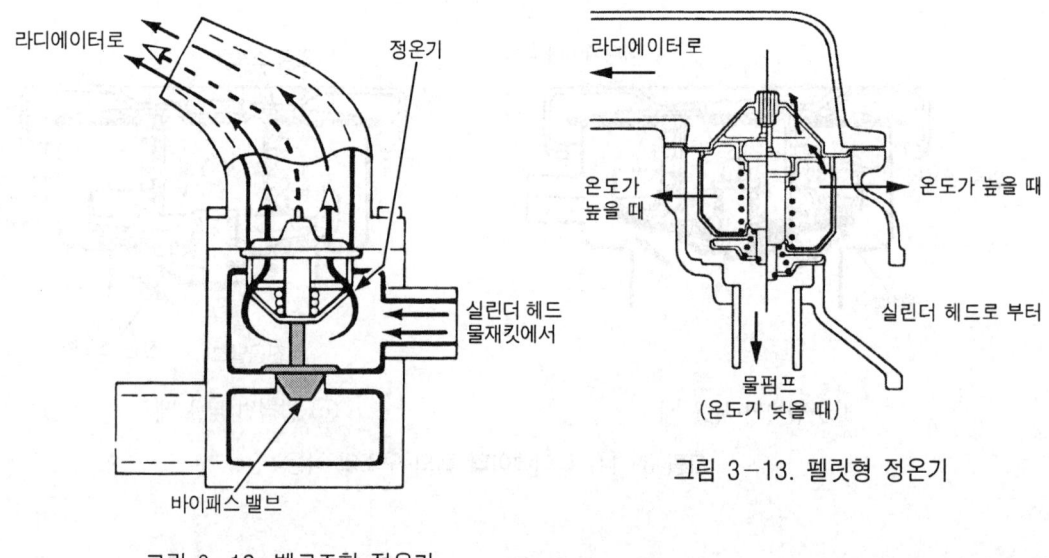

그림 3-12. 벨로즈형 정온기

그림 3-13. 펠릿형 정온기

4 냉각수와 부동액

1. 냉각수(冷却水)

엔진에서 사용하는 냉각수는 연수(증류수, 수돗물, 빗물)를 사용하며 물은 구하기 쉽고, 열을 잘 흡수하는 장점이 있으나 100℃에서 비등하고, 0℃에서 얼며 스케일(scale)이 생기는 단점이 있다.

2. 부동액(不凍液)

냉각수가 동결되는 것을 방지하기 위하여 냉각수와 혼합하여 사용하는 액체이며, 그 종류에는 에틸렌글리콜, 메탄올, 글리세린 등이 있으며 현재는 에틸렌글리콜이 주로 사용된다.

2-1. 부동액의 특징

(1) 에틸렌글리콜의 특징

① 비등점이 197.2℃, 응고점이 최고 -50℃이다.
② 도료(페인트)를 침식(寢食)하지 않는다.
③ 냄새가 없고 휘발하지 않으며, 불연성이다.
④ 엔진 내부에 누출되면 교질 상태의 침전물이 생긴다.
⑤ 금속 부식성이 있으며, 팽창계수가 크다.

(2) 메탄올의 특징

① 알코올이 주성분이며, 응고점이 -30℃이다.
② 가연성(可燃性)이며, 도료(塗料)를 침식시킨다.
③ 비등점이 80℃정도이므로 휘발성이 크다.

(3) 글리세린의 특징

① 비중이 커 혼합할 때 잘 저어야 한다.
② 금속 부식성이 있다.

2-2. 부동액 다루기

(1) 부동액의 구비 조건

① 비등점이 물보다 높아야 하며 빙점(응고점)은 물보다 낮을 것
② 물과 혼합이 잘 될 것
③ 휘발성이 없고, 순환이 잘 될 것
④ 내부식성이 크고, 팽창계수가 적을 것
⑤ 침전물이 없을 것

(2) 부동액 혼합 비율

부동액의 혼합 비율은 그 지방 최저 온도보다 5~10℃ 더 낮은 기준으로 사용하며, 부동액의 세기(농도)는 비중계로 측정한다.

(3) 엔진에 부동액 넣기

① 부동액 원액과 연수를 혼합한다.
② 냉각 계통의 냉각수를 완전히 배출시키고, 세척제로 냉각장치를 세척한다.
③ 라디에이터 호스, 호스 클램프, 물 펌프, 헤드 개스킷, 드레인 플러그 등에서 누출 여부를 점검한다.
④ 부동액 주입은 냉각수 용량의 80%정도 넣고, 엔진을 시동하여 난기 운전 후 정온기가 열린 후 나머지를 규정 위치까지 채우며 경우에 따라 공기빼기를 실시한다.
⑤ 보충은 주입한 농도와 같은 농도의 부동액을 주입한다.
⑥ 부동액이 녹 등으로 변색이 된 경우에는 냉각 계통을 세척하고, 새 부동액을 주입한다.

5 온도계(溫度計) 또는 수온계(水溫計)

온도계는 실린더 헤드 물 재킷 내의 냉각수 온도를 표시하는 것이며, 종류는 다음과 같다.

① 부든 튜브 방식
② 전기식
  ㉮ 밸런싱 코일 방식
  ㉯ 서모스탯 바이메탈 방식
  ㉰ 바이메탈 저항 방식

1. 부든 튜브 방식(bourdon tube type ; 압력 팽창 방식)

이 방식은 계기 부분과 온도를 감지하는 부분(感溫部)으로 구성되어 있으며, 계기 부분에는 열에 의하여 휘발 팽창이 잘 되는 에테르(ether)가 들어 있는 금속제의 플러그로 되어 있다. 이 금속 플러그는 실린더 헤드 내의 물 재킷에 설치된다. 작동은 냉각수 온도가 상승하면 금속 플러그 내의 에테르가 휘발 팽창하여 압력이 높아진다. 이 압력이 계기 부분과 온도를 감지하는 부분을 연결하는 금속 튜브를 거쳐 계기부 내의 부든 튜브를 작동하여 엔진 냉각수 온도가 표시된다.

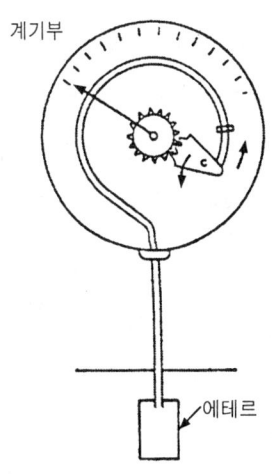

그림 3-14. 부든 튜브 방식

2. 전기식(電氣式)

2-1. 밸런싱 코일 방식(balancing coil type)

이 방식은 계기 부분과 엔진 유닛(engine unit) 부분으로 구성되어 있으며, 엔진 유닛 부분에는 서미스터(thermistor)를 두고 있다. 서미스터는 전기저항이 저온에서는 크고, 온도가 상승함에 따라 감소하는 성질이 있다. 작동은 그림 3-15에서 냉각수 온도가 낮을 때에는 코일 L_2의 흡입력이 약하다. 이에 따라 온도계의 지침이 C(Cool)쪽에 머문다. 냉각수의 온도가 상승하면 코일 L_2의 흡입력이 커지므로 지침이 H(High) 쪽으로 움직여 머물게 된다.

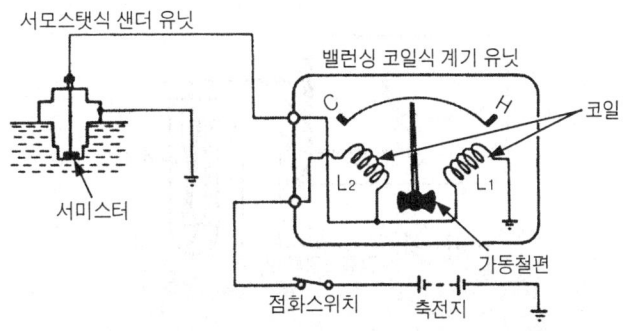

그림 3-15. 밸런싱 코일 방식

2-2. 서모스탯 바이메탈 방식(thermostat bimetal type)

이 방식도 계기 부분과 엔진 유닛 부분으로 구성되어 있으며, 시동 스위치(key switch)를 ON으로 하기 전에는 지침은 최고 온도를 표시한다. 유닛 부분은 항상 일정한 위치에 정지되어 있는 접점과 바이메탈에 부착된 접점이 케이스 내에 밀봉되어 있다. 작동은 유닛 부분의 접점이 항상 일정한 위치에 있기 때문에 바이메탈(bimetal)은 상온(常溫)에서는 상당한 압력으로 접점을 닫고 110℃가 되어야만 접점을 연다.

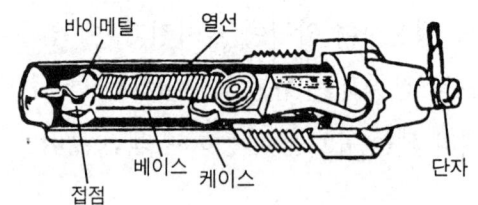

그림 3-16. 서모스탯 바이메탈 온도계의 구조

(1) 냉각수 온도가 낮을 때

이때는 유닛 부분 접점의 압력이 크기 때문에 바이메탈이 구부러져 접점이 열리려면 오랫동안 전류가 흘러야 한다. 따라서 계기 부분의 바이메탈도 많이 구부러져 지침이 많이 움직여 고온 쪽에서 저온 쪽으로 이동한다.

(2) 냉각수 온도가 높을 때

이때는 바이메탈이 냉각수 온도에 따라 바이메탈이 이미 상당한 양 구부러져 있다. 이에 따라 접점은 매우 가볍게 접촉되어 있다. 따라서 잠시 동안 전류가 더 흐르면 접점이 열려 지침이 높은 온도를 표시한다.

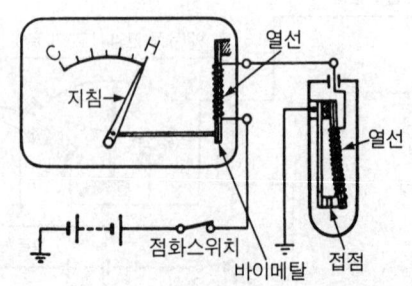

그림 3-17. 서모스탯 바이메탈 온도계의 작동

2-3. 바이메탈 저항 방식

이 방식은 계기 부분에는 바이메탈을 사용하고, 엔진 유닛 부분에는 서미스터를 사용한다. 작동은 엔진 유닛 부분의 서미스터는 냉각수로 가열되며 이 때의 서미스터 온도에 의한 저항이 전류 회로를 조절하게 된다. 이에 따라 계기 부분의 바이메탈이 그 작용으로 지침을 움직여 냉각수 온도를 표시한다.

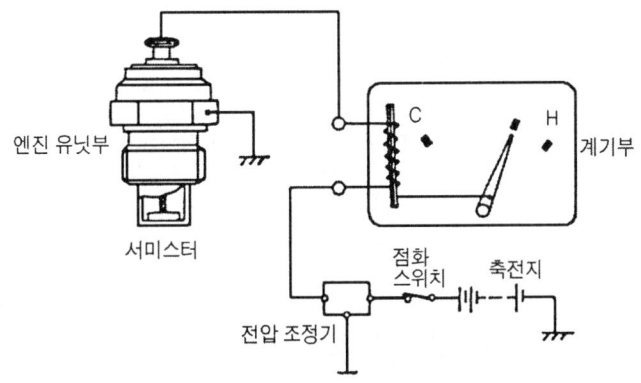

그림 3-18. 바이메탈 저항 방식

6 수냉식 엔진의 과열 원인

① 구동 벨트의 장력이 적거나 파손되었다.
② 냉각 팬이 파손되었다.
③ 라디에이터 코어가 20% 이상 막혔다.
④ 라디에이터 코어가 파손되었거나 오손되었다.
⑤ 물 펌프의 작동이 불량하거나 라디에이터 호스가 파손되었다.
⑥ 정온기가 닫힌 채 고장이 났다.
⑦ 정온기가 열리는 온도가 너무 높다.
⑧ 물 재킷 내에 스케일이 많이 쌓여 있다.

제4장.

윤활장치

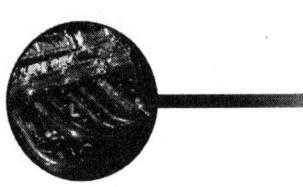

1. 윤활장치의 개요
2. 윤활유의 분류 방법
3. 윤활 방식
4. 윤활유 공급 장치

제 4 장

윤활장치

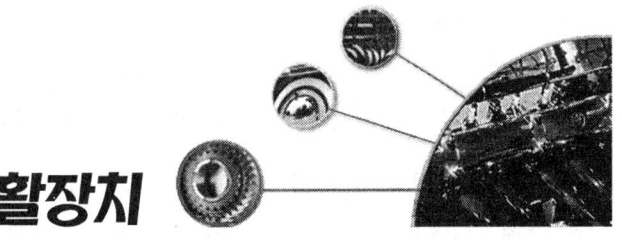

1 윤활장치의 개요

윤활장치(Lubrication System)는 엔진의 각 작동 부분에 윤활유를 공급하여 마찰력이 큰 고체 마찰을 마찰력이 작은 유체 마찰로 바꾸어 작동을 원활하게 하고, 수명을 연장하기 위하여 지속적으로 윤활하기 위한 장치이다.

엔진은 미끄럼 운동 부분과 회전 운동 부분이 있기 때문에 금속이 직접 접촉되면 마찰열이 발생되어 마찰 면이 거칠어져 마멸이 촉진되고 심하게 되면 고착 현상이 발생된다. 이러한 현상을 방지하기 위하여 금속의 마찰 면에 윤활유를 공급하여 오일 막을 형성하게 함으로써 고체 마찰이 유체 마찰로 변화된다.

1. 마찰(摩擦)

마찰이란 접촉하는 2개의 물체가 상대 운동을 할 때 작용하는 저항력으로서 마찰에는 상대 운동을 하는 고체 사이의 마찰 저항인 고체(건조) 마찰(固體摩擦), 두 물체 사이를 얇은 오일 막으로 씌운 경계 마찰(境界摩擦), 상대 운동을 하는 두 물체 사이에 충분한 양의 오일이 존재할 때 오일 층 사이의 점성(粘性)에 기인하는 유체 마찰(流體摩擦)로 분류된다.

고체 마찰은 직접적으로 하중을 전달하는 미시(微視)적인 실제 접촉 부분의 전단 저항에 의한 것이 주가 되며 이 때의 마찰은 거의 쿨롱의 법칙에 의한다. 즉 마찰력 F_d는 마찰 속도나 외견상의 접촉 면적에 관계없이 수직 하중 P에만 비례한다. 고체 표면에 윤활제의 흡착성(吸着性)이 강한 분자가 흡착되었을 때에는 마찰이 현저하게 저하되며 이 경계 마찰에도 거의 쿨롱의 법칙이 적용되어 다음과 같은 공식으로 나타낸다.

$$Fd = \mu d \times P$$

여기서 Fb : 경계 마찰력(境界摩擦力), μb : 마찰 계수(摩擦係數)
P : 수직 하중(垂直荷重)

유체 마찰은 미끄럼 운동 면 사이에 두꺼운 오일 막(油膜)이 형성되므로 이때의 마찰력은 오일 막의 전단력이다. 따라서 그 마찰의 법칙은 뉴톤의 법칙이 적용되어 유체 마찰력 Ff는 다음과 같은 공식으로 나타낸다.

$$Ff = K \times \eta \times \upsilon \times A \times ho$$

여기서 Ff : 유체 마찰력, υ : 마찰 속도, K : 상수
A : 마찰 면적, η : 윤활유 점도, ho : 오일 막 두께

위에서 설명한 마찰의 형태는 모두 이상화된 개념으로 전체 미끄럼 운동 면이 균일한 마찰 상태로 되는 것은 아니다. 엔진의 윤활 미끄럼 운동 면은 위의 기본 형태가 혼합되어 있는 혼합 마찰 상태로 된다. 따라서 전체 마찰력 F는 다음과 같은 공식으로 나타낸다.

$$F = Fd + Fb + Ff$$

즉 윤활 상태에 따라서 고체, 경계, 유체 마찰에서 하중을 분담하는 비율이 달라진다. 유체 마찰로 생각되는 경우에도 고체 및 경계 마찰이 포함되면 마찰이나 마모의 영향이 미치게 되며, 반대로 경계 마찰에도 유체 마찰이 상당히 포함되어 있는 경우가 있다.

2. 윤활유의 작용

윤활유는 기본적으로 다음과 같은 여러 가지 작용을 한다.

2-1. 마찰 감소

마찰 면 사이에 오일 막을 유지시키는 것이 가장 일반적인 윤활 방법이다. 금속 마찰 면 사이에 오일 막을 생성시킴으로써 고체 마찰이 유체 마찰로 바뀌어져 마찰을 감소시키고, 마찰손실과 발열을 방지하여 마찰 면의 마멸을 방지하는 작용을 한다.

2-2. 마모의 감소

마찰과 함께 마모의 억제는 윤활유의 큰 작용의 하나이다. 유체 윤활 상태가 유지되면, 이론적으로는 마모가 전혀 없는 상태로 될 수도 있다. 윤활 상태에 따라서 여러 가지의 첨가제가 선택 사용되므로 항상 미끄럼 운동 부분에 강한 오일 막을 형성시켜 고착(타서 눌러 붙음) 현상을 방지한다.

2-3. 냉각작용(열전도 작용)

윤활에서 가장 중요한 사항은 마찰에 의한 열 발생을 가능한 최소로 하는 것이지만, 발생된 열을 신속히 외부로 방출시키는 것도 중요하다. 만일 이러한 마찰열이 제거되지 않으면 국부적으로 높은 온도가 되어 마침내 고착 등으로 인한 기계손상을 초래한다.

2-4. 응력(하중) 분산 작용

기어, 베어링과 같이 점 또는 선 접촉이 되는 윤활 부분에서는 국부적 또는 순간적으로 접촉점에 고압, 고하중이 걸리므로 오일 막이 파괴되고 금속표면이 피로하게 되어 마모나 고착을 일으키기 쉽다. 윤활유는 국부압력을 액체 전체로 균등하게 분산시키는 작용을 한다. 이것을 응력 분산작용이라 하며, 진동적인 하중이나 충격하중이 많이 작용하는 윤활 부분에서는 매우 중요한 기능이다.

2-5. 밀봉작용(기밀유지 작용)

내연기관의 실린더 벽과 피스톤 사이에는 오일 막이 존재하여, 연소가스가 크랭크 케이스로 누출되는 것을 방지하고 있다. 또한 유압장치에서의 오일 실(oil seal)과 O-링 등에도 오일 막에 의한 윤활유 누출을 방지하는 작용을 하며, 이러한 작용을 밀봉작용이라 한다.

2-6. 방청작용(부식 방지 작용)

금속 면에서 녹이 발생하는 것은 물과 산소의 영향이며, 여기에 염분, 부식성 가스 등이 가해지면 녹 발생은 더욱 심해진다. 윤활유는 금속표면에 오일 막을 만들어 수분 및 공기와의 접촉을 방지하여 녹 발생을 방지한다.

2-7. 청정분산(세정)작용

내연기관에서는 연료의 연소와 함께 윤활유의 일부가 연소되는데, 윤활유는 완전연소가 되지 않아 퇴적물을 발생한다. 이러한 퇴적물은 윤활유 중에 용해 또는 분해하여 분산시키지 않으면 엔진 고장의 원인이 되기 때문에 청정분산 또는 세정작용이 요구된다.

3. 윤활유의 구비조건

윤활유는 다음과 같은 성질을 갖추어야 한다.

3-1. 점도(粘度)가 적당하여야 한다.

점도는 윤활유의 성질 중 가장 중요한 것이며, 윤활유는 어느 경우의 윤활 상태에서도 윤활을 유지하려면 온도와 압력에 알맞은 한계의 점도를 유지하여야 한다. 한계 점도는 2가지로 분류되며 그 하나는 실린더 최고 온도에서 필요한 최저 점도이고, 다른 하나는 한랭 상태에서 오일 펌프의 작동 가능 최고 점도이다.

3-2. 열과 산에 대하여 안정성이 있어야 한다.

윤활유는 높은 온도에서 사용하기 때문에 가열된다. 또 많은 양의 공기와 접촉하기 때문에 공기 중의 산소와 결합하여 산화되는 경향과 그 밖의 산성 물질에 의하여 산화되어 슬러지(sludge) 등을 형성하는 경우가 없어야 한다. 윤활유의 산화 및 연소에 의하여 발생된 산화물은 베어링을 침식하여 부식시키고, 윤활유의 순환이 원활하지 못하게하므로 열과 산에 대하여 충분한 안정성이 있어야 한다.

3-3. 비중이 적당하여야 한다.

윤활유의 비중은 정제한 원유의 종류 및 증류 온도에 따라서 다르지만 일반적으로 0.86 ~ 0.91 정도이다.

3-4. 카본 생성이 적어야 한다.

윤활유가 연소실에서 연소되면 카본이 생성된다. 카본 생성은 엔진 실린더 내 또는 윤활 계통의 슬러지를 형성하는 주요 원인이 되며, 이 카본이 피스톤 링의 홈에 들어가면 피스톤 링이 고착되어 블로바이, 압축압력의 저하, 오일의 과잉 소비, 실린더 벽 등의 손상이 발생된다.

3-5. 인화점과 발화점이 높아야 한다.

인화점(引火点)과 발화점(發火点)이 낮으면 엔진의 작동 중 열이나 마찰열을 받아 윤활유의 증발에 의한 손실이 크기 때문에 윤활유 소비 증대의 원인이 된다.

3-6. 응고점이 낮아야 한다.

윤활유의 응고점(setting point)은 윤활유를 냉각시킨 경우에 윤활유가 응고하여 유동성을 잃기 시작할 때의 온도를 말하며 이것보다 2.5℃ 높은 온도를 유동점(流動点)이라 한다. 점도가 높은 윤활유는 응고점이 높으며 동일한 점도의 경우에도 원유의 종류에 따라 다르나 응고점이 낮으면 유동점이 낮기 때문에 저온에서 유동성이 좋아진다.

3-7. 강인한 오일 막(油膜)을 형성할 것

오일 막의 형성이 좋아야만 금속 상호간의 접촉을 방지하고 오일 막에 의하여 운동 부분을 지지하여 원활한 작용을 할 수 있다. 오일 막 형성이 파괴되면 금속 상호간에 고체 마찰이 발생되어 마모 및 고착이 발생되기 쉽다.

4. 윤활유의 첨가제

4-1. 산화 방지제

윤활유는 높은 온도에서 사용되기 때문에 연소 생성물인 물, 먼지, 금속 등과 항상 접촉되므로 산화가 쉽게 발생된다. 따라서 이 산화를 방지하기 위하여 산화 방지제를 0.4~2.0% 첨가한다.

4-2. 부식 방지제

윤활유가 산화될 때 발생되는 과산화물은 금속 부식성이 강하다. 부식 방지제로서는 유기 황 화합물이 많이 사용되며, 이것은 베어링의 표면에 얇은 피막을 형성하여 부식을 방지한다. 따라서 부식 방지제를 0.4~2.0% 첨가한다.

4-3. 응고점 강하제

윤활유의 응고점은 결정 온도가 아니며 윤활유 내에 포함되어 있는 납이 높은 응고점에서부터 차례로 스펀지 모양의 구조로 결정되어 그 속에 응고되지 않은 것을 포함하여 유동되지 않도록 하는 온도이다. 응고점 강하제는 납의 결정이 스펀지 구조로 형성되는 것을 방지하며 저온에서도 유동성을 유지할 수 있도록 한다. 그러나 응고점 강하제는 저온 시 점도를 개량하지는 못하며 0.1~0.2% 첨가한다.

4-4. 점도지수 향상제

윤활유는 점도와 점도지수에 따라 선정하고 있으나 점도나 점도지수가 높은 윤활유를 만들기 어렵기 때문에 점도지수 향상제(viscosity index improver)를 0.5~10% 첨가하여 점도나 점도지수를 향상시킨다. 엔진 윤활유의 점도지수는 120~140이다.

4-5. 기포 방지제

윤활유에 기포(氣泡)가 발생되면 펌프의 작용이 원활하지 못하므로 윤활유의 공급이 중단되는 경우가 발생되기 때문에 기포 방지제를 0.0002~0.07% 첨가하여 기포의 발생을 방지하고 있다. 기포 방지제는 실리콘 오일을 사용한다.

4-6. 유성 향상제

윤활유의 유성(윤활유가 금속 마찰 면에 오일 막을 형성하는 성질)을 향상시키기 위하여 황 화합물, 염소화합물, 인 화합물 등의 유성 향상제를 0.1~1.0% 첨가한다.

4-7. 형광 염료

파라핀 계열 윤활유의 성능이 매우 좋기 때문에 나프텐 계열이나 기타의 제품을 파라핀 계열의 윤활유와 동일한 색깔로 염색하는데 사용되며 형광 염료를 0.25% 정도 첨가한다.

4-8. 청정 분산제

윤활유 속에 유입되는 열화 물질을 용해시켜 분산시키는 작용으로서 슬러지 등을 분산시키기는 하지만 제거는 하지 못한다.

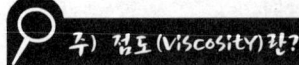 주) 점도(viscosity)란?   Explanatory note

액체의 점도(fluid viscosity)는 액체를 이동시킬 때 나타나는 액체의 내부 저항 또는 내부 마찰을 뜻한다. 일반적인 액체에서는 흐름을 일으키는 외부 작용력(F)과 이것에 의해 발생되는 액체의 속도 구배 사이에는 비례 관계가 있다.

$$F = \mu \left(\frac{dv}{dz} \right)$$

이것을 뉴턴의 점성 액체의 법칙(Newton's law of viscous fluid)이라 하고 이러한 액체를 뉴턴 액체(Newtonian fluid) 또는 점성 액체(viscous fluid)라 한다. 일반적으로 광물성 오일은 뉴턴 액체에 속하지만 그리스나 낮은 온도에서 이상 점도를 표시하는 광물성 오일은 위 공식에 적용되지 않는다. 이것은 비 뉴턴 액체(non-Newtonian fluid)라 하며, μ를 점성계수 (coefficient of absolute viscosity) 또는 점도라 한다.

점도는 점성의 크기를 나타내는 단위로서 뉴턴의 점성 법칙에서 μ는 M·K·S 단위로 (kgf·S/m²) 표시되고 이를 점성계수 또는 간단히 점도라고 부른다. 또 점성계수는 무차원량의 하나인 레이놀즈 수(Reynolds number)로 $N_R = \frac{v \cdot \ell}{\nu}$ 의 함수이다. 여기서 ℓ은 길이, ν은 동점성 계수이다.

비중량을 γ, 밀도를 ρ, 중력 가속도를 g라 하면 동점성 계수 ν는 공학 단위계에서는 다음 공식으로 표시된다.

$$\nu = \frac{\mu}{\rho} = \frac{\mu \cdot g}{\gamma} \ (m/\sec^2)$$

μ의 C·G·S 절대 단위계로는 poise를 사용하고 이것은 $\frac{dv}{dx}$가 1 cm/sec/cm 일 때 $\tau = 1$ dyne/cm² 의 전단력이 작용할 때의 점도를 1 poise 라 한다.

$$1 poise = \frac{1 \ dyne - \sec}{cm^2} = 1 \frac{g \cdot cm}{\sec^2} \cdot \frac{\sec}{cm^2} = \frac{g}{\sec \cdot cm} ≒ \frac{1}{98} \left[\frac{kg \cdot \sec}{m^2} \right]$$

의 관계가 성립된다. 여기서 g는 질량 단위계에서 1그램 질량으로 표시한다.

동점성 계수 ν의 공학 단위는 m²/sec 이지만 1cm²/sec를 1stoke라하고 일반적으로 1stoke 의 1/100인 centistoke 단위를 사용한다.

주) 점도지수(viscosity index)란?   Explanatory note

점도의 크기는 온도 변화에 따라 다르며, 온도가 높으면 점도는 낮아지고 온도가 낮으면 점도는 높아지는 성질이 있다. 점도지수는 이 변화의 정도를 표시하는 것으로서 오일은 점도지수가 클 수록 온도에 의한 점도의 변화가 적은 것을 뜻한다. 자동차용 엔진에서는 가능한 점도가 일정한 것이 요구되므로 점도지수가 높은 것이 좋다. 점도지수의 계산은 다음 식에 의한다.

$$VI = \frac{L_{100} - U_{100}}{L_{100} - H_{100}} \times 100$$

L : 98.9℃(210°F)에서 공시유와 동일한 점도를 가지는 L계 표준유의 37.8℃에서 동점도(cst)
U : 점도지수를 구하고자 하는 공시유의 37.8℃에서 동점도(cst)
H : 98.9℃에서 공시유와 동일한 점도를 가진 H계 표준유의 37.8℃에서 동점도(cst)

H계 표준유는 온도 변화에 따른 점도 변화가 매우 적고 L계는 이와 반대이므로 37.8℃에서 98.9℃까지 동일한 온도 범위에서 점도의 변화는 큰 차이가 발생된다. 이 차이를 100등분하여 점도지수의 척도를 정한다.

2 윤활유의 분류 방법

윤활유의 규격은 일반적으로 점도에 의한 분류인 SAE(Society of Automotive Engineers, 미국자동차기술협회) 분류와 윤활유의 품질성능에 따른 분류인 API(America Petroleum Institute, 미국석유협회)분류가 광범위하게 사용되고 있다.

1. SAE 분류

KS의 점도분류도 SAE 분류에 따라서 제정된 것이다. 윤활유의 점도는 한랭한 상태에서의 기동 성능, 실린더 밀봉 성능, 내마모성 및 고착하지 않는 성질뿐만 아니라 연료와 윤활유의 소비량에 관련된다. 따라서 엔진의 형식, 운전조건, 기상조건 등을 고려하여 적당한 점도의 오일을 선정해야 한다.

윤활유의 점도는 높은 온도(100℃)에 있어서의 동점도와 낮은 온도(-5~-35℃)에 있어서의 유동특성에 따라서 정해진다. 하나의 점도등급 범위를 만족하는 것을 단급 점도(單級粘度)라 하고 높은 온도 및 낮은 온도 점도 특성이 2개의 점도등급에 걸쳐서 만족하는 것을 다급 점도(多級粘度)라 한다. 한편, 윤활유의 높은 온도에서의 유동특성도 최근에는 점차 주목되므로 SAE에서는 높은 온도, 높은 전단 조건하에서의 점도 규정을 추가하고 있다.

일반적으로 윤활유는 계절과 기온에 따라 다른 점도를 사용한다. 그러나 이와 같이 계절에 의한 교환사용은 불편하므로 이런 불편을 해소하기 위하여 개발된 것이 10W-30, 10W-40, 15W-40, 20W-40과 같은 다급 점도 윤활유이다. 다급 점도 윤활유는 1가지의 윤활유로 몇 가지의 점도 영역을 커버하고, 윤활유가 사용되는 외부 온도가 변화하여도 항상 윤활에 적당한 점도를 유지하도록 연구된 것이다.

다급 점도 윤활유는 매우 추운 지방에서도 심하게 점도가 높아지지 않고, 매우 더운 날씨나 가혹한 운전에서도 점도가 낮아지지 않는다. 예를 들어, 10W-40 다급 점도 윤활유이라고 하는 것은 -20℃에서는 SAE 10, 100℃에서는 SAE 40의 점도를 나타내는, 점도지수가 높은 오일이며 4계절 어느 때나 사용할 수 있다. 점도지수를 높이기 위해서 많은 양의 점도지수 향상제를 첨가하고 있으나, 점도지수 향상제는 일반적으로 고분자화합물로서, 사용 중 전단되기 쉽고 전단되면 점도가 저하된다. 따라서 점도지수 향상제는 전단 안전성이 좋은 것을 사용해야 한다.

1-1. 육상내연기관용 윤활유(SAE 분류)

(1) 윤활유의 용도

종류	호	용도
2종	특0호, 특5, 특10, 특15, 특20, 특25, 20, 30, 40, 50, 60 (SAE 0W, 5W, 10W, 15W, 20W, 25W, 20, 30, 40, 50, 60)	산화방지제를 첨가한 윤활유이며, 주로 중하중의 엔진에서 사용되며, 윤활유의 온도가 높고, 슬러지의 생성 및 베어링의 부식이 문제가 되는 가솔린 엔진에서 사용한다.
3종	특0호, 특5, 특10, 특15, 특20, 특25, 20, 30, 40, 50, 60 (SAE 0W, 5W, 10W, 15W, 20W, 25W, 20, 30, 40, 50, 60)	산화방지제 및 청정제를 첨가한 오일이며, 사용상태에 따라 다시 다음 4종류로 세분된다. ① 주로 고하중인 것에 사용하고, 또한 운전 조건, 엔진의 구조 및 연료의 성상에 따라 슬러지의 생성, 마모, 베어링의 부식 등이 문제가 되는 가솔린 엔진에서 사용한다. ② 주로 엔진의 구조 및 연료의 성상으로 인한 마모, 부식, 슬러지의 생성 등의 문제가 되지 않는 디젤엔진에서 사용한다. ③ 주로 고하중인 것에 사용하고, 또한 운전 조건 및 엔진의 구조에 따른 슬러지의 생성 등의 문제가 되는 디젤엔진에 사용한다. ④ 주로 매우 고하중인 것에 사용하고, 또 운전 조건, 엔진의 구조 및 연료의 성상으로 인한 슬러지의 생성, 마모, 베어링의 부식 등이 큰 디젤엔진에서 사용한다.

(2) 육상용 2종 규격

호	인화점(℃)	저온 겉보기 점도 P(Pa.s)	동점도 cSt (㎟/s)100℃	점도지수	유동점(℃)	산화안정도(165℃, 24hr)	
						점도비	전산값의 증가 (mgKOH/g)
특0호 (SAE 0W)	170이상	32.5(3.25)이하 (-30℃)	3.8이상	75이상	-35이하	3.00이하	3.00이하
특5호 (SEA 5W)		35.0(3.50)이하 (-25℃)	3.8이상		-30이하		
특10호 (SAE10W)		35.0(3.50)이하 (-25℃)	4.1이상		-25이하		
특15호 (SAE15W)	175이상	35.0(3.50)이하 (-15℃)	5.6이상		-22.5이하		
특20호 (SAE20W)	180이상	45.0(4.50)이하 (-10℃)	5.6이상		-22.5이하		
특25호 (SAE25W)	185이상	60.0(6.00)이하 (-5℃)	9.3이상		-17.5이하		
20호 (SAE20)	180이상	-	5.6이상 9.3미만	70이상	-12.5이하	2.00이하	
30호 (SAE30)	190이상	-	9.3이상 12.5미만		-10.0이하		
40호 (SAE40)	195이상	-	12.5이상 16.3미만		-7.5이하		
50호 (SAE50)	200이상	-	16.3이상 21.9미만		-5이하		
60호 (SAE60)	205이상	-	21.9이상 26.1미만		-2.5이하		

(3) 육상용 3종 규격

호	인화점(℃)	저온 겉보기 점도 P(Pa.s)	동점도 cSt (㎟/s)100℃	점도지수	유동점(℃)	산화안정도(165℃, 24hr)	
						점도비	전산값의 증가 (mgKOH/g)
특0호 (SAE 0W)	170이상	32.5(3.25)이하 (-30℃)	3.8이상	85이상	-35이하	1.50이하	1.60이하
특5호 (SEA 5W)		35.0(3.50)이하 (-25℃)	3.8이상		-30이하		
특10호 (SAE10W)		35.0(3.50)이하 (-25℃)	4.1이상		-25이하		

종류							
특15호 (SAE15W)	175이상	35.0(3.50)이하 (-15℃)	5.6이상	85이상	-22.5이하	1.5이하	1.6이하
특20호 (SAE20W)	180이상	45.0(4.50)이하 (-10℃)	5.6이상		-22.5이하		
특25호 (SAE25W)	185이상	60.0(6.00)이하 (-5℃)	9.3이상		-17.5이하		
20호 (SAE20)	180이상		5.6이상 9.3미만		-12.5이하		
30호 (SAE30)	190이상		9.3이상 12.5미만		-10.0이하		
40호 (SAE40)	195이상	–	12.5이상 16.3미만		-7.5이하		
50호 (SAE50)	200이상		16.3이상 21.9미만		-5이하		
60호 (SAE60)	205이상		21.9이상 26.1미만		-2.5이하		

(4) SAE 윤활유 점도 분류

SAE 점도 분류	규정온도(℃)의 점도(cp)		동점도 cSt (100℃)		비고
	저온 겉보기 점도	펌프 토출 한계점도 (ASTM D 4684)	최저	최고	
0W	3250이하(-30℃)	30000(-35℃)	3.8	–	KS M 2121 특 0호
5W	3500이하(-25℃)	30000(-30℃)	3.8	–	KS M 2121 특 5호
10W	3500이하(-20℃)	30000(-25℃)	4.1	–	KS M 2121 특 10호
15W	3500이하(-15℃)	30000(-20℃)	5.6	–	KS M 2121 특 15호
20W	4500이하(-10℃)	30000(-15℃)	5.6	–	KS M 2121 특 20호
25W	6000이하(-5℃)	30000(-10℃)	9.3	–	KS M 2121 특 25호
20	–	–	5.6	9.3	KS M 2121 20호
30	–	–	9.3	12.5	KS M 2121 30호
40	–	–	12.5	16.3	KS M 2121 40호
50	–	–	16.3	21.9	KS M 2121 50호
60	–	–	21.9	26.1	KS M 2121 60호

2. API 분류

미국석유협회(API ; America Petroleum Institute)에서 제정한 오일이며, 사용될 엔진의 운전 조건에 따라서 분류한 것이다. 가솔린 엔진용(ML, MM, MS)과 디젤 엔진용(DG, DM, DS)으로 분류되어 있다.

2-1. 가솔린 엔진용 윤활유

용 도	운전 조건
ML(Moter Light)	정상 운전 온도를 유지하는 차량으로 윤활유의 슬러지, 마멸, 부식 등이 없고 연료에 황(S)분이 적은 연료를 사용하는 가장 좋은 조건 하에서 사용한다.
MM(Moter Moderate)	ML과 MS 사이에 해당하는 중간 조건에서 사용한다.
MS(Moter Severe)	높은 온도·높은 부하 때문에 윤활유의 높고 산화가 격렬하게 발생하는 가혹한 운전 조건에서 연료에 희석이 많은 엔진에서 사용한다.

2-2. 디젤 엔진용 윤활유

용 도	운전 조건
DG(Diesel General)	황(S)분이 적은 연료를 사용하고 알맞은 온도와 부하에서 운전되며 마멸이나 침전물이 없는 가장 좋은 조건 하에서 사용한다.
DM(Diesel Moderate)	침전물이나 마멸이 발생될 경향이 많은 보통 시판의 연료를 사용하며 중간 조건에서 사용한다.
DS(Diesel Severe)	높은 온도·높은 부하, 발차 및 정지, 장시간 연속 사용 등의 가혹한 조건으로서 황 분이 많은 저질 연료를 사용하거나 과급기 사용 엔진에서 사용한다.

3. SAE 신분류

SAE가 ASTM(American Society for Testing Materials ; 미국 재료 시험 협회), API 등과 협력하여 새로 제정한 윤활유이며, 가솔린 엔진용은 S(Service), 디젤 엔진용은 C(Commercial)로 하여 다시 A, B, C, D…… 알파벳순으로 그 등급을 정하고 있다. SAE 신분류와 API 구분류의 관계는 다음과 같다.

3-1. 가솔린 기관용 윤활유

SAE 신분류	API 구분류	비 고
SA	ML	특별한 성능을 요구하지 아니하는 경 부하 운전 조건의 윤활유, 첨가제를 사용하지 않은 광물성 윤활유이다.
SB	MM	중 부하 운전 조건에서 사용되는 윤활유, 부식 및 산화 방지제를 첨가하였다.
SC	MS	1964년에 생산된 윤활유이며, 높은 온도 및 낮은 온도 퇴적물 방지성, 마멸 방지성, 부식 방지성을 보유한 것이다.
SD	MS	1968년에 생산된 윤활유이다.
SE	MS	1972년에 생산된 윤활유이며, 산화 방지성, 고온 퇴적물 방지성, 부식 방지성이 강화된 것이다.
SF	MS	1980년 이후 생산된 윤활유이며, 산화 방지성과 마멸 방지성이 SE보다 우수하다.
SG	MS	1989년 이후 생산된 윤활유이며, 산화 방지성, 마멸 방지성, 부식 방지성 등이 SF보다 우수하다.
SH	MS	1993~1996년에 생산된 윤활유이며, 높은 부하, 산화 방지성, 마멸 방지성, 부식 방지성 등이 SG보다 우수하다.
SJ	MS	1997년 이후 생산된 윤활유이며, 산화 안정성, 마멸 방지성, 부식 방지성 등이 SF보다 우수하다.

3-2. 디젤 엔진용 윤활유

SAE 신분류	API 구분류	비 고
CA	DG	고급 연료를 사용하는 경 부하 운전 조건의 디젤 엔진용, 고온 퇴적물 방지성, 부식 방지성을 부여하였다.
CB	DM	경 부하에서 중 부하 운전 조건에서 사용되는 디젤 엔진용, 고온 퇴적물 방지성, 부식 방지성을 부여하였다.
CC	DM	경 부하 과급기 부착 디젤 엔진용, 중 부하 디젤 엔진용, 부식 방지성, 고온 및 저온 퇴적물 방지성, 마멸 방지성을 부여하였다.
CD	DS	높은 부하 과급기 부착 디젤 엔진용
CE	DS	고속·높은 부하 과급기 부착 디젤 엔진용
CF	DS	고속·높은 부하 직접분사실식 디젤 엔진용
CF-2	DS	2 행정 사이클 디젤 엔진용
CF-4	DS	고속·높은 부하 디젤 엔진용
CG-4	DS	고속·높은 부하 4행정 사이클 디젤 엔진용

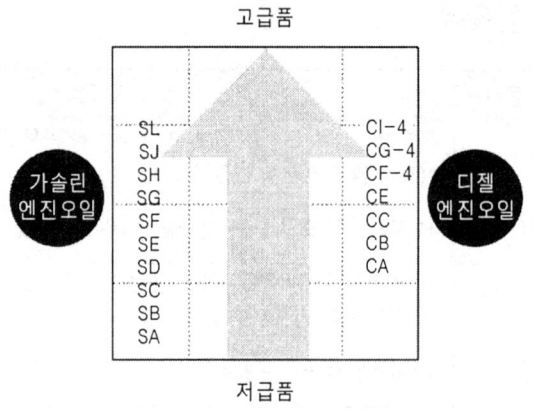

그림 4-1. SAE 신분류 품질표시에 따른 판별

3 윤활 방식

윤활 방식에는 여러 가지 방법이 있으며 4행정 사이클 엔진에서는 비산 방식, 압송 방식(압력 방식), 비산 압송 방식 등이 있으나 최근에는 엔진의 고속화와 출력이 증대됨에 따라 일반적으로 비산 압송 방식을 사용하고 있다. 2행정 사이클 엔진에는 혼합 방식과 분리 방식이 있으나 일반적으로 분리 방식을 사용한다.

1. 4행정 사이클 엔진의 윤활 방식

1-1. 비산 방식(飛散方式)

비산 방식은 커넥팅 로드 대단부(大端部)에 설치된 주걱(oil dipper)으로 오일 팬의 윤활유를 크랭크축이 회전할 때마다 퍼 올려 뿌림으로서 크랭크축 베어링, 캠축 베어링, 실린더 벽, 피스톤 링, 밸브 개폐기구 등으로 공급한다. 이 방식은 1실린더나 2실린더의 소형 엔진에서 사용되고 있다.

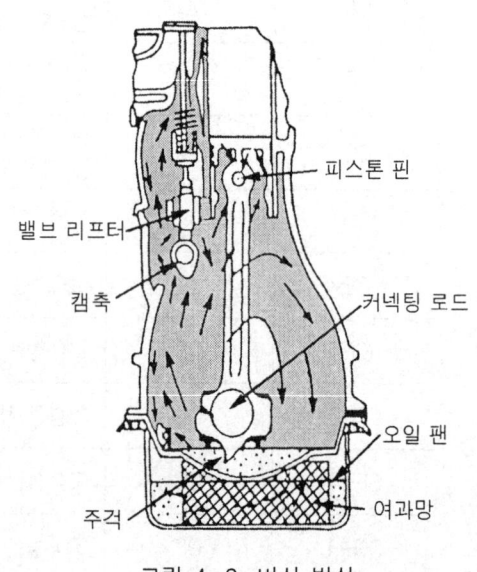

그림 4-2. 비산 방식

1-2. 압송 방식(壓送方式)

압송 방식은 오일펌프에 의하여 오일 팬 내에 있는 윤활유를 흡입한 후 압력을 가하여 각 윤활 부분으로 압송시켜 윤활 하는 방식이다. 오일펌프에 의하여 흡입된 윤활유는 실린더 블록의 크랭크 케이스 쪽에 있는 주 오일 통로에 공급되어 여기에서 크랭크축 저널 베어링, 캠축 베어링 등의 윤활 부분으로 압송된다. 회로 내에 압력은 가솔린 엔진이 2~3kgf/cm², 디젤 엔진은 3~4kgf/cm² 이며, 특징은 다음과 같다.

① 베어링 면에 유압이 높아 항상 안정된 윤활유 공급이 가능하다.
② 오일 팬 내의 윤활유 양이 적어도 된다.
③ 각 윤활 부분에 윤활유 공급을 골고루 할 수 있다.
④ 여과기 및 주 오일 통로가 막히면 윤활유 공급이 불가능해진다.

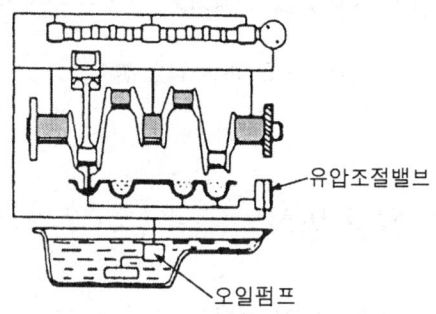

그림 4-3. 압송 방식

1-3. 전 압송 방식(全壓送方式)

전 압송 방식은 오일펌프에 의하여 흡입된 윤활유는 크랭크축 베어링과 캠축 베어링, 커넥팅 로드 베어링 등에 공급하는 것은 압송 방식과 동일하나 피스톤과 피스톤 핀에도 윤활유를 압송하는 점이 다르다.

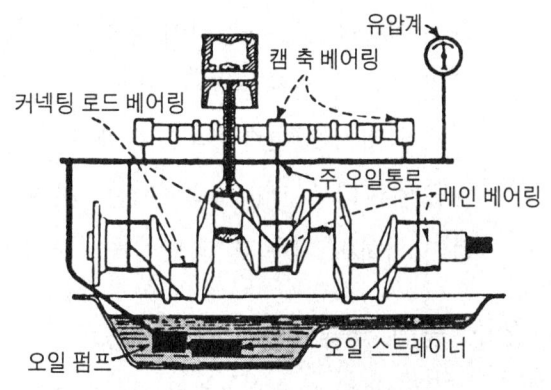

그림 4-4. 전 압송 방식

1-4. 비산 압송 방식(飛散壓送方式)

비산 압송 방식은 크랭크축 베어링, 캠축 베어링, 밸브 개폐기구 등은 압송 방식에 의하여 윤활하고 실린더 벽, 피스톤 핀 등은 비산 방식으로 윤활하는 방식이다.

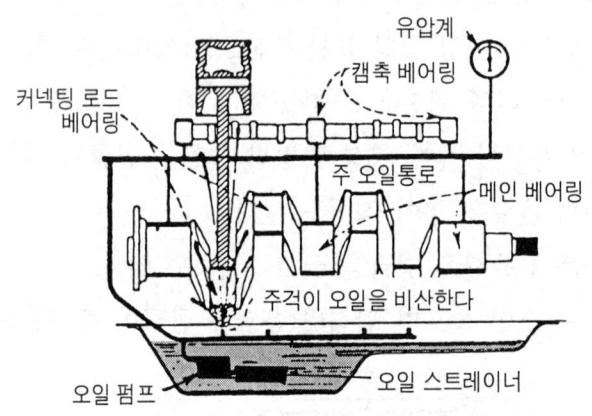

그림 4-5. 비산 압송 방식

2. 2행정 사이클 엔진의 윤활 방식

2-1. 혼합 방식(混合方式) 또는 혼기 방식

혼합 방식은 가솔린과 윤활유를 15~25 : 1의 비율로 미리 혼합하여 크랭크 케이스 내에 두고 흡입할 때와 실린더에 소기할 때 마찰 부분을 윤활 한다. 혼합 방식에는 가솔린과 윤활유를 서로 다른 탱크에 각각 저장하여 엔진의 작동에 따라 윤활유의 공급량을 자동적으로 증감하여 혼합하는 형식이며, 윤활유의 공급은 캠축에 설치된 캠에 의해 플런저 펌프를 작동시켜 공급한다.

혼합 방식은 고속이나 저속에서 혼합 비율이 일정하기 때문에 저속일 때는 윤활유 공급량이 너무 많고 고속에서는 윤활유가 부족해지는 경향이 있으므로 이 결점을 보완하기 위하여 자동 혼합 방식을 사용한다.

2-2. 분리 윤활 방식(分離潤滑方式)

분리 윤활 방식은 4행정 사이클 엔진에 사용하는 압송 방식과 같이 오일펌프에 의해 주요 윤활 부분에 윤활유가 공급되어 윤활 작용을 할 수 있도록 한다.

4 윤활유 공급 장치

1. 윤활유 공급 장치의 구성 요소

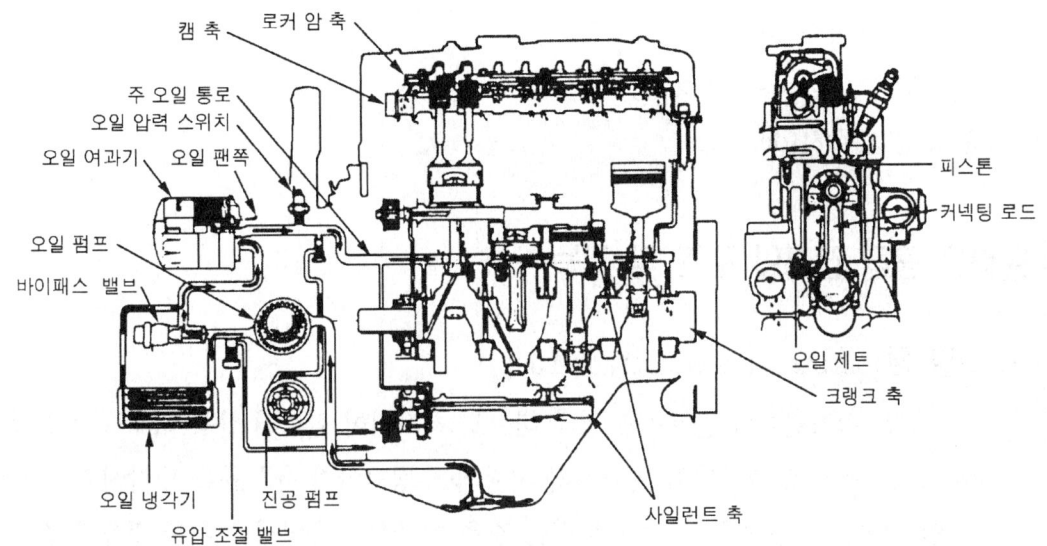

(a) 자연 흡입 방식 엔진

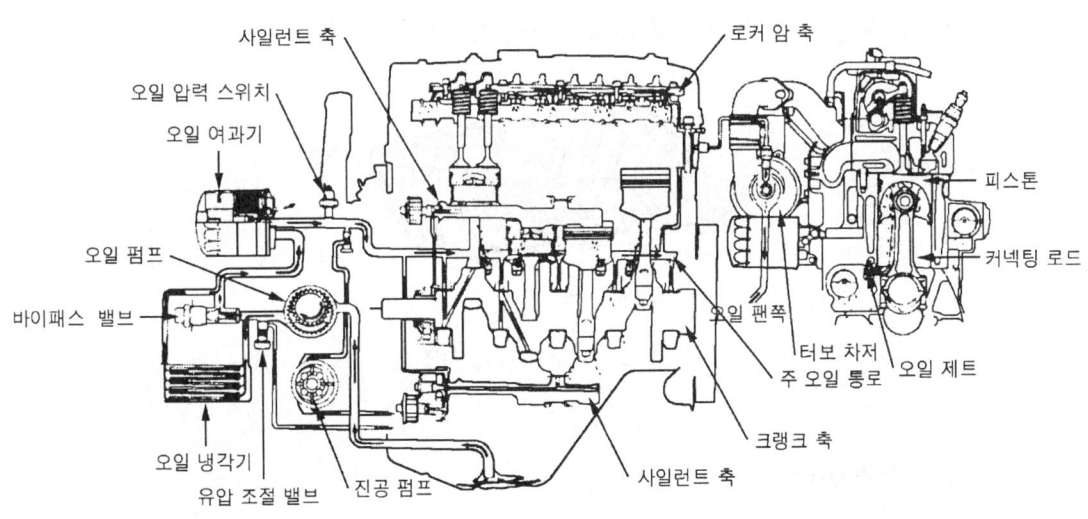

(b) 터보차저 부착 엔진

그림 4-6. 윤활유 공급장치 구성

① 오일 팬(oil pan or lower crank case)
② 오일 스트레이너(oil strainer)
③ 오일 펌프(oil pump)
④ 오일 여과기(oil filter)
⑤ 유압 조절 밸브(oil pressure relief valve)
⑥ 유면 표시기(oil level gauge)
⑦ 유압계(oil pressure gauge)
⑧ 오일 냉각기(oil cooler)

2. 윤활유 공급 장치의 구조 및 기능

2-1. 오일 팬(oil pan or lower crank case)

오일 팬은 강철판이나 알루미늄 합금 판으로 제작되어 실린더 블록 하부에 개스킷을 사이에 두고 볼트로 고정되어 윤활유가 저장되는 탱크이며 윤활유를 냉각시키기도 한다. 오일 팬에는 차량이 등판 주행을 하는 경우 엔진이 기울어졌을 때 윤활유가 충분히 고여 있도록 하기 위한 섬프(sump)와 차량의 출발 또는 급제동에서 윤활유의 유동을 방지하는 배플(baffle)이 설치되어 있다. 또 오일 팬 아래쪽에는 윤활유를 교환할 때 배출시키기 위한 드레인 플러그(drain plug)가 설치되어 있다.

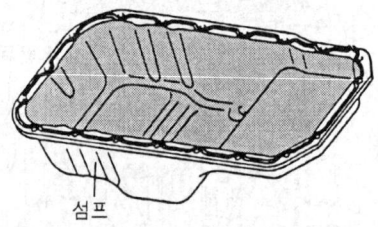

그림 4-7. 오일 팬의 구조

2-2. 오일 스트레이너(oil strainer)

오일 스트레이너는 오일 펌프에 설치되어 섬프 내의 윤활유를 펌프에 유도하는 역할을 하며 윤활유 속에 포함된 비교적 큰 불순물을 여과시키는 스크린이 설치되어 있다. 불순물 등으로 스크린이 막혔을 때는 바이패스 밸브를 통하여 오일이 공급된다.

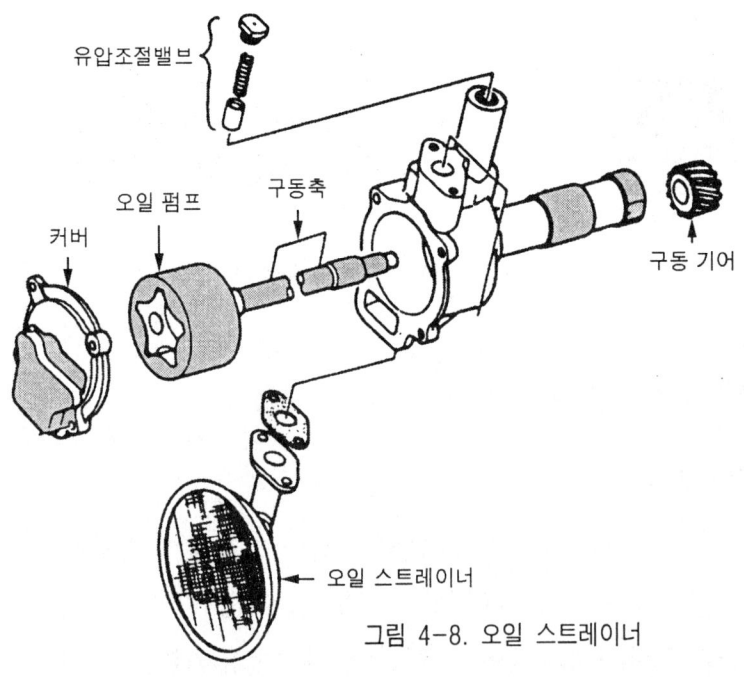

그림 4-8. 오일 스트레이너

2-3. 오일펌프(oil pump)

오일펌프는 오일 팬에 저장되어 있는 윤활유를 흡입한 다음 압력을 가하여 엔진 각 운동 부분으로 압송하는 펌프이며, 크랭크축이나 캠축에 의해 구동된다. 오일펌프에는 유압 조절 밸브가 설치되어 유압 회로에 공급되는 유압을 항상 일정하게 조절한다. 오일펌프의 종류에는 로터리 펌프, 기어 펌프, 플런저 펌프, 베인 펌프 등으로 분류되며 4행정 사이클 엔진은 로터리 펌프와 기어 펌프가 사용되고 2행정 사이클 엔진에서는 플런저 펌프가 사용된다. 또한 베인 펌프는 디젤 엔진 등에 일부 사용된다.

(1) 로터리 펌프(rotary pump)

로터리 펌프는 트로코이드 펌프(trochoid pump)라고도 하며 그림 4-8에 나타낸 것과 같이 구성되어 있다. 펌프 보디 내에는 4개의 돌기를 가진 이너 로터(inner rotor)와 5개의 홈을 가진 아웃 로터(out rotor)가 편심으로 설치되어 크랭크축 또는 캠축의 구동 기어에 의해 회전한다. 이너 로터가 회전하여 돌기부분이 아웃 로터의 홈에 차례로 맞물려 회전하기 때문에 2개의 로터 사이에는 체적의 변화가 발생한다. 따라서 윤활유는 체적이 커지는 쪽으로 흡입되어 점차적으로 체적이 감소되는 쪽으로 이동하여 배출된다. 이 펌프는 기어 펌프와 같은 장점이 있고 소형화할 수 있다.

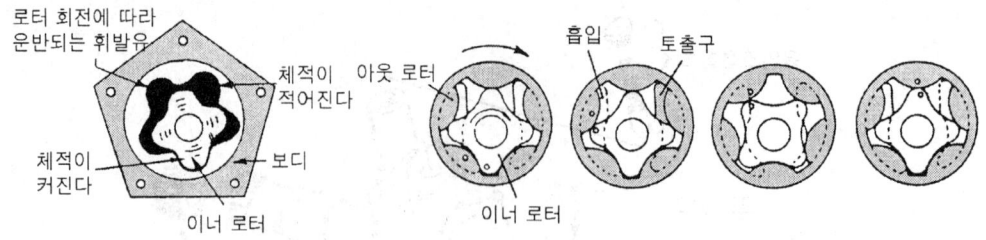

그림 4-9. 로터리 펌프의 구조와 작동

(2) 기어 펌프(gear pump)

1) 외접 기어 펌프

외접(外接) 기어 펌프는 그림 4-10에 나타낸 것과 같이 동일한 모양의 기어 2개를 사용하여 크랭크축 또는 캠축에 의하여 구동되는 구동 기어와 자유롭게 회전하는 피동 기어가 맞물려 있다. 2개의 기어는 흡입구와 배출구 이외는 거의 틈새가 없이 케이스에 감싸져 있기 때문에 기어가 회전하면 기어 잇면으로 윤활유를 배출구 쪽으로 이동하여 송출된다.

펌프의 구조가 간단하고 작용이 확실하기 때문에 많이 사용되고 있다. 체적 효율은 기어와 케이스의 간극, 배출 압력, 윤활유의 점도(粘度)에 따라 변화되지만 일반적으로 60~95% 정도이다. 오일 펌프는 캐비테이션(cavitation ; 空洞現狀)에 대하여 고려하여야 한다. 캐비테이션이란 흡입 부분의 압력이 펌프에서 송출되는 압력보다 윤활유의 포화 증기 압력까지 저하되어 비등하기 때문에 기포가 발생되는 현상을 말한다.

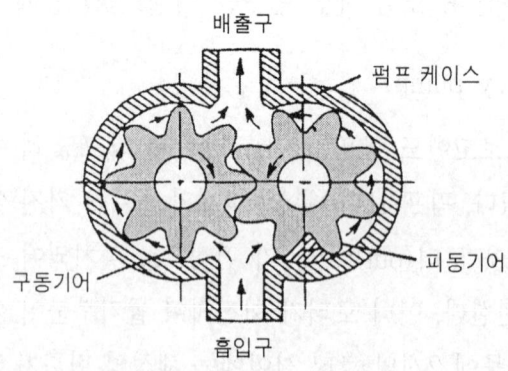

그림 4-10. 외접 기어 펌프

따라서 캐비테이션이 발생되면 소음·진동 및 배출 압력의 불규칙한 변동, 배출량의 저하, 오일 막의 불안정 등의 결함이 발생되기 때문에 엔진의 실용 회전 범위 내에서 캐비테이션 현상이 발생되지 않도록 하여야 한다. 캐비테이션 현상은 펌프 흡입 계통의 모양에 따라서도 큰 영향을 받게 되므로 오일 통로는 될 수 있는 한 넓게 하여 통로의 저항을 적게 하여야 한다. 그리고 흡입관 내의 평균 흐름속도(流速)는 3.5m/sec 이하로 되도록 설정하는 것이 좋다.

2) 내접 기어 펌프

내접(內接) 기어 펌프 그림 4-11에 나타낸 것과 같이 기어가 안쪽에서 맞물려 회전하는 기어 펌프이며, 작동 원리는 외접 기어 펌프와 같다. 내접 기어 펌프는 동일한 용량의 다른 펌프에 비하면 구동 방법이 간단하여 구동장치의 부품이 필요 없으므로 크랭크축에 의해 직접 구동할 수 있으며 두께가 얇기 때문에 소형이고 가벼운 점을 중요시하여 최근에 많이 사용되고 있다.

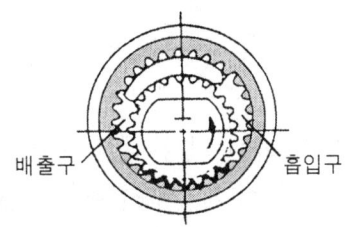

그림 4-11. 내접 기어 펌프

체적 효율은 외접 기어펌프와 같이 운전 조건에 따라서 변화되며 그 값도 거의 같다. 외접 기어 펌프나 로터리 펌프는 엔진 회전속도의 1/2정도로 회전하는 것이 일반적이며 최대 회전속도는 3000rpm 정도이다. 그러나 내접 기어 펌프는 크랭크축에 의해 직접 구동되는 경우가 많기 때문에 펌프의 최대 회전속도는 6000rpm 부근에서 작동되므로 캐비테이션 현상에 특히 주의해야 하며 흡입구 및 배출구는 될 수 있는 대로 넓게 하여 저항을 적게 하는 것이 효과적이다.

3) 플런저 펌프(plunger pump)

플런저 펌프는 그림 4-12에 나타낸 것과 같이 펌프 케이스 내에 설치된 플런저 스프링, 체크 볼 등으로 구성되어 있으며 플런저는 플런저 스프링과 편심 캠의 작용에 의하여 왕복 운동을 한다. 윤활유는 플런저 스프링의 장력에 의하여 플런저가 캠 쪽으로 상승하여 체적이 증가될 때 체크 볼이 열려 플런저 펌프 내로 흡입된다. 또 흡입된 윤활유는 캠에 의해서 플런저가 밀어져 펌프실 내의 체적이 감소될 때 체크 볼을 밀고 배출된다.

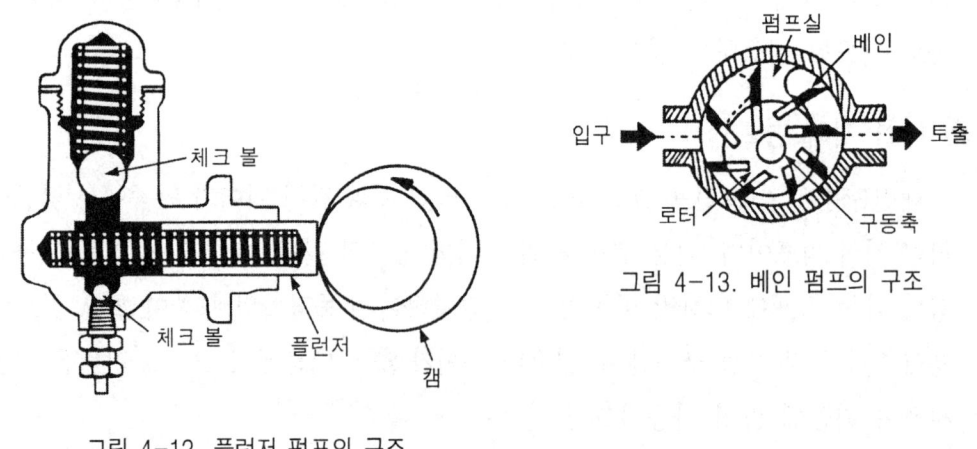

그림 4-12. 플런저 펌프의 구조

그림 4-13. 베인 펌프의 구조

4) 베인 펌프(vane pump)

베인 펌프는 그림 4-13에 나타낸 것과 같이 케이스 내에 편심으로 설치된 로터에 2개 이상의 날개(vane)와 스프링을 설치하여 로터가 회전하면 날개는 스프링의 장력으로 펌프실 내의 벽면에 접촉을 유지하면서 회전하게 된다. 따라서 펌프실 벽면과 날개 사이에는 윤활유 통로인 공간이 변화되어 윤활유를 입구로부터 흡입하여 출구 쪽으로 압송하게 된다.

2-4. 오일 여과기(oil filter)

(1) 오일 여과기의 기능

윤활 장치 내를 순환하는 윤활유는 점차적으로 수분, 카본, 금속 분말, 슬러지 등을 함유하기 때문에 기능이 저하된다. 따라서 오일 통로에 여과기를 설치하여 불순물을 여과시켜 정상적인 기능을 할 수 있도록 한다. 즉 윤활유의 세정 작용을 한다.

(2) 오일 여과기의 분류

오일 여과기는 엘리먼트(element)를 사용하여 여과시키는 여과지 방식과 적층 금속판 방식 및 원심력을 이용하여 오일과 불순물을 분리하는 원심력 방식 등으로 분류된다.

1) 여과지 방식(paper filter element)

이 방식은 여과지(濾過紙) 또는 면사(綿絲)의 엘리먼트를 사용하여 윤활유 속의 불순물을 여과하는 방식이며, 여과기로 들어온 윤활유는 엘리먼트를 통과할 때 윤활유 속에 함유된 불순물이 여과되어 중앙의 통로를 통하여 출구로 배출된다.

여과된 불순물은 케이스 바닥에 침전되므로 윤활유를 교환할 때 또는 엘리먼트를 교환할 때 드레인 플러그를 통하여 배출시킨다.

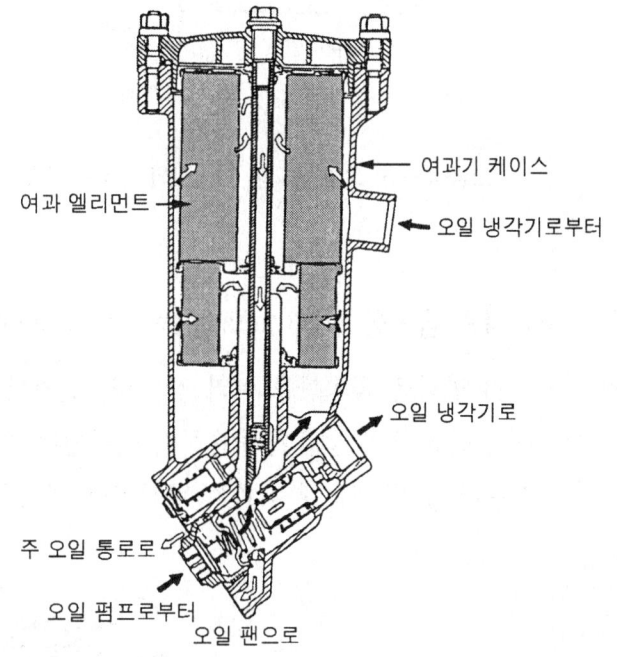

그림 4-14. 여과지 방식 오일 여과기의 구조

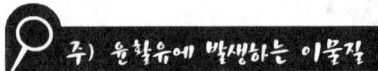 Explanatory note

① 엔진의 미끄럼 운동 부분의 마모에 의해서 발생되는 금속 분말
② 윤활유의 열화에 의해서 발생하는 슬러지
③ 흡입 공기와 함께 실린더에 유입되어 윤활유에 침입한 먼지
④ 연료 및 윤활유의 불완전연소로 발생된 카본

여과지 방식 오일 여과기는 케이스와 엘리먼트로 구성되어 있으며 엘리먼트만 교환하고 케이스는 계속적으로 사용할 수 있도록 한 엘리먼트 교환 방식과 엘리먼트와 케이스가 일체로 되어 전체를 교환하는 카트리지형(일체형) 여과기로 분류된다.

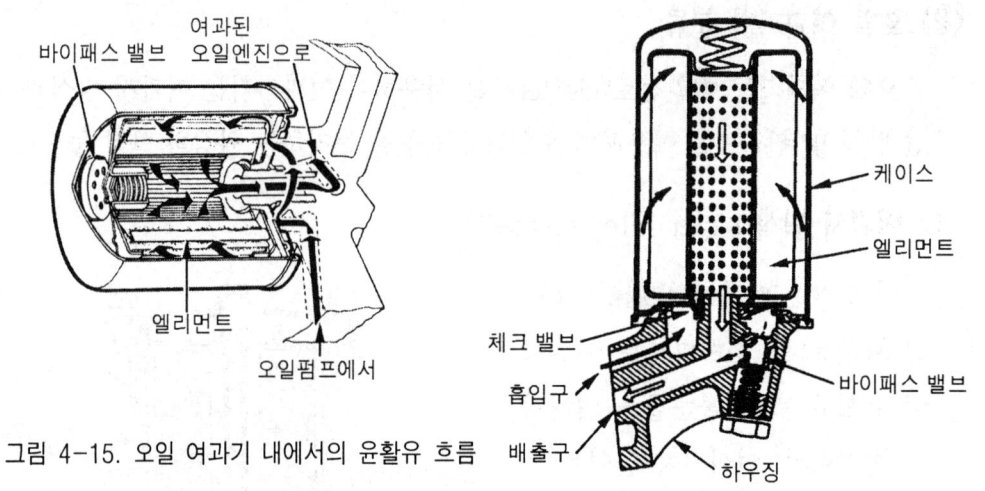

그림 4-15. 오일 여과기 내에서의 윤활유 흐름

2) 적층 금속판 방식(metal edge filter element ; 積層金屬板方式)

이 방식은 금속판을 여러 장 겹쳐 설치한 것이며, 윤활유가 금속판 사이를 통과할 때 윤활유 속에 함유된 불순물이 여과된다. 이 형식은 주로 전류식에서 사용되며, 여과 성능이 낮기 때문에 여과지 방식이나 원심력 방식과 병용으로 사용된다.

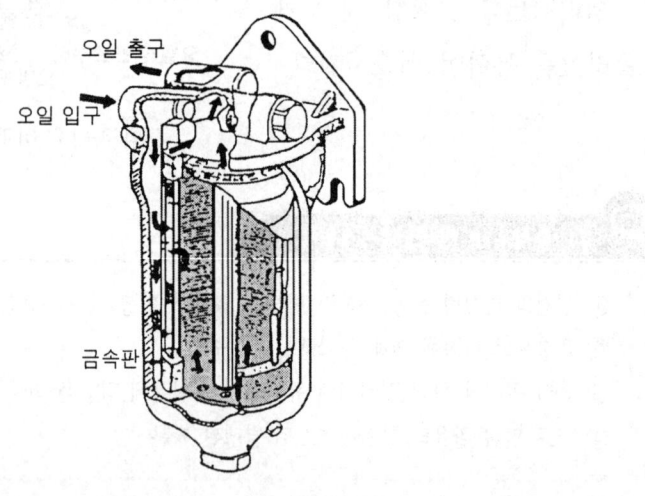

그림 4-16. 적층 금속판 방식 오일 여과기

3) 원심력 방식(遠心力方式)

이 방식은 로터(rotor)의 회전을 이용하여 윤활유 속에 함유되어 있는 불순물을 분리하는 것이며, 분류식에서 주로 사용된다. 보디의 중심에 설치되어 있는 스핀들

(spindle)과 부싱(bushing)을 통하여 스핀들에 설치되어 회전하는 로터로 구성되어 있으며 로터 바깥쪽에는 패킹을 사이에 두고 커버가 설치되어 있다.

오일펌프에서 공급되는 윤활유는 입구 컷오프 밸브(cut off valve)를 열고 스핀들 중심을 통하여 로터로 들어온다. 로터에 유입된 윤활유는 다시 파이프를 통하여 분사 노즐에 공급되어 보디 내에 분사된다. 이때 분사되는 윤활유의 반발력으로 로터는 고속으로 회전하여 불순물은 원심력에 의하여 로터 옆벽에 침착(沈着)되고 윤활유는 오일 팬으로 되돌아간다.

컷오프 밸브는 규정 이하의 유압이 되면 통로를 차단하여 엔진이 저속으로 회전할 때 각 윤활 부분으로 공급되는 윤활유가 부족하게 되는 것을 방지한다. 원심력 방식의 특징은 여과 능력이 높고 불순물의 침착에 의한 여과 효율의 저하가 거의 없기 때문에 청소할 때 교환하는 부품이 없는 장점과 여과기를 청소하는 기간이 길어진다.

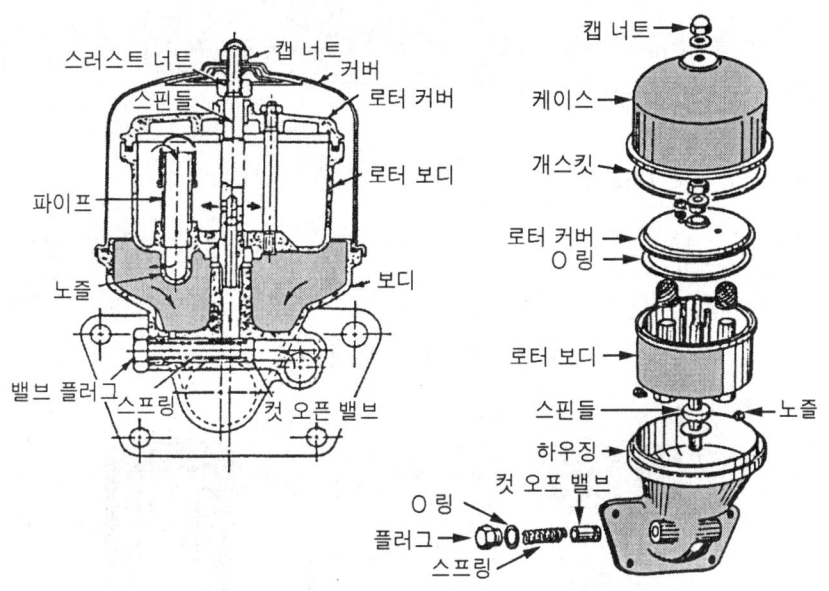

그림 4-17. 원심력 방식 오일 여과기

Explanatory note

여과재는 여과지식, 적층금속판식 외에 면포나 펠트를 사용하는 섬유 조직 여과재, 다공질의 소결 합금을 사용하는 마이크로 브론즈(micro bronze)여과재 및 금속선으로 된 메탈 와이어(metal wire) 여과재 등이 있다.

(3) 여과 방식(濾過方式)

1) 전류식(full flow filter)

오일 펌프에서 공급되는 윤활유 모두를 여과기를 통과하여 여과된 후 윤활 부분으로 공급되도록 하는 방식이며, 항상 여과된 윤활유가 윤활 부분으로 공급되는 장점이 있으나 여과 엘리먼트가 막혔을 경우에는 급유가 부족할 염려가 있다. 따라서 엘리먼트가 막혔을 때 급유에 지장이 없도록 하기 위하여 오일 여과기에 바이패스 밸브(by pass valve)를 설치하여 윤활유가 바이패스 밸브를 통하여 윤활 부분으로 공급되도록 한다.

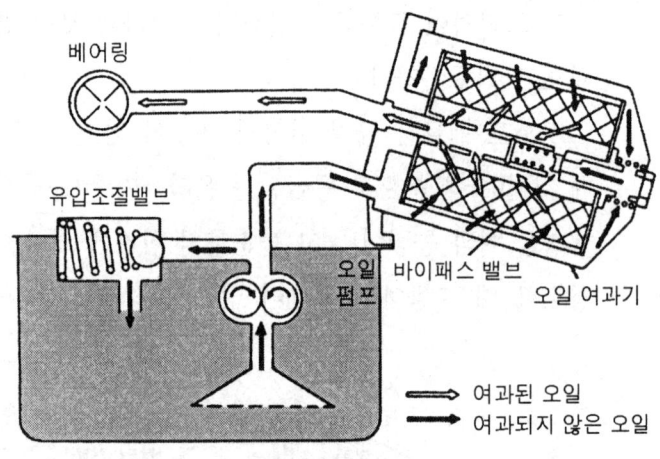

그림 4-18. 전류식

2) 분류식(by-pass filter)

오일펌프에서 공급되는 윤활유의 일부만을 여과하여 오일 팬으로 보내고 여과되지 않은 윤활유를 각 윤활 부분으로 공급하는 방식이다. 따라서 여과되지 않은 윤활유가 윤활 부분에 공급되므로 베어링의 손상이 우려된다.

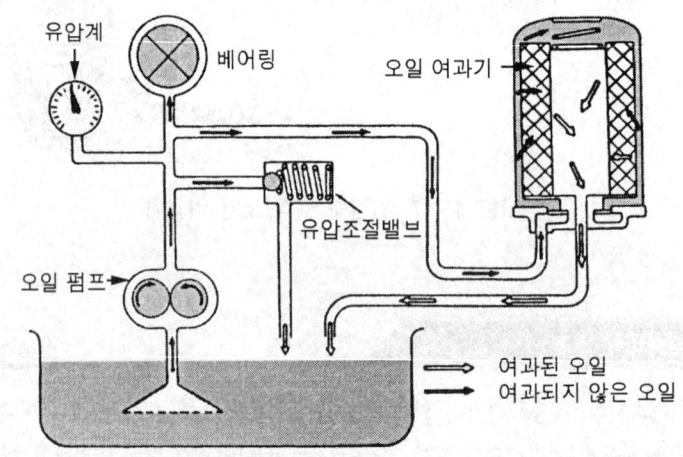

그림 4-19. 분류식

3) 션트식(shunt flow filter)

오일펌프에서 공급되는 윤활유의 일부만을 여과하여 윤활부분으로 공급하고 또 여과되지 않은 윤활유도 윤활 부분에 공급되는 방식이다. 그리고 여과된 윤활유와 여과되지 않은 윤활유가 혼합되어 각 윤활 부분에 공급되기 때문에 분류식보다는 깨끗한 윤활유로 윤활할 수 있는 장점이 있다.

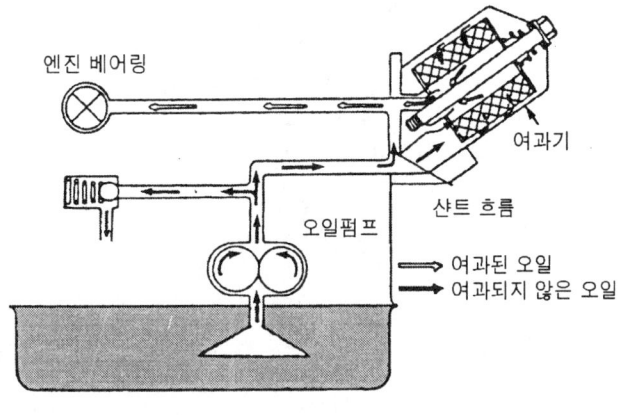

그림 4-20. 션트식

2-5. 유압 조절 밸브(oil pressure relief valve ; 릴리프 밸브)

유압조절 밸브는 윤활 회로 내의 유압이 과도하게 상승되는 것을 방지하여 유압을 일정하게 유지하는 역할을 한다. 유압조절 밸브는 스프링의 장력에 의해 닫혀 있는 볼이나 플런저로 되어 있으며 유압이 스프링의 장력보다 높으면 밸브가 열려 과잉의 윤활유는 바이패스 통로로 흐른다. 유압조절 밸브는 오일펌프 보디에 설치되어 있거나 오일 여과기에 설치되어 있다. 유압조절 밸브의 스프링은 조정 스크루 또는 조정 와셔를 사용하여 장력을 가감할 수 있으며 유압 조정은 엔진의 회전속도 1500rpm에서 가솔린 엔진은 2~3kgf/cm², 디젤 엔진은 3~4kgf/cm² 정도가 정상이다.

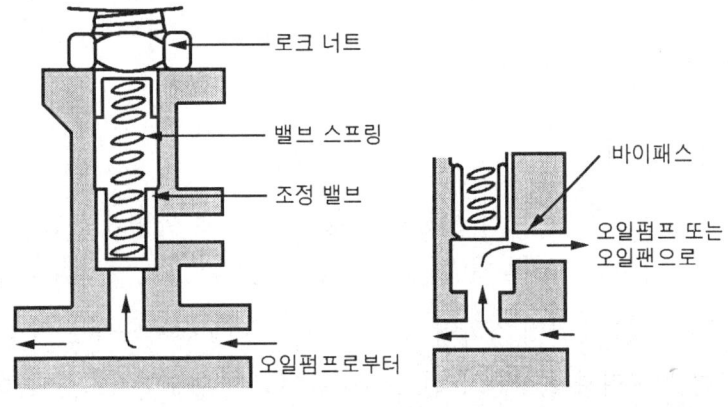

그림 4-21. 유압조절 밸브의 원리

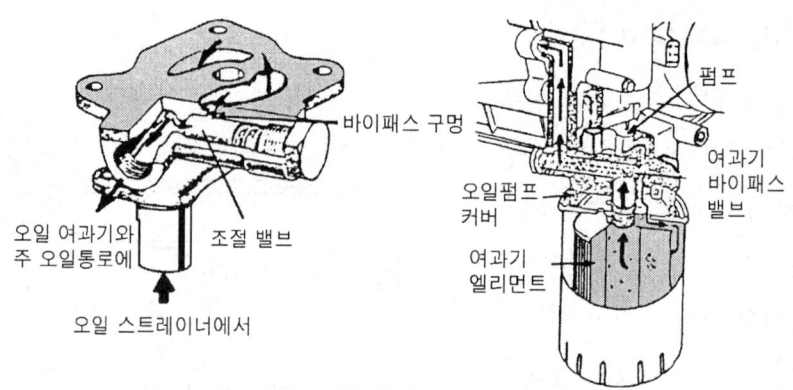

그림 4-22. 유압조절 밸브 작용

> **주) 유압이 높고 낮음의 원인** Explanatory note
>
> 1. 유압이 높아지는 원인
>   ① 윤활유의 점도가 높을 때
>   ② 윤활 회로가 막혔을 때
>   ③ 유압조절 밸브 스프링의 장력이 클 때
> 2. 유압이 낮아지는 원인
>   ① 크랭크축 베어링의 윤활 간극이 클 때
>   ② 오일 펌프가 마모되었거나 회로에서 윤활유가 누출될 때
>   ③ 윤활유의 점도가 낮을 때
>   ④ 오일 팬 내의 윤활유 양이 부족할 때
>   ⑤ 유압조절 밸브 스프링의 장력이 쇠약하거나 파손되었을 때
>   ⑥ 윤활유가 연료 등의 유입으로 현저하게 희석되었을 때

2-6. 유면 표시기(oil level gauge)

(1) 유면 표시기의 기능

유면 표시기는 오일 팬 내의 윤활유 양을 점검할 때 사용되는 금속 막대이며, 끝 부분에 MAX(FULL 또는 F)과 MIN(LOW 또는 L)의 눈금이 표시되어 있다. 오일 팬 내의 윤활유 양은 항상 F선에 가까이 있어야 정상이며 F선보다 높으면 많은 양의 윤활유가 실린더 벽에 뿌려져 윤활유가 연소실에 유입되어 연소된다. L선보다 낮으면 윤활유의 공급량이 부족하게 되어 윤활이 불안전하게 된다. 윤활유가 연소실에서 연소하게

되면 카본이 실린더에 퇴적되어 실린더 벽의 마멸을 촉진시키고 엔진이 과열되며 윤활유의 열화를 촉진시킨다. 윤활유가 연소되면 배기가스는 회백색으로 배출된다.

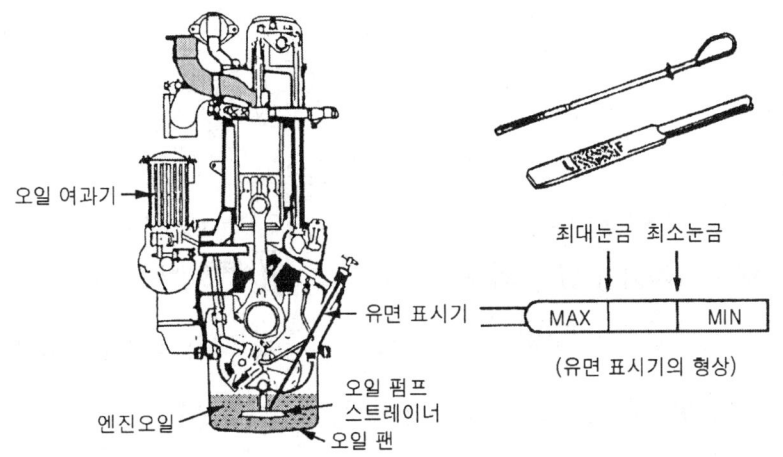

그림 4-23. 유면 표시기 설치 위치

(2) 윤활유 양 점검 방법

① 엔진을 시동하여 윤활유를 순환시킨 다음 엔진의 작동을 정지시킨다.
② 유면 표시기를 빼내어 묻어 있는 윤활유를 깨끗이 닦은 다음 다시 끼운다.
③ 유면 표시기를 다시 빼내어 윤활유가 묻어 있는 위치가 F와 L선의 중간 이상이면 정상이다.
④ 윤활유를 보충할 때는 F선까지 보충한다.
⑤ 윤활유 양을 점검할 때는 점도(粘度)도 함께 점검한다.
⑥ 윤활유 양이 F선 이상이면 연료 등으로 희석된 경우이다.
⑦ 윤활유 양을 점검할 때에는 반드시 차량이 수평인 상태에서 점검한다.

2-7. 유압계 및 유압 경고등

(1) 유압계(oil pressure gauge)

유압계는 유압장치 내를 순환하는 윤활유 압력을 표시하는 계기이며, 운전석의 계기판에 설치되어 있다. 유압계는 부든 튜브 방식, 밸런싱 코일 방식, 바이메탈 서미스터 방식 등이 있다.

1) 부든 튜브식(Bourdon tube type)

부든 튜브를 통하여 섹터 기어의 회전을 지침의 움직임으로 변화시켜 유압을 지시하는 방식이다. 즉 유압이 상승하면 파이프 내의 공기가 압축되기 때문에 직선으로 변화되어 부든 튜브 끝에 설치된 섹터 기어가 지침이 설치되어 있는 피니언을 회전시켜 유압을 지시한다.

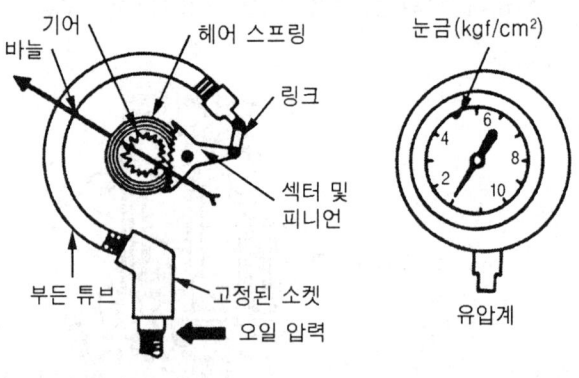

그림 4-24. 부든 튜브 방식

2) 밸런싱 코일 방식(balancing coil type ; 평형 코일 방식)

2개의 코일에 흐르는 전류의 크기를 저항에 의하여 가감하도록 하여 유압을 지시하는 유압 계기이다. 즉 실린더 블록에 설치되어 있는 유닛에 가해지는 유압에 따라 다이어프램(diaphragm)의 운동이 전기 저항을 변화하게 하여 계기에 설치되어 있는 한 쪽의 밸런싱 코일에 전류를 많이 흐르도록 하여 자력을 강하게 함으로서 지침이 설치되어 있는 아마추어가 움직여 유압을 나타낸다.

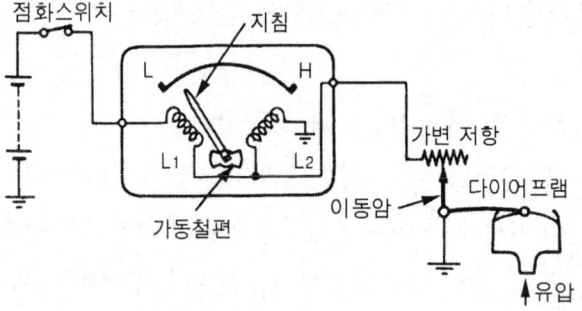

그림 4-25. 밸런싱 코일 방식

3) 바이메탈 서모스탯 방식(bimetal thermostat type)

엔진 실린더 블록에 설치되어 있는 유닛의 다이어프램이 서모스탯 블레이드를 움직이면 이에 따라 계기부의 서모스탯 블레이드도 움직이기 때문에 계기판의 지침이 유압을 나타낸다.

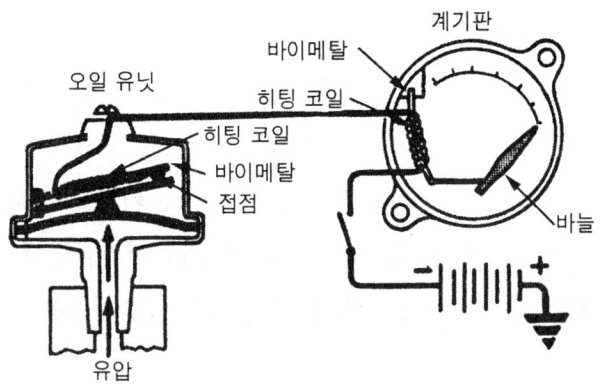

그림 4-26. 바이메탈 서머스탯 방식

(2) 유압 경고등(oil warning lamp)

엔진이 작동되는 도중에 유압이 규정값 이하로 저하되면 점등되는 방식이다. 유압이 규정 값에 도달하게 되면 유압이 유닛의 다이어프램 밀어 올려 접점이 열리기 때문에 경고등이 소등된다. 유압이 규정값 이하로 낮아지면 스프링의 장력으로 접점이 닫히기 때문에 경고등이 점등되어 윤활유가 공급되지 않는 것을 운전자에게 알려주는 방식이다.

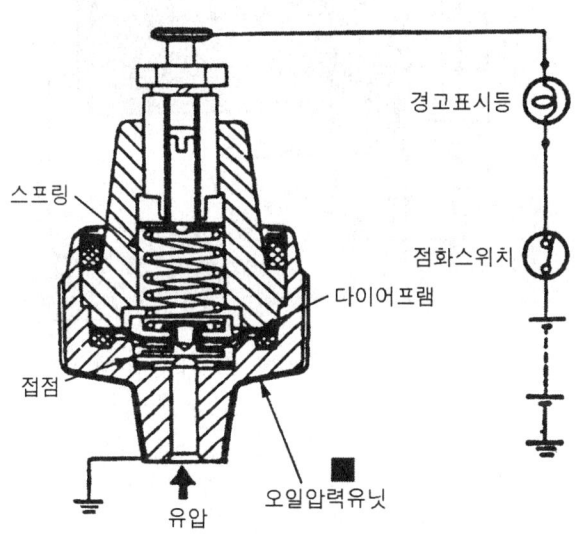

그림 4-27. 유압 경고등의 구조

2-8. 오일 냉각기(oil cooler)

오일 냉각기는 윤활유를 항상 적당한 온도로 일정하게 유지하는 역할을 한다. 윤활유는 온도가 상승하면 점도가 낮아져 윤활 성능이 저하되며 저온에서는 점도가 높아져 각 윤활 부분에 충분한 양의 윤활유가 공급되지 않게 되므로 윤활유는 항상 적당한 온도로 유지되어야 한다. 오일 냉각기는 주로 라디에이터 아래 탱크에 설치되어 윤활유가 냉각기를 통과할 때 냉각수로 냉각되거나 열을 받아 윤활 부분에 공급된다.

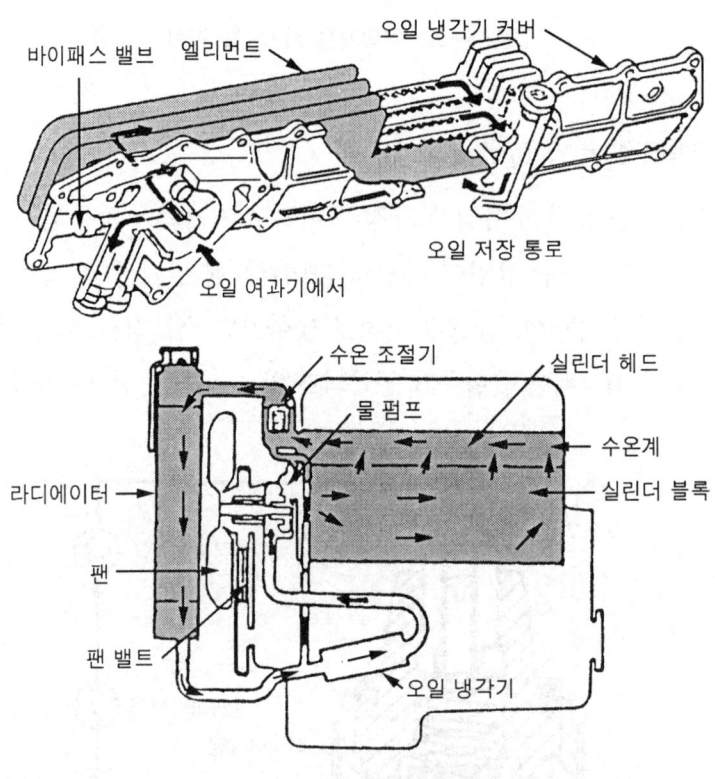

그림 4-27. 오일 냉각기의 구조와 설치 위치

제5장.
기계제어 연료장치

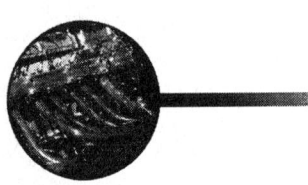

1. 연료장치의 개요
2. 연료장치의 구성과 그 작용
3. 분배형 분사펌프

제 5 장

기계제어 연료장치

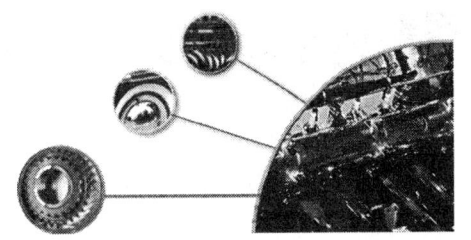

1 연료장치의 개요

디젤 엔진의 연료 공급은 공급 펌프에서 연료 탱크 내의 연료를 흡입·가압하여 여과기에서 여과시킨 후 분사 펌프로 공급한다. 분사 펌프는 엔진의 크랭크축에 의하여 구동되며, 연료를 고압으로 만들어 분사(고압) 파이프를 거쳐 알맞은 시기에 실린더 헤드에 설치된 분사 노즐에서 소정의 압력으로 분사한다. 그리고 분사 펌프 한쪽에 설치된 조속기는 엔진의 최고 회전속도를 조절하고, 저속 운전에서 그 회전속도를 안정시키는 일을 한다. 또 타이머는 엔진을 시동할 경우나 운전 중 필요에 따라 연료 분사시기를 변화시키는 작용을 한다. 분사 펌프에는 독립형(獨立形)과 분배형(分配形)이 사용된다.

독립형 분사펌프는 디젤 엔진의 대표적인 분사펌프로서 가장 많이 이용된다. 분사펌프는 독일의 보시(Bosch)사에서 개발한 분사펌프가 가장 많이 이용되고 있으며, 우리나라에서도 대부분이 이 형식이므로 보시형 분사 펌프라 부르기도 한다. 소형 디젤 엔진에서는 분배형이 많이 사용되고 있으며, 대형에는 독립형을 사용한다. 연료는 연료 탱크 → 공급 펌프 → 연료 여과기 → 분사 펌프 → 고압 파이프 → 분사 노즐을 통해 연소실에 분사된다.

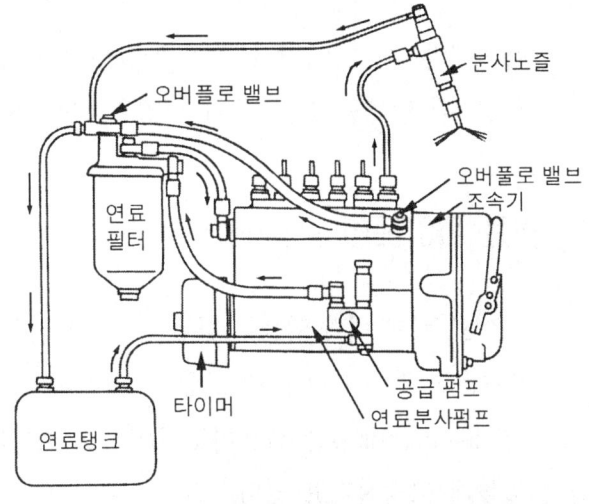

그림 5-1. 디젤엔진의 연료 공급 계통

2 연료장치의 구성과 그 작용

1. 연료 탱크(fuel tank)

연료 탱크는 연료를 저장하기 위한 것이며, 그림 5-2에 나타낸 바와 같이 탱크 보디, 탱크 캡, 연료계의 탱크 유닛, 및 드레인 플러그로 구성되어 있다.

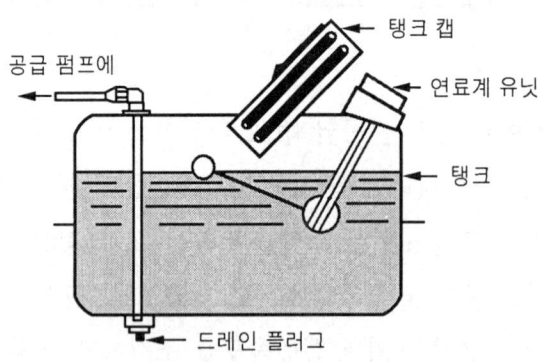

그림 5-2. 연료 탱크의 구조

탱크 보디(tank body)의 안 쪽 면에는 부식 방지를 하기 위한 표면 처리가 되어 있으며, 또 차량의 요동에 의해 연료가 출렁거리는 것을 방지하고 강성을 높이기 위한 칸막이(baffle plate)가 3~4개가 세로 방향으로 용접되어 있다. 탱크 보디 아래쪽에는 탱크내의 수분이나 먼지 등을 배출시키기 위한 드레인 플러그(drain plug)가 설치되어 있고, 위 면에는 연료 주입 구멍과 연료 탱크 유닛이 설치되어 있다.

2. 연료 파이프(fuel pipe)

연료 탱크 내의 연료를 공급 펌프 및 연료 여과기로 보내는 연료 파이프는 안지름이 6~10mm의 구리나 아연 도금의 강철 파이프로 되어 있으며, 접합 부분에는 유니언 피팅(union fitting)을 사용하고 있다. 또 차량의 진동에 의한 흔들림을 방지하기 위하여 알맞게 고정시키고 있다.

3. 연료공급펌프(fuel feed pump)

연료 공급 펌프는 연료탱크 내에 있는 연료를 분사 펌프로 공급하는 일을 하며, 약 2~3kgf/cm²의 공급압력을 유지하여야 하며, 연료여과기를 통과하여 분사 펌프에 충분한 연료를 공급할 수 있어야 한다. 공급 펌프는 플런저 방식, 기어 방식, 베인 방식 등이 있으며 주로 플런저 방식이 사용되며 분사 펌프의 옆면에 부착되어 캠축에 의하여 구동된다. 또 연료 공급 펌프에는 연료 장치 회로 내의 공기 빼기 등에 사용되는 수동용의 프라이밍 펌프(priming pump)를 지니고 있다.

3-1. 연료 공급 펌프의 구조

연료 공급 펌프는 그림 5-3에 나타낸 것과 같이 주철제의 펌프 보디(pump body)와 그 속에서 작동하는 플런저(또는 피스톤), 태핏(tappet), 푸시로드(push rod), 입구 및 출구 체크밸브(inlet & outlet check valve) 등으로 구성되어 있다. 플런저는 태핏, 푸시로드를 거쳐 분사펌프의 캠에 의해 밀어 올려지고 스프링 장력으로 복귀하는 작동을 반복하여 펌프 작용을 한다.

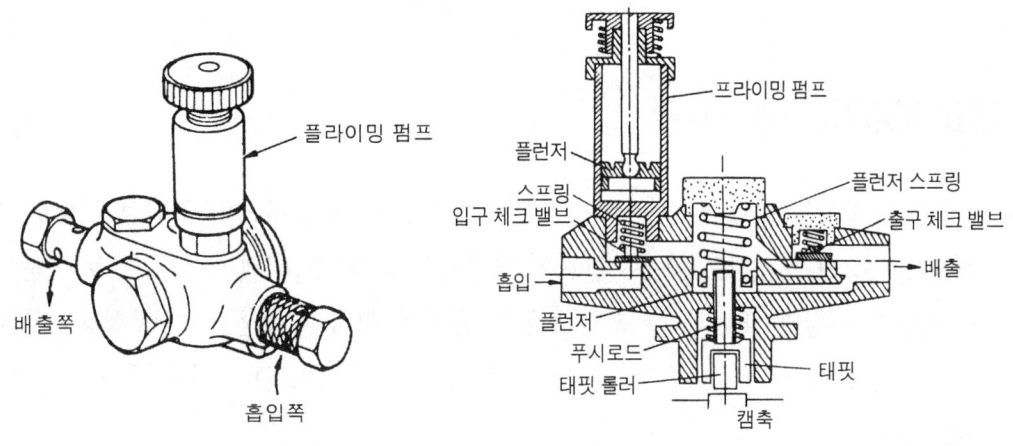

그림 5-3. 연료 공급펌프의 구조

3-2. 연료 공급 펌프의 작동

그림 5-4는 공급 펌프의 작동 상태를 나타낸 것이다. 그림 (a)에서와 같이 피스톤이 스프링의 장력에 의해 내려가면 연료가 입구 체크밸브를 거쳐 안쪽 펌프실에 흡입되며

동시에 플런저 뒷면의 연료는 출구 체크밸브를 통하여 분사펌프로 압출된다.

또 그림 (b)에서와 같이 캠에 의해 플런저가 밀어 올려지면, 안쪽 펌프실의 연료는 출구 체크밸브를 열고, 그 일부는 분사펌프로 가고, 대부분은 바깥쪽 펌프실의 채우며, 이 (a), (b)작동을 반복하여 펌프 작용을 한다. 송출 압력이 규정 이상(일반적으로 2~3kgf/cm², 이 압력은 플런저 스프링의 장력으로 결정)이 되면 그림(c)와 같이 플런저가 올려진 상태에서 펌프 작용을 정지한다. 따라서 송출 압력이 규정이상으로 되는 것이 자동적으로 방지된다.

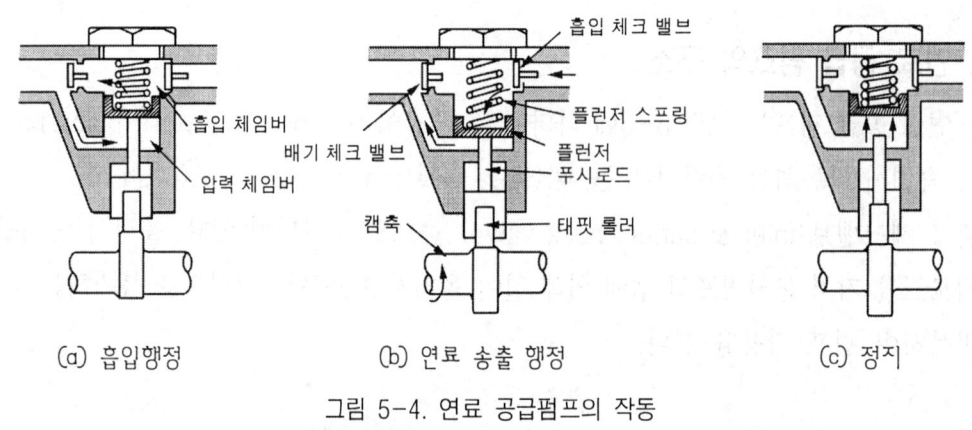

(a) 흡입행정　　　　(b) 연료 송출 행정　　　　(c) 정지

그림 5-4. 연료 공급펌프의 작동

4. 연료 여과기(Fuel filter)

연료 여과기는 연료 속에 들어있는 먼지나 수분을 제거 분리하기 위한 것으로, 연료 파이프에 의해 공급펌프와 분사펌프에 연결되어 있다. 또 디젤 엔진의 연료는 분사 펌프 플런저 배럴과 플런저 및 분사 노즐의 윤활도 겸하기 때문에 여과 성능이 높아야 하므로 연료 여과기 이외에 연료 탱크 주입 구멍, 공급펌프 입구 쪽 등에도 스트레이너(strainer)를 두고 있다.

4-1. 연료 여과기의 구조

연료 여과기는 그림 5-5에 나타낸 것과 같이 여과기 보디, 엘리먼트(element), 중심 파이프(center pipe), 커버(cover), 오버플로밸브(over flow valve) 및 드레인 플러그 등으로 구성되어 있다. 엘리먼트에는 여과지식(paper type) 및 견포식(cloth type)등이 있으며, 일반적으로 여과지식이 많이 사용되고 있다.

여과지식 엘리먼트는 몇 겹으로 접어 원통형으로 하여 여과 면적을 크게 하고 있으며, 여과지와 견포식의 엘리먼트를 병용하는 것도 있다. 오버플로밸브는 여과기 커버 위 부분에 설치되어 있으며, 공급펌프로부터의 송유 압력이 규정 압력 이상이 되었을 때 작동한다.

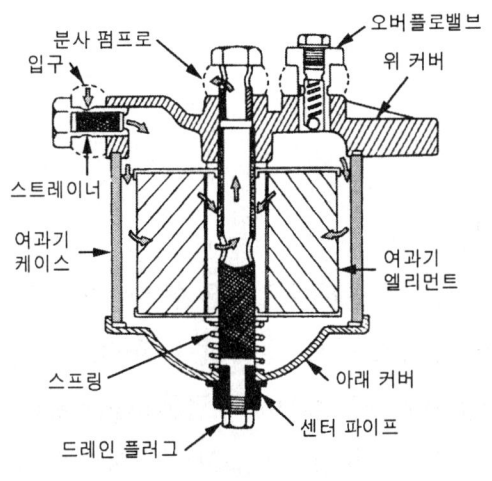

그림 5-5. 연료 여과기의 구조

4-2. 연료 여과기의 작용

연료 공급펌프로부터 보내진 연료는 그림 5-6에 나타낸 것과 같이 입구를 통하여 여과기 보디와 엘리먼트 사이로 들어가고 다시 엘리먼트를 거쳐 중심 파이프에 이르며, 이때 연료 속의 먼지나 수분을 분리한다. 따라서 깨끗한 연료만이 출구로 나온다.

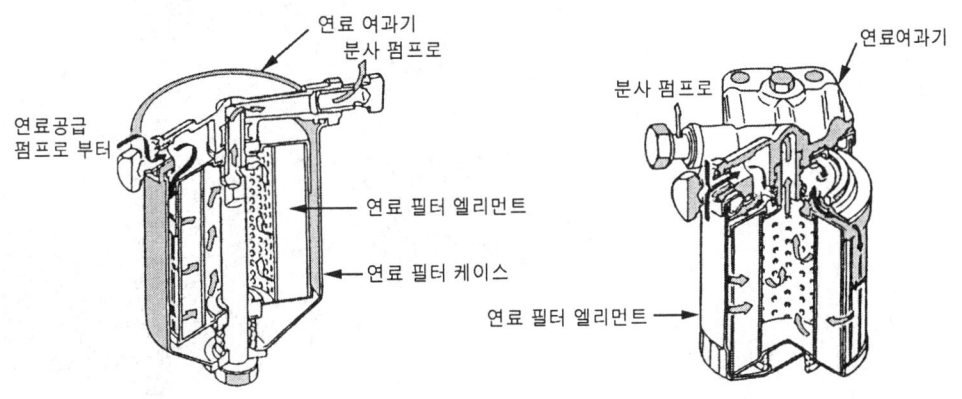

그림 5-6. 연료 여과기의 연료 흐름

또 엘리먼트 막힘 등으로 연료 여과기 내의 압력이 규정 이상(일반적으로 1.5kgf/cm²)으로 높아지면 오버플로밸브(over flow valve)가 작동한다. 즉, 스프링 장력으로 볼(ball)이 위로 밀어 올려져 과잉의 연료를 연료 탱크로 되돌아가게 한다. 오버플로밸브는 연료 속에 공기가 유입되었을 때, 주행 중이라도 연료와 함께 공기를 배출하며, 연료 공급펌프의 소음 발생을 방지하는 일도 한다.

5. 독립형 분사펌프

5-1. 분사펌프의 개요

분사펌프는 연료 여과기를 통하여 들어온 연료에 압력을 가하여 적당한 시기에 적당한 양만큼 엔진의 연소실내로 분사하는 작용을 한다. 분사펌프(fuel injection pump)에는 펌프 플런저(pump plunger), 플런저 배럴(plunger barrel), 딜리버리 밸브(delivery valve)의 주요 구성 부품으로 구성되어 있고 분사시기를 조정하는 타이머, 연료 공급량을 조절하는 조속기 등이 부착되어 있다. 연료 탱크에서 연료 여과기를 거쳐 분사펌프로 압송된 연료는 플런저를 통하여 연료에 압력을 가하고 가압된 연료는 딜리버리 밸브를 밀고 열면서 분사 노즐(nozzle)로 압송되는 구조로 되어 있다.

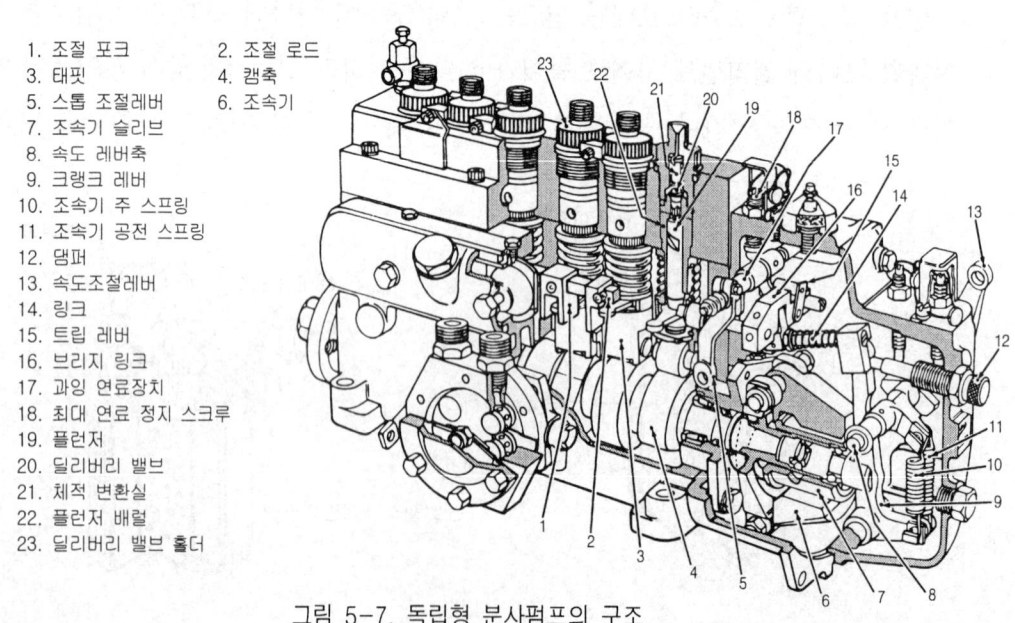

1. 조절 포크 2. 조절 로드
3. 태핏 4. 캠축
5. 스톱 조절레버 6. 조속기
7. 조속기 슬리브
8. 속도 레버축
9. 크랭크 레버
10. 조속기 주 스프링
11. 조속기 공전 스프링
12. 댐퍼
13. 속도조절레버
14. 링크
15. 트립 레버
16. 브리지 링크
17. 과잉 연료장치
18. 최대 연료 정지 스크루
19. 플런저
20. 딜리버리 밸브
21. 체적 변환실
22. 플런저 배럴
23. 딜리버리 밸브 홀더

그림 5-7. 독립형 분사펌프의 구조

5-2. 독립형 분사펌프의 구조와 기능

(1) 펌프하우징

펌프 하우징(pump housing)은 펌프의 몸체에 해당하는 부분이며 알루미늄 합금으로 제작된다. 그림 5-8에 나타낸 것과 같이 위 부분에는 딜리버리 밸브 및 홀더를 설치하는 나사 부분과 연료의 흡입 및 배출 통로가 있다.

중앙 부분에는 플런저, 플런저 배럴, 연료 분사량을 제어하는 제어 래크, 제어 피니언, 제어 슬리브, 플런저 스프링, 태핏 등이 하우징 아래 부분에는 플런저를 작동하는 태핏 가이드 구멍과 캠축(cam shaft)의 설치 부분이 있다.

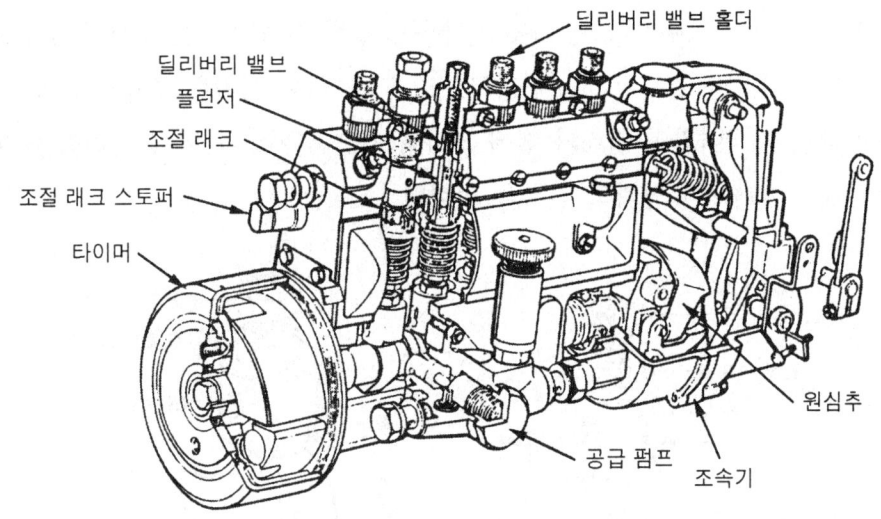

그림 5-8. 펌프 하우징의 구조

(2) 캠축(cam shaft)

캠축은 크랭크축에 의해 타이밍기어를 통해 구동되며, 태핏을 사용하여, 플런저를 상·하로 작동하고 또 공급펌프를 작동한다. 구조는 그림 5-9에 나타낸 것과 같이 캠축에는 실린더 수와 같은 수의 캠과 공급펌프를 구동하는 캠이 부착되어 있으며, 양쪽에는 롤러 베어링으로 지지되어 있다. 또 캠축의 구동 쪽에는 분사시기를 조정하는 타이머를 설치하며, 다른 쪽에는 분사량을 조정하는 조속기가 부착되어 있다.

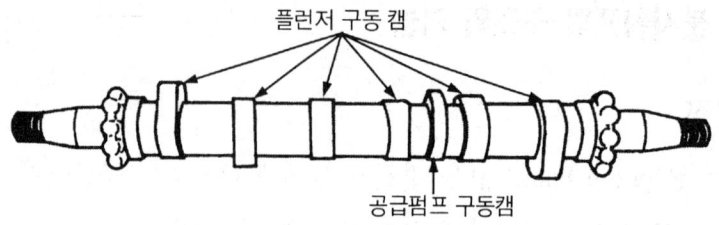

그림 5-9. 분사펌프 캠축의 구조

(3) 분사 펌프 태핏(Tappet)

태핏은 캠축에 의해 상·하 운동을 하며 플런저를 작동시킨다. 태핏은 캠과 접촉하는 부분이 롤러로 되어 베어링과 함께 본체에 핀으로 결합되어 있다. 태핏 위 부분에는 태핏 간극 조정 스크루가 있어 태핏 간극을 조정할 수 있다. 또 조정 스크루의 높이를 조정하면 플런저의 설치위치도 변화하므로 분사 개시 시기를 조정할 때도 사용된다. 그리고 태핏 간극이란 플런저가 캠에 의하여 최고 위치까지 밀어 올려졌을 때 플런저 헤드 부분과 배럴 위 면과의 간극을 말한다.

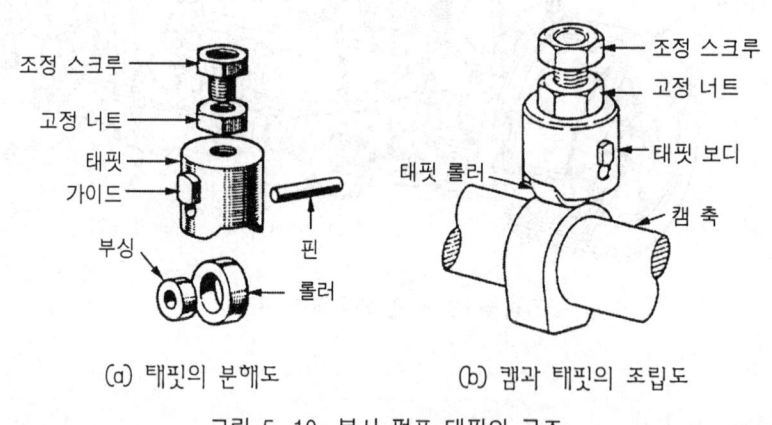

(a) 태핏의 분해도   (b) 캠과 태핏의 조립도

그림 5-10. 분사 펌프 태핏의 구조

(4) 플런저와 플런저 배럴(plunger & plunger barrel)

1) 플런저와 플런저 배럴의 구조

펌프 하우징에 플런저 배럴 속을 플런저가 상하 미끄럼 운동을 하여 연료를 압축하는 일을 한다. 재질은 플런저의 경우는 크롬 강(Cr-steel)을, 플런저 배럴은 크롬 바나듐 강(Cr-Ba steel)사용하며 고도의 정밀 가공 후 열처리한다.

플런저 배럴은 엔진의 실린더에 해당되는 부분으로 펌프 하우징의 위 부분에 설치되며 바깥 둘레에서는 고정 핀이나 고정 스크루로 회전하지 못하도록 고정되며, 위 부분은 딜리버리 밸브 홀더에 의해 펌프 하우징에 고정된다.

그리고 플런저에는 분사량 가감하기 위한 리드(또는 바이패스 홈)와 이것과 통하는 바이패스 구멍이 중심 부분에 뚫어져 있거나 바깥쪽에 파져있다. 또 아래 부분에는 제어 슬리브의 홈에 끼워지는 구동 플랜지와 플런저 스프링의 시트를 끼우기 위한 플랜지 등이 마련되어 있다.

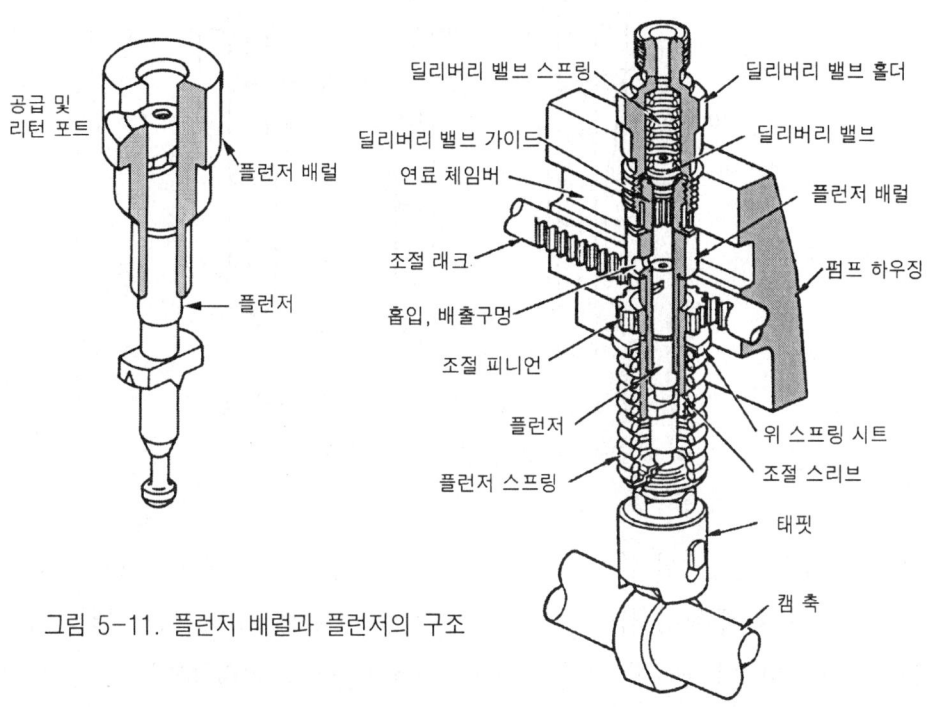

그림 5-11. 플런저 배럴과 플런저의 구조

2) 플런저와 플런저 배럴의 작용

그림 5-12에 나타낸 것과 같이 하강 행정에서 플런저의 위 면이 연료 흡입 구멍을 열면 연료가 플런저 배럴 속으로 유입된다. 또 상승 행정에서 플런저의 위 면이 연료 흡입 구멍을 닫으면 연료의 압송이 시작된다. 플런저가 계속 상승하여 플런저의 리드가 플런저 배럴의 흡입 구멍과 만나게 되면 플런저 속의 연료가 바이패스 되어 연료 압송이 중지된다.

따라서 연료의 분사량은 플런저의 위 면이 연료 흡입 구멍을 막은 다음부터 리드가 플런저 배럴의 연료 흡입 구멍에 도달할 때까지의 유효 행정(available stroke)에 의해 결정된다. 즉, 유효 행정이 길수록 분사량이 많아진다.

플런저가 연료를 압송하는 유효 행정에 대해 플런저가 하사점(BDC)으로부터 연료의 압송이 시작될 때까지(플런저 위 면이 연료 흡입 구멍을 막을 때까지) 움직인 거리를 예 행정(pre stroke)라 부른다. 예 행정은 태핏 간극 조정 스크루로 조정할 수 있다. 예 행정이란 연료 압송 시작 전의 준비 행정이며, 이것을 변화시키면 플런저의 상사점 위치도 바뀌어 유효 행정이 변화한다.

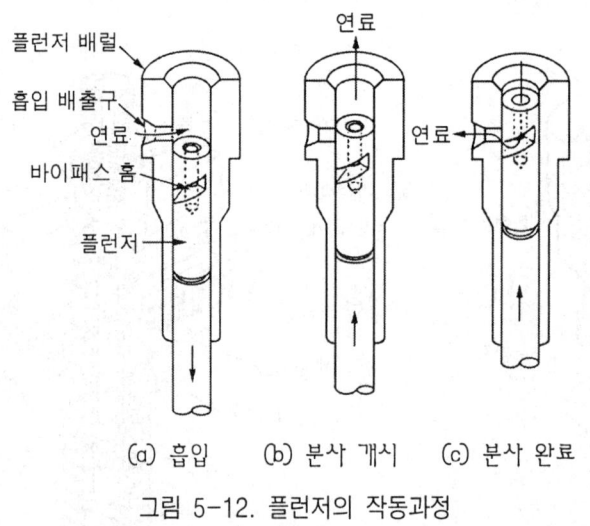

(a) 흡입   (b) 분사 개시   (c) 분사 완료

그림 5-12. 플런저의 작동과정

그림 5-13은 플런저와 플런저 배럴의 작동 상태를 보인 것이다. 그림에서 (a)→(b)는 플런저의 유효 행정이 최대가 되는 것을 보이며, 이때 가장 많은 양의 연료가 분사 노즐로 압송된다. 이 상태를 전 송출(maximum delivery)이라 하며, 이 상태에서 엔진은 최대 출력의 운전을 한다.

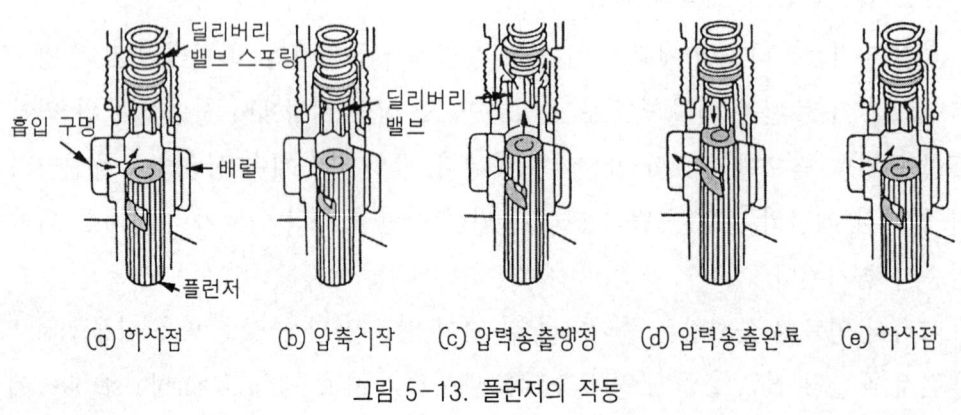

(a) 하사점   (b) 압축시작   (c) 압력송출행정   (d) 압력송출완료   (e) 하사점

그림 5-13. 플런저의 작동

그림 (c)는 플런저를 위에서 보아 시계 방향으로 어느 각도만큼 회전되었을 때를 보인다. 이때는 플런저가 실제 움직인 행정에는 변화가 없으나 유효 행정은 1/2이 되기 때문에 연료의 송출량도 1/2로 감소된다. 이 상태를 반 송출(normal delivery)이라 한다.

플런저를 시계 방향으로 더 회전시켜 (d)의 위치로 하면 플런저 위 면이 연료 흡입 구멍을 닫자마자 리드가 연료 흡입 구멍과 만나기 때문에 유효 행정이 매우 짧아져 플런저 배럴 내의 연료 압력이 소요 압력에 이르지 못한다. 따라서 플런저의 실제 행정과는 관계없이 연료 송출은 일어나지 않는다. 이 상태를 무 송출(non delivery)이하 하며, 이때 엔진의 작동은 정지된다. 이와 같은 전 송출에서 무 송출까지의 플런저 회전은 전체 실린더 수의 펌프 요소(pump element)에 대하여 공통으로 되어있는 제어 래크(control rack)의 좌우 이동에 의하여 동시에 같은 각도로 단계가 없이 이루어진다.

엔진의 부하에 상응하여 각 펌프요소의 연료 송출량을 한꺼번에 변화시키고 또 운전 정지의 경우에도 한꺼번에 무 송출로 할 수 있다. 각 실린더마다의 연료 분사량이 달라지면 엔진의 운전상태가 불량해지므로 각 펌프 요소의 송출량 허용 값은 엔진의 전 부하상태에서부터 1/2 부하일 때 그 허용 값을 체적 비율로 ±3~5% 이상, 공전상태에서는 ±10~15% 정도로 규정한 것이 많다.

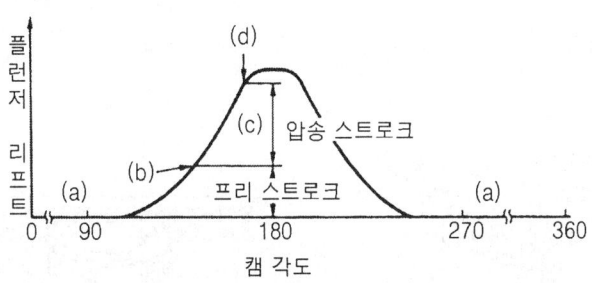

그림 5-14. 캠 각도에 따른 플런저 양정

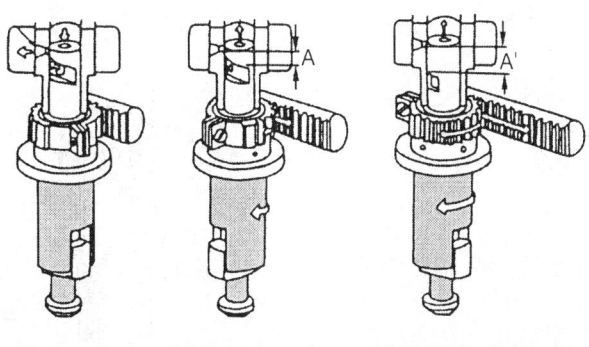

(ⓐ) 무분사   (ⓑ) 분사량 조절   (ⓒ) 분사량 조절

그림 5-15. 제어 래크와 유효 행정과의 관계

3) 플런저의 종류

플런저는 그림 5-16에 나타낸 것과 같이 분사를 시작할 때에는 분사량이 일정하고 분사가 끝 날 때에는 분사량이 증가되며 지연되는 것을 정 리드 플런저(normal lead plunger)라 하고, 분사를 시작할 때는 분사량이 증가되며 빨라지고 분사가 끝날 때는 분사량이 일정한 것을 역 리드 플런저(reverse lead plunger)라 하며, 분사가 시작할 때와 끝날 때 분사량이 변화하는 플런저를 양 리드 플런저(combination lead plunger)라 한다.

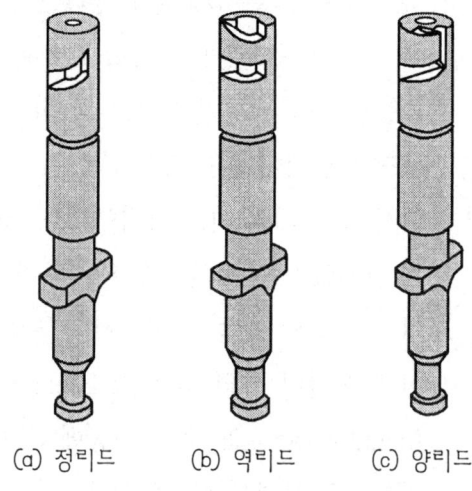

(a) 정리드 (b) 역리드 (c) 양리드

그림 5-16. 플런저의 종류

(5) 플런저 회전 기구(분사량 조절 기구)

연료 분사량을 조절하는 가속 페달이나 조속기의 움직임을 플런저로 전달하는 기구를 말하며, 그림 5-17에 나타낸 것과 같이 제어 래크, 제어 피니언, 제어 슬리브 등으로 구성되어 있다.

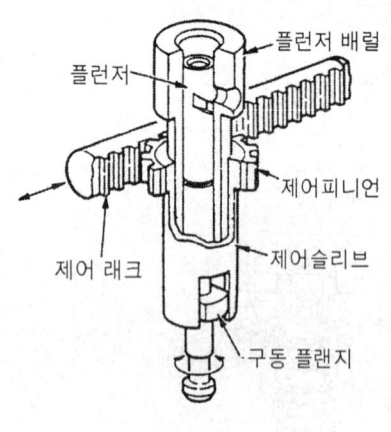

그림 5-17. 플런저 회전 기구

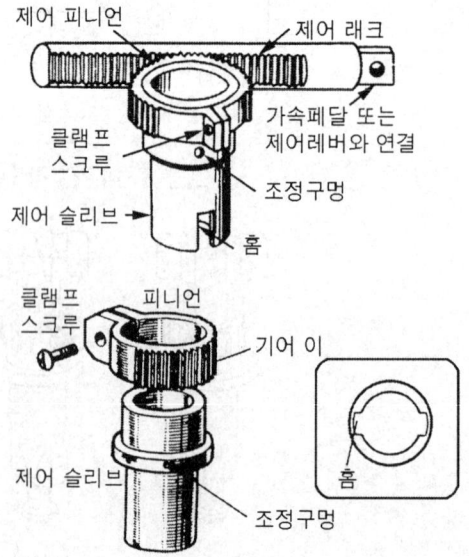

1) 제어 래크(control rack)

제어 래크는 제어 피니언과 결합되어 있으며, 래크의 직선 왕복 운동을 피니언의 회전 운동으로 바꾸어 플런저 모두를 동시에 회전시키는 작용을 한다. 제어 래크의 한 끝은 포크 링크(fork link)나 핀을 통하여 조속기의 레버나 다이어프램(diaphragm)과 연결되어 있다. 따라서 가속 페달의 조작은 모두 조속기를 거쳐 제어 래크로 전달된다.

무 송출에서 전 송출까지 제어 래크의 이동량은 표준 형식의 경우 21~25mm이다. 또 제어 래크의 다른 한 끝은 조속기 쪽에서 미는 것에 의해 펌프 하우징 바깥쪽으로 나오게 되나, 어떤 형식은 최대 송출량 이상으로 제어 래크가 움직이는 것을 방지하기 위해 펌프 하우징에 설치한 리미트 슬리브(limit sleeve)속에 끼워져 있다. 리미트 슬리브는 그림 5-18에 나타낸 것과 같이 슬리브 내에 설치된 댐퍼 스프링(damper spring)으로 엔진을 시동할 때 등 최대 송출량 이상으로 제어 래크가 움직이는 것을 방지한다.

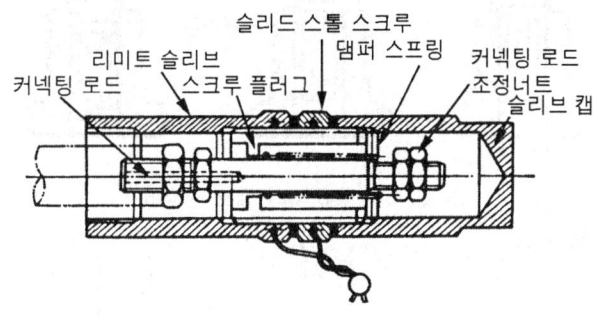

그림 5-18. 리미트 슬리브의 구조

2) 제어 피니언(control pinion)

제어 피니언은 제어 래크와 결합되어 래크의 직선 운동을 회전 운동으로 바꾸어 제어 슬리브를 회전시키는 일을 하며, 제어 슬리브에는 클램프 스크루로 설치되어 있다. 따라서 제어 피니언과 슬리브의 관계 위치를 변화시켜 분사량을 조정할 수 있다.

3) 제어 슬리브(control sleeve)

제어 슬리브는 그 홈에 끼워진 플런저의 구동 플랜지를 통하여 제어 피니언의 회전 운동을 플런저에 전달하여 플런저가 상하 왕복 운동을 하면서 연료 송출량을 증감할 수 있도록 한다.

(6) 딜리버리 밸브(delivery valve ; 송출 밸브)

딜리버리 밸브는 플런저의 상승 행정으로 연료 압력이 규정(약 10kgf/cm²)에 도달하면 열려 연료를 분사 파이프로 압송하고, 플런저의 유효 행정이 끝나 플런저 배럴 내의 연료 압력이 급격히 낮아지면 스프링 장력으로 신속히 닫혀 연료의 역류를 방지한다. 또 밸브 면이 시트에 밀착될 때까지 내려가기 때문에 그 체적만큼 분사 파이프 내의 연료 압력을 낮추어 분사 끝을 잘 마무리하여 분사 노즐에서 후적(after drop)이 일어나지 않도록 한다. 그리고 분사 파이프 내에 잔류 압력을 유지시키는 기능도 한다.

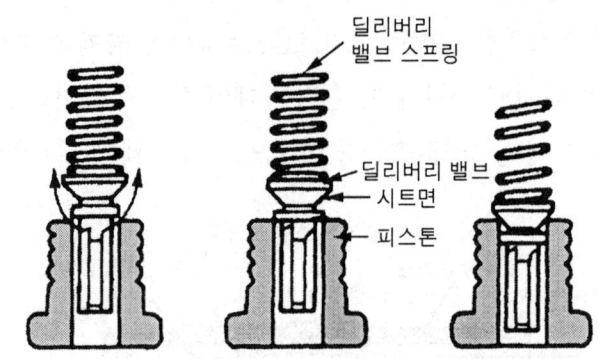

그림 5-19. 딜리버리 밸브 구성도

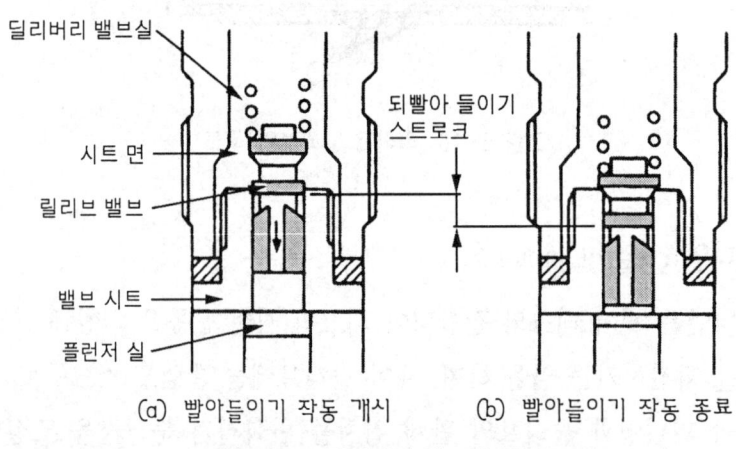

그림 5-20. 딜리버리 밸브의 작동

(7) 조속기(Governor ; 거버너)

1) 조속기의 개요와 종류

디젤 엔진은 사용되는 조건이 매우 변화가 많고 부하, 회전속도와 더불어 광범위하게 변동하기 때문에 최고 회전속도 이상으로 엔진이 회전하거나 작동이 정지하는 것을 방지하기 위하여 분사 펌프에 조속기를 설치하고 자동적으로 연료 분사량을 가감하여 운전이 안정되도록 한다. 즉, 최고 회전속도를 제어하고 동시에 전속도 운전을 안정시키는 작용을 한다.

특히 저속 운전에서는 분사량이 매우 적은 양이고, 제어 래크의 작은 움직임에 대해 분사량의 변화가 크고 또 엔진 부하 변동에 대해서도 조속기 없이는 추종할 수 없다. 조속기는 엔진 회전속도나 부하 변동에 따라 자동적으로 제어 래크를 움직여 분사량을 가감한다.

① 조속기의 분류

㉮ 구조상 분류

㉠ 공기식 조속기 : 엔진의 흡입압력의 변화로 조속 작용을 한다.(MZ형, MN형)
㉡ 기계식 조속기 : 분사 펌프 캠축에 부착되어 있으며, 원심추의 원심력을 이용한다(R형, RQ형, RSV형, RSVD형).
㉢ 복합식 조속기 : 공기식 조속기와 기계식 조속기를 병행한 형식이다.

㉯ 성능상의 분류

㉠ 전속도 조속기(All speed governor) : 엔진의 모든 회전속도 범위에 걸쳐 조속 작용이다(MZ형, MN형, RSV형).
㉡ 최저·최대속도 조속기(Minimum maximum speed governor) : 엔진의 최저·최대속도에서만 작동하고, 그 밖의 회전범위에서는 작용하지 않는다(R형, RQ형, RSVD형).

2) 기계식 조속기

기계식 조속기는 분사펌프의 회전속도 변화에 따른 원심추(fly weight)의 원심력 변화를 이용하여 전회전속도 범위에서 조속 작용을 한다. 기계식 조속기의 종류에는 전체 회전속도에서 작동하는 RSV, RLD, RFD형과 최저 회전속도와 최고 회전속도에서만 조속 작용을 하는 RSVD, RQ, RAD형 조속기가 있다.

① 기계식 조속기의 작동원리

기계식 조속기는 2개의 원심추를 캠축에 부착하고 회전시켜 원심추가 원심력에 의하여 바깥쪽으로 벌어지려고 하며 회전속도에 비례하여 작용한다. 제어 래크가 제어 피니언을 회전시켜 피니언에 고정된 제어 슬리브가 플런저를 회전시켜 연료를 증감하도록 되어 있으며 제어 래크가 조속기 쪽으로 당겨지면 분사량이 감소하고, 반대로 펌프 본체 쪽으로 밀게 되면, 분사량이 증가하도록 되어 있다.

엔진의 회전속도 증가로 원심추가 벌어지면 부동 레버(floating lever)가 오른쪽으로 이동하며, 이때 제어 래크는 분사량의 감소방향으로 당겨져 분사량을 감소시키고 규정 이상의 회전속도가 되는 것을 방지한다. 반대로 회전속도의 감소로 원심추가 원상태로 되돌아오면 부동 레버가 왼쪽으로 움직이며, 제어 래크는 분사량의 증가방향으로 움직여 엔진 회전속도를 높여 항상 일정한 회전속도를 유지하도록 작용한다.

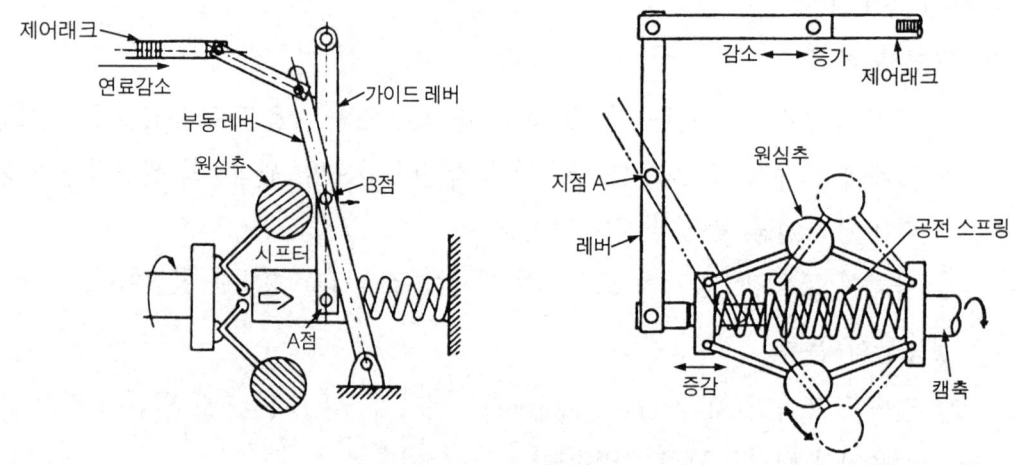

그림 5-21. 기계식 조속기의 원리도

② RSV형 조속기-전 속도 조속기

㉮ RSV형 조속기의 구조

RSV형 조속기의 구조는 스위블 레버(swivel lever)와 장력 레버(tension lever)사이에 조속기 스프링이 설치되어 있고, 스위블 레버는 제어 레버에 의해 회전되어 조속기 스프링의 장력을 증감시키도록 되어 있다. 또 장력 레버 아래쪽에는 공전 스프링(idling spring) 또는 앵글라이히 스프링(angleichen spring)이 설치되고 장력 레버 뒤쪽에는 공전 보조 스프링(idling sub spring)이 설치되어 있으며 부동 레버(floating lever)의 아래쪽이 직접 조속기 하우징에 설치되어 있다.

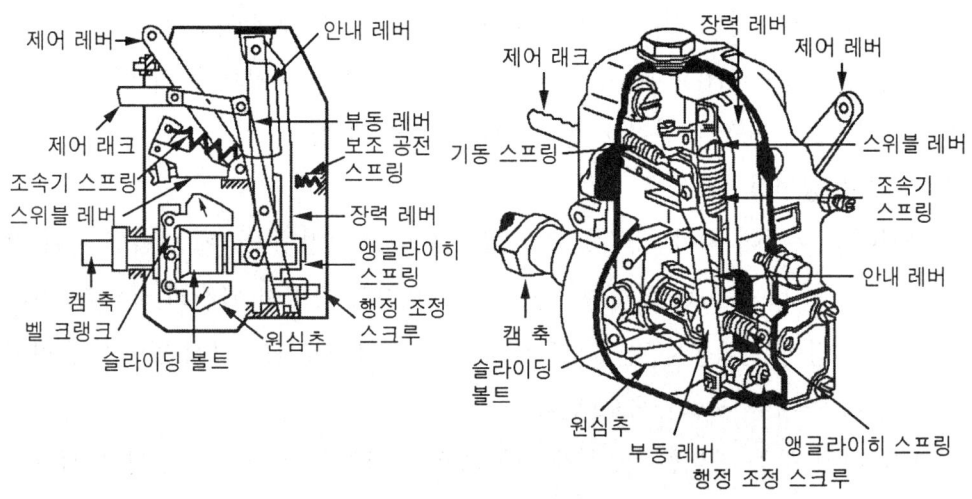

그림 5-22. RSV형 조속기 구조

㈔ RSV형 조속기의 작동

㈀ 엔진을 시동할 때

그림 5-23에 나타낸 것과 같이 제어 레버(control lever)를 왼쪽으로 힘껏 눕히면 이에 따라 스위블 레버도 왼쪽으로 뉘어져 조속기 스프링이 가장 큰 장력으로 장력 레버를 끌어당긴다. 이때 엔진이 정지되어 있으므로 원심추에는 원심력이 전혀 작용하지 않으며, 장력 레버는 슬라이딩 볼트(sliding bolt) 및 안내 부시(guide bush)를 왼쪽으로 밀어 장력 레버 아래쪽이 전 부하 스토퍼(full load stopper)에 닿아 정지한다.

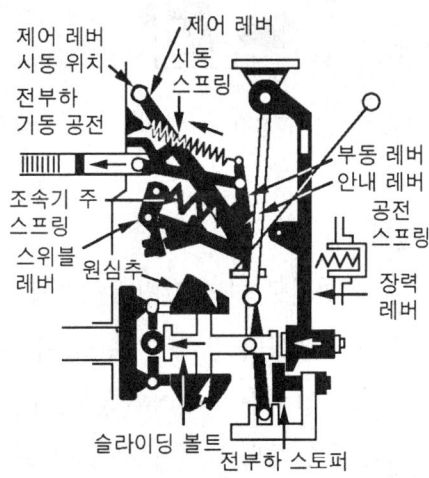

그림 5-23. 엔진을 시동할 때 조속기 작동

이 움직임으로 안내 레버, 슬라이딩 레버가 왼쪽으로 움직이고, 이때 슬라이딩 레버는 시동 스프링(starting spring)의 장력으로 전 부하 위치보다 더 연료가 증가되는 방향으로 제어 래크를 밀어 시동이 쉬워지도록 한다.

ⓒ 엔진이 공전할 때

엔진이 시동되어 제어 레버를 공전 위치를 하면 그림 5-24에 나타낸 것과 같이 스위블 레버도 오른쪽으로 회전하여 조속기 스프링의 장력이 완전히 풀린다. 따라서 장력 레버에 장력이 작용치 않게 되므로 원심추는 저속에서도 크게 벌어져 슬라이딩 볼트와 안내 부시를 오른쪽으로 민다.

이에 따라 부동 레버는 안내 레버에 의해 아래쪽을 지점으로 움직여 제어 래크를 (링크를 거쳐)공전 위치로 되돌린다. 이때 장력 레버는 슬라이딩 볼트에 의해 오른쪽으로 양껏 밀려져 그 뒷면이 공전 보조 스프링에 접촉하고, 제어 래크는 원심추의 원심력과 공전 보조 스프링이 평형되는 위치에 정지한다.

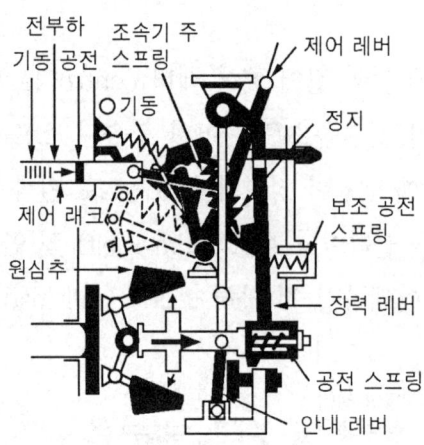

그림 5-24. 엔진이 공전할 때 조속기 작동

ⓒ 최고 속도로 운전될 때

제어 레버를 최고 회전의 위치로 하면 그림 5-25에 나타낸 것과 같이 스위블 레버가 왼쪽으로 뉘어져 조속기 스프링의 장력이 작용한다. 따라서 장력 레버가 세게 당겨진다. 이에 따라 장력 레버는 원심추의 원심력을 이기고, 아래쪽이 전 부하 스토퍼에 닿을 때까지 슬라이딩 볼트를 왼쪽으로 밀어 제어 래크는 부동 레버를 통해 전 부하의 움직여져 엔진 회전속도가 상승한다.

이때 원심추의 원심력도 커지기는 하지만 조속기 스프링의 장력이 커져 있기 때문에 규정된 최고의 회전속도에 도달한다. 또 원심추의 원심력이 조속기 스프링의 장력보다 커지면 제어 래크가 끌어당겨져 조속기 작용을 한다. 또 제어 레버의 위치에 따라 조속기 스프링의 장력이 바꿔지므로 원심추의 원심력과는 모든 위치의 제어 레버 중간 위치에서 평형을 이루게 되어 모든 범위의 회전속도에서 조속기의 작용이 이루어진다.

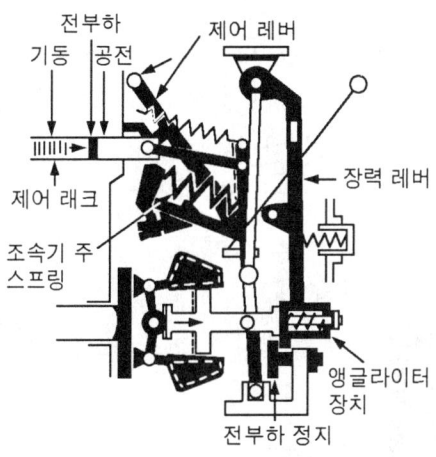

그림 5-25. 엔진이 최고 속도로 운전될 때 조속기 작동

ⓔ 엔진의 작동이 정지될 때

엔진을 정지시키려면 제어 레버를 정지 위치로 한다. 이때 원심추의 위치에 관계없이 엔진의 작동이 정지한다. 그림 5-26에 나타낸 것과 같이 제어 레버를 정지 위치로 하면 스위블 레버의 돌기 부분이 안내 레버를 민다. 이 움직임은 다시 부동 레버와 링크를 거쳐 제어 래크를 무분사의 위치로 하여 엔진을 정지시킨다.

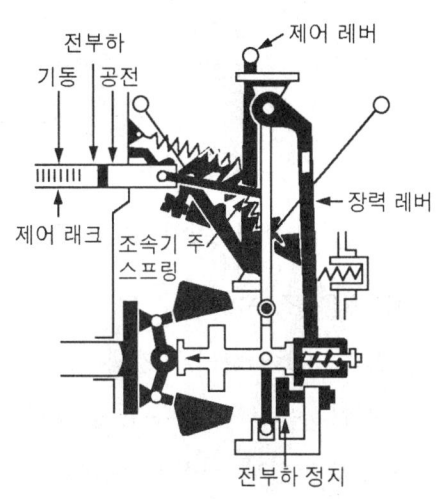

그림 5-26. 엔진의 작동이 정지할 때 조속기 작동

㉲ 앵글라이히(angleichen)의 작용

그림 5-27에 나타낸 것과 같이 장력 레버에 앵글라이히 스프링이 조립되어 있다. 또 앵글라이히 스프링은 그림 (b)에서와 같이 장력 레버가 전 부하 스토퍼에 닿았을 때에는 늘어난 상태이어서 제어 래크는 전 부하 위치에 밀려져 있다. 엔진 회전속도가 증가하면 원심추의 원심력이 커져 슬라이딩 볼트를 오른쪽으로 민다.

그러나 조속기 스프링의 장력이 매우 강하게 되어 있기 때문에 장력 레버는 움직이지 않고, 슬라이딩 볼트만이 앵글라이히 스프링을 압축하며, 장력 레버에 닿을 때까지 오른쪽으로 움직여 그림(a)와 같이 된다. 이 움직임으로 제어 래크는 분사량이 감소하는 방향으로 복귀하게 된다. 이때 제어 래크가 복귀되는 양을 앵글라이히 행정 또는 앵글라이히 상당량(相當量)이라 한다.

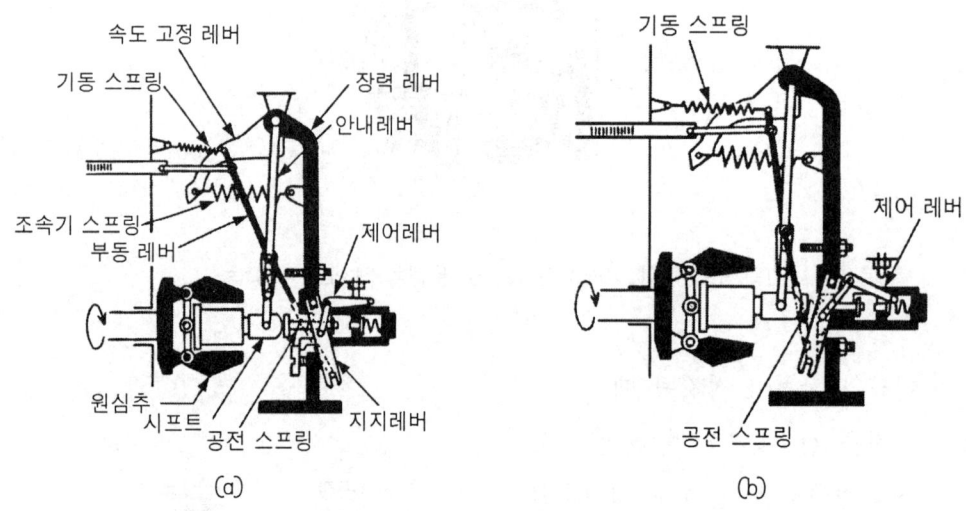

그림 5-27. 앵글라이히 장치의 작동

③ RSVD 조속기-최저·최고 속도 조속기

㉮ RSVD 조속기의 구조

그림 5-28에 나타낸 것과 같이 원심추는 캠축에 설치되어 있고, 안내 레버의 아래쪽에 베어링을 사이에 두고 설치된 슬라이딩 볼트에 원심추의 롤러가 접촉되어 있다. 부동 레버는 안내 레버의 A점을 지점으로 하여 연료 제어 레버에 의해 움직이도록 되어 있으며, 링크를 사이에 두고 제어 래크와 연결되어 있다.

조속기 스프링은 장력 레버와 스위블 레버 사이에 걸려져 장력 레버 아래 부분을 항상 원심추 쪽으로 잡아당기고 있다. 또 시동 스프링은 부동 레버 위쪽에 걸려져 항상 제어 래크를 연료 송출량이 증가되는 방향으로 밀고 있다. 그리고 장력 레버에는 공전 스프링이 설치되어 있으며, 슬라이딩 볼트가 스프링과 접촉하고 있다.

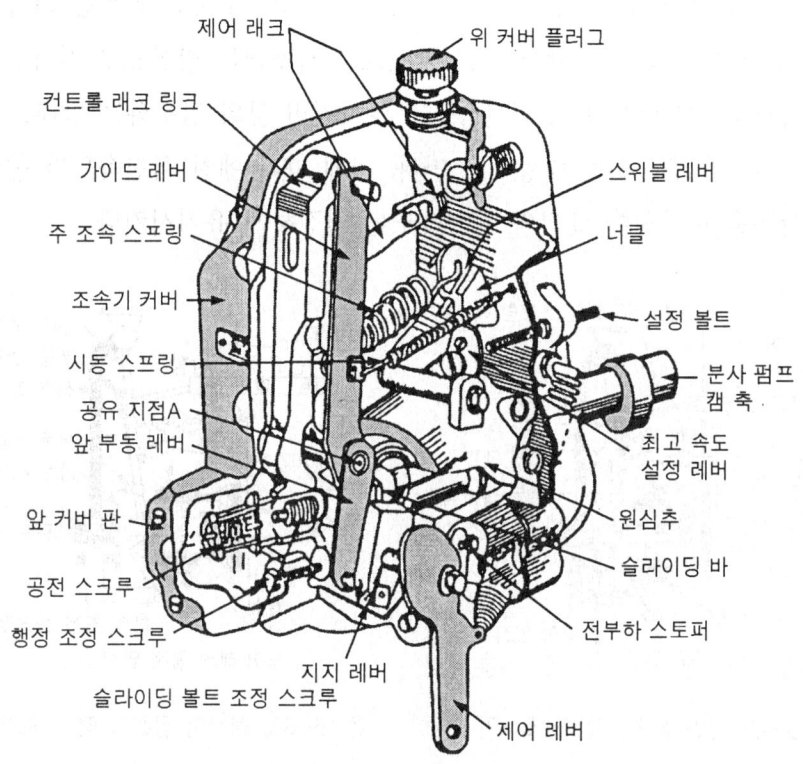

그림 5-28. RSVD 조속기 구조

㈏ RSVD 조속기 작동

㉠ 엔진 시동 및 공전 운전할 때

엔진이 정지되어 있을 때 원심추는 그림 5-29에 나타낸 것과 같이 조속기 스프링 및 시동 스프링에 의해 밀려 닫혀 있으며, 부동 레버의 지점 A는 왼쪽으로 밀려져 있다. 이 상태에서 연료 제어 레버를 연료가 증가되는 방향으로 잡아 당겨지면, 지지 레버가 부동 레버를 A점을 지점으로 회전시켜 제어 래크를 엔진 시동을 위한 최대 분사량이 얻어지는 위치까지 나가도록 한다. 엔진이 시동되면 제어 레버는 공전 위치로 복귀한다.

따라서 제어 래크는 연료가 감소하는 방향으로 복귀되고 슬라이딩 볼트가 공전 스프링에 접촉하여 원심추와 공전 스프링의 장력이 평형된 위치에서 제어 래크가 정지되어 공전 운전을 한다. 또 공전속도가 높아졌을 때에는 원심추의 원심력이 증대되어 슬라이딩 볼트를 공전 스프링의 장력이 평형 될 때까지 오른쪽으로 민다.

　이에 따라 안내 레버의 A점이 오른쪽으로 움직이기 때문에 부동 레버는 지지 레버 부분을 지점으로 움직여 제어 래크를 연료가 감소되는 방향으로 잡아당긴다. 따라서 엔진 회전속도가 낮아진다. 회전속도가 낮아지면 앞의 경우와는 반대로 움직여 제어 래크를 연료가 증가하는 방향으로 민다. 이에 따라 엔진 회전속도가 증가되며, 이와 같은 작동을 반복하여 엔진의 회전속도를 일정하게 유지시킨다.

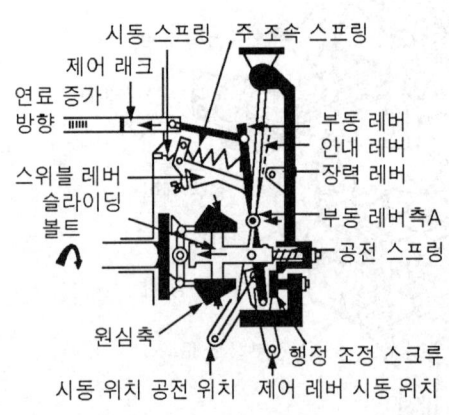
그림 5-29. 엔진을 시동할 때 조속기 작동

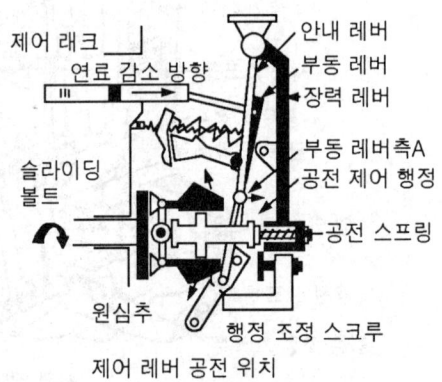
그림 5-30. 엔진이 공전할 때 조속기 작동

ⓒ 상용 운전을 할 때

　연료 제어 레버를 공전 위치로부터 연료가 증가하는 방향으로 당기면 그림 5-31에 나타낸 것과 같이 부동 레버는 A점을 중심으로 점선으로 표시한 위치에서 실선의 위치로 움직여 제어 래크를 연료가 증가하는 방향으로 민다. 따라서 엔진 회전속도가 증가한다. 이때 원심추는 원심력이 커져 슬라이딩 볼트를 오른쪽으로 밀어 공전 스프링을 장력 레버 안으로 밀어 넣는다. 따라서 슬라이딩 볼트는 장력 레버에 닿게 된다.

　또 장력 레버는 장력이 강한 조속기 스프링에 의해 잡아 당겨지기 때문에 상용의 회전속도 범위 내에서는 슬라이딩 볼트와 장력 레버가 움직이지 못하게 된다. 이에 따라 부동 레버의 지점 A도 움직이지 못하게 되므로 연료 제어 레버의 움직임은 그대로 제어 래크에 전달된다. 따라서 가속 페달로 엔진의 출력이나 회전속도를 자유롭게 조정할 수 있다.

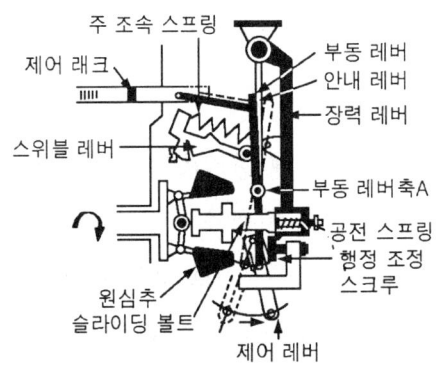

그림 5-31. 엔진을 상용 운전할 때 조속기 작동

ⓒ 최고 속도로 회전을 할 때

  엔진이 규정의 회전속도에 도달하면 원심추의 원심력과 조속기 스프링의 장력이 평형을 이루며, 다시 회전속도가 상승하면 슬라이딩 볼트가 조속기 스프링의 장력을 이기고 오른쪽으로 움직여 장력 레버를 밀게 된다. 이에 따라 안내 레버 및 부동 레버의 지점 A도 오른쪽으로 움직여 부동 레버는 지지 레버 부분을 지점으로 하고 움직여 제어 래크를 연료가 감소하는 방향으로 당긴다. 따라서 엔진은 규정 회전속도를 넘지 않게 된다.

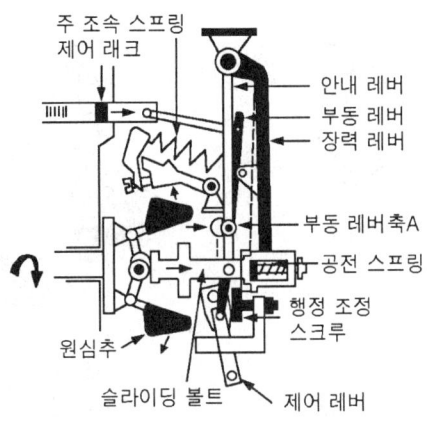

그림 5-32. 엔진이 최고 속도로 회전할 때 조속기 작동

ⓓ 엔진의 작동을 정지할 때

  이때 연료 제어 레버를 무 분사 위치로 하면 지지 레버도 함께 움직여 부동 레버 A점을 중심으로 하여 오른쪽으로 회전시켜 제어 래크를 무 분사 위치까지 끌어 당겨 무 분사로 한다.

3) 공기식 조속기

① 공기식 조속기의 작동원리

엔진의 회전속도는 부하의 증감에 반비례하여 변화한다. 만약, 부하가 변화하지 않으면, 회전속도는 연료의 분사량에 비례하므로 분사량이 증가하면서 빨라지며, 분사량이 감소할 경우 회전속도는 낮아진다. 디젤 엔진에서는 연료 분사량을 조절하여 회전속도를 제어하고 흡입 공기량 조정은 하지 않는다. 그러나 회전속도를 낮추기 위해 분사량을 감소시키면, 이에 필요한 공기량도 적어진다. 그러므로 흡기 다기관 안에 벤투리와 스로틀 밸브를 설치하여 엔진의 회전속도를 저하시킬 때는 스로틀 밸브를 닫아 흡입공기의 압력을 낮게 할 수 있다.

공기식 조속기는 이때의 부하를 이용하여 분사펌프의 제어 래크를 움직여 연료 분사량을 감소시킨다. 그리고 부하가 감소하여 엔진의 회전속도가 빨라지면 벤투리 부분을 통과하는 흡입 공기의 흐름속도가 빨라지기 때문에 벤투리 부분의 부압이 강해진다. 그러므로 제어 래크는 분사량이 감소하는 방향으로 움직여서 연료의 공급이 감소하고 엔진의 회전속도가 낮아져 규정된 회전속도로 안정된다. 이것이 공기식 조속기의 작동원리이며 공기식 조속기에는 MN형과 MZ형의 2형식이 있다.

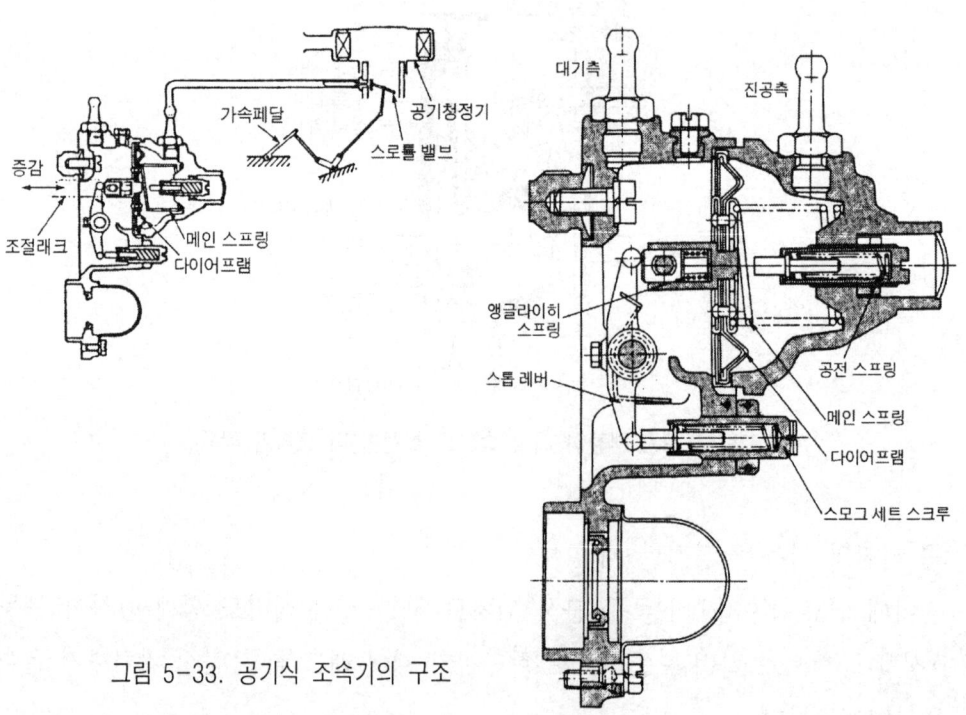

그림 5-33. 공기식 조속기의 구조

② 공기식 조속기의 구조와 기능
㉮ 공기식 조속기의 구조

조속기의 하우징은 다이어프램에 의해 부압실과 대기실로 나누어져 있으며, 이 다이어프램에는 제어 래크가 연결되어 있어, 그 압력 차이로 다이어프램이 이동하면, 제어 래크가 따라서 움직인다. 부압실에는 메인 스프링이 있어 부압에 대항하며 항상 연료 분사량이 증가하는 방향으로 다이어프램, 즉 제어 래크를 밀고 있다.

대기실에는 스톱 레버가 있어, 한쪽은 앵글라이히 스프링을 통해 제어 래크를 밀어 제어 래크가 그 이상 밀리지 않도록 제한하여 최대 분사량의 위치에 설정해 둔다. 또 한쪽은 조정 스크루에 결합된 스토퍼 볼트에 접해 있다. 따라서 조정 스크루를 죄어 스톱 레버의 위치를 바꾸면 연료의 최대 분사량을 바꿀 수 있다.

스톱 레버는 그 회전축을 통해 조속기 하우징의 바깥쪽에 있는 레버와 연결되어 있다. 이 레버를 분사펌프 쪽으로 밀면, 스톱 레버는 조정 스크루의 스토퍼 볼트를 누르고, 그 속에 있는 스프링을 눌러 균형을 이룬다. 이 때 스톱 레버의 다른 쪽 끝은 원위치보다 분사펌프 본체 쪽으로 가 있기 때문에 제어 래크는 분사량이 증가하는 방향으로 증가할 수 있다.

반대로 조속기 하우징의 바깥쪽 레버를 조속기 쪽으로 밀면, 스톱 레버는 메인 스프링을 압축하여 제어 래크를 무 분사위치까지 오도록 하여 엔진은 정지한다. 조속기 뒷부분에는 공전 스프링과 핀이 있어, 가속페달을 갑자기 높으면, 스로틀 밸브가 닫힐 때 생기는 부압에 의해 제어 래크가 극도로 당겨져 엔진이 정지하거나, 회전상태가 나빠지는 것을 방지한다.

다이어프램 볼트 안에는 앵글라이히 장치가 결합되어 있다. 분사펌프의 일반적인 특성으로 제어 래크가 동일한 위치에 있어도 회전속도가 빨라짐에 따라 플런저의 매 행정에 대한 분사량이 증가한다. 그러나 연소에 필요한 공기는 회전이 빨라짐에 따라 반대로 작은 양이 흡입된다. 이 때문에 회전속도의 모든 범위에 걸쳐 공기와 연료의 균일한 비율을 유지하기 위해 앵글라이히 장치가 필요하다.

㉯ 공기식 조속기의 기능
㉠ 전 부하 운전할 때

가속페달을 완전히 밟아 엔진의 회전속도가 빨라지면, 부압은 메인 스프링의 장력보다 커지므로 다이어프램이 메인 스프링을 압축하여 제어 래크는 연료 분사량이 감소하는 방향으로 이동한다. 먼저 앵글라이히 스프링의 작용으로 제어 래크는 분사량이 감소하는 방향으로 조금 이동하나 그 다음은 메인 스프링이 압축되기 시작할 때까지 일정한 위치에 있게 된다.

이때 플런저의 1행정에 대한 분사량은 거의 일정하며, 메인 스프링이 압축하기 시작하는 점이 최고출력의 위치가 된다. 다음에 최고출력의 위치를 지나 엔진의 회전속도가 빨라지면, 벤투리의 공기흐름이 빨라지고, 따라서 부압실의 부압은 증가한다. 제어 래크는 분사량이 감소하는 방향으로 이동하여 엔진의 출력은 감소한다. 이때 엔진은 무 부하(클러치 페달을 밟은 상태에서 가속페달을 완전히 밟아 공전시키는 상태)로 하면 무 부하 최고회전속도의 위치로 되어 회전은 그 이상 빨라지지 않는다.

ⓒ 부분 부하일 때

가속페달을 1/2정도 밟고 스로틀 밸브가 1/2로 열린 상태로 하여 엔진의 회전속도를 높여 가면 조속기의 부압은 급증한다. 따라서 메인 스프링이 빨리 압축되어 제어 래크는 분사량의 감소방향으로 이동하여 분사량을 제어하므로 스로틀 밸브가 열리는 정도에 따른 엔진의 출력을 얻게 된다.

ⓒ 무 부하 공전할 때

공전(idling)은 스로틀 밸브의 열림 정도가 어느 일정한 회전(약 500~600rpm)이 되게 조정한다. 그리고 가속페달에서 급격히 발을 떼었을 때 스로틀 밸브가 급히 닫히면 일시적으로 부압이 증가하여 제어 래크는 분사량이 감소하는 방향으로 강하게 끌리고, 이 때 공전 스프링과 핀이 제어 래크의 끝에 닿아 연료가 무 분사로 되는 것을 방지하는 작용을 한다.

㉣ 엔진 브레이크를 사용할 때

스로틀 밸브가 공전 위치에서 거의 완전히 닫혔을 때 엔진이 구동바퀴의 구동력을 받는 상태로 되면, 조속기의 부압은 크게 증가하여 공전 스프링을 압축하고 제어 래크는 무 분사 위치로 된다.

㉰ 앵글라이히 장치의 기능

분사펌프는 제어 래크가 동일한 위치에 있어도 회전속도가 빨라지면, 펌프 효율이 좋아져 플런저의 1행정에 대한 분사량이 증가하는 특성이 있다. 또한 엔진은 회전이 고속으로 될수록 흡입효율이 저하되어 실제로 흡입하는 공기량이 감소한다. 이 때문에 엔진의 고속 회전 상태를 기준으로 하여 분사량을 설정하면, 저속에서는 공기 과잉률이 너무 높아져 열효율이 감소하고 엔진의 축 회전력 및 출력이 감소한다. 반대로 엔진의 저속 회전 상태를 기준으로 하여 분사량을 설정하면, 고속에는 공기 과잉률이 적어 완전연소가 되지 않고 검은 연기를 배출한다.

이와 같은 문제점을 해결하기 위해 전 부하 운전을 할 때 모든 회전범위에 걸쳐 흡입공기를 유효하게 이용할 수 있도록 분사량을 바꾸는 것이 앵글라이히 장치이다. 공기식 조속기의 앵글라이히 장치는 다이어프램의 중앙에 부착되어 있다. 다이어프램의 중앙에 있는 볼트는 속이 비어 있는데 그 속에 앵글라이히 스프링과 푸시로드가 들어 있으며, 제어 래크는 연결 볼트에 의해 다이어프램 볼트와 고정되어 있다.

부압실에 부압이 없는(엔진의 작동이 정지한 상태) 경우나, 부압이 매우 작아 제어 래크를 움직이는 힘이 매우 작은 전 부하 저속 운전 상태에서는 제어 래크는 최대 분사량의 위치 즉, 다이어프램이 스톱 레버에 가장 가까운 위치에 있으며, 이 상태에서는 앵글라이히 스프링은 메인 스프링보다 장력이 약하므로 메인 스프링에 눌려 푸시로드 같이 다이어프램 볼트 밑면에 닿아 있다. 푸시로드가 이와 같이 스톱 레버에 닿아 있는 상태에서는 메인 스프링과 앵글라이히 스프링의 작용방향이 반대로 되므로 다이어프램이 분사량 증가방향으로 이동함에 따라 메인 스프링의 장력은 감소하나, 앵글라이히 스프링의 장력은 증가한다.

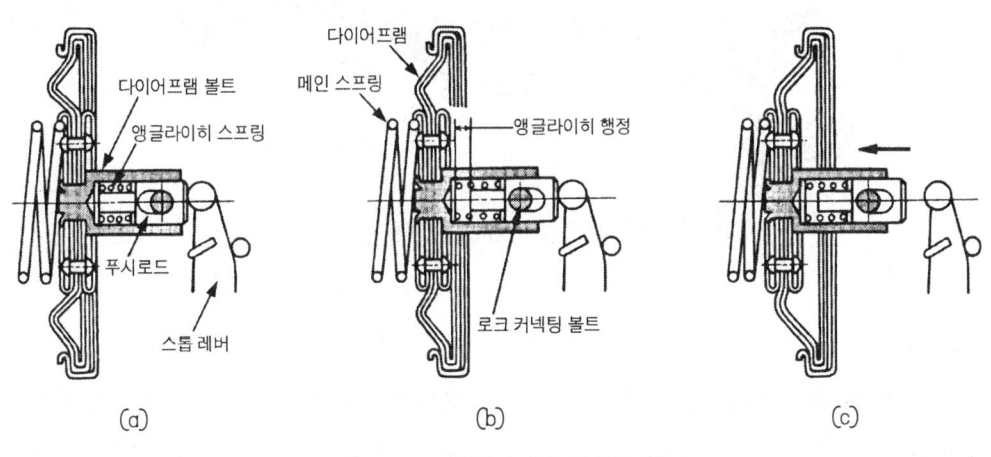

그림 5-34. 앵글라이히 장치의 작동

따라서 그림 5-34(a)의 상태에서는 메인 스프링의 합성력은 메인 스프링의 장력에서 앵글라이히 스프링의 장력을 뺀 값이 된다. 이 상태에서 엔진의 부하가 감소하면 엔진의 회전속도가 빨라져 부압실의 부압은 증가하며 다이어프램이 끌리는 힘도 커진다. 이 끌리는 힘이 메인 스프링의 합성력보다 커지면 다이어프램이 움직이기 시작하여 메인 스프링은 압축되고 동시에 앵글라이히 스프링은 늘어난다.

이 작동은 두 스프링의 특성에 따라 이루어지고 제어 래크는 그림 5-34 앵글라이히 장치의 작동(a)의 위치에서 (b)의 위치로 이동하여 연료 분사량을 감소시킨다. 이동량을 앵글라이히 행정이라 한다. 그림 (b)의 상태가 되면, 푸시로드의 끝 면은 스톱 레버에 닿아 있으며, 앵글라이히 스프링은 완전히 늘어나서 푸시로드의 핀 부분에 닿아 다이어프램 볼트와 푸시로드가 일체로 되고 메인 스프링만 작용한다. 그림 (c)와 같이 푸시로드가 스톱 레버에서 떨어지면 메인 스프링에 의해서만 회전속도를 조절한다.

(8) 타이머(Injection timer ; 분사시기 조정기)

분사시기 조정기는 디젤엔진의 회전속도에 따라 크랭크축의 회전속도는 변화하나 연료의 착화지연시간은 달라지지 않기 때문에 엔진과 분사펌프의 구동축 사이의 위상을 바꾸어 회전속도가 빨라지면 분사시기를 빠르게 하고, 회전속도가 떨어지면 분사시기를 늦추는 작용을 하는 것이 타이머이다.

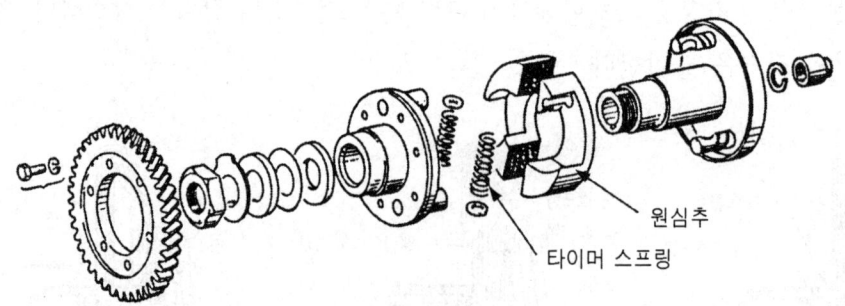

그림 5-35. 타이머의 분해도

타이머는 구동방식에 따라 외장형과 내장형이 있으며, 외장형은 엔진의 구동축 선단에 부착되어 커플링에 의해 구동된다. 내장형은 타이머에 기어가 부착되어 엔진 쪽의 기어와 직접 물려 구동되며, 또 타이머의 구조는 2개의 원심추가 부착되어 있어 각각 1개의 구멍이 뚫려 있다. 이 구멍에 원심추 홀더의 베어링 핀을 끼우게 되어 있다.

원심추는 일정한 진각을 하기 위해 곡면으로 되어 있어 이 곡면에 저널이 접촉하도록 되어 있고, 저널 베어링 판과의 사이에 스프링 시트를 통해 타이머 스프링이 끼워져 있다. 원심추 홀더는 캠축에 고정되고 플랜지는 엔진의 구동축 선단에 부착되어 엔진의 회전을 분사펌프로 전달한다.

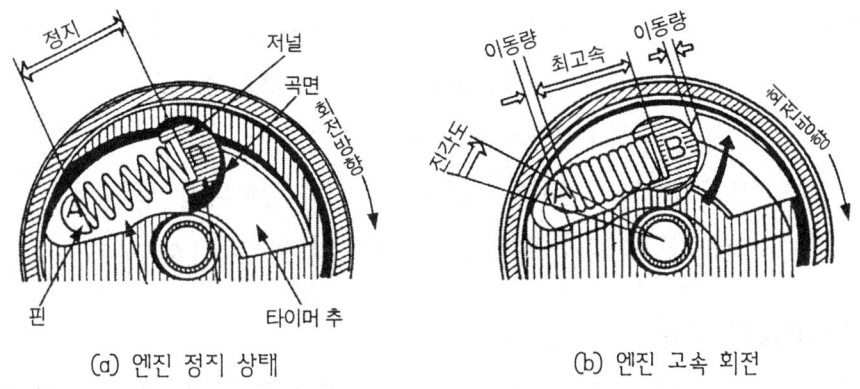

그림 5-36. 타이머의 작동

분사시기 조정기의 작동은 베어링 핀 B는 원심추의 곡면(曲面)을 통해 저널 핀 A에 구동력을 전달하고 엔진 회전속도가 빨라지면 원심추의 원심력은 점점 커져 분사펌프의 구동 회전력과 타이머 스프링의 장력이 균형이 잡힌 위치에서 원심추는 바깥쪽으로 벌어져 진각이 시작되며, 회전속도가 더욱 빨라지면, 원심추는 더욱더 벌어져 핀 A와 B의 거리가 더욱 좁혀진다.

이에 따라 엔진 쪽과 분사펌프 쪽의 위상 차이가 작아지며 분사펌프의 캠축이 엔진의 구동축에 대해 회전방향으로 진각 된다. 연료 분사시기의 진각은 600rpm이 넘으면 진각 작용을 시작하여 최대 진각은 10~15°이고, 진각도는 엔진회전이 100rpm 증감할 때마다 0.5~0.75° 정도 증감한다.

6. 분사 파이프(Injection pipe ; 고압 파이프)

분사 파이프는 분사펌프의 분사노즐 사이를 연결하는 파이프이며, 플런저에서 고압이 된 연료를 노즐에 공급하는 역할을 한다. 파이프의 길이와 지름은 각 실린더마다 동일하여야 하며 고압이 작용하므로 강철 파이프를 안지름이 1.6~1.7mm, 바깥지름이 6mm 정도의 것을 사용하는 고압파이프이다.

7. 분사노즐(Injection Nozzle)

분사 노즐은 분사 펌프에서 보내온 고압의 연료를 미세한 안개 모양으로 연소실 내에 분사하는 일을 하는 장치이며, 다음과 같은 구비 조건을 갖추어야 한다.
① 연료를 미세한 안개 모양으로 하여 쉽게 착화하게 할 것
② 분무를 연소실 구석구석까지 뿌려지게 할 것
③ 연료의 분사 끝에서 완전히 차단하여 후적이 일어나지 않을 것
④ 고온고압의 가혹한 조건에서 장시간 사용할 수 있을 것

7-1. 분사 노즐의 종류

분사 노즐의 종류에는 개방형과 밀폐형(폐지형) 노즐이 있으며, 밀폐형에는 구멍형, 핀틀형 및 스로틀형 노즐이 있다. 현재는 개방형 노즐은 사용하지 않으므로 여기서는 밀폐형 노즐의 구조와 특징에 대해서만 설명하도록 한다. 밀폐형 노즐은 분사 펌프와 노즐 사이에 니들 밸브를 두고 필요할 때만 니들 밸브를 열고 연료를 연소실에 분사하는 형식이다.

(1) 구멍형(hole type)분사노즐

구멍형 분사노즐은 니들 밸브 앞 끝이 원뿔 모양이며, 분사 구멍(噴空)은 볼록하게 된 노즐 보디의 앞 끝에 노즐 중심선에 대하여 대칭(對稱)으로 어떤 각도를 두고 1~8개 뚫어져 있다. 분사 구멍의 지름은 0.2~0.4mm이고, 분사 개시 압력은 200~300kgf/cm² 정도이며, 직접 분사실식에서 사용한다. 이 형식은 분사 구멍이 1개인 단공형과, 여러 개의 분사 구멍이 있는 공형이 있다. 다공형은 분무의 미립화와 분산성을 향상시킬 수 있다. 구멍형의 장·단점은 다음과 같다.

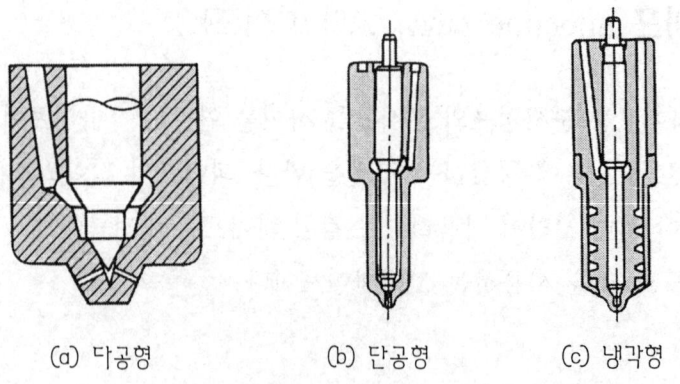

(a) 다공형 (b) 단공형 (c) 냉각형

그림 5-37. 구멍형 분사 노즐

1) 구멍형 분사노즐의 장점

① 분사 압력이 높아 안개화(무화)가 좋다.
② 엔진의 시동이 쉽다.
③ 연료가 완전 연소될 수 있어 연료 소비량이 적다.

2) 구멍형 분사노즐의 단점

① 분사 구멍이 작아 가공이 어렵다.
② 분사 구멍이 막힐 염려가 있다.
③ 분사 압력이 높아 분사 펌프, 노즐의 수명이 짧고 또 각 연결부에서 연료가 누출되기 쉽다

(2) 핀틀형(pintle type) 분사노즐

핀틀형 분사노즐은 원기둥 모양의 구멍보다 조금 작은 원기둥 모양의 니들 밸브 앞 끝 핀으로 구성되어 있으며, 고압의 연료에 의해 자동적으로 열려 4° 정도의 정각을 가지는 원뿔 모양으로 분사한다. 핀틀형의 장·단점은 다음과 같다.

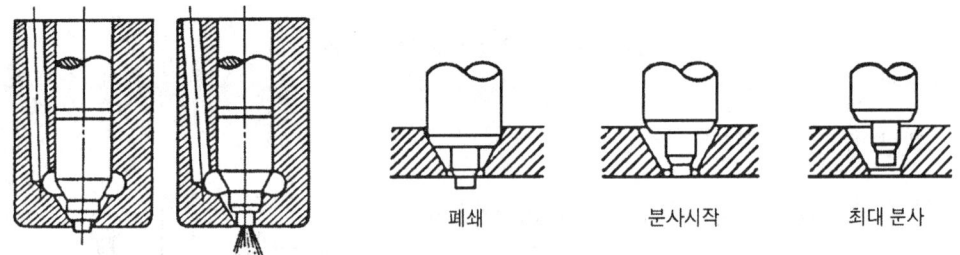

그림 5-38. 핀틀형 분사 노즐

1) 핀틀형 분사노즐의 장점

① 분사 구멍의 지름이 비교적 크고, 또 분사 구멍이 작동 중 니들 밸브의 앞끝 핀에 의해 청소되므로 막히는 일이 없다.
② 분사 압력이 낮아도 된다.
③ 연료가 링(ring)모양으로 분사 구멍으로부터 분사되므로 안개화가 좋다.
④ 구조가 간단하고 고장도 적다.

2) 핀틀형 분사노즐의 단점

① 분무 상태가 다공형보다 약간 못하다.
② 다공형에 비해 연료 소비량이 조금 크다.

(3) 스로틀형(throttle type) 분사노즐

스로틀형 분사노즐은 니들 밸브의 앞끝 부분이 길고 나팔 모양으로 테이퍼 가공되어 있으며, 노즐 보디에서 조금 돌출되어 있다. 이 노즐은 핀틀형을 개량하여 분사 개시 때 분사량을 적게 하고, 잠시 후 많은 양의 연료를 분사시켜 디젤 기관의 노크를 방지할 수 있다.

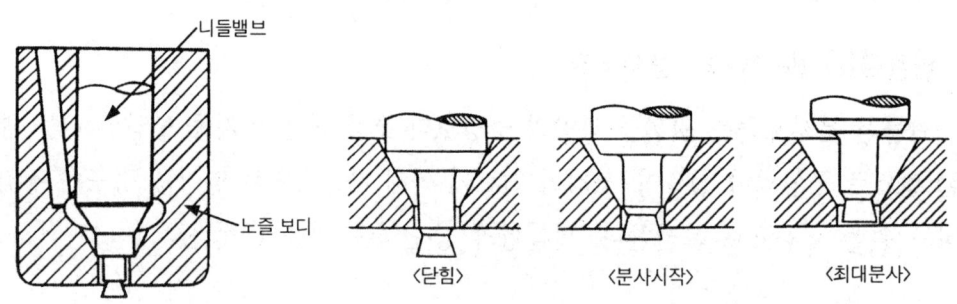

그림 5-39. 스로틀형 분사 노즐

7-2. 분사 노즐의 구조

분사 노즐은 노즐 홀더 보디(nozzle holder body)를 중심으로 옆쪽에는 분사 펌프에서 보내준 고압의 연료가 들어오는 입구 커넥터가 설치되고, 위쪽으로는 분사압력 조정용 스크루, 니들 밸브가 열릴 때 스프링을 밀어 올려 주는 푸시로드, 그리고 니들 밸브(needle valve)를 시트에 밀착시키는 스프링이 있다.

아래쪽에는 고압의 연료에 의해 정해진 시간 내에 열리는 니들 밸브와 이 밸브를 지지하는 노즐 보디, 노즐 보디를

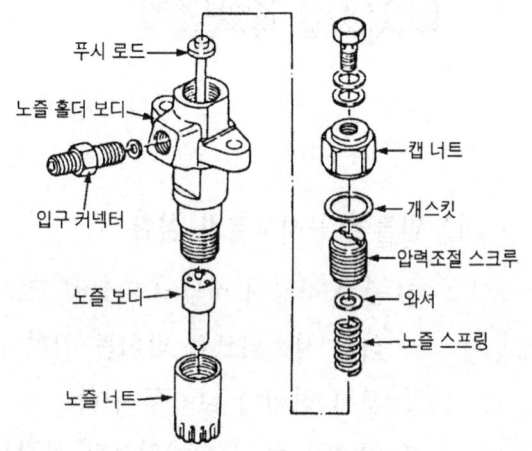

그림 5-40. 분사 노즐의 분해도

노즐 홀더 보디에 고정하는 너트 등으로 구성되어 있다.

7-3. 분사 노즐의 작동

분사 노즐의 작동은 분사 펌프에서 고압의 연료가 입구 커넥터를 거쳐 노즐 홀더 보디 내로 들어오면, 스프링에 의해 시트에 밀착되어 있던 니들 밸브가 상승하여 연료가 연소실에 분사된다. 분사되는 동안 고압 연료의 일부는 니들 밸브와 노즐 보디 사이에서 니들 밸브와 노즐 보디를 윤활하고, 푸시로드와 노즐 홀더 보디 사이를 거쳐 연료 탱크로 복귀한다. 니들 밸브와 노즐 보디 사이의 간극은 0.001~0.0015mm 정도이다.

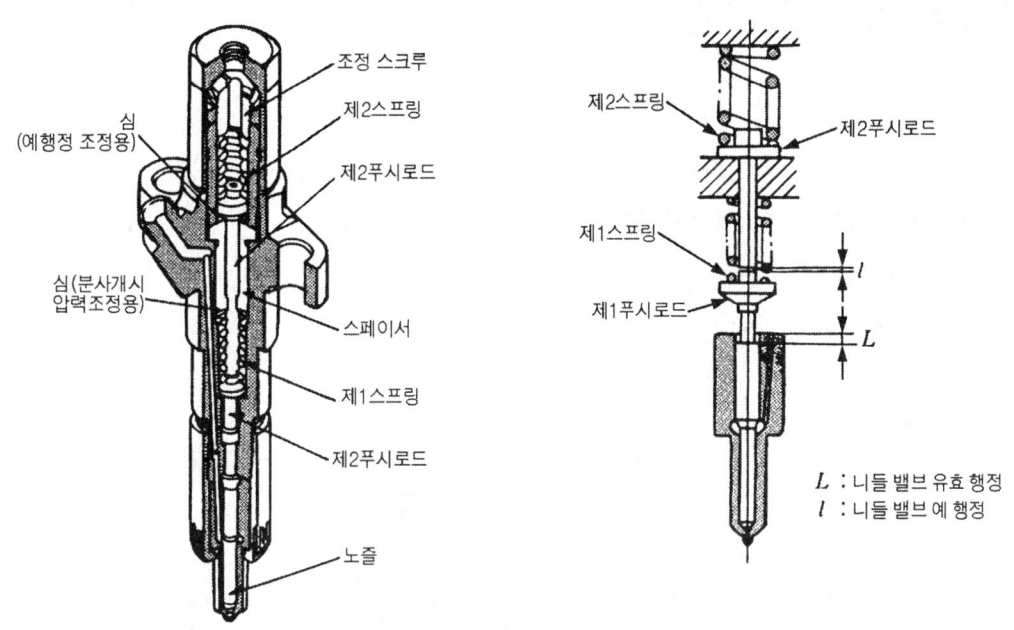

그림 5-41. 분사 노즐의 작동

7-4. 연료 분무의 3대 요건

① 안개화(霧化)가 좋아야 한다.
② 관통력이 커야 한다.
③ 분포(분산)가 골고루 이루어져야 한다.

3 분배형 분사펌프

분배형 분사펌프는 소형 디젤 엔진에 주로 사용하는 형식으로 분사펌프의 크기, 무게, 가격 등이 차지하는 비중이 크기 때문에 간단하고 소형이며, 가벼운 형태의 분사펌프의 요구에 따라 프랑스의 페세르가 고안한 것으로 6실린더 이하의 소형 엔진용에서 주로 사용되고 있다.

1. 분배형 분사펌프의 특징

① 연료 분사량이 균일하다(불균율 2%).
② 엔진시동이 용이하다(최대 분사량의 2배 이상 과잉분사 가능).
③ 자유로운 조속 성능과 적절한 회전력 성능이 있다.
④ 엔진 흡입 효율이 양호하다.
⑤ 윤활이 불필요하다.
⑥ 고속운전이 가능하고 소형경량이다.

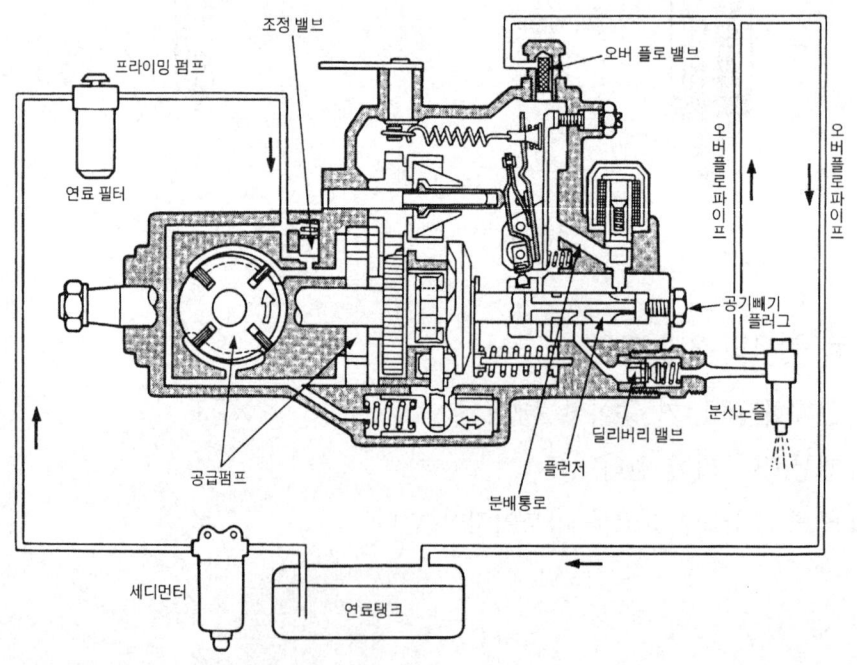

그림 5-42. 분배형 연료계통 계통도

2. 분배형 분사펌프의 구조

분배형 분사펌프는 열형 분사펌프가 실린더 수에 따른 각각의 독립된 플런저를 가지고 있는데 비하여 1개의 플런저가 회전하면서 왕복운동을 하여 각 실린더에 연료를 분배한다. 분사펌프의 구동은 엔진으로 구동되는 구동축에 의하며, 캠과의 접촉은 구동판(driving disc)으로 한다. 분배형 분사펌프는 4개 부분으로 크게 나눌 수 있다.

2-1. 하이드롤릭 헤드(Hydraulic Head)

이 부분은 블록과 플런저, 딜리버리 밸브 등으로 구성되며 연료 분사, 분사량 제어, 조속 작용을 한다.

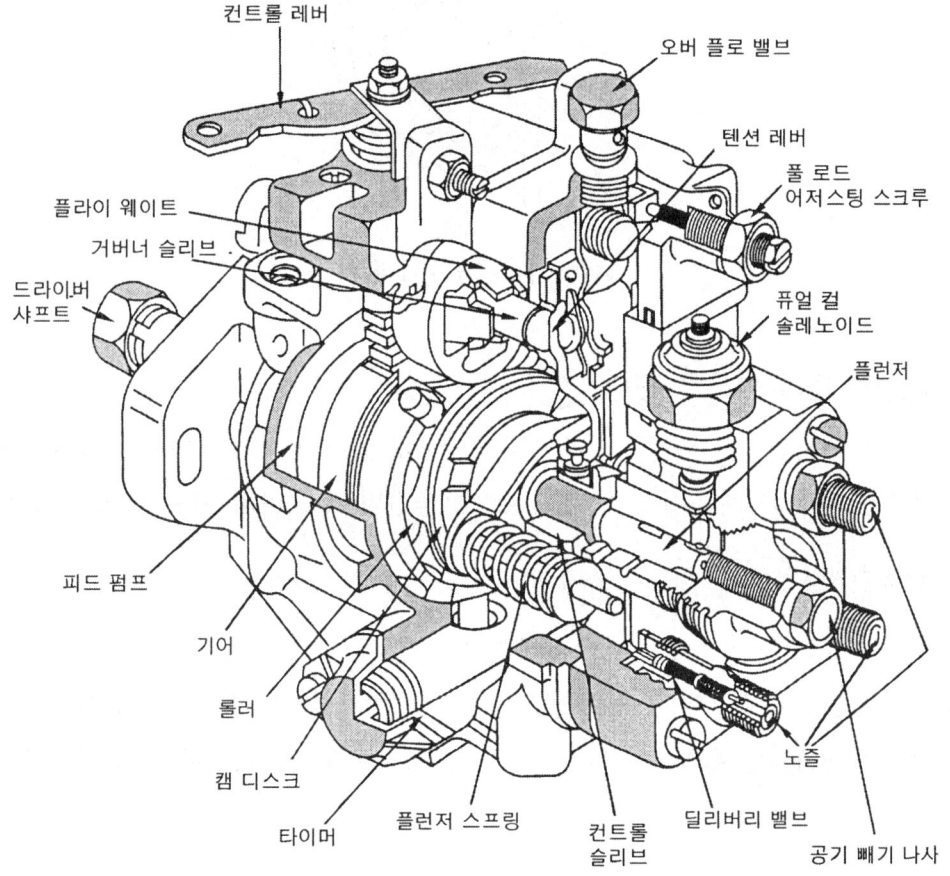

그림 5-43. 분배형 분사 펌프의 구조

2-2. 연료공급펌프(Fuel Feed Pump)

연료공급펌프는 구동쪽 하우징에 들어있는 베인형 펌프이며, 연료를 분사펌프 내부로 압송하여 연료에 의해 분사펌프의 각 부분을 윤활 한다. 또 압력 제어 밸브가 있으며 분사 펌프의 회전속도에 따르는 압력을 이용하여 자동 진각 한다.

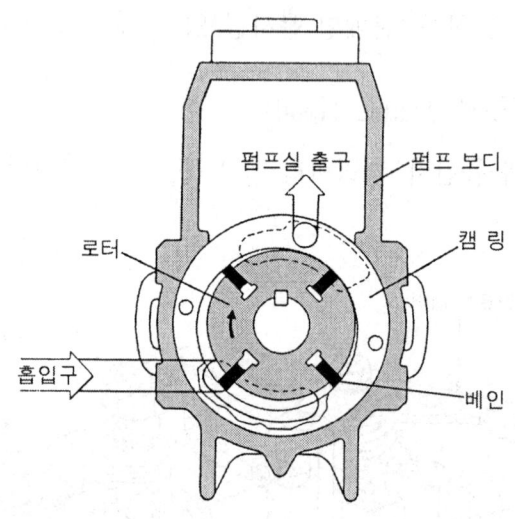

그림 5-44. 연료 공급 펌프

2-3. 분배형 분사 펌프의 본체

분배형 분사펌프의 본체는 알루미늄 합금으로 되어 있으며 위쪽에는 하이드롤릭 헤드가 있고, 아래쪽에는 구동축, 캠 디스크, 플런저, 딜리버리 밸브 등으로 되어 있다.

2-4. 자동진각장치

구동 부분과 분사펌프 본체 사이에 위치하며, 더블 헬리컬 기어와 커플링으로 분사펌프의 구동축과 캠 사이를 연결하고 연료 공급 펌프로부터의 송유 연료의 압력변화에 의하여 오른쪽이나 왼쪽으로 이동하여 구동축과 캠의 상대적 위상을 조절하여 엔진의 회전속도에 적합한 진각을 한다.

2-5. 압력조절밸브

분사펌프 위쪽에 결합된 압력 조정 밸브(pressure regulating valve)는 공급펌프의 송유 압력을 펌프의 회전속도에 비례하여 상승하도록 작용하며 공급펌프의 회전속도가 높아져 송유 압력이 높아지면 조정 밸브 스프링을 압축하고 피스톤을 밀어 올려 연료를 공급펌프의 배출 쪽에서 흡입 쪽으로 바이패스 시킨다.

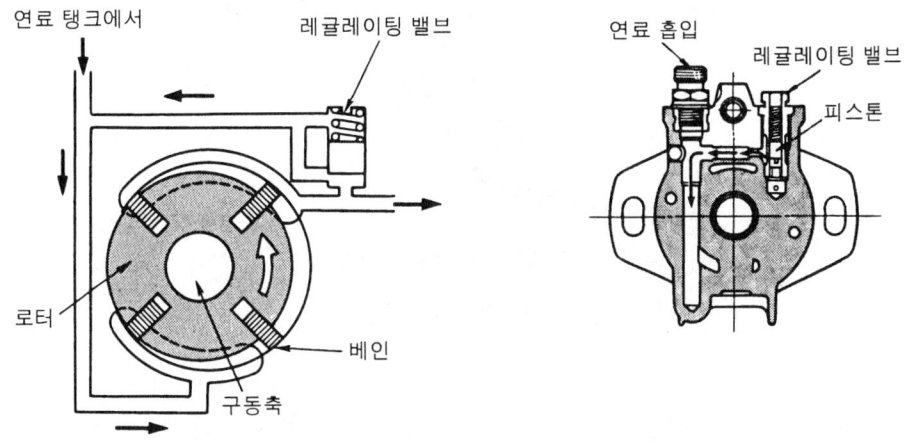

그림 5-45. 압력 조절 밸브 설치 위치

2-6. 연료의 압송과 분사

그림 5-46은 플런저의 구조를 나타낸 것이다. 구동축은 연료 공급펌프, 캠 디스크, 플런저를 동시에 구동시킨다. 캠 디스크가 회전하면 플런저는 왕복운동을 하며, 압력이 가하진 연료는 분배 기구 슬릿으로부터 딜리버리 밸브를 통하여 분사노즐에서 분사된다.

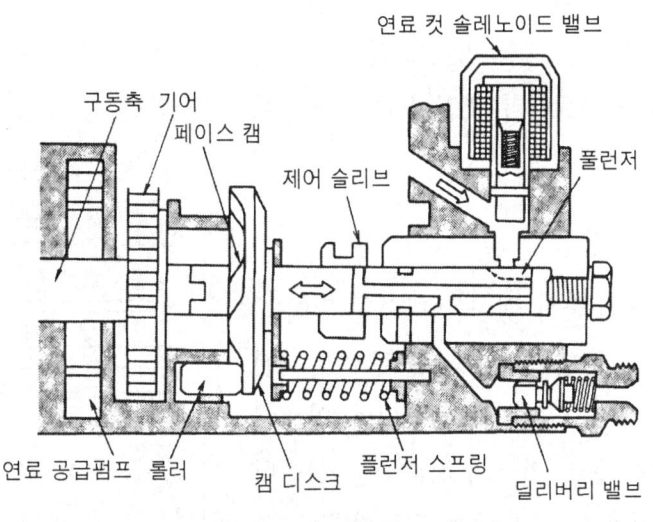

(a) 플런저와 캠, 디스크

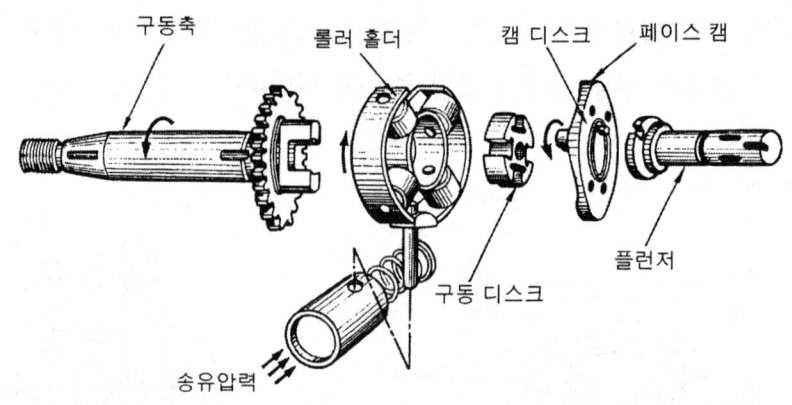

(b) 플런저의 왕복 회전기구

그림 5-46. 플런저와 구조와 작동

 연료공급 펌프는 베인형을 많이 사용하며, 구동축 쪽 하우징 내의 베인형 연료 공급 펌프는 연료를 연료 탱크로부터 빨아 올려 펌프실 내로 압송시킨다. 구동축의 회전에 따라 블레이드는 로터의 바깥쪽으로 벌어져 블레이드와 하우징 사이에 작은 공간을 형성하여 로터의 회전에 따라 연료가 흡입되며, 체적이 작아지면서 압축되어 배출 구멍을 통하여 배출된다.

(1) 연료의 흡입 행정

 그림 5-47에 나타낸 것과 같이 플런저가 하강하여 연료 흡입 구멍과 플런저의 슬릿이 일치되었을 때 연료 공급 펌프에 의해 압력이 가해진 연료가 연료실과 플런저 내부로 들어온다.

(2) 연료의 분사 행정

 그림 5-48은 분사 행정을 나타낸 것이다. 플런저 내부로 흡입된 연료는 플런저의 회전으로 흡입 구멍이 막히면서 압축되며, 압력이 가해진 연료는 분배 기구의 배출구멍, 딜리버리 밸브를 거쳐 분사 노즐로 공급된다.

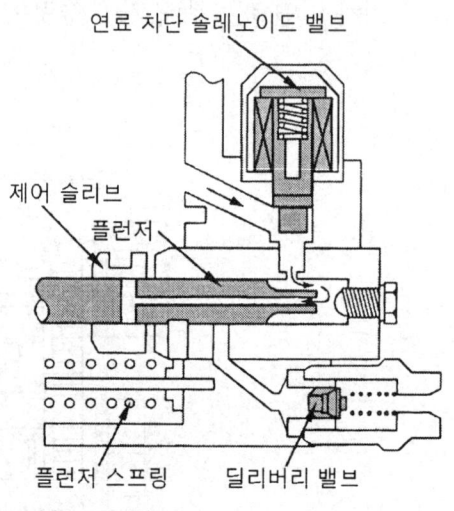

그림 5-47. 플런저의 흡입 행정

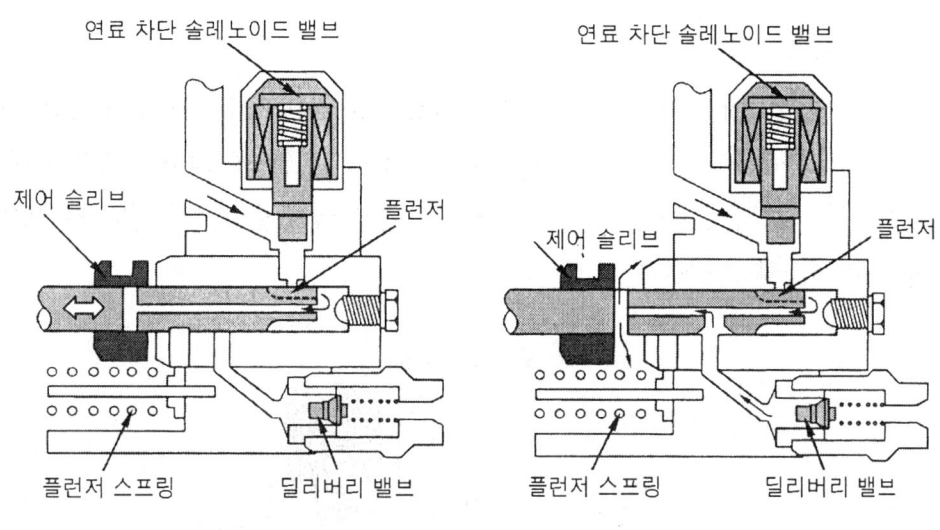

그림 5-48. 연료의 분사 행정   그림 5-49. 분사 완료

(3) 분사 완료

그림 5-49는 플런저의 회전으로 플런저의 컷오프 포트(cut off port)가 펌프실 내부와 통하게 되면 플런저 내부의 고압 연료는 펌프실 내로 배출되면서 압력이 낮아지고 압송은 완료된다.

(4) 균일 압력 행정

연료의 분사가 끝나고 플런저가 다시 회전하면, 그림 5-50과 같이 균압 슬릿이 배출구멍과 일치해 딜리버리 밸브까지의 통로 내 압력은 송유 압력으로 되돌아간다.

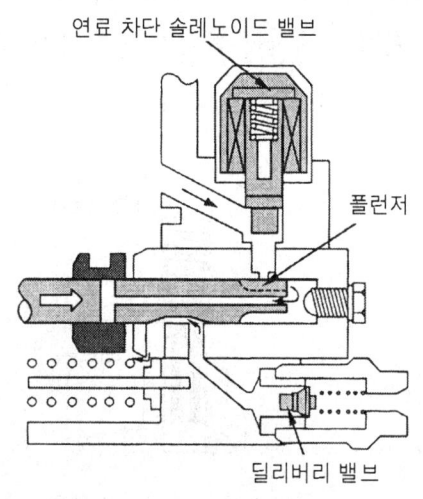

그림 5-50. 균일 압력 행정

(5) 분사량 조절

연료의 증감은 제어 슬리브의 이동으로 유효행정(연료 압송 시작부터 종료까지의 플런저 행정)이 변하여 변동된다. 그림 5-51과 같이 좌측으로 제어 슬리브가 이동하면 유효행정이 작아지면서 분사량이 적어진다. 따라서 제어 슬리브를 이동시키므로 써 연료량을 변화시켜 조절한다.

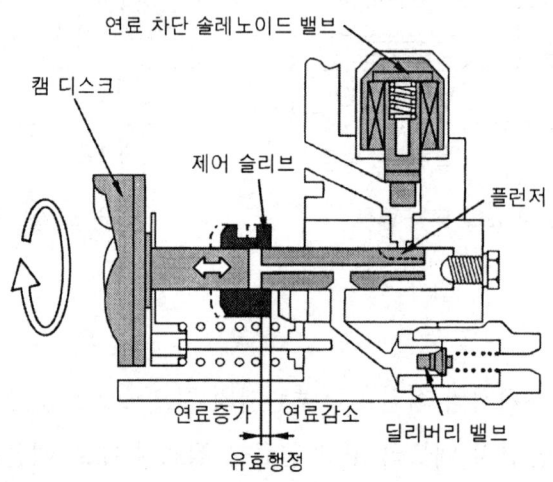

그림 5-51. 분사량 조절

2-7. 딜리버리 밸브

플런저가 연료 압송행정이 되어 연료 압력이 높아지면, 딜리버리 밸브 스프링 장력을 이기고 연료는 파이프를 거쳐 노즐로 보내진다. 노즐을 통하여 연소실 내에 분사된 후 플런저가 다시 회전 정지하여 분사가 종료되면 밸브는 스프링의 힘에 의해 밸브 시트에 밀착되어 연료의 역류를 방지한다.

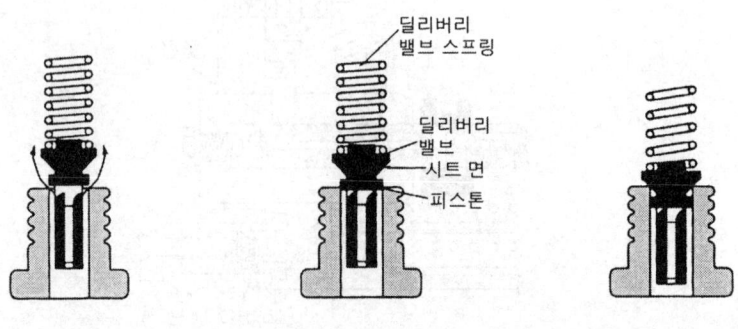

그림 5-52. 딜리버리 밸브

2-8. 타이머 (Injection timer)

타이머는 피스톤의 압축행정 상사점(TDC) 전에서 연료분사 개시시기를 조절할 목적으로 분사 펌프의 구동축과 펌프 캠축의 위상각도(位相角度)를 변화시키는 기구이며, 일반적인 타이머의 구조는 그림 5-53과 같다.

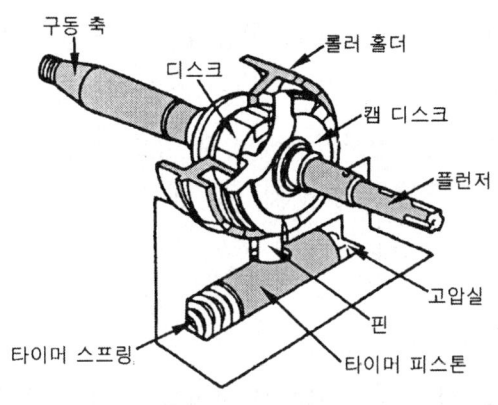

그림 5-53. 타이머의 구조

분사 노즐로부터 연료의 분사가 시작되는 시기는 연료의 착화 지연기간과 크랭크축의 회전속도를 고려하여 피스톤 압축 상사점 전에 적정한 각도에서 이루어져야 한다. 연료의 착화지연은 연소실내 공기 온도, 와류현상의 정도, 분무입자의 크기, 분사압력 등의 영향을 받아 길고 짧음이 생기며, 착화지연이 같은 경우일지라도 크랭크축의 회전속도가 낮을 때에는 진각(進角)을 작게 하고, 회전속도가 증가되는데 따라 진각을 크게 하여야 한다.

가솔린 엔진은 혼합 가스가 연소할 때에 그 화염전파속도가 거의 일정하고 각종의 조건에 따라 폭발로부터 최고압력에 도달되기까지의 소요시간이 크게 변화하지 않는다. 따라서 크랭크축의 회전속도와 부하의 변동에 상응하여 점화 1차회로의 단속시기를 바꾸어 줌으로써 모든 실린더의 불꽃방전의 발생시기를 쉽게 조절할 수 있다.

그러나 디젤 엔진의 경우는 착화지연이 여러 가지 조건에 따라 크게 달라지므로 크랭크축의 회전속도와 부하에 대하여 분사시기가 적정하게 설정되어도 최대 연소 압력이 반드시 피스톤에 유효하게 작용하는 것은 아니다. 그리고 모든 실린더의 분사시기를 일제히 같은 각도로 조절하기 위해서는 분사펌프의 각 펌프 요소에 대하여 그 송출 개시(送出開始) 시기를 변화시켜야 한다.

또 디젤 엔진의 회전속도 범위는 가솔린 엔진의 약 1/2 정도이다. 그리고 연료의 분사는 작은 양이면서 지속적으로 이루어지므로 상사점(TDC) 부근에서 거의 정압 연소의 상태가 되고, 분사시기의 조절범위는 크랭크축 회전각도가 최대 24° 정도면 충분하다. 크랭크축의 회전속도가 증가되면 압축압력과 연소실내의 온도가 상승되어서 착화 지연 기간이 단축되므로 펌프의 플런저 윗면이 적절한 경사 각도로 만들어진(top control edge) 경우는 분사량의 증가에 따라 자동적으로 분사시기의 진각이 이루어진다.

이상의 이유로 디젤 엔진의 경우는 분사시기를 가솔린 엔진의 경우와 같이 미세하게 조절하지 않아도 되며 분사펌프의 구동축과 펌프 캠축 사이의 위상 각도를 크랭크축 회전속도의 증감에 상응하여 4행정 사이클 엔진인 경우 약 8°, 2행정 사이클 엔진은 약 16° 정도 변화시키면 된다.

(1) 타이머의 작동 원리

타이머는 구동축과 피 구동축 사이에 설치되며, 그 내부에는 회전속도에 따라 원심력이 발생하는 원심추와 원심추의 움직임을 제어하는 스프링이 마련되어 있다. 그림 5-54는 타이머의 작동 원리를 나타낸 것이다.

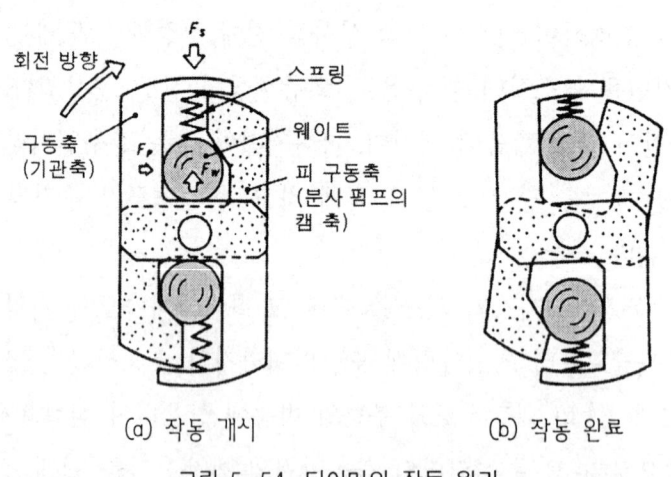

그림 5-54. 타이머의 작동 원리

① 엔진으로부터 구동력 F_p가 원심추를 거쳐 피동축(캠축)으로 전달되고 위상 차이는 원심추의 움직임에 의하여 얻어진다.
② 원심추의 이동량은 추에 발생하는 원심력 F_w, 스프링의 작용력 F_s, 구동력 F_p의 평형에 의해 결정된다.

(2) 타이머의 작동

1) 엔진 회전속도에 따른 작동

그림 5-55는 엔진의 회전속도 상승에 따른 타이머의 작동원리를 나타낸 것이다. 이 방식은 분배형 연료 분사펌프에서 주로 사용되며, 캠 디스크와 접촉해 있는 롤러 홀더를 회전시켜 엔진 쪽 크랭크축 회전각도에 대하여 분사개시 위치를 조절하는 방식이다. 이 타이머는 펌프실의 연료압력에 의해 작동되는 유압식 타이머라고 할 수 있다. 회전속도에 의해 제어되는 방식으로 부하에 의해 작동되는 로드 타이머와 병용한다. 작동원리를 설명하면 다음과 같다.

① 엔진의 회전속도가 상승하여 연료공급 펌프의 송출 압력이 상승하면 타이머 피스톤이 스프링의 장력을 이기고 좌측으로 이동한다.

② 타이머 피스톤이 좌측으로 이동하면 조정 핀으로 연결되어 있는 롤러 하우징을 구동축 회전방향과 반대방향으로 회전시켜 캠 디스크와 롤러의 만남을 빠르게 하므로 연료 송출시기가 빨라진다.

③ 타이머에 의한 진각 가능 각도는 캠축 회전각도로 약 12°(크랭크축 회전각도로 24°)정도이다.

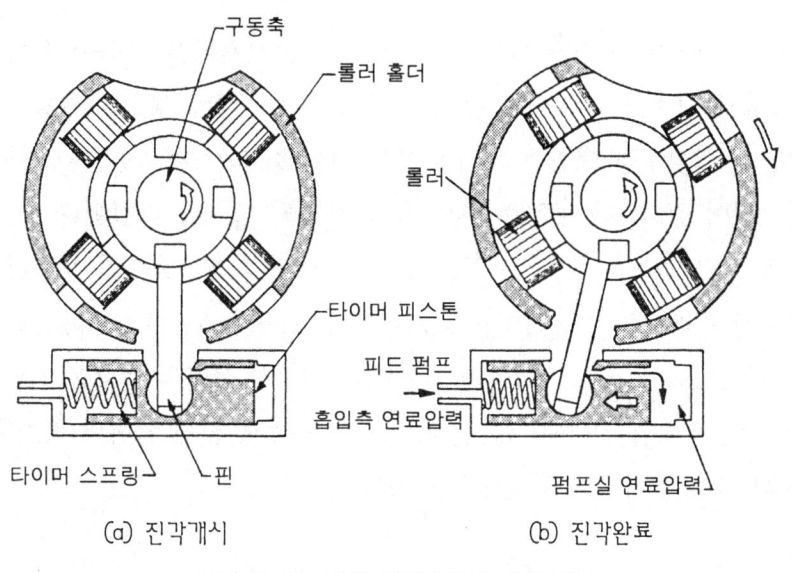

그림 5-55. 엔진 회전속도에 따른 작동

2) 부하에 의한 작동

그림 5-56은 부하에 따른 분사시기를 조정하는 타이머의 작동을 나타낸 것이다.

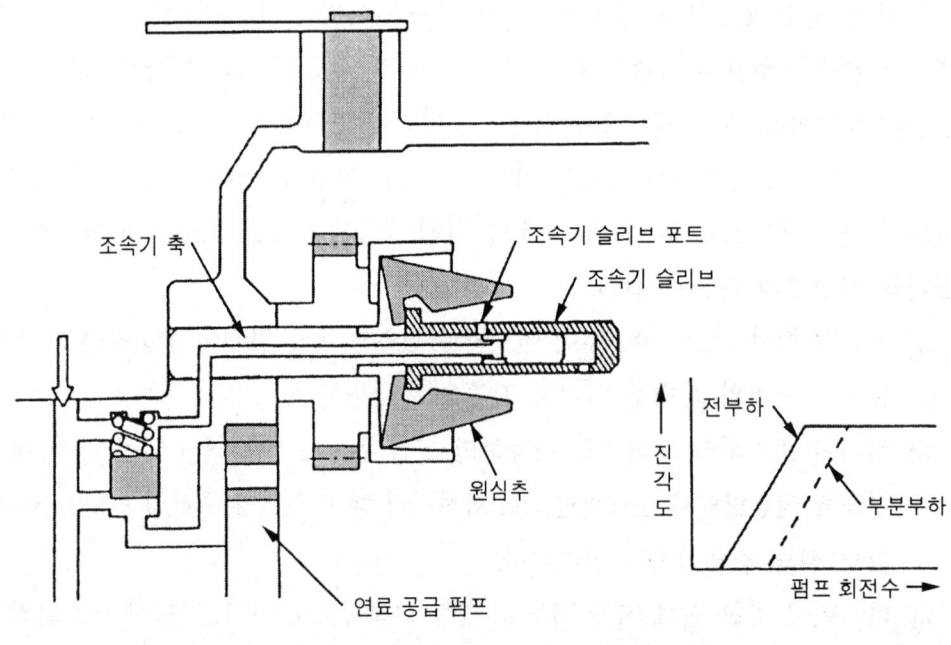

그림 5-56. 부하에 의한 작동

타이머는 저속 및 중속의 부분부하 영역에서 분사시기를 늦추어 유해 배출가스 및 엔진의 소음을 감소하기 위한 목적으로 설치되어 작동되며, 구조와 작동은 다음과 같다.
① 작동은 원심추의 행정에 의해 이루어지며, 조속기 축의 중심을 관통하는 구멍이 마련되어 있다. 이 구멍은 연료 공급 펌프의 입구와 연결된다.
② 조속기 슬리브에는 슬리브 포트가 있고, 엔진의 회전속도가 상승하면 조속기 슬리브가 우측으로 이동하여 조속기 축 포트(governor shaft port)와 조속기 슬리브 포트(governor sleeve port)가 일치하여 캠 실내의 압력은 저압 측으로 유출되어 캠 실내의 압력이 저하된다. 이러한 작용에 의해 타이머 피스톤은 스프링에 의해 원래의 위치로 되돌아오게 한다.

2-9. 조속기(Governor)

가솔린 엔진의 경우는 혼합가스의 유량 조절만으로 엔진의 회전속도를 부하에 상응하여 쉽게 제어할 수 있다. 그러나 디젤 엔진은 공기의 흡입 공기량은 항상 일정하며, 각 실린더에 매우 작은 양의 연료를 1사이클마다 공급한다. 그런데 연료의 송출량을 직접 가감하여도 부하에 상응하는 회전속도를 얻기가 불가능하다. 그러므로 분사펌프 캠축의 회전속도에 상응하여 항상 과부족 없이 연료의 송출량을 조절하여야 하며, 이를 위해서 조속기(governor)가 필요하다. 즉 조속기는 연료 분사량을 제어하여 엔진의 회전속도 및 출력을 제어하는 기구이다.

디젤 엔진의 허용 회전속도는 회전부분의 관성이 크기 때문에 비교적 낮다. 따라서 엔진의 회전속도를 제어하여 엔진의 오버런을 방지한다. 또 낮은 회전속도와 낮은 부하 영역에서는 제어 슬리브의 작은 진동에 대해 분사량 변화가 크게 되어 엔진의 회전속도가 크게 변동한다. 엔진 회전속도와 부하 변동이 있을 때 분사량의 증감을 자동으로 조정하여 원활한 회전이 되도록 한다.

(1) 저속·고속 조속기(half all speed governor)의 작동

이 조속기는 분사펌프 캠축의 끝 부분에 T자형의 원심추 스핀들(fly weight spindle)이 결합되며, 원심추 축(fly weight shaft)에는 각각 코일(coil)형의 바깥 스프링, 중앙 스프링, 안 스프링으로 된 추 스프링을 거쳐 2개의 원심추가 미끄럼 운동을 할 수 있도록 지지된다.

2개의 원심추는 각각 L자형의 벨 크랭크(bell crank)에 연결되고 벨 크랭크는 조속기 커버에 핀으로 지지된다. 그리고 벨 크랭크의 다른 끝은 펌프축의 축 방향으로 미끄럼 운동하는 슬라이딩 로드 끝에 핀으로 연결되고 이 슬라이딩 로드의 다른 끝 홈에는 편심으로 만들어진 에센트릭 축(eccentric shaft)에 의해 지지되는 플로팅 레버(floating lever)의 아래쪽 끝이 접속된다.

플로팅 레버의 위쪽 끝은 포크 링크(fork link)에 의해 분사펌프의 중앙 래크 바에 연결되며, 플로팅 레버를 지지하는 편심축은 조속기 커버에 지지되어서 어느 각도만큼 회전하도록 되어 있다.

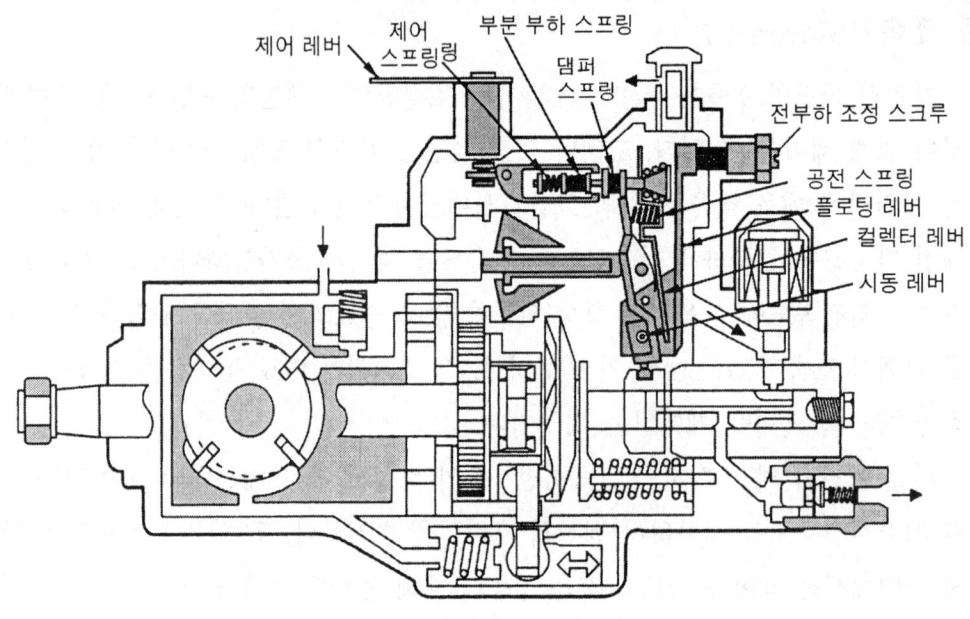

그림 5-57. 저속·고속 조속기의 구조

그리고 이 편심축은 제어 레버에 의해 가속페달과 연동한다. 분사펌프 캠축이 정지하고 있을 때에는 제어 스프링의 장력에 의하여 2개의 원심추는 축심 방향(軸心方向)으로 당겨져 있게 된다.

1) 엔진을 시동할 때

엔진이 정지하고 있을 때 시동 레버는 시동 스프링에 의해 조속기 슬리브를 민다. 조속기 어셈블리의 공동축인 그림 5-58의 M_2를 지점으로 하여 제어 슬리브는 오른쪽 최대 분사량 쪽으로 밀려남으로써 시동을 할 때 연료가 증대되어 시동이 쉬워진다.

엔진이 시동되면, 원심추에 원심력이 발생되어 원심추는 바깥쪽으로 벌어져 그 움직임이 조속기나 슬리브를 거쳐 시동 레버를 밀고 시동 스프링 장력을 이기고 우측으로 시동 레버를 이동시킨다. 이에 따라 제어

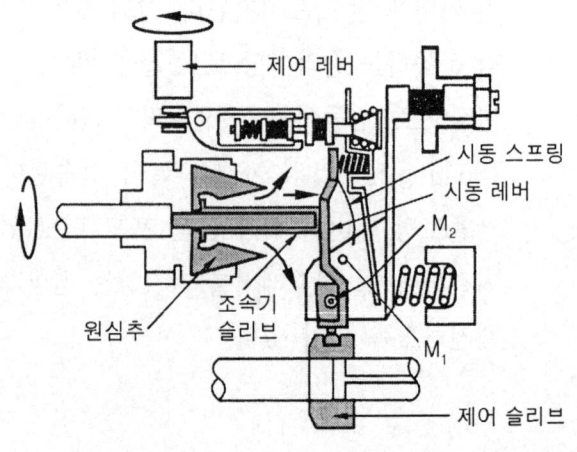

그림 5-58. 엔진을 시동할 때 조속기의 작용

슬리브를 왼쪽 방향으로 이동시켜 유효행정을 짧게 하여 연료를 감소시키는 방향으로 이동하도록 한다.

2) 엔진이 공전 상태일 경우

엔진을 시동하여 제어 레버를 공전 위치에 두면 스프링 장력은 거의 "0" 상태가 된다. 따라서 원심추는 저속에서도 자유롭게 벌어져 시동 스프링과 공전 스프링을 밀어 수축시켜 시동 레버 및 텐션 레버의 공동축 M_2를 지점으로 하여 제어 슬리브를 왼쪽으로 이동시켜 공전 위치로 밀어낸다. 이 움직임에 의하여 원심추의 원심력과 시동 또는 공전 스프링 장력이 균형을 이룬 위치에서 원활한 공전이 이루어진다.

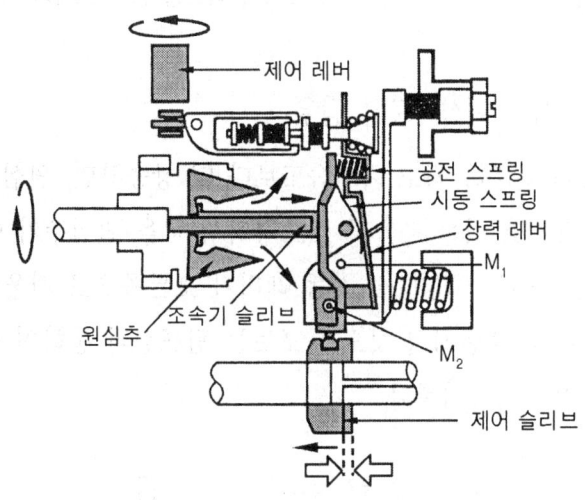

그림 5-59. 엔진이 공전 상태일 경우 조속기의 작동

3) 엔진이 전부하 최고 회전속도일 경우

제어 레버를 공전 위치로부터 전부하 최고 회전위치(고속 스토퍼 볼트에 닿을 때까지)로 움직이면, 조속기나 스프링의 장력이 커지고 공전 스프링은 눌려 작동되지 않는다. 또 텐션 레버의 움직임은 스토퍼 (M_2)가 닿은 위치에 고정되어 원심추의 원심력과 조속기 스프링 장력이 균형을 이루는 위치까지 회전이 상승하여 전부하 최고 회전을 이룬다. 전부하 조정 스크루를 조여 주면 컬렉터 레버는 M_1을 축으로 좌회전하여 지점 M_2에 연결된 시동 레버를 M_2를 중심으로 좌회전시켜 제어 슬리브를 오른쪽으로 밀어 연료 공급이 증대된다.

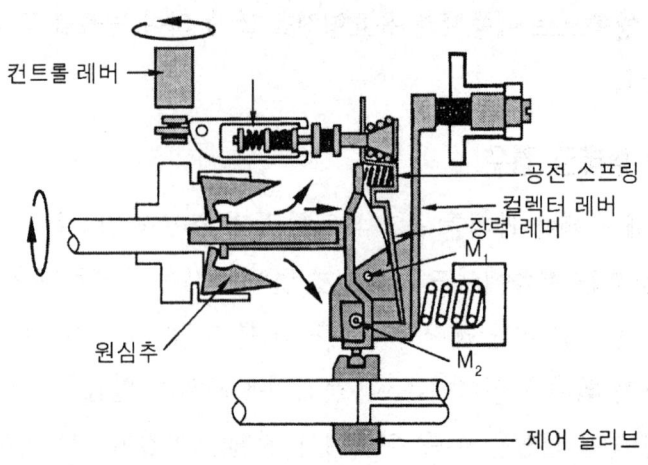

그림 5-60. 엔진이 전부하 최고 회전속도일 경우 조속기 작동

4) 엔진이 무부하 최고 회전속도일 경우

엔진 회전속도가 전부하 최고 회전속도보다 더 상승하면, 원심추의 원심력도 증가하여 텐션 레버를 당기고 있는 조속기 스프링의 장력을 원심추가 이겨내고 텐션 레버를 밀어 M_2를 중심으로 텐션 레버 및 시동 레버가 오른쪽으로 기울어지면서 제어 슬리브를 왼쪽으로 민다. 또 플런저의 컷오프 포트는 펌프실과 통하여 분사량을 감소시켜 엔진 회전속도의 상승을 방지한다.

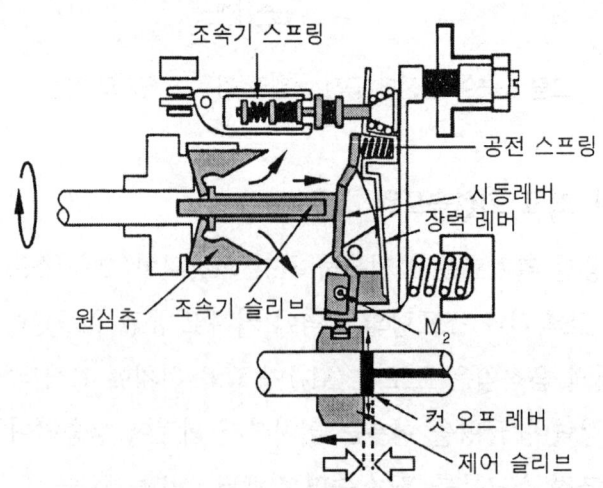

그림 5-61. 엔진이 무부하 최고 회전속도일 경우 조속기 작동

3. 분배형 분사펌프의 부가 장치

3-1. 패스트 아이들 기구(fast idle device)

패스트 아이들 기구는 분사시기를 진각(advance)시켜 엔진의 냉간 상태에서 시동 성능을 향상시키는 것이며, 분사시기 진각은 운전자가 운전석에서 진각 케이블을 조작 하거나 또는 온도 변화에 따라 자동적으로 작동되는 방식을 이용한다.

(1) 기계식 패스트 아이들 기구

1) 패스트 아이들 기구의 구조

패스트 아이들 기구는 분사펌프 하우징에 설치되어 있으며, 진각 레버는 축을 통하 여 내부의 레버와 연결되어 있다. 내부 레버의 끝에는 볼 핀이 편심으로 가공되어 있고 이 볼 핀은 롤러 링에 끼워진다. 진각 레버의 초기 위치는 스토퍼(stoper)와 스프링으 로 결정되며, 진각 레버에는 조작 케이블이 연결되고 이 케이블은 다시 수동 또는 자동 조작 기구와 연결된다.

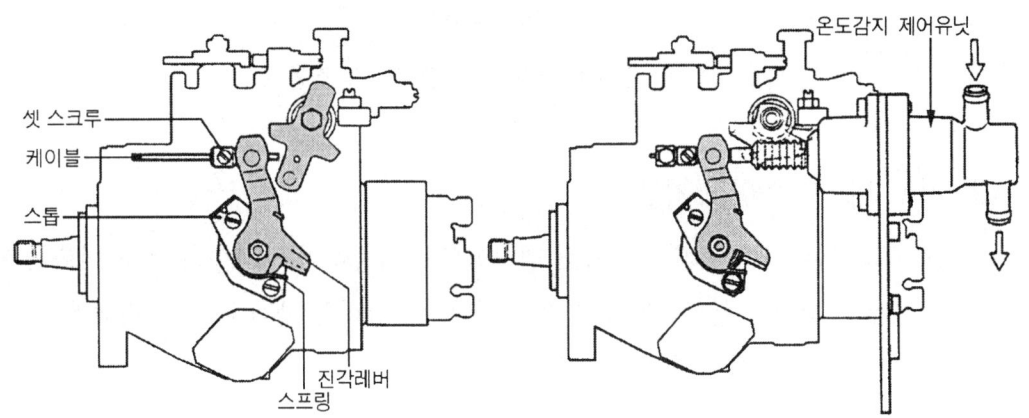

그림 5-62. 기계식 패스트 아이들 기구   그림 5-63. 자동식 패스트 아이들 기구

2) 패스트 아이들 기구의 작동

케이블을 당기지 않으면 진각 레버는 스프링 장력에 의해 밀착된 상태를 유지하기 때문에 볼 핀과 롤러 링은 초기 위치에 있다. 운전자가 케이블을 당기면 진각 레버, 레

버 축, 펌프 내부의 레버와 볼 핀이 동시에 회전을 하며, 이 회전운동은 롤러 링의 위치를 분사시기가 진각 되는 방향으로 변화시킨다. 볼 핀은 롤러 링의 원둘레 상의 긴 슬롯(slot)에 끼워져 있어 일정한 속도에 도달하면 타이머에 의해 분사시기가 진각 될 경우에도 패스트 아이들 기구가 간섭하지 않도록 되어있다.

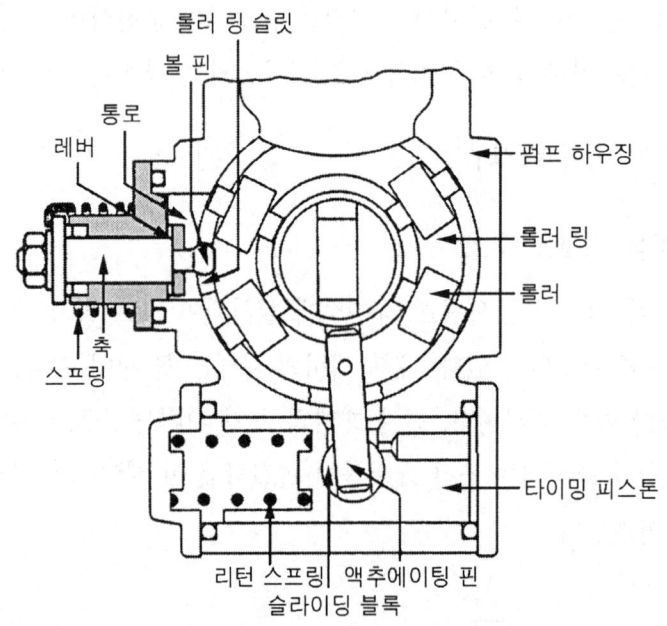

그림 5-64. 패스트 아이들 기구의 작동

(2) 자동 패스트 아이들 기구

자동 패스트 아이들 기구는 왁스 엘리먼트를 사용하여 냉각수의 온도 변화를 기계적 운동으로 변환시켜 분사시기를 진각 시킨다. 이 방식은 냉각수 온도 변화에 따른 최적의 분사시기를 선택할 수 있는 장점이 있다.

(3) 온도 보상 시동 분사량 제어 기구

자동 패스트 아이들 기구와 결합시킬 수 있는 추가 기구이며, 한랭 시동에서는 작동하지 않는다. 그 이유는 자동 패스트 아이들 기구의 진각 레버가 온도 변화에 따라 이미 자동적으로 작동 위치에 있으며, 조속기 커버에 설치된 스톱 레버는 정상 위치에 있기 때문에 시동 분사량은 최대가 된다. 엔진이 정상 작동 온도가 되면 자동 패스트 아이들 기구의 진각 레버는 자신의 정지 위치로 복귀하며, 이 위치에서 로드는 스톱 레버를 일정량 스톱 스크루 쪽으로 회전시킨다. 이때 스톱 레버의 위치는 분사펌프 내부의 시동 레버가 시동 분사량을 증가시키기 위한 여유 행정을 가질 수 없는 위치가 된다.

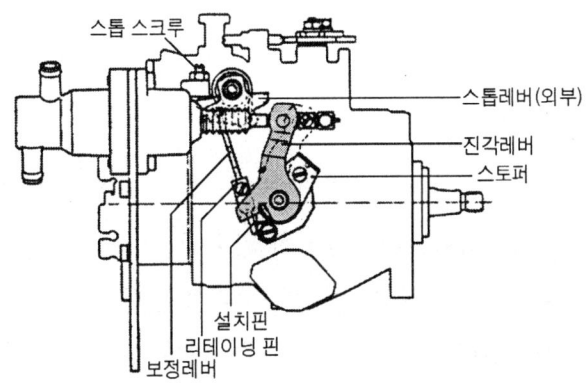

그림 5-65. 온도 보상 시동 분사량 기구

(4) 온도 보상 고속 공전 기구

온도 보상 고속 공전 기구는 별도의 제어 기구를 이용하거나 자동 패스트 아이들 기구와 조합되어 있다. 이 경우에는 진각 레버를 연장시키고 볼 핀을 부착한다. 엔진이 한랭한 상태일 때 볼 핀은 제어 레버를 공전 스톱 스크루로부터 들어올린다. 즉 공전속도가 증가하여 엔진의 부조 현상을 방지한다. 엔진이 정상 작동 온도에 도달하면, 자동 패스트 아이들 기구의 진각 레버는 자신의 스토퍼에 밀착되며, 제어 레버는 공전 스톱 스크루와 밀착되어 온도 변화에 따른 고속 공전 기구는 더 이상 작동하지 않는다. 속도 변화량은 엔진에 따라 각각 다르다.

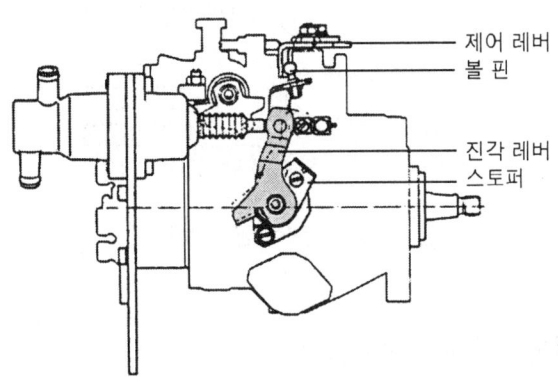

그림 5-66. 온도 보상 고속 공전 기구

3-2. 연료 차단 장치(Fuel cut system)

연료 차단 장치는 시동 스위치를 ON 또는 OFF로 했을 때 분사펌프로부터의 연료를 차단 또는 공급하는 장치이며, 분사펌프에는 기계식 또는 전기식 연료 차단기구가 설치되어 있다.

(1) 기계식 연료 차단 기구

기계식 연료 차단 기구는 레버 어셈블리로 조속기 커버에 설치되어 있으며, 레버 어셈블리는 바깥쪽 스톱 레버와 안쪽 스톱 레버가 같은 축 위에 설치되어 있다. 운전석에서 스톱 레버를 이용하여 케이블을 당기면, 바깥쪽 스톱 레버와 안쪽 스톱 레버는 동시에 축을 중심으로 회전한다. 이때 안쪽 스톱 레버가 조속기의 시동 레버를 밀면, 시동 레버는 피벗점 M_2를 중심으로 회전하면서 제어 스풀(control spool)을 연료 분사가 중지되는 위치까지 민다. 따라서 제어 스풀의 이동에 의해 분배 플런저의 컷오프(cut off)가 열리므로 분배 플런저는 높은 압력의 연료를 형성할 수 없기 때문에 엔진의 각 실린더로 연료를 공급할 수 없게 된다.

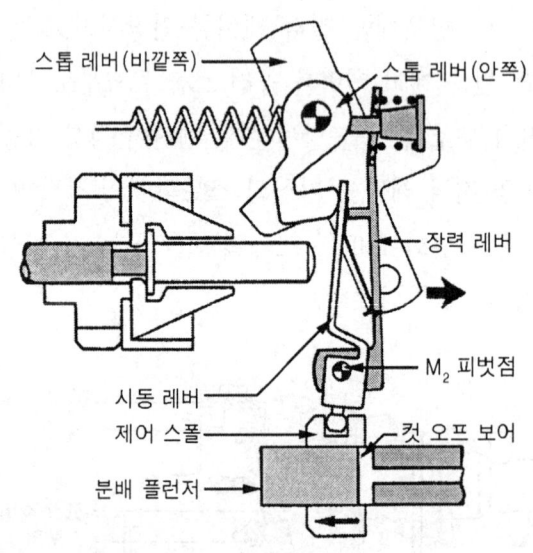

그림 5-67. 기계식 연료 차단 기구

(2) 전기식 연료 차단 기구

전기식 연료 차단 기구는 엔진의 시동 스위치와 연동하는 방식이며, 운전자에게 편리성을 부여하고 기구를 간단하게 할 수 있는 이점이 있다. 이 기구는 솔레노이드 밸브와 그 회로로 구성되어 있으며, 솔레노이드 밸브는 하이드로릭 헤드 위쪽의 분배 플런저로 연결된 저압 연료 통로에 설치되어 있다.

엔진의 시동 스위치를 ON으로 하여 솔레노이드 밸브 코일에 배터리 전류가 공급되면, 전자력에 의해 플런저가 흡인되기 때문에 분배 플런저로 통하는 연료 공급 통로가 열린다. 이와는 반대로 시동 스위치를 OFF로 하면 솔레노이드 밸브 코일에 공급되던 전류가 차단되면서 전자력이 소멸되기 때문에 플런저는 스프링 장력으로 밀려 내려가 분배 플런저로 통하는 연료 통로를 차단한다. 따라서 분배 플런저의 내부에 연료가 공급이 차단되며 엔진의 작동은 정지한다.

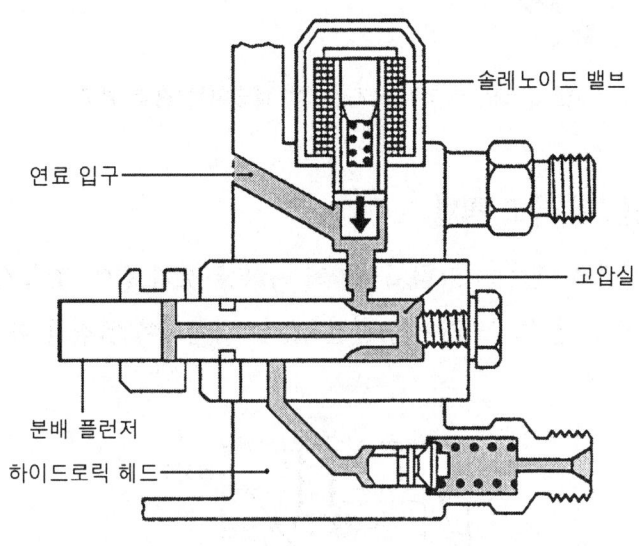

그림 5-68. 전기식 연료 차단 기구

3-3. 태코 픽업(Taco Pick Up ; 회전속도계기)

(1) 독립형 분사펌프의 태코 픽업

독립형 분사 펌프의 경우 펌프 안쪽에는 플런저를 작동시키는 캠이 엔진의 실린더 수와 동일하게 설치되어 있으므로 이 중에서 1개의 캠 부근에 영구 자석과 코일을 조합시킨 픽업(검출 기구)을 설치하면 캠이 픽업에 가까워지거나 멀어지므로 펄스(교류 전압)가 발생한다. 이때 펄스가 그림 5-69에 나타낸 전자 회로에 입력되므로 태코미터를 작동시키는 신호로 변환된다. 또 엔진의 회전속도가 상승함에 따라서 시간당의 펄스 수도 증가하므로 태코미터의 지침 이동량이 커진다.

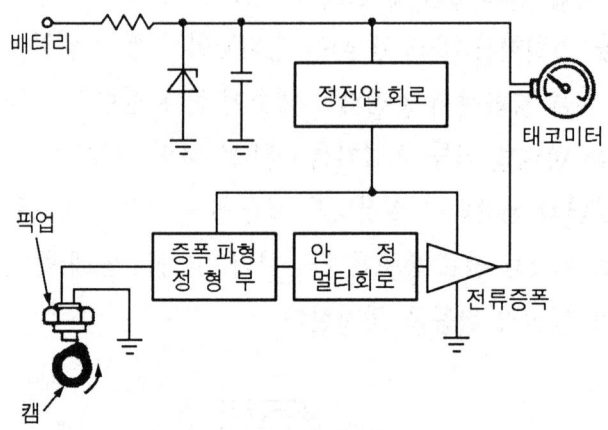

그림 5-69. 독립형 분사펌프의 태코미터 검출 회로

(2) 분배형 분사펌프의 태코 픽업

분배형 분사펌프의 경우는 그림 5-70에 나타낸 것과 같이 조속기에 들어있는 기어 부근에 검출 기구를 설치하고 기어의 회전속도를 검출하여 엔진의 회전속도를 나타낸다.

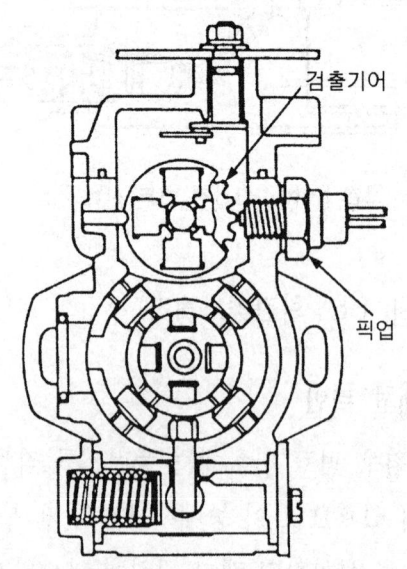

그림 5-70. 분배형 분사펌프의 태코미터 검출기구

3-4. 부스트 컴펜세이터(과급 압력 보상 기구)

(1) 부스트 컴펜세이터의 기능

터보차저를 부착한 엔진은 자연 흡입 방식 엔진보다 단위 시간당 더욱더 많은 공기가 연소실로 유입되므로 이에 따른 연료 분사량도 증가시켜야 한다. 부스트 컴펜세이터(Boost Compensator)는 전 부하 분사량을 과급 압력에 대응하여 조절하는 기구이다.

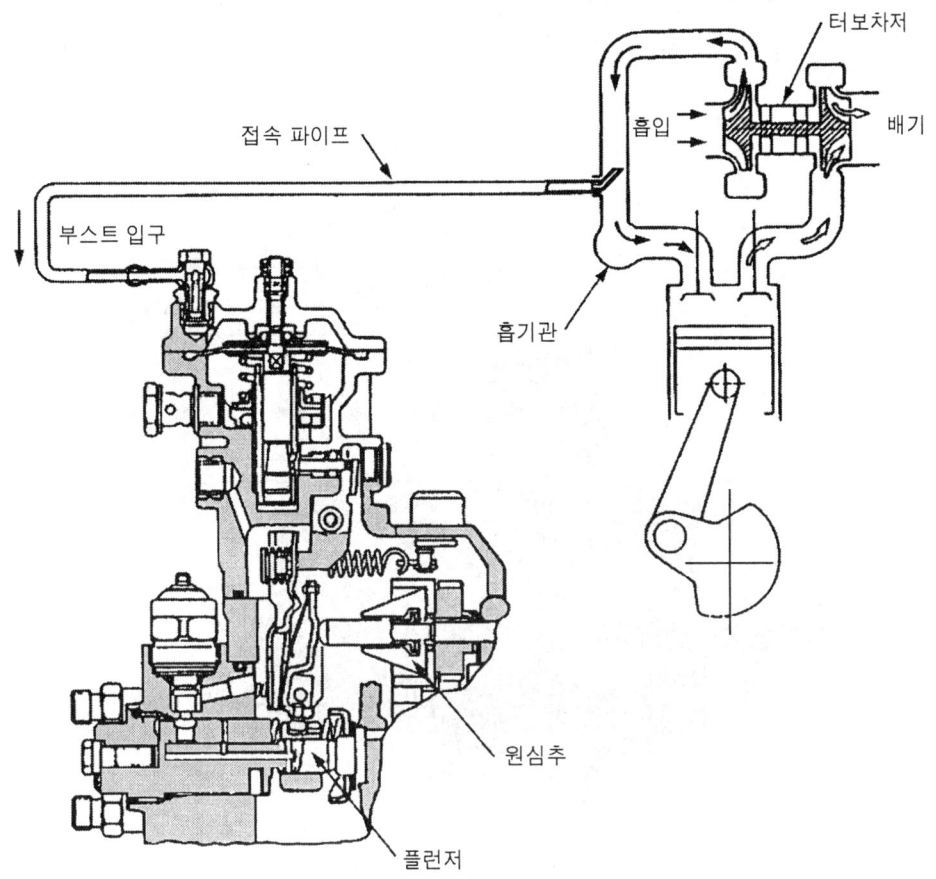

그림 5-71. 부스트 컴펜세이터 구성

(2) 부스트 컴펜세이터의 구조

부스트 컴펜세이터는 분사펌프 하우징의 위 부분에 설치되어 있으며, 다이어프램을 기준으로 위쪽에는 과급 압력이 작용하고 아래쪽에는 스프링 장력이 작용한다. 과급 압력이 작용하는 위쪽에는 흡기관과 연결된 과급 공기 출입구, 스프링 장력이 작용하는 아래쪽에는 대기와 연결된 기구가 각각 설치되어 있다.

　스프링이 설치된 아래쪽에는 스프링 리테이너 겸 장력을 조절할 수 있는 너트가 있으며, 이 너트에 의해 스프링의 초기 장력을 조절하여 부스트 컴펜세이터 작동 개시점의 과급 압력을 설정한다. 다이어프램은 슬라이딩 핀과 연동하며, 슬라이딩 핀의 아래쪽 끝은 원뿔형의 제어 면이며, 여기에 가이드 핀이 직각으로 접촉하기 때문에 슬라이딩 핀의 상하 왕복 운동을 가이드 핀의 수평 방향 운동으로 변환한다. 가이드 핀은 슬라이딩 핀의 운동을 스톱 레버로 전달하고, 스톱 레버는 전 부하 분사량을 변화시킨다. 부스트 컴펜세이터 위쪽에 설치된 볼트로 슬라이딩 핀의 초기 위치를 설정한다.

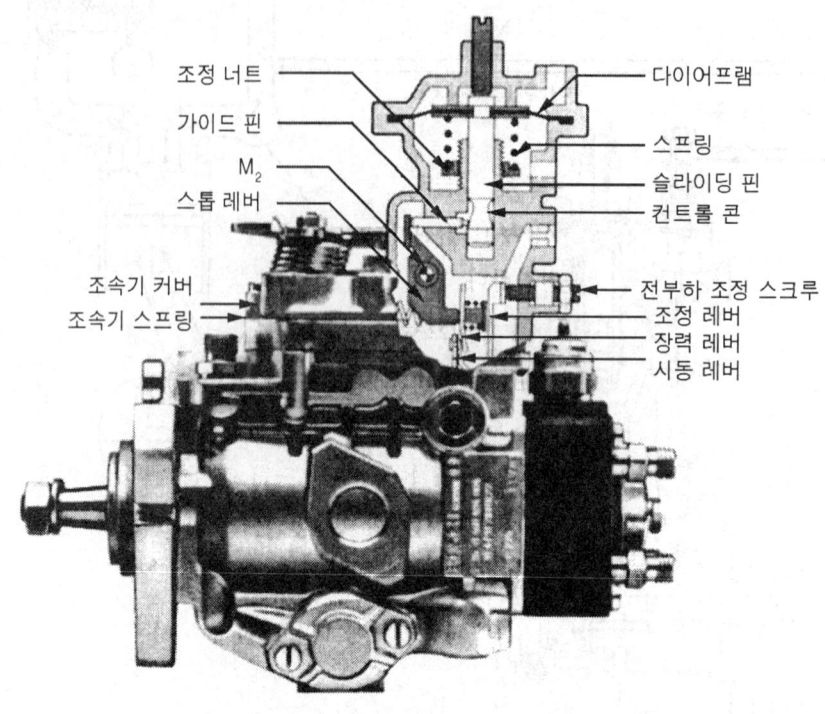

그림 5-72. 부스트 컴펜세이터 기구의 구조

제6장. COVEC-F

1. COVEC-F의 개요
2. COVEC-F의 특징
3. COVEC-F의 구성
4. COVEC-F의 제어
5. COVEC-F의 외관도 및 단면도
6. COVEC-F의 구조
7. COVEC-F의 작동원리

제 6 장

COVEC-F

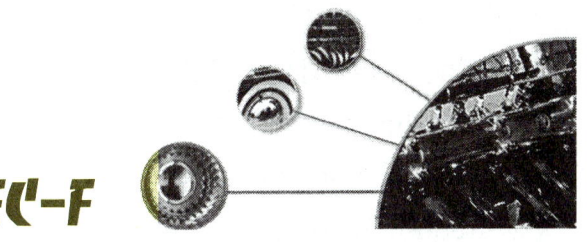

1 COVEC-F의 개요

디젤 엔진의 운전 성능 향상, 배출가스의 정화와 저연비, 고출력이 동시에 실현될 수 있도록 하고, 특히 디젤 엔진의 과제인 스모크 저감, 진동, 소음 저감 등을 꾀하고자 회전속도에 알맞은 분사량, 분사시기 뿐만 아니라 부하에 따른 보상 제어 등이 필요하게 되면서 전자제어가 도입되었다.

COVEC-F 연료분사장치란? 컨트롤 유닛(ECU, 컴퓨터) 제어 분배형 연료 분사 장치 펌프(Computed VE Control-Full System Pump)의 약자이며, 연료 분사시기와 분사량을 컨트롤 유닛이 제어하는 방식이다. 기존의 기계 제어 분배형 분사 펌프와 비교하면 펌프의 밑 부분에 있는 타이머 부위에 TCV(Timer Control Valve)가 설치되어 있으며, 여기에 기계 제어 조속기를 전자 제어 조속기로 대치시킨 구조로 되어 있다. 즉 연료 분사량을 전자 제어함에 따라 많은 수의 부품이 전자 조속기에 집약되어 있다.

전자 조속기는 원심추, 조속기 레버, 제어 레버, 공전 및 전 부하 스토퍼, 터보 차저용 부스터 보상 스토퍼 등으로 구성되어 있고, 로터리 솔레노이드 방식이며, 제어축을 가진 형상으로 되어있다. 그리고 편심 핀이 회전함에 따라 제어 슬리브를 축 방향으로 이동시킨다. 제어 슬리브는 기계식과 같은 모양이기 때문에 로터리 솔레노이드의 제어 각도가 연료의 분사량을 결정한다. 또 전자 조속기에는 와류방식의 회전각도 센서가 들어있으며, 이 센서는 검출 정밀도가 높고, 비접촉 방식이기 때문에 내구성 및 신뢰성이 우수하다. 또 온도 차이에 의한 검출 오차의 보정도 하도록 되어 있다.

연료 분사량 제어는 출발을 하거나 급가속을 할 때의 흑연 발생에 커다란 관계가 있다. 흑연의 발생은 연료 분사량이 증가함에 따라 공기 공급량이 불충분하기 때문에 여분의 연료가 불안전 연소가 되어 발생한다. COVEC-F에서는 전자 조속기의 작용으로 처음에는 분사량의 증가율을 적게 하고 최종목표의 분사량에 근접하면 분사량을 증가시킨다. 이것을 과도 분사량 제어라 하며, 과도 분사량 제어에 의해 흑연의 감소 및 가속력 유지가 모두 가능하게 된다. 또 실린더 수가 많은 엔진의 경우 각 실린더의 압축비, 마찰의 편차, 폭발 압력 차이를 낮게 하고 회전속도의 변동을 적게 한다.

특히 공전에서 회전속도 변동이 크면 진동을 일으켜 운전자에게 불쾌감을 준다. COVEC-F에서는 그 대책으로 각 실린더의 분사량을 제어하고 있으며, 공전에서 회전속도의 변동을 검출하여 폭발압력이 균일하게 되도록 분사할 때마다 제어 레버를 움직여 제어를 한다. 즉 각 실린더의 분사량 제어와 공전의 일정 제어를 조합하여 엔진의 회전속도를 안정시켜 매우 진동이 적은 공전 상태를 얻을 수 있다.

2 COVEC-F의 특징

1. 동력 성능을 향상시킨다.

기존의 기계 제어 분사 펌프와 비교하여 가속 페달의 각도에 대한 분사량의 최적량화로 COVEC-F는 가속 페달의 각도가 작은 상태에서도 회전력의 향상이 가능하고, 동력성능 또한 향상된다.

2. 쾌적한 성능을 향상시킨다.

기존의 기계 제어 분사 펌프는 제어 슬리브 위치가 미세하게 변화되지 않지만 COVEC-F로는 공전할 때의 엔진 폭발과 동시에 회전속도의 변동을 감지하고, 연료 분사량을 증감하여 제어 슬리브의 위치를 제어한다. 이와 같이 각 실린더의 분사량을 매회 제어함으로서 엔진의 진동이 감소되어 쾌적한 성능을 향상시킨다.

3. 가속할 때 스모그(smog)를 감소시킨다.

가속할 때 엔진의 응답성을 고려하여 분사량을 증가시키면, 기존의 기계 제어 분사 펌프로는 많은 양의 연료가 공급되어 스모그가 발생한다. 그러나 COVEC-F는 이 영역에도 연료 분사량의 제어를 정확히 하여 가속 성능을 저하시키지 않으면서 스모그의 발생을 방지한다.

4. 부가 장치가 불필요하다.

각종 분사 시기 보정 장치 등의 부가장치를 분사 펌프에 부착할 필요가 없고, 각각의 센서 신호에 따라, 전기적으로 보정이 되기 때문에 분사 펌프의 부품을 간소화할 수 있다.

3 COVEC-F의 구성

OVEC-F(Computed VE pump Control system-Full) 연료분사장치는 ECU에 의해 분사량 및 분사시기를 제어하는 분배형 연료 분사장치이다. 소형 디젤 엔진에 요구되는 동력의 성능, 쾌적한 성능 향상 및 저공해 화를 목적으로 개발되었다.

1. COVEC-FI형

COVEC-FI형 장치의 기본 구성의 개요는 다음과 같다.

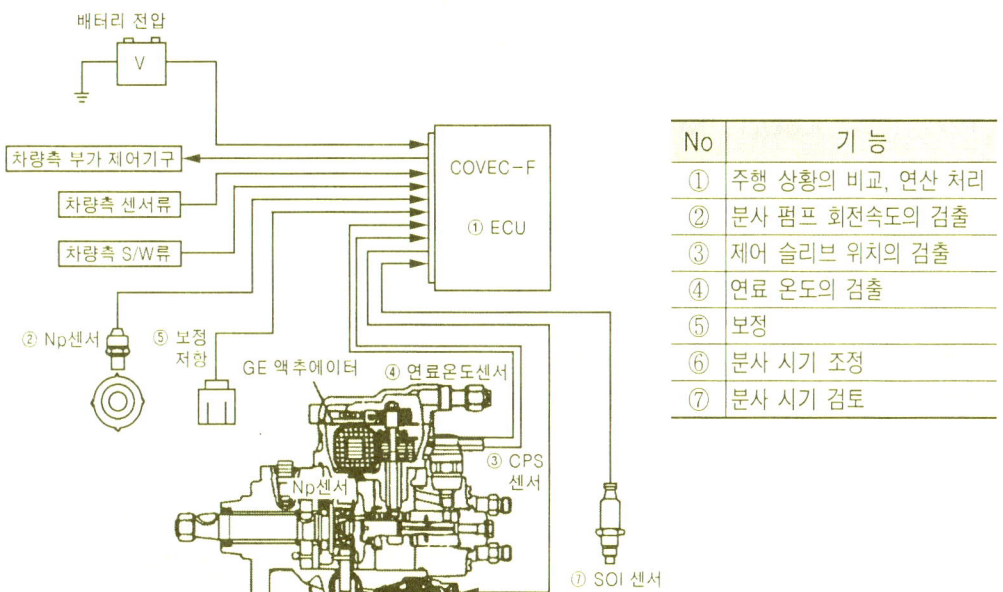

그림 6-1. COVEC-FI 기본 구성

2. COVEC-FII형

COVEC-FII형 장치에 있어서 기본 구성의 개요를 다음과 같이 표시한다.

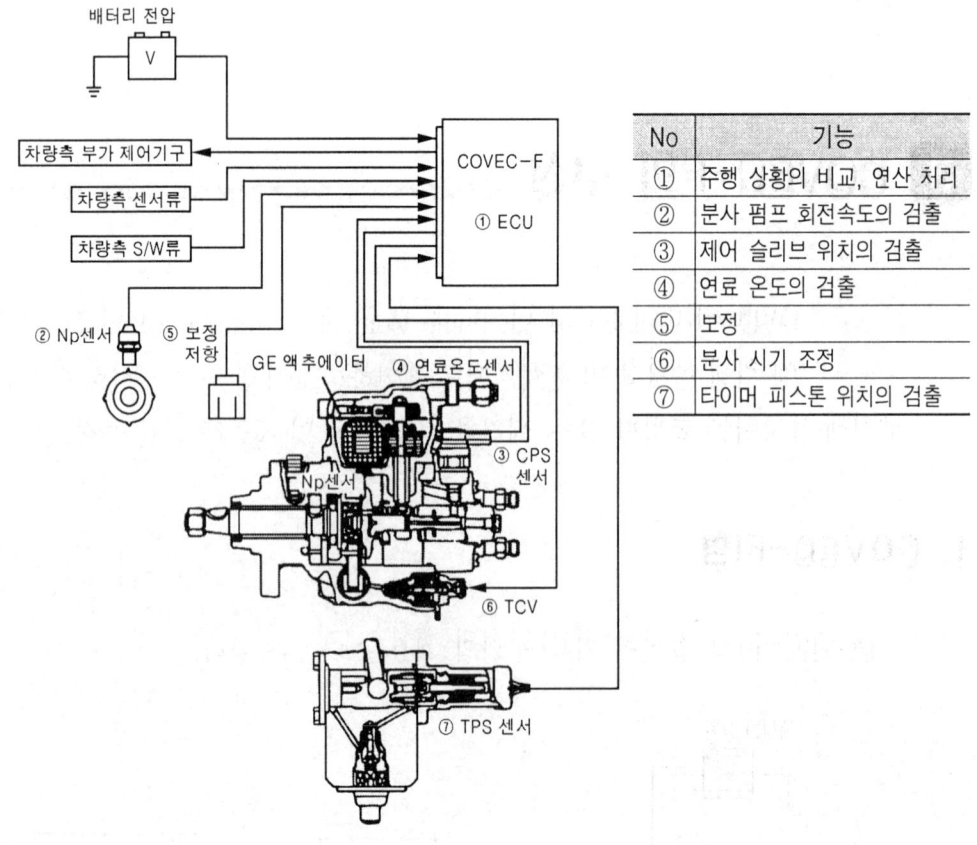

그림 6-2. COVEC-FII형 기본 구성

4 COVEC-F의 제어

OVEC-F는 각종 센서, 스위치 등에 의해 물리적 신호를 전기적 신호로 검출하고 ECU에 의해 비교 연산처리를 하며, 그 처리 결과에 따라서 연료 분사시기와 분사량을 제어하는 전자제어 방식이다.

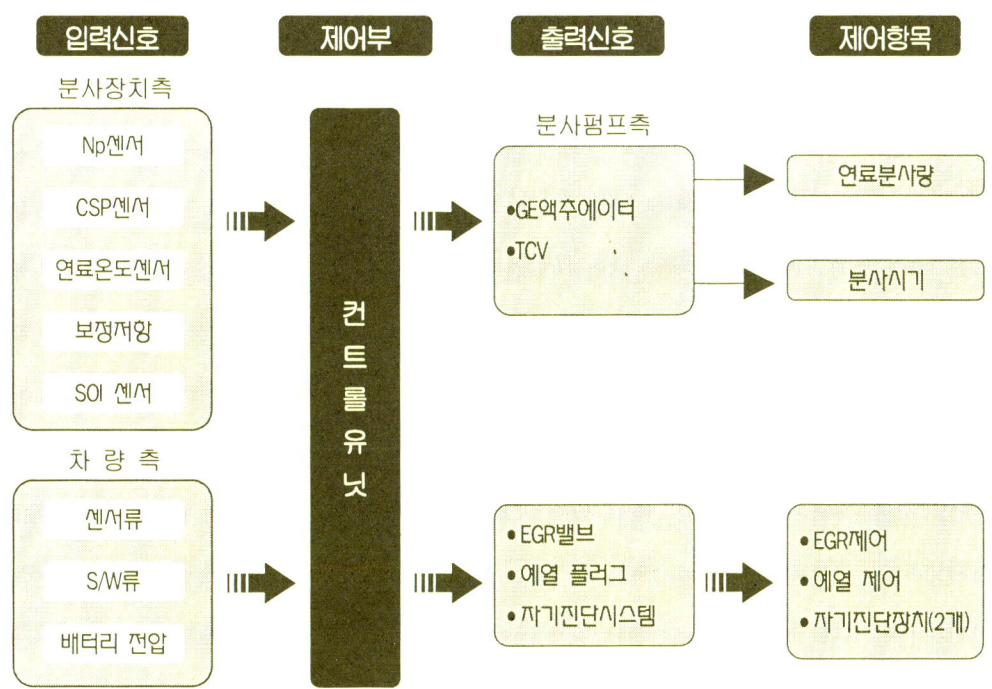

CPS : 컨트롤 슬리브 위치센서
SOI : 분사 타이밍 센서

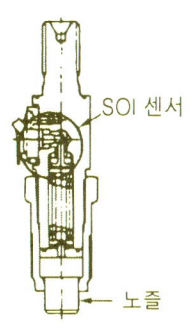

그림 6-3. SOI 센서

참고) SOI 센서란?   Reference

분사 노즐의 니들 밸브 양정(lift)에 의해 분사시기를 전기적인 신호로, 검출하는 센서이다.

5 COVEC-F의 외관도 및 단면도

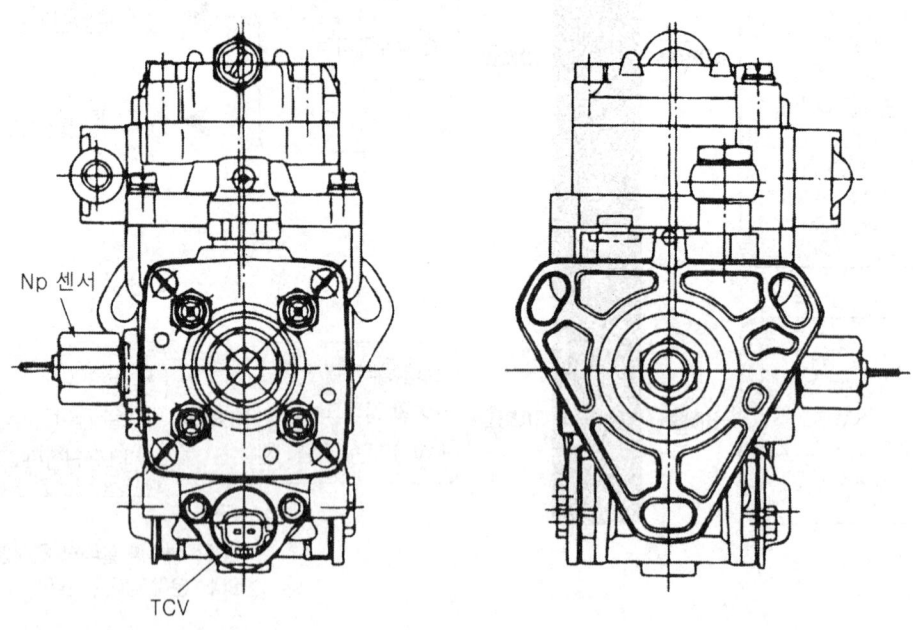

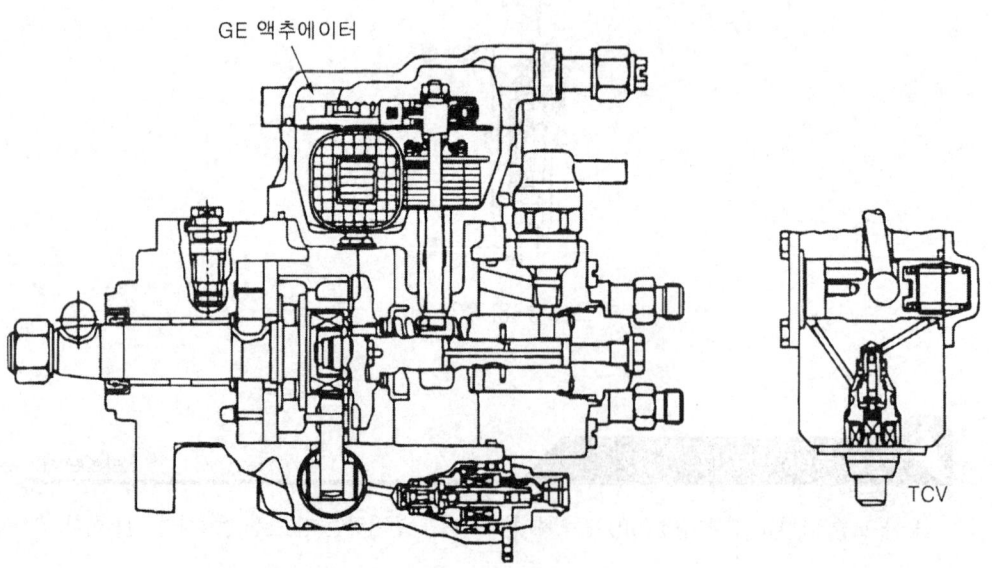

그림 6-4. COVEC-FI형의 외형 및 단면도

6 COVEC-F의 구조

1. COVEC-F 본체

COVEC-F는 연료의 흡입 및 압송 등은 기존의 기계 제어 분사 펌프와 변함이 없으며, 안쪽에는 분사량을 제어를 하는 조속기 실과 연료를 흡입 및 압송을 하는 펌프 실로 구분된다. 기계 제어 분사 펌프는 원심력 방식의 조속기로 제어되지만, COVEC-F는 GE 액추에이터(전자 조속기)가 사용되기 때문에 원심추를 사용하지 않는다. 따라서 위쪽 커버에는 제어 레버가 없고 ECU의 배선이 접속되어 있다.

또 기존의 기계 제어 분사 펌프는 원심추 홀더 기어(23개)를 사용하여 회전속도를 검출하고 있지만, COVEC-F는 구동축에 설치된 4개(4실린더 엔진의 경우)의 돌출된 센싱 기어 판(sensing gear plate)에 의해 회전속도를 검출한다. 펌프 본체의 아래쪽에는 TCV(타이밍 제어 밸브)가 타이머의 고압실과 저압실의 사이에 설치되어 요구되는 분사시기로 진각이 되도록 압력을 조정한다.

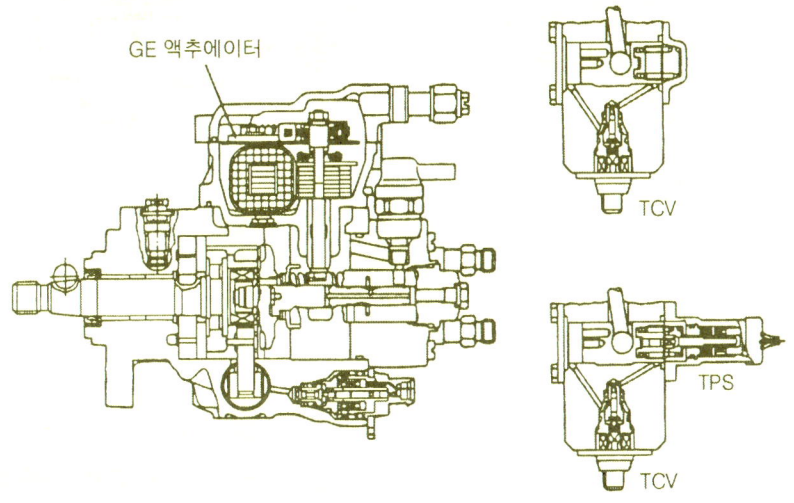

그림 6-5. COVEC-F 본체

기존의 기계 제어 분사 펌프는 오버플로 밸브(over flow valve)내에 일부만 체크 밸브(check valve)가 설치되어 있는데 COVEC-F의 오버플로 밸브에는 모두 체크 밸브가 설치되어 있기 때문에 일정한 압력이 될 때까지 오버플로 되지 않는 구조로 되어 있다. COVEC-FII형에는 분사 펌프 아래쪽에 타이머 피스톤 위치를 검출하는 TPS(타이머 피스톤 센서)가 설치되어 있는 점이 COVEC-FI형과 다르다.

2. GE 액추에이터(전자 조속기)

GE 액추에이터는 분사 펌프 위쪽의 조속기 실에 설치되어 컨트롤 유닛(ECU)의 제어 신호에 의해 연료의 분사시기를 조절하는 역할을 한다. 조속기 실과 펌프 실은 마그네트 필터를 사이에 두고 서로 통해 있어 조속기 실로 유입되는 연료에 의해 코일의 냉각이 이루어진다. 또, 마그네트 필터는 GE 액추에이터의 내의 철분 등의 유입을 방지한다. 로터에 압입되어 있는 축(shaft)의 끝에는 축에 대해 편심된 볼 핀이 있으며, 이 볼 핀은 제어 슬리브의 구멍에 삽입된다.

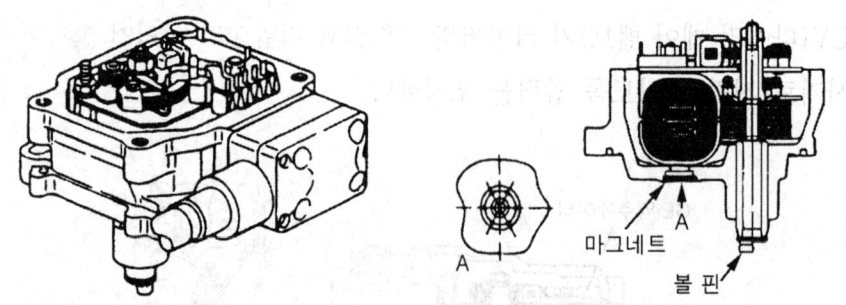

그림 6-6. GE 액추에이터

3. TCV(Timing Control Valve)

TCV는 본체 중앙 부분의 옆면에는 연료 흡입 구멍과 여과기가 있으며, 타이머 고압실 내의 압력을 제어하는 역할을 한다. 이 옆면의 구멍은 선단 구멍과 연결되어 있으며, 안쪽에는 니들 밸브가 있어 노즐과 같이 선단 구멍을 안쪽에서 접촉하여 막고 있다. TCV에 전류가 흐르면 니들 밸브는 자성에 의하여 왼쪽으로 움직여 선단의 시트 부분이 열린다. 분사시기의 변화는 기존의 기계 제어 분사펌프와 같이 타이머 피스톤의 움직임을 롤러 홀더에 연결하여 변화시킨다. 기존의 기계 제어 분사 펌프는 타이머 피스톤을 제어하는 타이머 고압실내의 압력은 회전속도에 따라 변화하지만 COVEC-F는 TCV로 타이머 고압실 내의 압력을 제어한다.

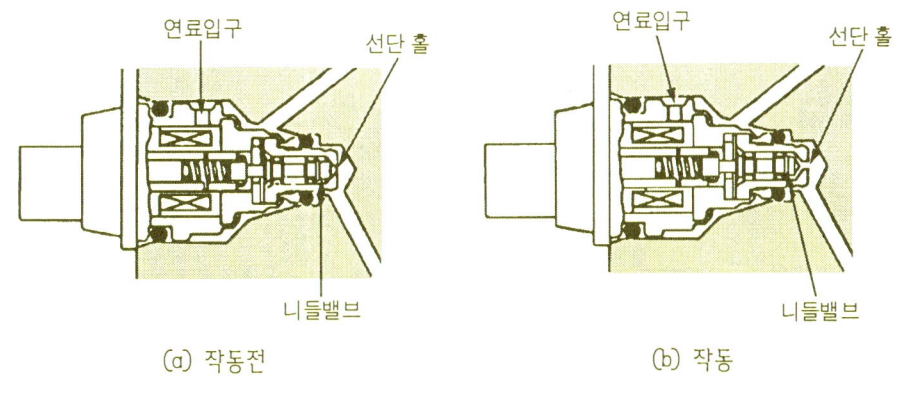

그림 6-7. TCV의 구조

4. Np 센서(회전속도 센서)

Np 센서는 각종 제어에 필요한 분사 펌프의 회전속도를 검출하여 컨트롤 유닛(ECU)에 신호를 보내는 장치이다. Np 센서는 영구자석과 코일로 구성되어 센싱 기어의 통과에 의한 자계(磁界)의 변화로 발생전압을 이용하여 회전 신호를 검출한다.

5. TPS(Timer Piston Sensor)

TPS는 타이머의 저압 쪽에 부착되어 있으며, 코어 축 및 보빈(코일을 감아 놓은 통)으로 구성되어, 타이머 피스톤의 위치를 전기적으로 검출하는 센서이다.

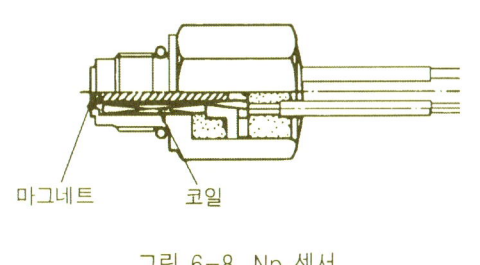

그림 6-8. Np 센서

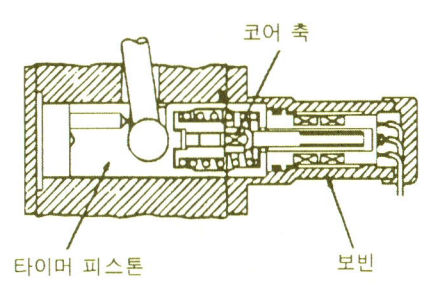

그림 6-9. TPS의 구조

6. 오버플로 밸브(체크 밸브 부착)

오버플로 밸브(over flow valve)는 GE 액추에이터 커버의 단면에 설치되어 있으며, 오버플로 밸브는 펌프실내에 어떤 일정의 압력이 될 때까지 볼 및 스프링의 힘에 의해 오버플로가 되지 않는 구조로 되어 있다.

7. 컨트롤 유닛(ECU ; Electronic Control Unit)

컨트롤 유닛은 차량 측에 부착되어 있으며, 각 센서에서 검출된 정보 신호를 받아서 그 정보 신호에 따라 프로그램 되어진 설정 값과 비교 연산되어 각 제어 부분에 순간적으로 최적의 제어 신호를 송출하게 된다. 또, 고장진단 장치도 내장되어 있다.

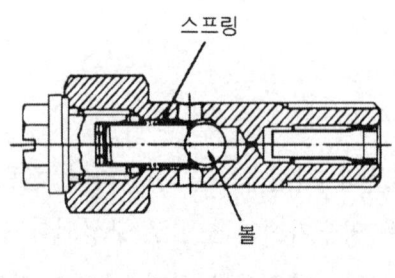
그림 6-10. 오버플로 밸브

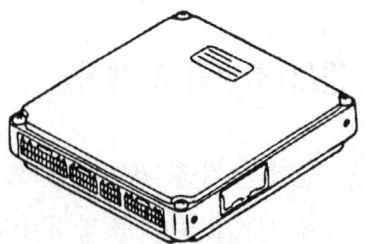
그림 6-11. 컨트롤 유닛

7 COVEC-F의 작동원리

1. GE 액추에이터(전자 조속기)

COVEC-F는 전자식으로 연료 분사량을 조정하고 있으며, 제어 슬리브의 위치를 검출하여 컨트롤 유닛에 피드백(feed back)을 하고 있다. 코일에 전류가 흐르면 코어(core)에는 자기가 발생하여 로터가 규정 범위 내까지 회전한다. 코어에 발생한 자기의 힘은 입력된 전류에 의해 결정되며, 코어에 발생한 자기는 로터를 리턴 스프링의 장력과 균형을 이루는 위치까지 회전시킨다.

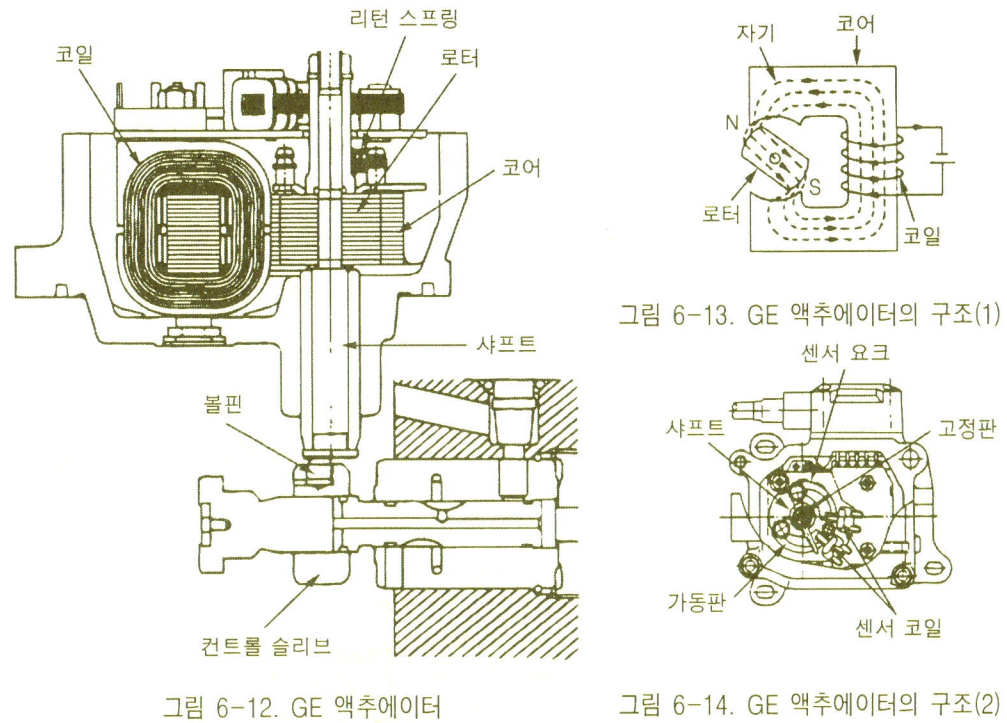

그림 6-12. GE 액추에이터

그림 6-13. GE 액추에이터의 구조(1)

그림 6-14. GE 액추에이터의 구조(2)

전류에 의해 지시된 제어 슬리브 위치(로터의 회전각도)가 실제로 정확한 위치에 있는지를 검출하기 위해 GE 액추에이터 위쪽에 제어 슬리브 위치센서(회전각도 검출)가 부착되어 있다. 제어 슬리브 위치 센서는 센서 요크(sensor yoke)와 센서 코일 및 고정 가동판으로 구성되어 있다.

가동판은 축에 직결되어 축과 같이 회전하며, 고정판은 온도에 의한 유도계수 변화를 보정하는 역할을 하고 있다. 제어 슬리브 위치 센서는 상하 검출 코일의 유도계수 차이에 의하여 각도를 환산하여 컨트롤 유닛으로 전달한다. 컨트롤 유닛 내에는 목표 각도와 실제 측정한 각도를 비교하여 목표의 각도가 되도록 전류를 보정한다.

2. TCV (Timing Control Valve)

TCV는 펌프 아래쪽에 부착되어 있으며, 펌프 하우징에는 TCV로 통하는 구멍 A, B 2개가 있다. A는 타이머 피스톤의 고압 쪽에서 TCV 옆면으로 통하고 있으며, 이 구멍은 연료의 입구이며, 이물질의 유입을 방지하기 위한 여과기가 부착되어 있다. B는 저압 쪽에서 선단 부분을 통하는 연료의 출구가 되며, TCV의 역할은 타이머 피스톤의 고압실과 저압실의 사이에서 니들 밸브의 개폐로 고압실의 압력을 조정하게 된다.

TCV에 전류가 흐르지 않을 때는 니들 밸브 선단으로 고압실과 저압실을 완전히 차단하고 있다. 통전되면 니들 밸브 선단의 시트 부분이 열리고 고압실과 저압실이 연결되어 고압실의 압력이 낮아진다. 타이머 피스톤은 스프링의 장력에 의해 고압실의 압력과 일치되는 위치로 이동함에 따라 롤러 홀더가 회전하여 분사시기가 변화한다.

TCV에 흐르는 전류의 ON-OFF 변화 비율(듀티 비율)에 의하여 분사시기를 변화시킨다. 분사시기 제어는 평균 전압 비율에 의해 제어되며, 각 특성 및 제어 신호는 모두 TCV 구동 신호의 평균 전압 비율을 이용하여 처리한다. 또, TCV 구동 신호의 주파수는 분사 펌프의 회전속도에 따라 변화하는 주파수 가변 방식으로 되어있다.

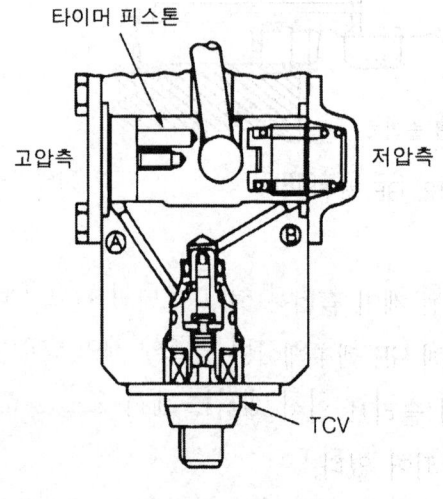

그림 6-15. TCV의 구조

 Reference

단위 시간(1주기)내에 타이밍 제어 밸브가 닫히는 시간의 비율을 말한다. 즉 듀티 비율이 100% → 0% 방향으로 변화할 때 분사 시기는 늦어진다.

3. Np 센서(회전속도 센서)

구동축이 회전할 때 센싱 기어 판의 돌기부가 회전하여 센서의 자계 내를 통과하면 코일에 교류 전압이 발생한다. 이것을 컨트롤 유닛(ECU)으로 보내어 펄스 신호로 변환하여 회전 신호로 사용된다.

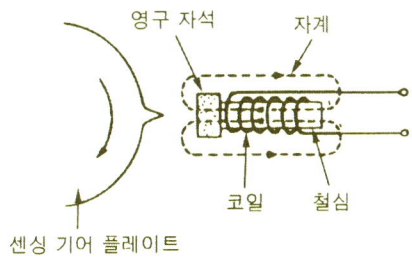

그림 6-16. Np 센서

4. TPS(Timer Piston Sensor)

코어 축에 의한 유도계수의 변화를 검출하여, 타이머 피스톤의 위치를 판단한다.

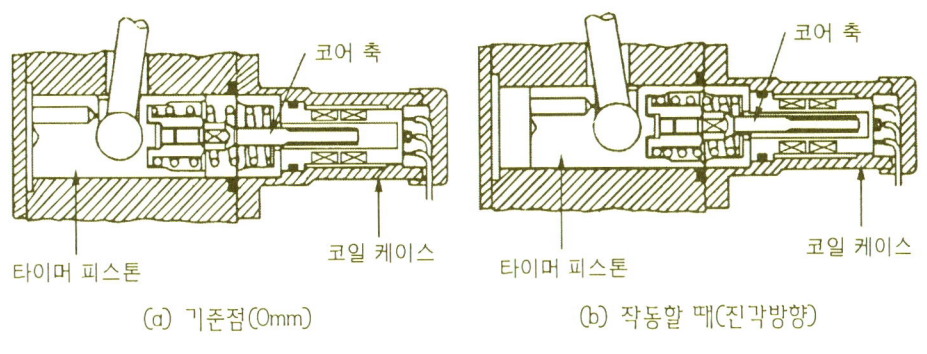

(a) 기준점(0mm)   (b) 작동할 때(진각방향)

그림 6-17. 기준점 TA=0mm, 작동할 때 TA=진각 방향

5. 체크 밸브(check valve)

그림 6-18은 기존의 기계 제어 분사 펌프의 진각 특성 선도와 COVEC-F의 진각 제어 가능범위를 표시한 것이다. 기존의 VE형 분사 펌프는 회전속도의 상승에 따라 연료압력을 상승시켜 진각 특성을 얻을 수 있도록 되어있다. 그러나 COVEC-F에서는 오버플로 밸브에 체크 밸브를 설치하여 엔진의 시동 회전에서도 진각을 제어할 수 있을 정도의 충분한 압력이 얻어 지도록 되어있다.

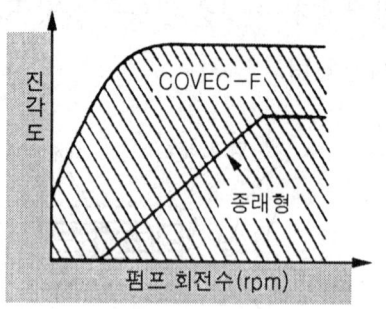

그림 6-18. 진각 특성 선도

6. 컨트롤 유닛(ECU)

각종 센서와 각종 스위치들에서 검출된 정보신호는 컨트롤 유닛으로 보내진다. 이 정보신호에 따라서 ROM(기억장치의 한 종류)에 기억되어 있는 특성 데이터 및 보정 데이터가 CPU(중앙처리장치) 내에 저장된다. 이러한 제어 데이터와 입력 부분에서의 정보 신호에 의해 비교 연산처리가 되며, 처리 결과(제어신호)가 출력된다. 컨트롤 유닛에서 출력된 제어신호의 내용에 따라 구동신호로 변환되어 GE 액추에이터 및 TCV에 전송되어 연료의 분사량 및 분사 시기가 제어된다. COVEC-F는 이에 따라 가장 좋은 조건으로 보정하는 기능(피드백 제어)이 있어 정밀하고 응답성이 좋은 최적의 제어를 할 수 있다.

제7장.
커먼레일 연료분사장치

1. 커먼레일 연료분사장치의 구성과 작용
2. 커먼레일의 연료 장치
3. 저압 연료 계통
4. 고압 연료 펌프
5. 커먼레일 - 고압 어큐뮬레이터
6. 인젝터
7. 컴퓨터의 기능
8. 전자 제어 계통
9. 델파이 커먼레일 연료분사장치의 구성과 작용
10. BOSCH 2세대 커먼레일 연료분사장치의 구성과 작용

제 7 장

커먼레일 연료분사장치

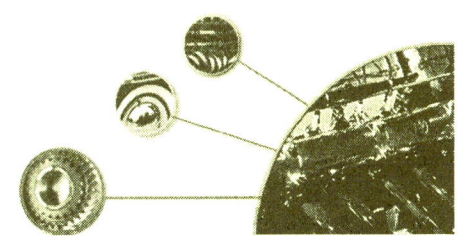

1 커먼레일 연료분사장치의 구성과 작용

1. 커먼레일 연료분사장치의 적용 배경

디젤 엔진의 소음 감소와 함께 높은 연료 경제성 및 독성 배기가스의 감소에 대한 필요성이 항상 대두되어 왔으며, 기계적으로 제어되는 연료분사장치로는 대응하는데에는 한계에 도달하였다. 이러한 요구 사항을 만족시키기 위해서는 정밀하고 정확하게 측정되는 연료 분사량과 함께 고압의 분사 압력을 요구하는 장치가 필요하다. 따라서 디젤 엔진의 전자 제어화 및 고압 직접 분사 장치를 개발하여 적용하게 되었다.

디젤 엔진 연료 장치에서 새롭게 개발된 것이 "커먼레일(common rail)"이라 부르는 연료 어큐뮬레이터(accumulator ; 축압기)와 초고압 연료 공급 장치 및 인젝터(injector)이며, 그리고 복잡한 장치를 정밀하게 제어하기 위해 전기적인 입력 및 출력 요소와 컴퓨터(ECU)를 두고 있다.

배기가스와 소음에 대한 강력한 규제와 낮은 연료 소비율에 대한 필요성의 결과로 인하여 디젤 엔진의 분사 장치에 대한 요구가 갈수록 높아지고 있으며, 효율적인 연료와 공기의 혼합을 형성하기 위해서는 약 350~2,000bar의 압력으로 연소실 내에 연료를 분사하여야 하며, 반면에 분사된 연료량은 매우 정밀하게 제어되어야 한다. 그리고 디젤 엔진에서 회전속도와 부하의 제어는 연료 분사량이지 흡입되는 공기량은 아니다. 기존의 기계 제어 디젤 엔진은 기계식 조속기로 분사량을 제어하는 것에 비해 커먼레일 방식에서는 공기와 연료의 비율을 컴퓨터에 의해 전자 제어되는 방식이다.

2. 커먼레일 연료분사장치의 개요

커먼레일 방식이란 고압 연료 저장 장치인 커먼레일(Common Rail-accumulator)에 연료를 저장하고 일정 압력 이상의 고압에서 연료를 분사하는 방식이며, 피스톤 위 부분의 연소실에 초고압(1,350bar)의 연료를 직접 분사해 연소하는 디젤 엔진이다. 일반적인 직접 분사 디젤 엔진은 매번 그리고 모든 분사 사이클마다 압력을 다시 발생시켜야 하는 반면 커먼레일 방식은 분사 순서에 관계없이 연료 계통을 따라 항상 일정하게 압력을 유지한다.

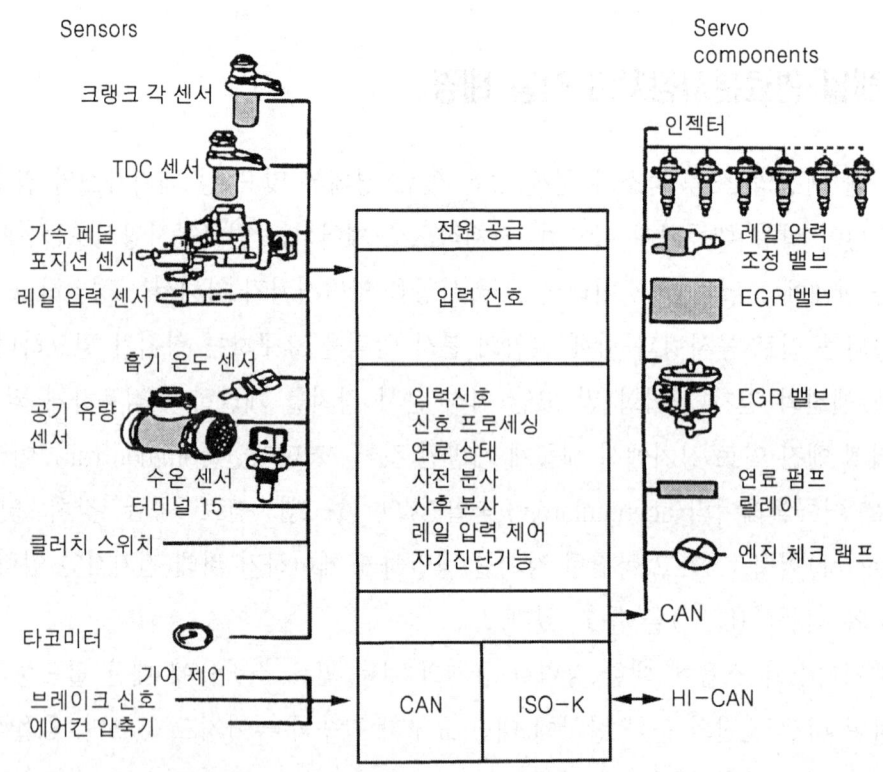

그림 7-1. 커먼레일 분사 장치의 구성도

컴퓨터는 캠축 및 크랭크 각 센서로부터 얻어진 데이터를 근거로 분사 압력을 필요에 따라 정밀하게 재조정하여 압축과 분사를 각각 독립적으로 발생할 수 있게 한다. 이 기술은 필요에 따라 연료를 제어 분사할 수 있기 때문에 연료와 배출 가스를 감소할 수 있다. 이를 위해서는 1350bar 이상의 분사 압력을 유지하기 위해서는 특수한 저장실을 필요로 한다. 이에 커먼레일 방식이 도입된 것이다. 연료의 분사 시기와 양을 조정하는 솔레노이드 밸브의 끝 부분에 인젝터가 연결되어 있으며, 컴퓨터는 인젝터의 밸브가 열리는 시간을 조정한다. 즉, 엔진의 작동 조건에 따라 분사되는 연료의 양과 얼마나 많은 압력이 필요한지를 결정한다. 솔레노이드 밸브가 닫히는 순간 연료 분사는 그 즉시 중단된다.

디젤 연료분사장치의 고압화는 직접 분사 소형 디젤엔진에서 양질의 혼합가스 형성에 중요한 요소로 매연 감소에 기여하며 전자화를 통해 연료 분사시기를 제어함으로써 엔진 운전 영역에서 기존의 기계 제어 연료분사장치보다 높은 자유도를 확보할 수 있게 되었다. 이에 따라 최적의 분사 시기의 분사량의 조절이 가능하며, 동일한 출력 성능 아래에서 상관관계가 있는 질소 산화물과 입자상 물질(PM, 흑연)을 줄일 수 있다. 또 커먼레일 방식의 장점은 다음과 같다.

① **유해 배출 가스를 감소시킬 수 있다.**

커먼레일 장치는 분사 연료를 완전연소에 가깝게 소모시켜 각종 유해 배출 가스를 억제할 수 있다. 동일한 질소 산화물 수준을 유지하면서 이산화탄소 20%, 일산화탄소 40%, 탄화수소 50% 및 입자상 배출물을 60%까지 줄일 수 있다.

② **연료 소비율을 향상시킬 수 있다.**

기존의 기계 제어 분배형 분사 펌프를 사용하는 엔진에 비하여 공연비(A/F)를 최대화하여 20% 정도의 연료 소비율 향상을 이룰 수 있다.

③ **엔진의 성능을 향상시킬 수 있다.**

분사 압력은 엔진 회전속도 및 부하 조건과 관계없기 때문에 저속에서 부하가 많이 걸릴 때에는 높은 분사 압력이 가능하므로 기존에 사용되는 일반적인 디젤 엔진보다 저속에서 토크 50% 정도 향상시킬 수 있으며, 출력 25%의 증가를 얻을 수 있다.

④ **운전 성능을 향상시킬 수 있다.**

지금까지 디젤 엔진의 단점이던 진동과 소음을 파일럿 분사의 도입으로 인하여 획기적으로 감소시켜 운전하는데 보다 나은 편안한 느낌을 얻을 수 있다.

⑤ **소형(compact) 경량화를 이룰 수 있다.**

인젝터를 전자제어 하여 2밸브 및 4밸브 적용이 가능하며, 기존의 기계 제어 디젤 엔진에 비하여 약 20kgf의 무게가 감소된다.

⑥ 모듈(module)화 장치가 가능하다.

각 실린더 별로 분사가 가능하므로 장치의 모듈화가 가능하며 3, 4, 5, 6실린더 엔진의 적용이 가능하고, 엔진의 큰 구조 변경 없이 커먼레일 장치로의 대체가 가능하다.

⑦ 가솔린/ 기존 디젤/ 커먼레일 엔진 장·단점 비교

구분	성 능		비 용			환경 대응		승차감	
	최고 출력	최대 토크	제조 원가	유지 비용	보수 비용	배기 가스	CO_2 규제	소음	진동
기존 디젤 엔진	X	○	○	○	○	△	○	X	X
커먼레일 엔진	△	◎	△	◎	○	○	◎	○	○
가솔린 엔진	○	△	◎	△	△	○	X	◎	◎

◎ : 아주 좋음 ○ : 좋음 △ :보통 X : 나쁨

2 커먼레일의 연료 장치

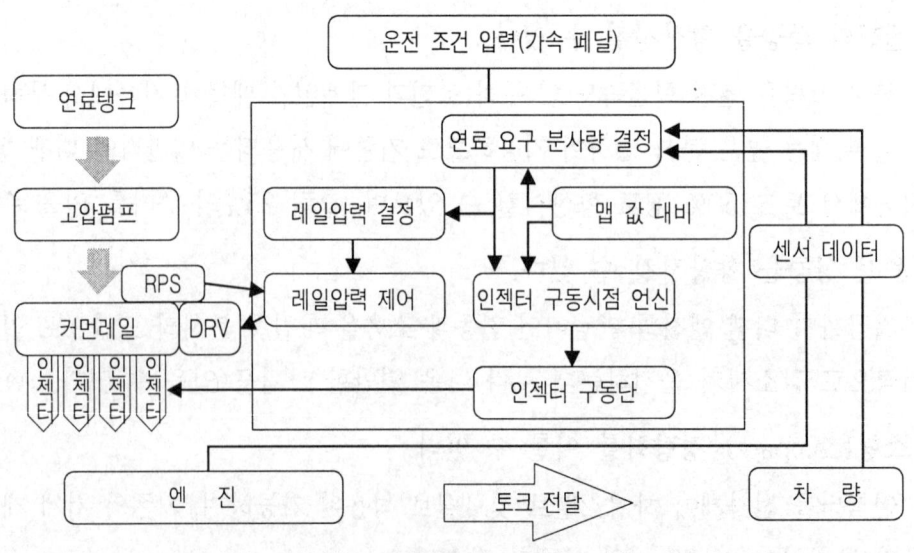

그림 7-2. 연료 장치의 전자 제어 개요

1. 연료 장치의 다이어그램(diagram)

연료 장치의 구성 요소들은 고압의 연료를 형성 분배할 수 있도록 되어 있으며, 또한 컴퓨터에 의해 전자 제어된다. 따라서 연료 장치는 기존의 기계 제어 디젤 엔진의 분사 펌프를 사용하는 연료 공급 방식과는 완전히 다르다. 커먼레일 연료분사장치는 연료의 저압 이송에 대한 저압 단계, 고압 이송에 대한 고압 단계, 그리고 제어 부분인 컴퓨터(ECU)로 구성되어 있다. 그리고 연료 공급 과정은 저압 연료 펌프 → 연료 필터 → 고압 연료 펌프 → 커먼레일 → 인젝터 순이다.

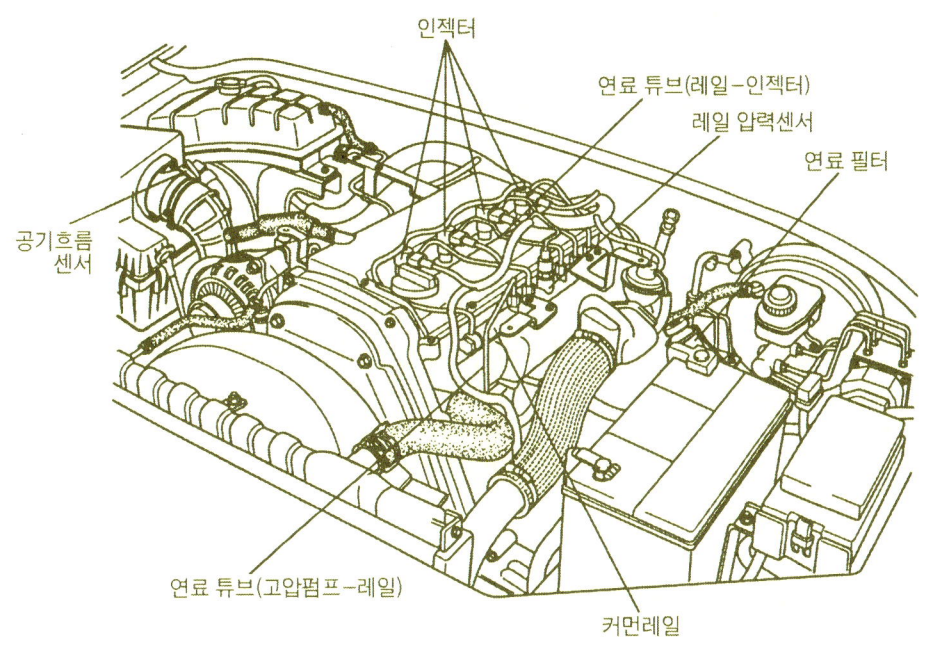

그림 7-3. 연료 장치의 구성

2. 저압 연료 계통

커먼레일 연료분사장치의 저압 계통은 다음과 같이 구성되어 있다.
① 연료 탱크(스트레이너 포함)
② 1차 연료 공급 펌프(저압 연료 펌프)
③ 연료 필터
④ 저압 연료 라인

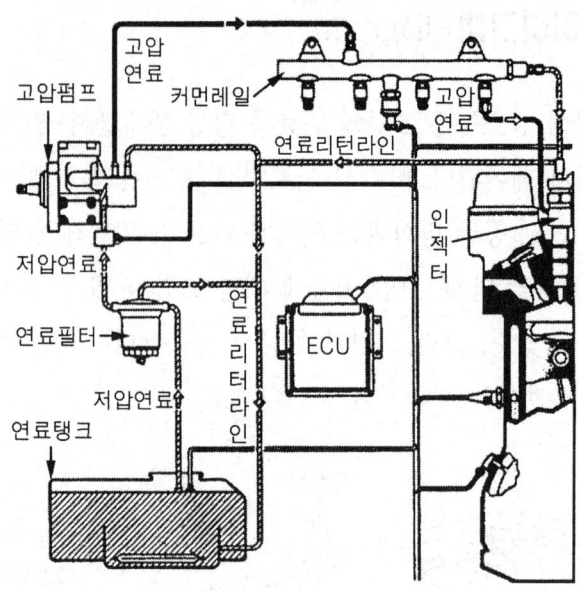

그림 7-4. 저압 연료 계통

(1) 연료 탱크

연료 탱크는 부식되지 않는 형태의 재질이며, 허용 압력은 작동 압력의 2배(최소 0.3bar 이상)이며, 과도한 압력 발생을 방지하기 위해 적당한 플러그 및 안전밸브가 부착되어 있고 최소한의 충격, 경사 길 선회에서 누출 방지뿐만 아니라 연료 공급이 원활하도록 설계되어 있다.

(2) 1차 연료 공급 펌프(저압 연료 펌프)

1차 연료 공급 펌프는 예비 필터를 지닌 전기식 연료 펌프이다. 엔진의 크랭킹과 함께 시작하는 이 펌프는 연료 탱크로부터 독립적으로 연속하여 연료를 이끌어내고 엔진이 요구하는 연료량을 고압 연료 펌프 쪽으로 전달한다. 과잉 공급된 연료는 오버플로워 밸브를 통해 탱크로 돌아가며, 엔진정지와 동시에 이송된 연료의 점화를 막기 위해 안전회로가 있다.

(3) 연료 필터

기존의 디젤 엔진보다 정화된 연료 공급이 요구되며, 연료에 이물질이 들어있을 때 펌프의 구성 요소, 밸브, 인젝터 등에 손상을 초래할 수 있다. 연료 필터는 연료가 고압 연료 펌프에 도달하기 이전에 정화하고, 고압 연료 펌프에서 원활한 작용이 이루어질

수 있도록 한. 따라서 연료 필터의 역할은 매우 중요하며 정비 및 점검할 때에도 주의하여야 한다.

3. 고압 연료 계통

고압 연료 계통은 다음의 단계로 형성되어 있다.
① 고압 연료 펌프(압력 제어 밸브 부착)
② 고압 연료 라인
③ 커먼레일 압력센서, 압력 제한 밸브, 유량 제한기, 인젝터 및 어큐뮬레이터로서의 커먼레일
④ 연료 리턴 라인

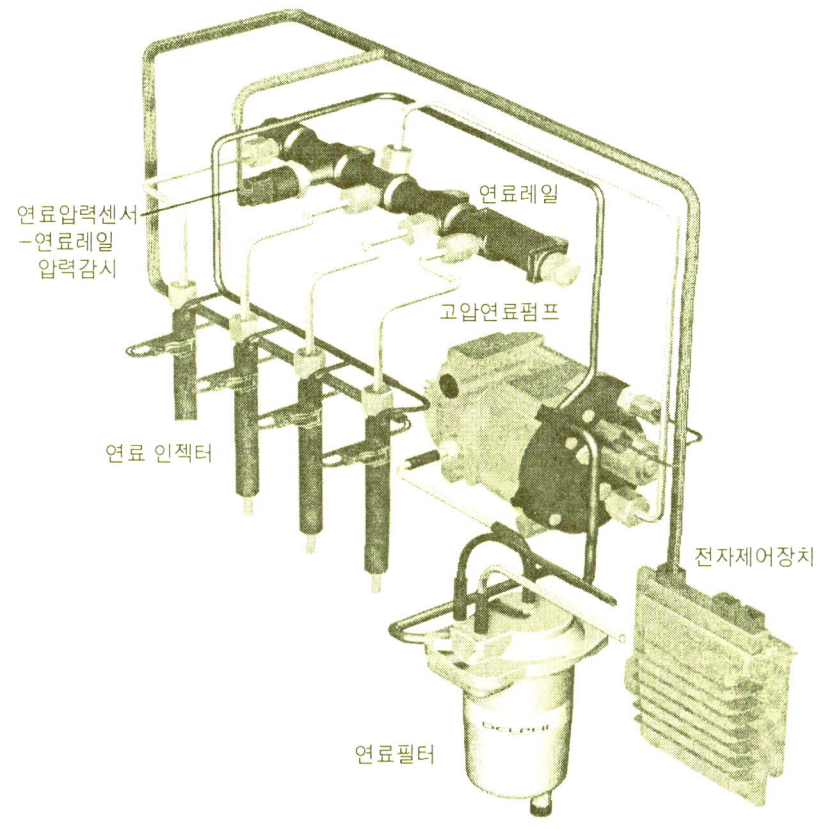

그림 7-5. 고압 연료 라인

(1) 고압 연료 펌프

이 펌프는 연료를 고압으로 형성시키는 장치이며, 캠축에 의해 구동되는 로터리형이다. 고압 연료 펌프는 연료를 약 1350bar의 압력으로 가압시키며, 이 가압된 연료는 고압 라인을 통하여 관 모양의 고압 연료 커먼레일(어큐뮬레이터)로 이송한다.

(2) 커먼레일(common rail)

커먼레일은 고압 펌프로부터 발생된 연료를 저장하는 부분이며, 실제적으로 고압의 연료 압력을 지닌 부분이다. 인젝터가 커먼레일로부터 많은 양의 연료를 분사하더라도 레일 내의 연료 압력은 레일의 체적에 의해 댐핑되어 항상 일정하게 유지된다. 이것은 연료 고유의 탄성으로부터 어큐뮬레이터(축압기)의 효과가 증가하기 때문이다.

연료의 압력은 커먼레일 압력 센서에 의해 측정되며, 압력 제어 밸브에 의해 원하는 값으로 유지된다. 연료 압력을 커먼레일 내에서 1350bar로 제한하는 것은 압력 제한 밸브의 역할이다. 그리고 매우 높은 압력이 가해진 연료는 유량 제한기에 의해 커먼레일로부터 인젝터로 향한다.

(3) 인젝터(injector)

인젝터는 전자제어 연료분사장치이며, 솔레노이드 밸브와 니들 밸브 및 노즐로 구성되어 있고, 컴퓨터에 의해 제어된다. 인젝터의 노즐은 솔레노이드 밸브가 작동되어 연료의 유동이 허용되면서 열리며 연료를 엔진의 연소실에 직접 분사한다. 인젝터의 노즐이 열려서 분사 하고 남은 연료는 리턴 라인을 통하여 다시 탱크로 되돌아간다. 압력 제어 밸브와 저압으로부터 반환되는 연료도 고압 연료 펌프를 윤활하기 위해 사용된 연료와 함께 리턴 라인으로 돌아간다.

(4) 고압 연료 라인 연결 파이프

연료 라인은 고압의 연료를 이송하므로 연료 라인은 계통 내의 최대 압력과 분사를 정지할 때 간헐적으로 일어나는 높은 주파수의 압력 변화에 견딜 수 있어야 하므로 연료 라인의 파이프는 강철(steel)을 사용한다. 커먼레일과 인젝터 사이의 고압 파이프는 모두 같은 길이로 되어 있으며, 커먼레일과 각각의 인젝터 사이의 길이는 각각의 파이프 길이에서 굽힘에 의해 보상되어 있다.

3 저압 연료 계통

1. 저압 연료 펌프(1차 연료 펌프)

저압 연료펌프는 앞에서 설명했듯이 고압 연료 계통에 충분한 연료를 공급하기 위한 장치이며, 전기식 모터 펌프이다. 이 펌프는 고압 연료 펌프로 연료를 이송할 뿐만 아니라 계통 내의 감시 기능으로 저압 연료 라인 내의 비상시에 연료 유동을 방지하는 역할을 한다. 엔진의 시동 과정과 함께 작동을 시작하는 저압 연료 펌프는 엔진의 회전 속도에 관계없이 독립적으로 연속하여 작동한다.

과잉 공급된 연료는 오버플로 밸브(over flow valve)를 통해 탱크로 되돌아간다. 엔진 가동 정지와 동시에 이송된 연료의 점화를 방지하기 위해 안전 회로가 설치되어 있으며, 저압 연료 펌프는 특수 마운팅을 이용하여 연료 탱크 바깥쪽에 설치되어 있다.

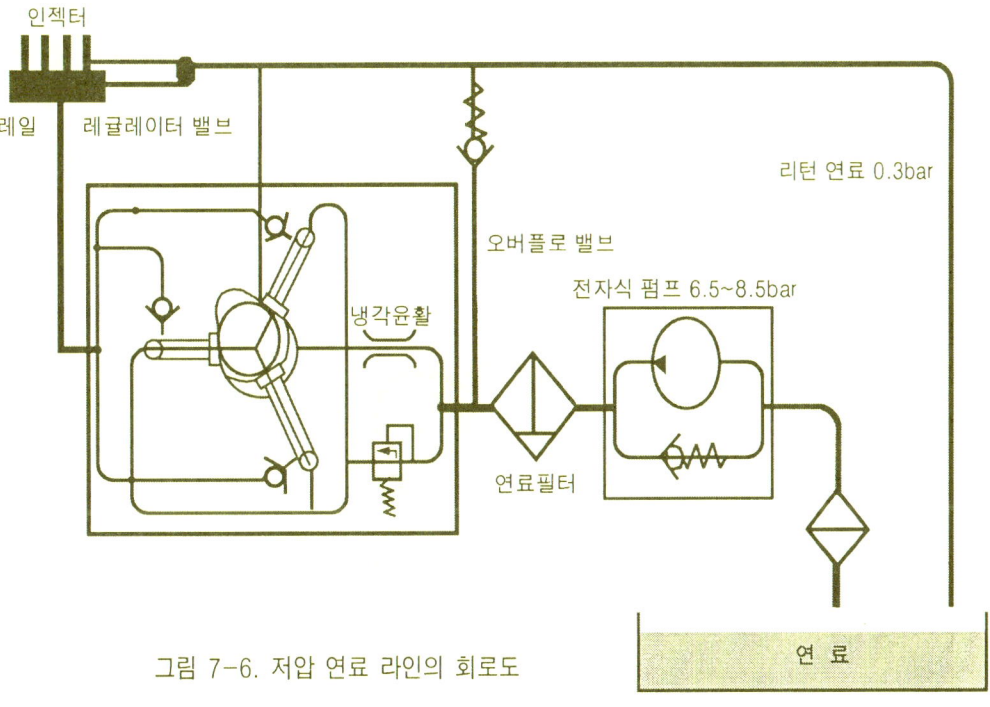

그림 7-6. 저압 연료 라인의 회로도

마운팅은 연료 탱크 바깥쪽에서 오는 전기 배선 연결과는 별도로 연료 스트레이너, 연료 수준 지시계, 연료 저장실로 사용되는 스월 포트(swirl port) 등으로 구성되어 있다. 커먼레일에 대한 저압 연료 펌프는 롤러 셀 방식(roller cell type)이다. 이러한 펌프의 형태는 기본적으로 슬롯(slot) 형태의 로터(rotor)가 부착된 체임버(chamber)를 구성한다. 또한 이동 가능한 롤러는 슬롯에 위치한다. 연료 압력과 더불어 로터의 회전은 바깥 롤러 통로와 슬롯의 구동 측면에 대하여 롤러 바깥쪽으로 이동한다.

이에 따라 롤러는 회전하는 실(seal)처럼 작동하며, 체임버는 인접하는 슬롯의 롤러와 롤러 통로 사이에 형성된다. 펌핑은 타원형의 입구 통로가 닫히면 체임버 체적은 계속적으로 감소하고, 출구 통로가 열리면 연료는 측면 커버를 통해 펌프로 나간다. 전기 모터는 영구 자석 방식으로 구성되고, 전기 모터와 펌핑 요소는 같은 하우징에 위치한다.

2. 연료 필터

연료 속의 이물질은 펌프의 구성 성분, 이송 밸브 및 인젝터의 손상을 초래할 수 있다. 따라서 연료 필터는 고압 직접 분사 엔진에 절대적으로 필요하며, 필터가 불량하면 작동 성능이 급격히 떨어진다. 경유는 온도 변화에 의한 수분의 응축으로 수분을 함유할 수 있으며, 수분이 연료 계통에 들어가면 부식되어 손상을 줄 수 있다. 다른 분사 장치와 마찬가지로 커먼레일 또한 규칙적으로 수분이 유출되는 수분 저장실이 설치된 연료 필터가 필요하다.

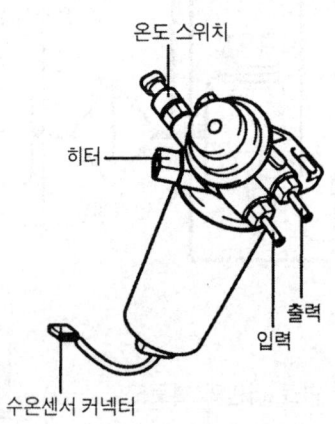

그림 7-7. 연료 필터의 구조

4 고압 연료 펌프

1. 고압 연료 펌프의 기능

고압 펌프는 분사 계통의 일부분으로 엔진 작동 조건에 필요한 연료 압력을 발생시킨다. 이 펌프는 엔진의 캠축으로 구동되는 레이디얼 펌프 방식(radial pump type)으로 저압 연료 펌프에서 송출된 연료를 다시 고압으로 형성하여 커먼레일로 배출한다.

고압 연료 펌프는 저압과 고압 단계 사이의 중간 영역에 있으며, 차량의 급출발이나 커먼레일에서의 압력의 급속한 형성에 대해 필요한 여분의 연료를 공급하는 기능도 한다. 고압 연료 펌프는 커먼레일에 필요한 연료 압력을 지속적으로 발생시키는 부분이므로 기존의 기계 제어 분사 펌프처럼 연료가 각각의 분사 과정에 대해 특별히 압축될 필요가 없다.

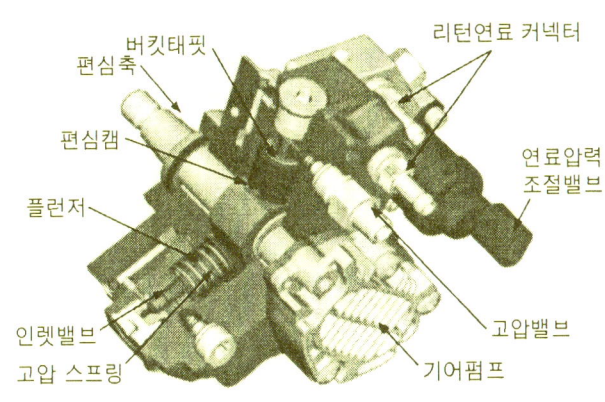

그림 7-8. 고압 연료 펌프의 외형

2. 고압 연료 펌프의 작동 원리

고압 연료 펌프 안쪽에는 서로 120°의 각도로 되어 있는 3개의 반지름 방향의 펌프 피스톤(pump piston)에 의해 연료가 압축된다. 매 회전마다 3번의 이송 행정이 일어나기 때문에 펌프 구동 장치에 압력이 일정하게 유지되도록 낮은 피크의 구동 토크가 발생하며 기존의 분사 펌프를 구동하기 위해 요구되는 토크 값의 1/9배이다. 이것은 커먼 연료분사장치에서는 기존의 분사 장치보다 펌프 구동에 더 작은 부하가 걸린다는 것을 의미하며, 펌프를 구동하기 위해 요구되는 출력은 커먼레일에 설정된 압력과 펌프의 회전속도(이송량)에 비례하여 증가한다. 설정 압력은 1,350bar이며, 엔진의 출력은 이것을 바탕으로 인젝터 분사량에 의해 결정된다. 따라서 연료의 누출 또는 압력 제한 밸브의 이상이 발생하였을 때 엔진 출력에 영향을 줄 수 있다.

저압 연료 펌프는 연료를 탱크에서 연료 입구와 안전밸브를 통하여 고압 연료 펌프의 윤활과 냉각 회로로 압송한다. 고압 연료 펌프의 작동은 구동 캠의 작동에 의해 캠의 형상에 따라 펌프의 피스톤을 상하로 이동시킨다. 이 때의 이송 압력이 안전밸브의 전개 압력(0.5~1.5bar)을 넘자마자 저압 연료 펌프는 연료를 고압 연료 펌프의 입구 밸브를 통하여 펌프 피스톤이 하사점으로 이동하고 있는 펌핑 요소의 체임버로 이송한다.

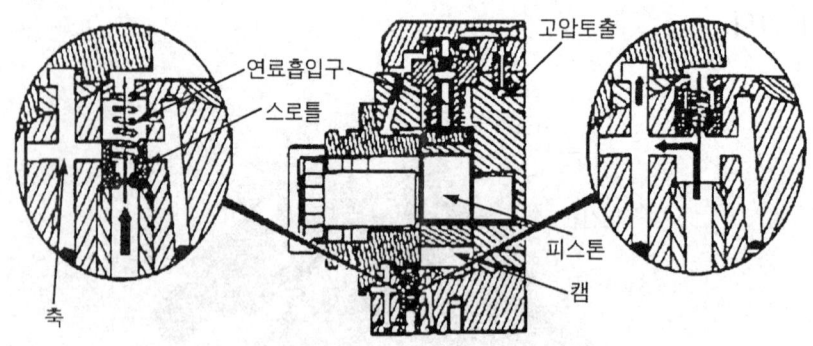

그림 7-9. 고압 연료 펌프의 단면도(1)

고압 연료 펌프의 흡입 및 송출 과정은 펌프 피스톤이 하사점을 지나면 입구 밸브가 닫히며, 연료가 펌핑 요소의 체임버에서 빠져나가는 것이 불가능하기 때문에 연료는 이송 압력 이상으로 압축된다. 증가하는 압력은 레일 압력에 도달하자마자 출구 밸브를 열고, 압축된 연료는 고압 회로로 들어간다.

연료 압송은 펌프 피스톤이 상사점에 도달할 때까지 계속된다. 그 후 압력이 떨어지면 출구 밸브가 닫힌다. 펌핑 요소 체임버에 남아있는 연료는 이완되고 펌프 피스톤은 다시 하사점으로 이동한다. 펌핑 요소 체임버의 압력이 저압 연료 펌프 압력 이하로 떨어지자마자 입구 밸브가 열리고 펌핑 과정이 다시 시작된다.

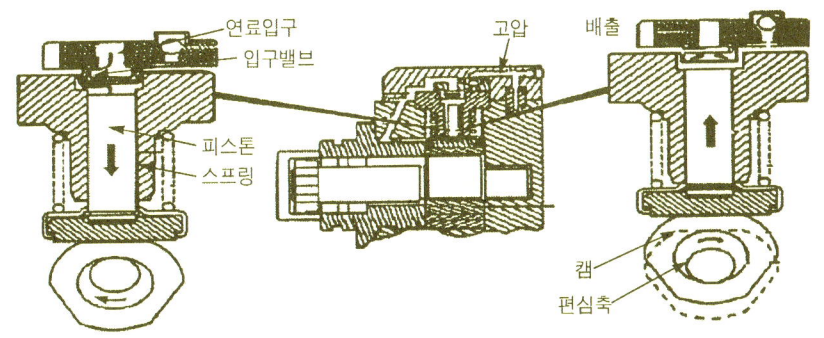

그림 7-10. 고압 연료 펌프의 단면도(2)

3. 고압 연료 펌프의 압력 제한 밸브

압력 제한 밸브는 컴퓨터가 듀티 제어(duty control)하며, 커먼레일에 설치되어 고압 연료 펌프의 압력을 제어한다. 이 밸브는 엔진 부하의 함수로써 커먼레일에서의 정확한 압력을 설정하고, 레일 압력이 과도하면 열려 연료의 일부분이 리턴 라인을 통하여 연료 탱크로 되돌아간다. 반대로 커먼레일 내의 연료 압력이 낮아지면, 압력 제한 밸브가 닫히고 저압 단계부터 고압 단계로 라인을 형성한다.

압력 제한 밸브에는 고압 연료 펌프와 커먼레일에 부착하기 위한 마운팅 플랜지가 마련되어 있다. 그리고 고압 단계와 저압 단계를 각각 밀폐하기 위해 전기자는 볼을 실(seal) 위치로 강제로 압착시킨다. 전기자에 작용하는 힘은 2가지가 있다. 첫째로 스프링에 의해 아래로 눌러지는 힘과, 둘째로 전자력에 의해 움직이는 힘이다. 윤활과 냉각을 위해 전기자 어셈블리는 연료에 의해 둘러 싸여져 있다.

3-1. 압력 제한 밸브에 에너지가 인가되지 않았을 때

커먼레일이나 고압 연료 펌프의 출구에서 고압의 연료가 고압 연료 펌프 입구를 통하여 압력 제한 밸브에 작용된다. 이때 에너지가 인가되지 않은 전기자는 힘을 발휘하지 못하기 때문에 고압 연료는 압력 제한 밸브를 열거나 이송량 만큼의 열림을 유지하기 위한 스프링의 장력을 초과한다. 스프링 장력은 최대 100bar 정도이다.

3-2. 압력 제한 밸브에 에너지가 인가되었을 때

고압 회로에서 연료 압력이 증가하면 전기자의 힘은 스프링 장력에 추가적으로 발생하면서 압력 제한 밸브는 한쪽에서의 고압과 스프링의 장력이 결합된 힘, 그리고 다른 면에서 전기자의 힘 사이에서 평형을 이루기 위하여 닫히거나 닫힌 상태를 유지하기 위한 에너지가 인가된다. 펌프 이송량의 변화나 고압 단계에서의 연료 변화는 압력 제한 밸브의 제어량에 따라 보상된다.

5 커먼레일 - 고압 어큐뮬레이터

고압 연료 펌프로부터 이송된 연료가 축압 저장되는 부분으로 모든 실린더에 공통적으로 공급 사용된다. 고압 연료 펌프의 이송과 연료의 분사 때문에 발생하는 압력 변동은 커먼레일의 체적에 의해 완화되며 연료의 많은 량이 추출되더라도 커먼레일은 내부 압력을 일정하게 유지한다.

이것은 분사 압력으로 인젝터가 열리는 순간부터 일정하게 유지되고 커먼레일의 체적은 가압된 연료로 채워진다. 고압에 의한 연료의 압축성은 어큐뮬레이터 효과를 얻기 위해 이용된다. 분사를 위해 연료가 커먼레일을 통과하여도 커먼레일에 있는 압력은 일정하게 유지된다. 그러나 고압 연료 펌프와 연료 공급 펄스에 의한 압력은 변동된다.

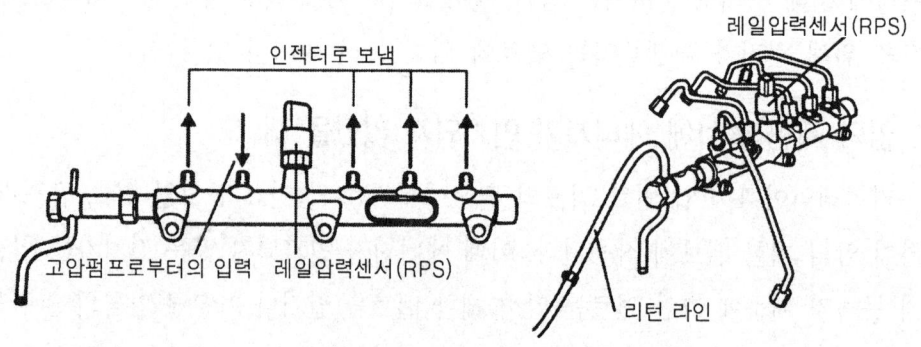

그림 7-11. 커먼레일의 구조

6 인젝터(Injector)

1. 인젝터의 구성 요소

고압의 연료를 실린더 연소실에 분사하는 기구로서, 컴퓨터에 의해 제어되며 분사 개시와 분사된 연료량은 전기적으로 작동되는 인젝터에 의해 조정된다. 이러한 인젝터는 솔레노이드 밸브와 노즐로 이루어져 있다.

인젝터는 실린더 헤드에 설치되며, 연료는 고압 통로를 통해 인젝터에 공급되며, 블리드 오리피스를 통하여 제어 체임버(control chamber)에 공급된다. 제어 체임버는 솔레노이드 밸브에 열리는 통로를 경유하여 연료 리턴 라인과 연결되어 있다. 블리드 오리피스가 닫힌 채 밸브 제어 플런저에 적용된 연료 압력은 노즐의 니들 밸브 압력 값을 이기고 니들 밸브는 밸브 시트에서 강제로 이동되면서 고압 통로가 열려 연료가 분사된다.

2. 노즐 부분

인젝터 노즐은 분사된 연료의 측정(분사 시간과 단위 크랭크축 1회전 당 분사된 연료량), 연료 관리(분사 제트의 수, 분무 형상 및 무화 상태), 연소실에서의 연료 분포, 연소실에서 발생되는 압력에 대해 기밀을 유지한다.

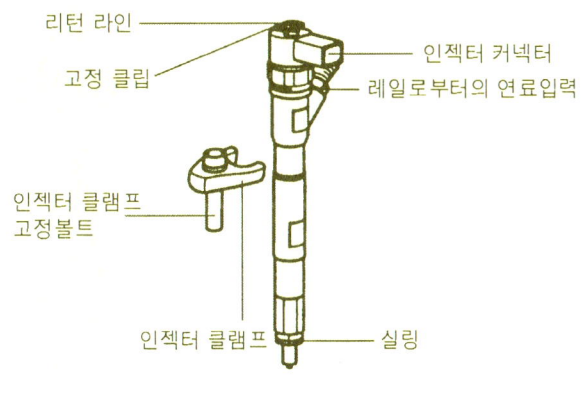

그림 7-12. 인젝터의 외형

3. 인젝터의 작동

인젝터의 솔레노이드 밸브가 작동하면 블리드 오리피스(볼 밸브)가 열리고, 제어 체임버 압력이 낮아져 플런저에 작용하는 연료 압력도 떨어진다. 연료 압력이 노즐 니들 밸브에 작용하는 힘보다 약해지면 노즐의 니들 밸브가 열린다. 그리고 연료는 분사 구멍을 통하여 연소실로 분사된다. 연료 압력 증대 기구를 사용하는 이유는 다음과 같다.

노즐의 니들 밸브의 제어는 니들 밸브를 신속하게 열기 위해 필요한 힘이 솔레노이드 밸브로부터 직접 생성되지 않기 때문이다. 노즐의 니들 밸브를 열리 위해 요구되는 제어량은 실제로 분사되는 연료량에 추가된다. 그리고 추가된 연료는 제어 체임버의 블리드 오리피스를 통하여 연료 리턴 라인으로 되돌아간다. 또한 연료는 노즐의 니들 밸브와 밸브 플런저 가이드에서 손실이 생기기도 한다. 이러한 제어와 누출 연료량은 리턴 라인과 오버플로 밸브, 고압 연료 펌프, 그리고 압력 제한 밸브가 연결된 리턴 라인을 통해 연료 탱크로 되돌아간다.

인젝터의 작동은 엔진의 시동과 연료 압력을 생성하는 고압 연료 펌프와 더불어 인젝터 닫힘(고압 적용), 인젝터 열림(분사 개시), 인젝터 완전 열림, 인젝터 닫힘(분사 완료) 등의 4단계로 나누어 볼 수 있다. 이러한 작동 단계는 인젝터의 구성 성분에 작용하는 힘의 분배에 의해 결정되며, 엔진의 가동 정지와 커먼레일에서의 신호가 없는 상태에서는 노즐의 스프링은 인젝터를 닫는다.

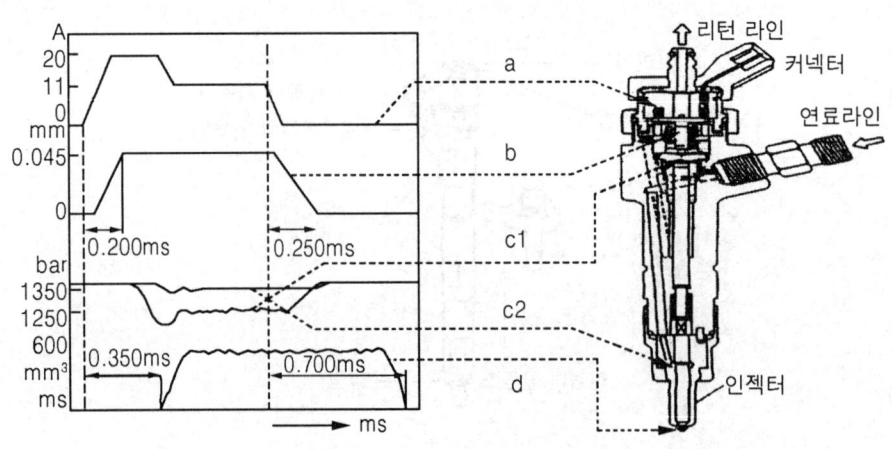

그림 7-13. 인젝터 작동 그래프

3-1. 인젝터 닫힘(휴식 상태)

인젝터 솔레노이드 밸브에 전원이 인가되지 않은 상태로 휴식 상태이다. 오리피스가 닫힌 상태이며, 밸브 스프링은 전기자의 볼을 블리드 오리피스의 시트로 이동시킨다. 커먼레일의 고압은 밸브 제어 체임버에서 형성되고, 같은 압력이 노즐의 체임버 체적에도 존재한다. 제어 플런저의 끝 면에 작용하는 커먼레일의 압력은 노즐을 압력 단계에서 적용된 전개(全開) 힘에 대해, 닫힘 위치를 유지시킨다.

3-2. 인젝터 열림(분사 개시)

인젝터의 솔레노이드 밸브에 높은 전류가 인가되면서 인젝터는 신속히 열린다. 솔레노이드 밸브는 밸브 스프링의 장력을 이기면서 오리피스를 열어주고 이와 동시에 인젝터 초기 작동에 인가되었던 높은 전류는 낮아지면서 지속적으로 솔레노이드 밸브에 가해진다. 오리피스가 열리면 연료는 밸브 제어 체임버 위쪽으로 흐르게 되고 이곳에서 연료 리턴 라인을 거쳐 연료 탱크로 흐른다. 오리피스는 압력 균형을 막음으로 밸브 제어 체임버에서 압력이 낮아지게 되며, 밸브 제어 체임버에서 커먼레일과 같은 압력에 있는 노즐의 체임버 압력을 낮춘다.

밸브 제어 체임버에서 감소된 이 압력은 제어 플런저에서 작용하는 힘이 적어지도록 하며, 노즐의 니들 밸브는 열리고 분사가 시작된다. 노즐의 니들 밸브 전개 속도는 블리드 오리피스를 통한 유동률의 차이에 의해 결정된다. 연료는 커먼레일에서의 압력과 거의 동일하게 연소실로 분사되며 분포력은 전개 상태 동안의 힘으로 결정되며 분사 기간은 동일하다.

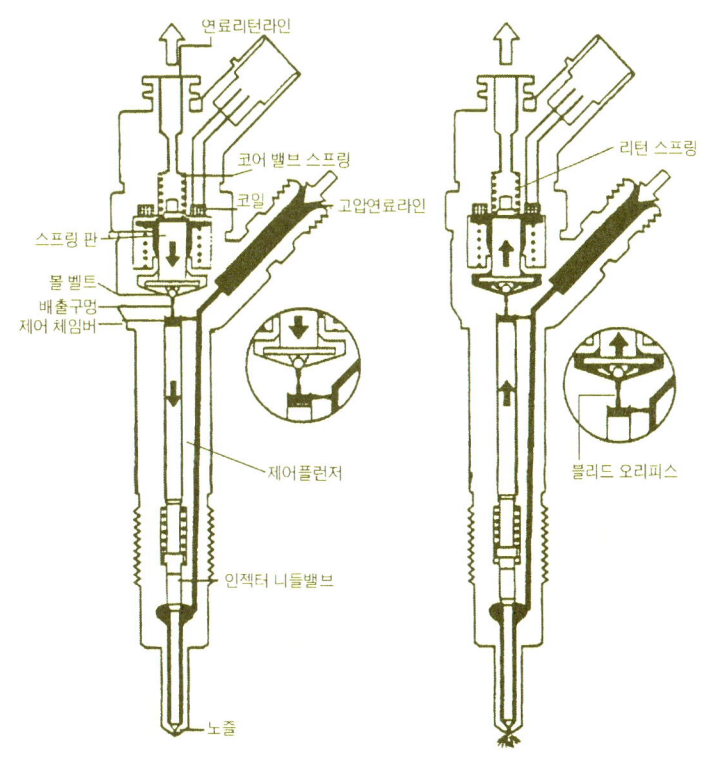

그림 7-14. 인젝터 작동 모드

3-3. 인젝터 닫힘(분사 완료)

인젝터 솔레노이드 밸브의 전원이 차단되면 밸브 스프링은 솔레노이드 밸브를 아래 방향으로 향하도록 하고 볼은 블리드 오리피스를 닫는다. 오리피스의 닫힘은 공급 오리피스로부터 입력을 경유하여 제어 체임버에 압력 형성을 유도한다. 이 압력은 커먼레일의 압력과 동일하며, 제어 플런저 끝면을 통하여 제어 플런저에 압력을 가한다.

스프링 장력과 함께 이 압력은 체임버 체적에 의해 발생된 압력을 능가하고 노즐 니들 밸브는 닫힌다. 노즐의 니들 밸브 닫힘 속도는 공급 오리피스를 통한 유량으로 결정되며 니들 밸브가 정지 위치에 오는 순간 연료 분사는 정지된다.

7 컴퓨터(ECU)의 기능

1. 컴퓨터의 기본 기능

컴퓨터의 기본적인 기능은 연료의 분사를 적절한 순간에 알맞은 양과 정확한 분사 압력으로 제어하여 엔진을 보다 원활하고 경제적으로 작동하도록 한다.

2. 컴퓨터의 보조 제어 기능

보조 제어 기능은 유해 배기가스 배출 감소와 연료 소비율의 향상, 안전성, 승차 감각 그리고 편리성 향상을 위해 적용되었다. 또한 CAN 통신을 적용하여 차량의 다른 전기적 계통(즉, 자동 변속기와 ABS)과의 데이터의 교환을 원활하도록 한다.

3. 분사 특성

(1) 기존의 기계 제어 분사 펌프에 의한 연료 분사의 특성

기존의 기계 제어 분사 펌프에 의한 분사 장치에서 연료 분사는 파일럿과 후 분사가 없는 주 분사만으로 이루어진다. 따라서 기존의 분사 장치에서 압력 발생과 연료량 공

급은 분사 펌프 캠축과 플런저에 의해 이루어지며, 분사 압력은 증가 속도와 분사된 연료량과 함께 증가하며, 실제 분사 과정 동안 분사 압력은 증가하고 분사 말기에 노즐이 닫혀 압력이 떨어지는 특성을 지니고 있다.

이러한 특성으로 분사된 연료량이 적을수록 더욱 낮은 압력으로 분사되며, 최대 분사 압력은 평균 분사 압력보다 2배 이상 크다. 이 최대 압력은 연료 분사 펌프 구성 요소와 엔진 부하에 결정적인 영향을 미치며, 또한 최대 압력은 연소실에서 형성되는 공기 연료 혼합 비율에도 영향을 미친다. 따라서 기계식 분사 펌프의 연료량 정밀 제어에는 한계가 따른다.

(2) 커먼레일 방식 연료 분사의 특성

기존의 분사 특성과 비교하여 이상적인 분사 특성을 위해 다음 사항이 요구된다.
① 부품 서로간의 독립성, 분사된 연료량과 분사 압력은 각각 그리고 엔진의 작동 조건에 적당히 대처하여야 한다.
② 이상적인 공기 연료 혼합물을 형성하기 위해 더 많은 부분의 센서 정보가 필요하다.
③ 분사 과정의 초기에 분사된 연료량은 가능한 적어야 한다(분사 개시와 연소 개시 사이의 착화 지연 기간 동안).

그리고 커먼레일 방식은 레일 내에서 일정한 압력 유지가 가능하며, 연료 분사 방식이 파일럿 분사, 주 분사 방식으로 이루어져 광범위한 운전 영역에 대응할 수 있다.

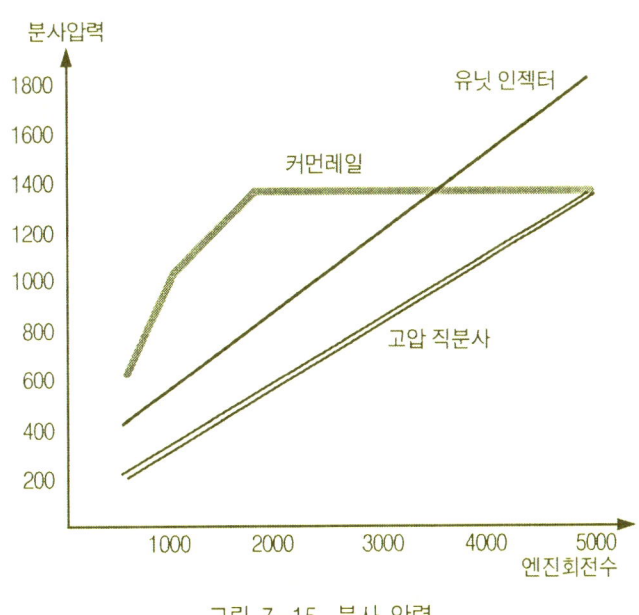

그림 7-15. 분사 압력

8 전자 제어 계통

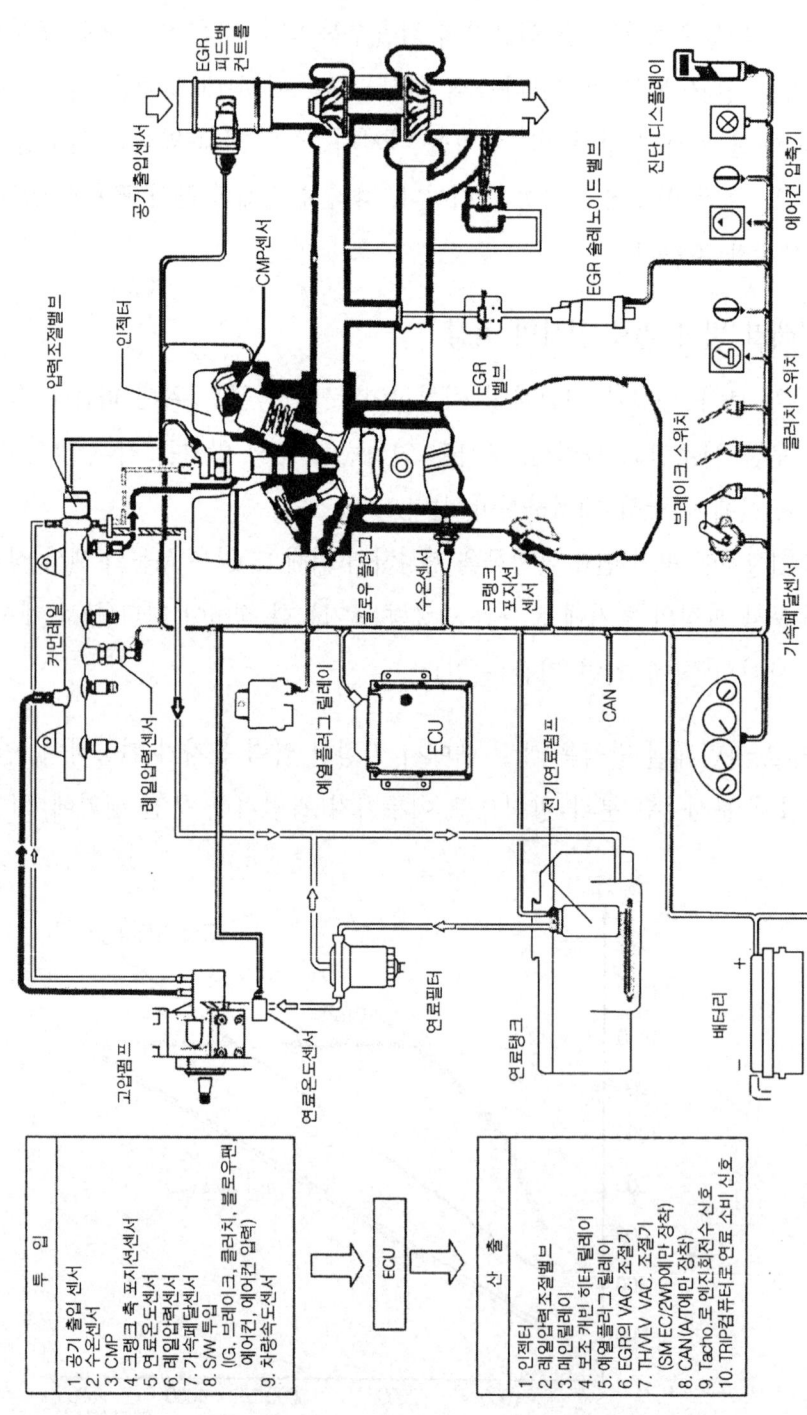

그림 7-16. 엔진 EMS 다이어그램

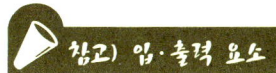

참고) 입·출력 요소

Reference

1. 아날로그 입력 요소
   ① 연료 압력 센서
   ② 공기 유량 센서 & 흡기 온도 센서
   ③ 가속 페달 센서
   ④ 연료 온도 센서
   ⑤ 축전지 전압
   ⑥ 수온 센서
   ⑦ 센서 전압
   ⑧ 크랭크 포지션 센서

2. 디지털 입력 신호
   ① 클러치 스위치 신호
   ② 에어컨 스위치
   ③ 이중 브레이크 스위치
   ④ 에어컨 압력 스위치(로우, 하이 스위치)
   ⑤ 에어컨 압력 스위치(중간 압력 스위치)
   ⑥ 블로 모터 스위치
   ⑦ 차속 센서
   ⑧ IG 전원

3. 출력 요소
   ① 인젝터
   ② 커먼레일 압력 제한 밸브
   ③ 메인 릴레이
   ④ 프리히터 릴레이
   ⑤ 예열 플러그 릴레이
   ⑥ EGR 솔레노이드 밸브
   ⑦ CAN 통신

1. 입력 요소의 기능 및 원리

1-1. 연료 압력 센서(RPS ; Rail Pressure Sensor)

이 센서는 커먼레일의 연료 압력을 측정하여 컴퓨터로 입력시키며, 컴퓨터는 이 신호를 받아 연료 분사량, 분사시기를 조정하는 신호로 사용한다. 연료 압력 센서 내부는 반도체 피에조 소자 방식이며, 이 센서가 고장이면 림프 홈 모드로 진입하여 압력이 400bar로 고정된다. 출력값을 가지고 연료 압력을 산출하는 방법은 다음과 같다.

$$P = \left(\frac{Uo}{Us} - 0.1\right) \times \frac{150}{0.8}$$

여기서, P : 압력(MPa)
Uo : 출력 전압
Us : 공급 압력

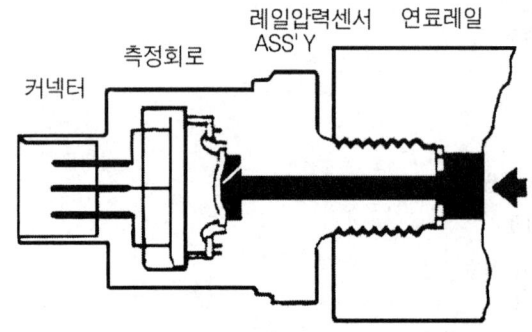

그림 7-17. 연료 압력 센서의 내부 구조

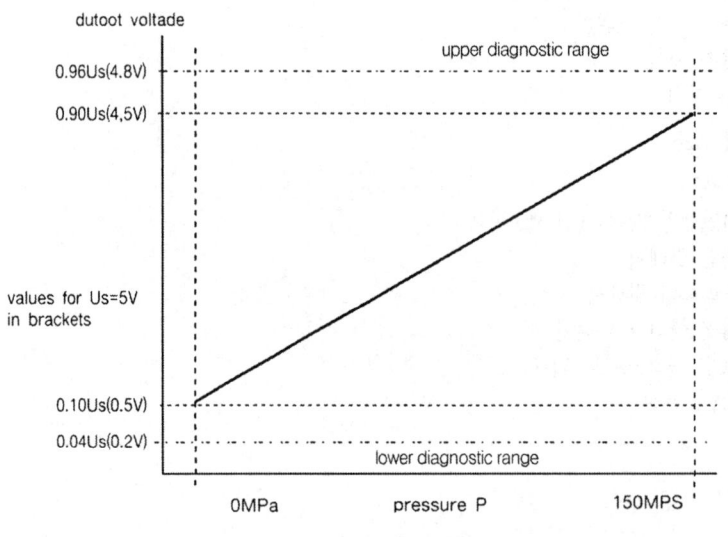

그림 7-18. 연료 압력 센서의 전압

1-2. 공기 유량 센서(AFS)와 흡기 온도 센서(ATS)

공기 유량 센서는 열막 방식(hot film type)을 적용하며, 가솔린 엔진과는 달리 공기 유량 센서의 주 기능은 EGR 피드백 제어이며, 또 다른 기능은 스모그 제한 부스터 (smog limit booster) 압력 제어용으로 사용된다. 흡기 온도 센서는 부특성 서미스터이 며 연료량, 분사 시기, 엔진을 시동할 때 연료량 제어 등의 보정 신호로 사용된다.

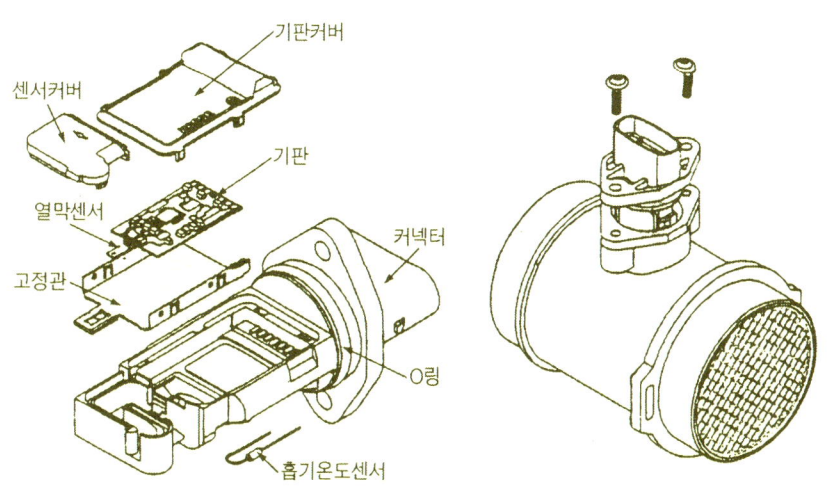

그림 7-19. 공기 유량 센서와 흡기 온도 센서의 내부 구조

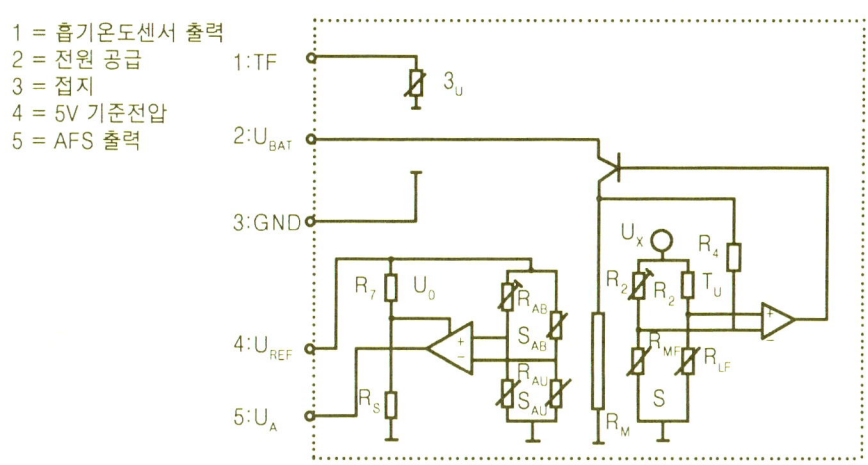

그림 7-20. 공기 유량 센서와 흡기 온도 센서의 회로도

1-3. 가속 페달 포지션 센서 1, 2 (APS ; Accelerator pedal Position Sensor)

가속 페달 포지션 센서는 스로틀 포지션 센서의 원리를 이용한 것이며, 센서 1에 의해 연료량과 분사 시기가 결정되고, 센서 2는 센서 1을 검사하는 센서이다. 가속페달 포지션 센서는 차량의 급출발을 방지하는 기능을 한다. 센서 1, 2가 고장 나면 림프 홈 모드로 진입하여 1200rpm으로 고정된다.

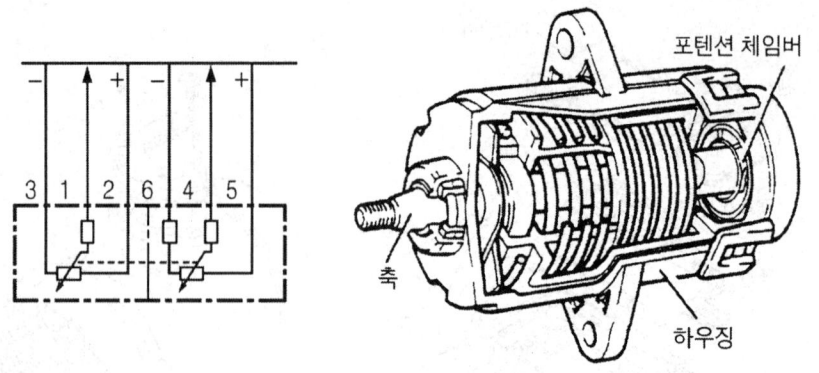

그림 7-21. 가속 페달 포지션 센서의 내부 구조

1-4. 연료 온도 센서(FTS ; Fuel Temperature Sensor)

연료 온도 센서는 수온 센서와 동일한 부 특성 서미스터를 사용하며, 연료 온도에 따른 연료량 보정 신호로 사용된다.

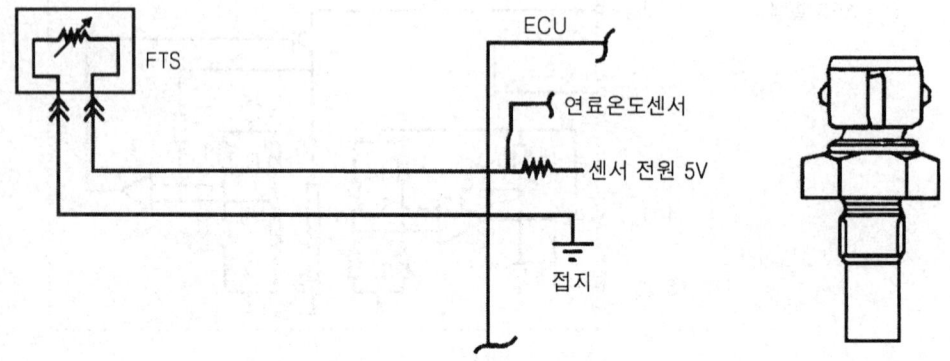

그림 7-22. 연료 온도 센서의 회로도

1-5. 수온 센서(WTS ; Water Temperature Sensor)

인젝터를 통하여 연소실로 분사되는 연료의 상태가 난기 상태일 경우에는 분사된 연료는 연소가 잘 된다. 그러나 냉각된 상태에서는 연료를 무화 상태로 분사하였다고 하더라도 연료 입자들이 서로 엉켜 알갱이가 커지므로 완전 연소가 어려울 뿐만 아니라 냉간 시동이 불가능해진다.

이에 따라 냉간 시동에서는 연료량을 증가시켜 원활한 시동이 될 수 있도록 엔진의 냉각수 온도를 검출하여 냉각수 온도의 변화를 전압으로 변화시켜 컴퓨터로 입력시키면 컴퓨터는 이 신호에 따라 연료량을 증감하는 보정 신호로 사용하며, 열간 상태에서는 냉각 팬 제어에 필요한 신호로 사용된다.

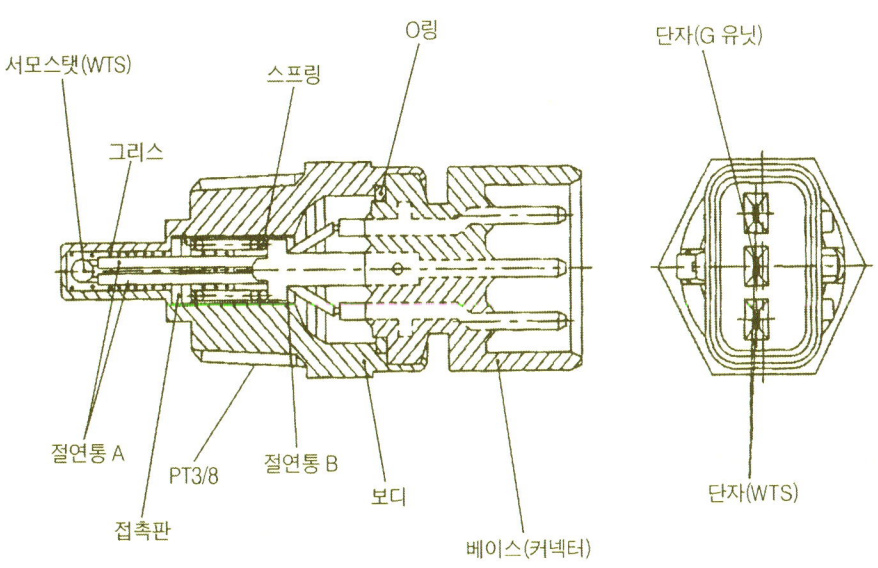

그림 7-23. 수온 센서의 내부 구조

1-6. 크랭크 포지션 센서(CPS ; Crank Position Sensor)

크랭크 포지션 센서는 마그네틱 인덕티브 방식(magnetic inductive type)이며, 실린더 블록에 설치되어 크랭크축과 일체로 되어 있는 센서 휠(sensor wheel)의 돌기를 감지하여 크랭크축의 각도 및 피스톤의 위치, 엔진 회전속도 등을 감지한다. 크랭크축과 연동되는 피스톤의 위치는 연료 분사시기를 결정하는데 중요한 역할을 한다.

센서 휠에는 총 60개의 돌기가 있고, 이 중 2개의 돌기가 없으며, 이중 missing teeth 와 캠 포지션 센서를 이용하여 1번 실린더를 찾도록 되어 있다. 센서가 고장이 발생하면 엔진의 안전상의 이유로 가동을 정지시킨다.

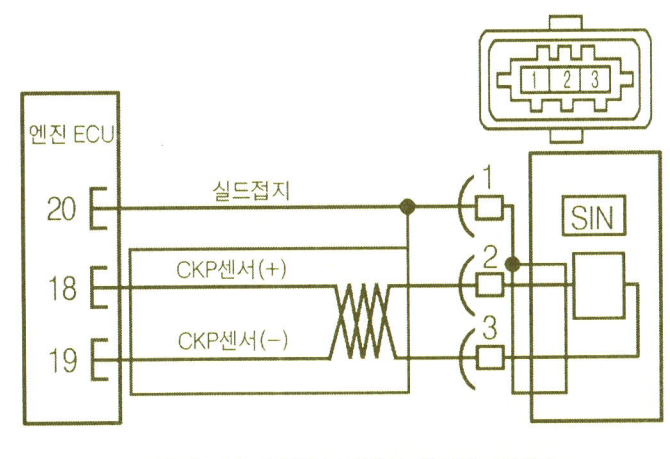

그림 7-24. 크랭크 포지션 센서의 회로도

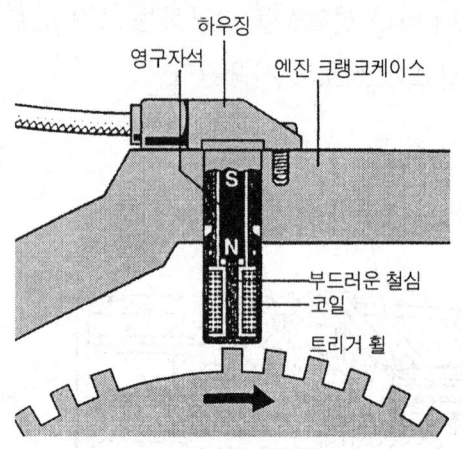

그림 7-25. 크랭크 포지션 센서의 내부 구조

1-7. 캠 포지션 센서(Cam Position Sensor)

캠 포지션 센서는 홀 센서 방식(hall sensor type)으로 캠축에 설치되어 캠축 1회전 (크랭크축 2회전)당 1개의 펄스 신호를 발생시켜 컴퓨터로 입력시킨다. 컴퓨터는 이 신호에 의해 1번 실린더 압축 상사점을 검출하게 되며, 연료 분사의 순서를 결정한다. 엔진이 시동된 후에는 크랭크 포지션 센서에 의해 생성된 정보는 엔진의 모든 실린더를 학습한다. 그리고 캠 포지션 센서가 차량을 구동하는 동안에 고장이 발생해도 엔진은 구동된다.

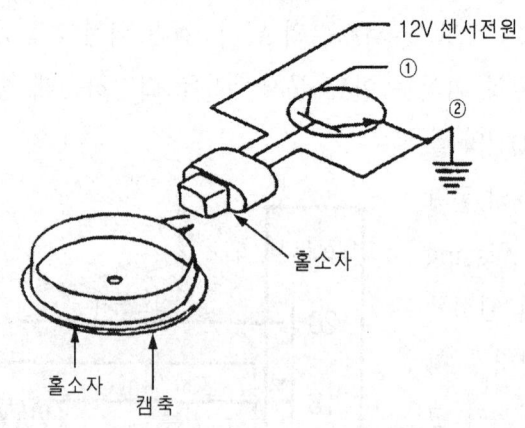

그림 7-26. 캠 포지션 센서의 내부 구조

캠축에는 1개의 돌기가 설치되어 있으며 캠 포지션 센서의 작동 원리는 다음과 같다.

① 시동 스위치를 ON으로 하면 컴퓨터로부터 공급된 5V의 전원은 단자 1을 통하여 단자 2로 접지되고 공급 전원 12V는 트랜지스터의 컬렉터에서 대기하게 된다.
② 캠축이 회전하면서 캠축에 있는 돌기가 감응 부분에 도달하게 되면 감응 부분에 자력이 형성되고 홀 소자에 전압이 발생한다.
③ 홀 소자에서 발생된 전압에 의해 트랜지스터를 구동하게 되고 컬렉터에 있던 센서 전원은 이미터로 흐르게 되므로 이 신호를 컴퓨터가 감지한다.

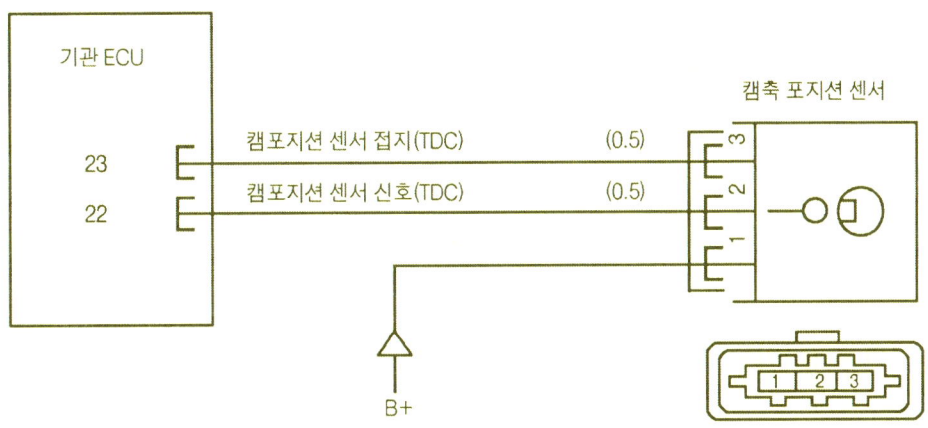

그림 7-27. 캠 포지션 센서의 회로도

1-8. 그 밖의 스위치

(1) 클러치 스위치(clutch switch)

클러치 스위치는 접점 방식이며, 스위치의 신호에 따라 정속 주행을 해제할 때와 스모크를 제어할 때 필요한 변속 단수 인식에 사용된다. 또한 충격 감소 보정용으로 사용된다.

(2) 에어컨 스위치(air-con switch)

에어컨이 작동될 때 엔진 회전속도가 떨어지는 현상을 방지하기 위해 연료량을 보정하는 신호로 사용된다.

(3) 블로워 모터 스위치(blower motor switch)

전기 부하에 따른 엔진 회전속도가 떨어지는 현상을 방지하기 위해 연료량을 보정하는 신호로 사용된다.

(4) 에어컨 압력 스위치(Low, High 스위치)

에어컨 라인에 가스 유무 및 막힘 유무를 판단하여 에어컨 압축기를 작동시키는 신호로 사용된다.(에어컨 압축기 보호용)

(5) 에어컨 압력 스위치(중간 압력 스위치)

에어컨 라인에 일정한 압력 이상(15kgf/cm²)이 발생할 때 냉각 팬을 구동시키는 신호로 사용된다.

(6) 이중 브레이크 스위치

브레이크 신호는 이중 브레이크 신호이며, 가속 페달 센서 고장 여부 검출 신호로 사용된다. 예를 들어 브레이크 신호 뒤에 가속 페달 신호가 낮게 들어오면 정상이지만 가속 페달 신호가 높게 들어오면 가속 페달 신호의 고장이라고 판단한다.

2. 출력 요소의 기능

2-1. 인젝터

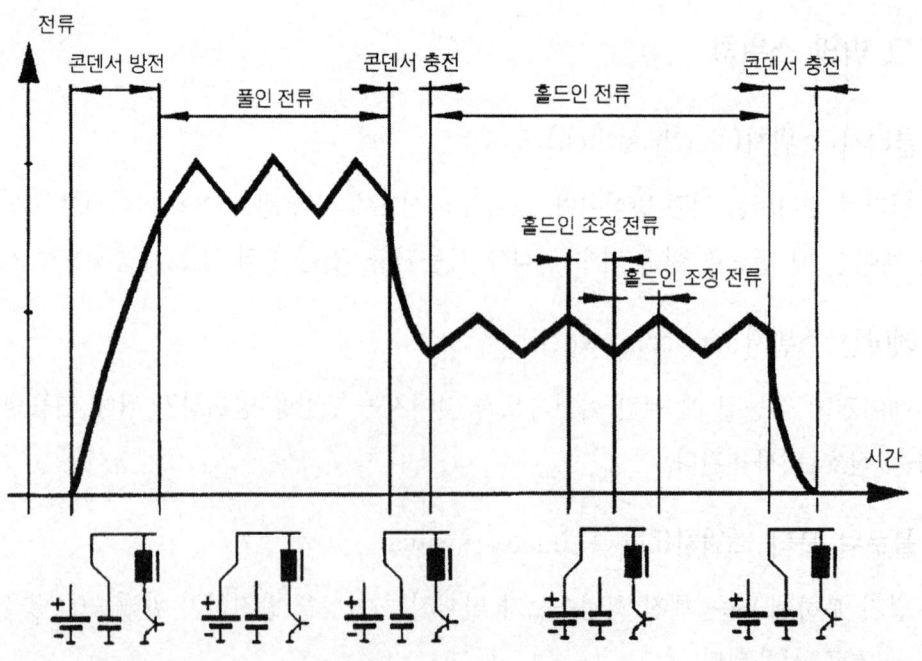

그림 7-28. 인젝터의 전류 파형

2-2. 연료 분사

커먼레일 분사 방식은 기존의 분사와는 달리 2단계로 연료를 분사를 실시한다.
- 1단계 : 파일럿 분사(pilot injection)
- 2단계 : 주 분사(main injection)

(1) 파일럿 분사

파일럿 분사라 함은 말 그대로 주 분사가 이루어지기 전에 연료를 분사하여 연소가 잘 이루어지도록 하기 위한 것이며, 파일럿 분사 실시 여부에 따라 엔진의 소음과 진동을 감소시키기 위한 목적으로 두고 있다. 즉, 연소할 때 연소할 때 연소실의 압력이 상승되는데 있어 연소실의 압력 상승이 부드럽게 이루어지도록 해주므로 엔진의 소음과 진동을 감소시킬 수 있다. 파일럿 분사의 기본 값은 냉각수 온도와 흡입 공기 압력에 따라 조정되며, 기타 제약에 따라 다음과 같은 경우에는 파일럿 분사가 중단될 수 있다.

① 파일럿 분사가 주 분사를 너무 앞지르는 경우
② 엔진 회전속도가 3200rpm 이상인 경우
③ 연료 분사량이 너무 적은 경우
④ 주 분사 연료량이 불충분한 경우
⑤ 엔진 가동 중단에 오류가 발생한 경우
⑥ 연료 압력이 최소값 이하(100bar)이하인 경우

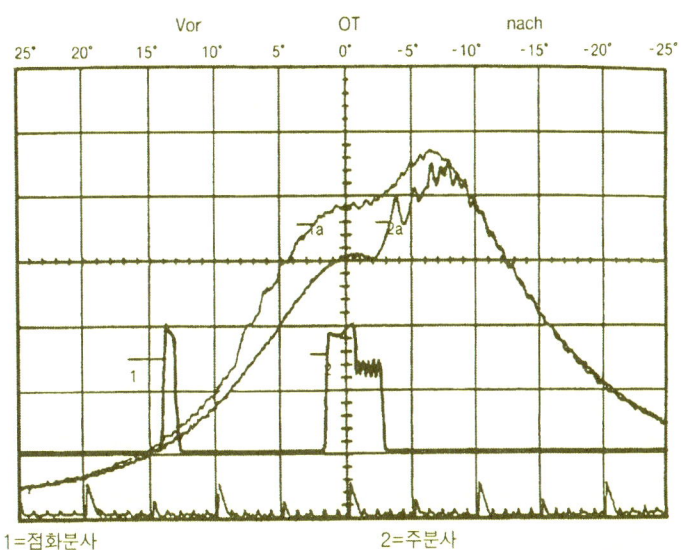

1=점화분사　　　　　　　　　　　2=주분사
1a=점화분사를 실시하는 연소실 압력그래프　　2a=점화분사가 없는 연소실 압력그래프

그림 7-29. 연소 압력 변화

(2) 주 분사

엔진의 출력에 대한 에너지는 주 분사로부터 나온다. 주 분사는 파일럿 분사가 실행되었는지를 고려하여 연료량을 산출한다. 주 분사의 기본 값으로 사용되는 것은 엔진 토크량(가속 페달 센서 값), 엔진 회전속도, 냉각수 온도, 흡기 온도, 대기 압력 등이며, 이 신호의 값을 받아 주 분사 연료량을 계산한다.

① 최소 압력 모니터링 기능

분사는 최소 레일 압력이 되어야만 가능하며, 최소 레일 압력 조정은 냉각수 온도와 평균 연료 압력에 따라 조정된다. 최소 레일 압력은 100bar이상이다.

② 연료 온도에 따른 분사량 기능

연료의 온도가 높은 상태와 낮은 상태에 따른 연료의 체적 차이(부피의 차이)가 발생하는데 이러한 체적 변화에 따른 연료량을 보정하기 위한 부분이며, 파일럿 및 주 분사량을 보정한다. 다만, 연료 온도가 고장 나면 연료 분사량 보정은 금지한다.

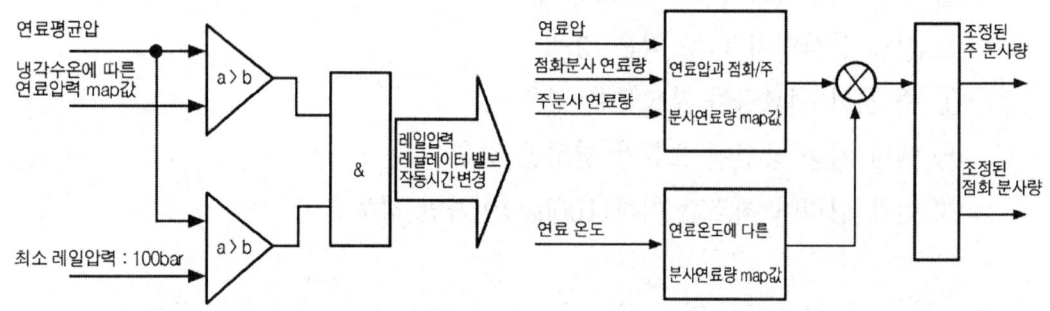

그림 7-30. 최소 압력 모니터링 검출　　　그림 7-31. 연료 온도에 따른 분사량 보정

(3) 레일 압력 제한 밸브

엔진의 컴퓨터는 엔진의 회전속도 및 부하에 따라 설정 압력에 맞게 연료 압력을 조절하며 이에 따라 레일 압력 센서 및 각종 센서의 입력 신호를 받아 설정 목표 압력에 맞게 솔레노이드 밸브를 작동시켜 듀티로 제어한다. 연료 온도가 높을 경우 연료의 온도를 제한하기 위해 압력을 특정 작동점 수준으로 낮추는 경우도 있다. 연료 압력 제한 밸브가 고장 나면 안전상의 이유로 엔진의 가동을 비상 정지시킨다.

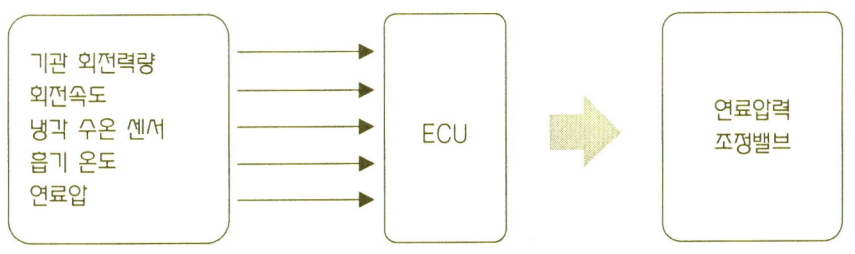

그림 7-32. 레일 압력 제한 밸브의 다이어그램

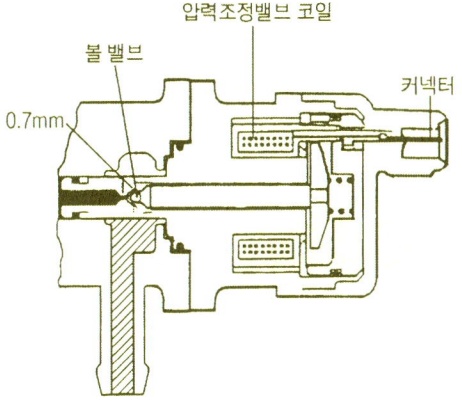

그림 7-33. 레일 압력 제한 밸브의 내부 구조

(4) 배기가스 재순환 장치(EGR)

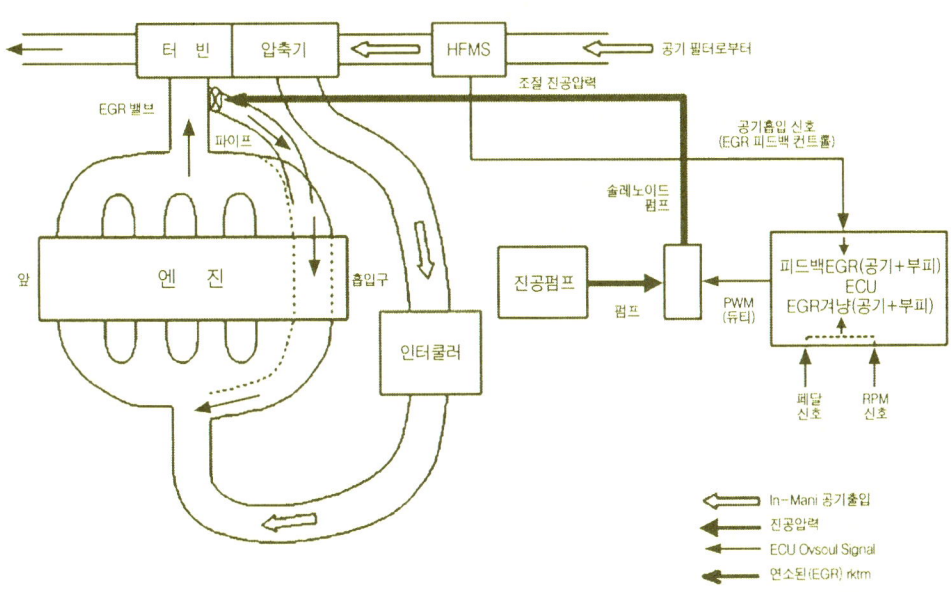

그림 7-34. 배기가스 순환도

1) EGR(Exhaust Gas Recirculation) 밸브

EGR 밸브는 엔진에서 배출되는 가스 중 질소 산화물 배출을 억제하기 위한 것이다.

2) EGR 솔레노이드 밸브

EGR 솔레노이드 밸브는 컴퓨터에서 계산된 값을 PWM 방식으로 제어하는데 제어 값에 따라 EGE 밸브의 작동량이 결정되는데 각종 입력되는 값과 흡입 공기량을 계산하여 실제 제어 값을 출력하도록 되어 있다. EGR을 제어하는 동안 기타 보조 장치(연료량 제어 등)의 경우 공기량의 실제 값이 추가로 계산되도록 되어 있다. 또한 EGR 작동 시간은 부하를 감소시키기 위해 회전속도를 제한한다.

참고) PWM(Plus Width Modulation)   Reference

전류 제어 방식은 펄스폭 변조 방식으로 전류가 흐를 때 ON/OFF를 반복하여 흐르는 방식으로 솔레노이드를 제어할 때 정밀한 제어를 위하여 선택한다.

3) EGR 작동 정지 명령

① 공전할 때(1000rpm 이하에서 52초 이상)
② 연료 압력 제한 밸브가 고장일 때
③ 공기 유량 센서(AFS)가 고장일 때
④ EGR 밸브가 고장일 때
⑤ 냉각수 온도가 37℃ 이하 또는 100℃ 이상일 때
⑥ 축전지 전압이 8.99V 이하일 때
⑦ 연료량이 42mm³ 이상 분사될 때
⑧ 엔진을 시동할 때

(5) 예열 장치

엔진이 냉각된 상태에서 시동이 원활히 하기 위한 장치이며, 이것은 배기가스와 매우 밀접한 관계가 있다. 즉 난기 운전 시간을 줄여 유해 배기가스 배출을 감소시킬 수 있다. 예열 장치는 냉각수 온도와 엔진 회전속도에 의해 제어되며, 전원 공급은 파워 릴레이를 이용한다.

1) pre-glow

pre-glow 단계는 컴퓨터에 전원 공급과 동시에 개시된다. 엔진 가동 중 45rpm, 480ms 이상을 초과할 때 pre-glow는 작동을 중지한다. 또한 수온 센서 값에 따라 pre-glow 제어 시간이 변경되며, 수온 센서가 고장일 때는 -24.9℃로 결정하여 활용한다.

2) start-glow

start-glow는 60℃ 이하인 경우 매번 실시되며, 엔진 회전속도 45rpm과 480ms 이상을 초과할 때 실시한다. 동시에 start-glow 상태와 관련된 타이머가 작동하며, 수온 센서가 고장 나면 -24.9℃로 대처한다. 또한 start-glow는 다음 경우에 종료한다.
① start-glow 시간 15초 경과 후
② 냉각수 온도가 60℃ 이상일 때

3) post-glow

post-glow 시간은 냉각수 온도에 따라 결정되며, 전원 공급 후 단 1회만 실시하며, 수온 센서가 고장이 나면 -24.9℃로 대처한다. 또한 post-glow는 다음의 경우에 종료한다.
① 연료량이 75mm^3를 초과할 때
② 엔진 회전속도가 3500rpm 이상일 때

(6) 냉각 팬 제어

1) 엔진의 냉각 장치

냉각 장치의 기본적인 제어 논리는 가솔린 엔진이나 LPG 엔진과 마찬가지로 2단계 직·병렬 회로를 지닌 방식이다.

2) 냉각 장치 점검

냉각 팬은 컴퓨터에 의해 2단계의 속도로 제어되며, 수온 센서, 차속 센서, 에어컨 중간 압력 스위치, 에어컨 스위치(Low, High) 신호가 기본이 된다. 그리고 관련 센서가 고장일 경우에는 페일 세이프 기능이 있다.

① Low(직렬 회로) : 컴퓨터 Low 단자 접지 -B+ → 냉각 팬 릴레이 → 냉각 팬 → 콘덴서 팬 → 접지

② High(병렬 회로) : 컴퓨터 High 단자 접지 -B+ → 냉각 팬 릴레이 → 냉각 팬 → 접지 → 콘덴서 팬 릴레이 → 콘덴서 팬 → 접지

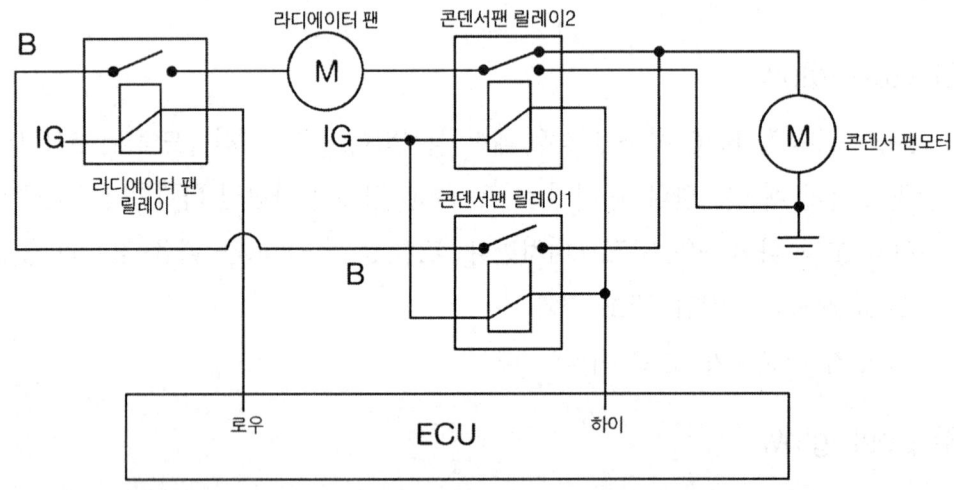

그림 7-35. 냉각 회로도

3) 냉각 팬 제어

① 에어컨 압축기 cut off 온도 : 115℃
② 수온 센서 고장일 때 : 콘덴서 팬, 냉각 팬 high 구동
③ 에어컨 ON 조건은 압축기 스위치 신호기준이며, 압축기 ON, OFF는 관계가 없다.

(7) 프리 히터(pre-heater)

프리 히터란 히터의 냉각수 라인 내에 설치되어 있으며, 외부의 온도가 낮을 경우 일정한 시간동안 작동시켜 엔진에서 히터로 유입되는 냉각수 온도를 높여주므로 히터의 난방 능력을 향상시키는 장치이다. 프리 히터에는 가열 플러그 방식과 연소식 프리 히터 방식이 있다.

1) 가열 플러그 방식

겨울철에 전류에 의한 발열(發熱)로 엔진의 냉각수를 가열하여 실내 히터 열 교환기로 보내는 장치이고, 냉각수 라인에 직접 설치되며 3개의 가열 플러그가 냉각수와 접촉

하도록 되어 있다. 냉각수는 가열된 플러그를 지나서 히터 코어 방향으로 흘러가며 이때 냉각수 온도가 상승한다. 가열 플러그의 소비 전력은 900W이며 컴퓨터에 의한 자동 제어 방식이다. 컴퓨터는 냉각수 온도가 65℃이상 되면 프리 히터의 전원을 OFF한다.

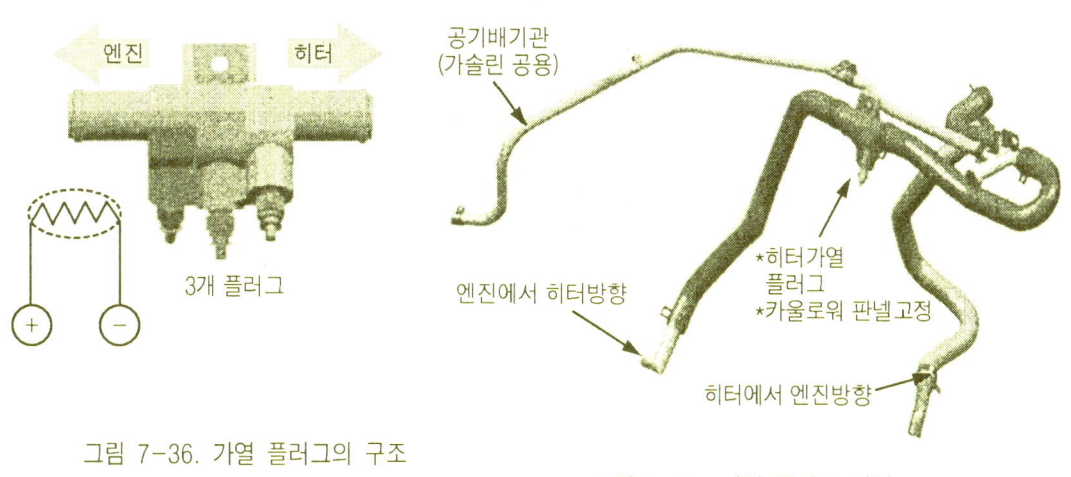

그림 7-36. 가열 플러그의 구조

그림 7-37. 가열 플러그 라인

2) 연소식 프리 히터 방식

연소실 프리 히터 방식은 냉각수 라인에 연소기(burner)를 설치하여 연료 연소에 의한 난방 장치로 가열 플러그 형식보다 난방 능력이 우수하며, 실내가 넓은 차량에 주로 사용된다. 전력 용량은 12V-14W이다.

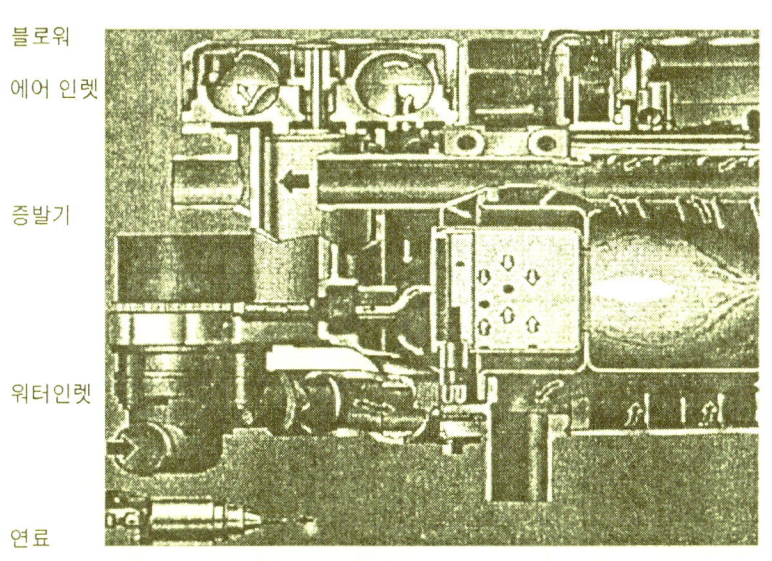

그림 7-38. 연소식 프리 히터의 내부 구조

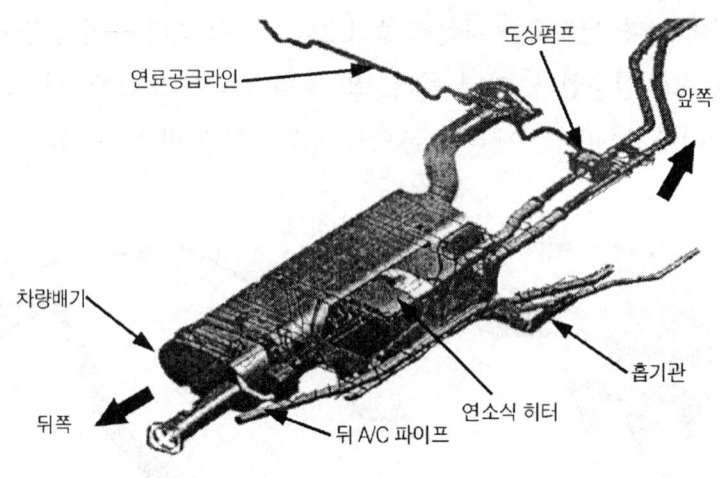

그림 7-39. 연소식 프리 히터의 설치 위치

9 델파이 커먼레일 연료분사장치의 구성과 작용

1. KJ2.9 - HTI Engine 비교

항 목	JK2.9 Engine	HTI Engine
장착 차량	테라칸/카니발-II	산타페/트라제-XG
배기량	2,900 CC	2,000 CC
High Pressure Pump 구동	타이밍 벨트에 의한 구동 (기존 Injection Pump 위치)	Cam Shagt에 의한 구동
Injector 제어	전류 제어 (Pull-in 전류20A)	←(Pull-in 전류 10A)
연료 분사	Piolt inhection (점화분사) Main inhection (주분사)	Piolt inhection (점화분사) Main inhection (주분사) Post injection (사후분사)
연료압(최고압)	1,400 bar	1,350 bar
연료압 제어	유량 제어	압력 제어
예열 장치	Air Heater 예열 방식	Giow Piug 예열 방식
EMS	Delphi	Bosch
엔진 형식	DOHC 직렬 4기통	SOHC 직렬 4기통
저압 펌프	기계식 피드 펌프	전기식 1차 펌프
기타	노크 센서 有	노크 센서 無

2. Delphi 입출력 요소

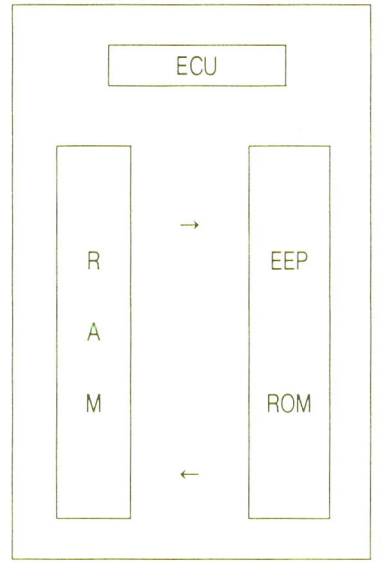

3. 연료 펌프

(1) 저압펌프

① 이송연료압력 : 6Bar

② 펌프용량 : 5.6cc/rev

③ 흡인력 : 펌프 회전수 100rpm-65mBar

(2) 고압펌프

① 4개 노브와 2개의 캠링

② 2챔버 of 0.9cc/rev(2레디얼 플런저)

③ 챔버 각도 45°

④ 고압 연료 압력 조절 : 인렛 메터링 밸브

⑤ 최대 제어 압력 : 1,800-2,100Bar

⑥ 타이밍 벨트 구동

10 BOSCH 2세대 커먼레일 연료분사장치의 구성과 작용(A엔진 ; 쏘렌토)

1. A-2.5TCI 엔진의 특성

① DOHC 4밸브 롤러 스윙암
② 타이밍 체인 3개(A, B, C)
③ 써펜타인 벨트(ONE BELT) 적용으로 보기류 장치 일체 구동
④ 연료 압력 입구제어 방식
⑤ 소음진동저감을 위해 밸런스 샤프트를 적용하며, 엔진과 TM의 결합강성 증대시키기 위해 라더 프레임(베드플레이트)이 있다.

2. 제 원

• 엔진형식 (D4CB)	직렬4 밸브 DOHC(롤러 스윙 암 적용)
• 배기량(cc) / 보어 및 행정	2497 / 91mm × 96mm
• 연소방식 / 분사압력	DI (직접분사) / 250 ~ 1350 bar
• 흡기형태	TCI (터보차저 인터쿨러)
• 압축비 / 압축압력	17.7:1 / 26kg/cm^2 / 160rpm
• 예열장치	글로우 플러그
• 최고출력(Ps/rpm)	145 / 4000
• 최대토크(kg·m/rpm)	33 / 2000
• 연료압력조절	연료압력 조절밸브 / 입구제어
• 캠축구동	타이밍 체인
• 엔진 EMS	보쉬 2 세대
• 엔진 오일	CE급 10 W 30

3. 연료 장치

연료를 흡입하는 기어펌프와 연료유량제어밸브인 연료압력조절밸브와 연료를 고압으로 만드는 고압 펌프 일체로 되어 있다.

3-1. 저압 펌프

고압펌프와 일체로 조립되며 고압펌프로 연료 이송하며, 기어 펌프로 엔진의 회전에 의해 타이밍체인으로 구동되고, 흡입압력은 0.5~1.0bar, 토출압력은 4.5bar 이다.

3-2. 연료압력조절밸브

저압 펌프에서 토출되는 연료는 연료압력 조절밸브를 통하여 고압펌프로 이송되는데 연료압력조절밸브의 열림량에 따라 고압의 연료량이 결정되며 엔진 ECU에서 듀티 제어(전류량)한다.
  ① 밸브열림 : ECU에서 전류를 가하지 않은 상태이며 저압의 연료는 소량만 윤활에 이용되고 모두 고압 펌프로 보내짐
  ② 밸브닫힘 : ECU에서 전류를 가한 상태 - 윤활만 하고 전량 리턴

3-3. 고압 펌프

타이밍 체인과 연동되어 구동되고 내부구조는 3개의 기계식 플런져 펌프 캠 샤프트의 구동에 의해 각각 흡입·압축 행정하여 고압의 연료를 생성한다.

3-4. 커먼레일

고압펌프로부터 이송된 연료를 저장 축압하며, 공회전시 약250bar~고부하시 1350bar로 가변 제어되고, 연료가 분사될 때의 압력변화는 레일 체적과 내부압력으로 유지(내부체적 : 25cm^3)하며, 레일의 압력 변화는 ECU에 의해 제어하는 연료압력조절밸브의 열림량에 의해 변화된다.

3-5. 연료 필터

디젤연료는 온도가 낮아지는 정도에 따라 연료성분의 일부에서 파라핀게 성분이 고체화 되는 현상이 있으며, 이것이 연료필터에서 연료흐름을 방해한다. 따라서 연료의 고체화로 인해 발생될 수 있는 기타 현상을 막기 위해 연료가열장치가 적용되었다. 연료온도 스위치 작동온도는 영하 5도에서 ON되고, 상온 3도에서 OFF된다.

3-6. 인젝터

솔레노이드 밸브/ 니들(노즐) 밸브로 실린더 헤드 중앙 직립 형태로 장착되며 ECU에 의해 제어된다.

① 초기작동전류 : 80V 20A
② 작 동 : 제어 체임버의 연료압력을 제어하여 컨트롤 플런저 상부와 하부의 압력 평형이 변화되면서 연료가 분사함
③ 예비분사 : 주분사전 예비분사로 연소효율 향상과 소음 및 진동을 저감
④ 주 분 사 : 실제 엔진 출력을 내기 위한 분사
⑤ 고압 연료 공급부 조임 토크 : 2.5±2.9kgf·m
⑥ 클램프 볼트 & 와셔 ASSY 조임 토크 : 3.1±0.3kgf·m
  - 조임 토크 과다시 : 연료분무 불균일, 성능저하, 내구성 저하
  - 조임 토크 과소시 : 압축압력 저하, 성능저하, 배기가스 증대
⑦ 노즐 : 6 hole

4. 전자제어 시스템

입 력	제 어	출 력
1. AFS (핫필름) 2. WTS 3. CMP 센서 (Cam Sensor) 4. CPS 5. 레일 압력 센서 6. 악셀 페달 센서 7. 차속 센서 8. 스위치 입력 (IG, 브레이크, 클러치, A/C 신호, A/C 콤프레서)	⇒ E C U ⇒	1. 인젝터 2. 연료압력조절밸브 3. 메인 릴레이 4. 보조 히터 5. 예열 릴레이 6. EGR 제어 7. CAN 통신 8. 자지진단 및 경고등 9. 태코미터

5. 엔진 예열

5-1. PRE-GROW(시동전 예열) : 냉시동성 향상의 목적(엔진 ECU 제어)

냉각 수온	-20℃	-10℃	20℃	50℃
예열 시간	12 초	8 초	3 초	0.7 초

5-2. START-GROW

① PRE-GROW를 안한 경우 : 엔진 회전수가 2500rpm 이상이 0.5초 이상 지속되고, 냉각수온이 60도 이하이면 최대 30초간 작동

② PRE-GROW를 한 경우 : 냉각 수온이 60도 이하이면 최대 30초간 작동, 30초 이전에 냉각수온이 60도 넘으면 해제

5-3. POST GLOW : 시동 후 예열

6. 엔진 고장진단

6-1. 엔진 ECU는 입출력 센서 고장시 대처기능을 수행한다.

① 엔진 출력을 제한(엔진최대 회전수 제한)
② APS 고장시 엔진회전수 고정(약 1250rpm)

6-2. 엔진 ECU는 다음 항목 계통 고장시 엔진을 정지한다.

① 인젝터 2개 이상
② 엔진회전속도 센서(CKP)
③ 압력조절밸브
④ 연료압력 센서
⑤ 연료 누출시
⑥ 초기 시동시 캠축위치 센서가 입력되어야 함

제8장.
흡입 및 배기장치

1. 공기 청정기
2. 다기관 및 소음기
3. 과급기

제 8 장
흡입 및 배기장치

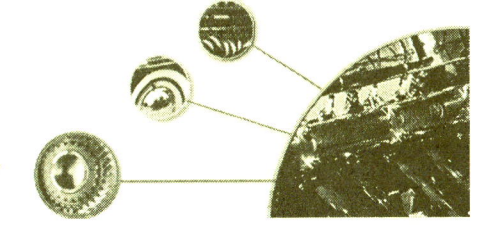

엔진의 본체가 아무리 좋은 효율로 만들어져 있어도 본체에 부착되어 있는 흡입 및 배기 장치의 일부에 고장이 발생되면 이것 역시 운전 성능에 영향을 미치게 된다. 흡입 장치는 피스톤이 흡입행정을 할 때 흡입되는 공기를 여과하여 실린더에 공급하는 역할을 하며 공기 청정기, 흡기 다기관으로 구성되어 있다. 배기 장치는 실린더에서 연소된 가스를 대기 중으로 배출시키는 장치로서 배기 다기관, 소음기, 배기 파이프로 구성되어 있다.

1 공기 청정기

1. 공기 청정기의 기능

공기 청정기는 공기 중에 포함된 먼지를 신속하게 제거하고 실린더에 공기가 흡입될 때 소음을 감소시키는 역할을 한다. 즉 엔진의 작동에서 예를 들면 1ℓ의 연료에 대해서 약10m³ 정도의 공기를 필요로 하기 때문에 공기 중에 포함되어 있는 먼지를 그대로 실린더에 흡입하게 되면 실린더와 피스톤의 마모를 촉진시키는 결과가 되며 또한 윤활유를 오염시켜 베어링 등의 마모를 빠르게 한다. 이러한 장애를 방지하기 위하여 공기 청정기를 설치하고 있다.

2. 공기 청정기의 구조와 종류

현재 자동차 엔진에 사용하고 있는 공기 청정기에는 건식 공기 청정기와 습식 공기 청정기가 있다. 따라서 이들의 구조와 기능 및 종류에 대하여 설명하기로 한다.

2-1. 건식 공기 청정기(dry type air cleaner)

건식 공기 청정기에 사용하고 있는 필터 엘리먼트에는 여과지, 부직포, 합성 섬유의 여과재를 케이스 내에 방사상(放射狀)으로 접어서 먼지를 포함한 공기는 이 엘리먼트(element)를 통과한 때 청정해 지면서 실린더에 빨려 들어간다. 엘리먼트가 먼지 등의 불순물에 의해서 막히면 흡입 공기량이 감소되어 엔진의 성능이 저하되므로 1000~3000km마다 정기적으로 점검 및 청소를 하여야 한다. 엘리먼트를 청소할 때에는 압축 공기를 안쪽에서 바깥쪽으로 불어내어야 한다.

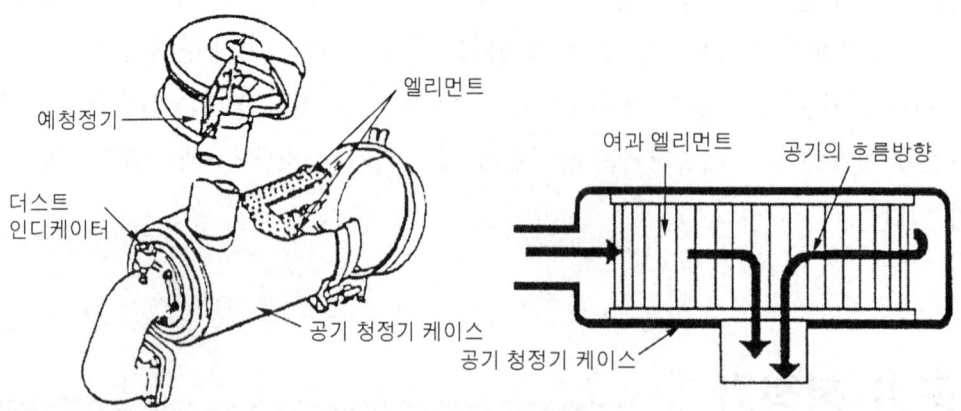

그림 8-1. 건식 공기 청정기

2-2. 습식 공기 청정기(wet type air cleaner)

습식 공기 청정기는 2중의 케이스 내에 윤활유를 침투시킨 스틸 울 엘리먼트(steel wool element)가 들어 있고, 바깥 케이스에는 적당한 윤활유(엔진 오일)가 들어 있다. 공기는 공기 청정기 케이스와 케이스 커버의 틈새에서 흡입되어 윤활유 면(油面)에 충돌하여 흘러 들어오는 방향이 변환된다.

이 때 비교적 무거운 먼지는 윤활유에 충돌 또는 비산(飛散)되어 분리되고 여기를 통과한 공기는 윤활유로 적셔진 스틸 울 엘리먼트 내에서 부착됨과 동시에 여과되면서 실

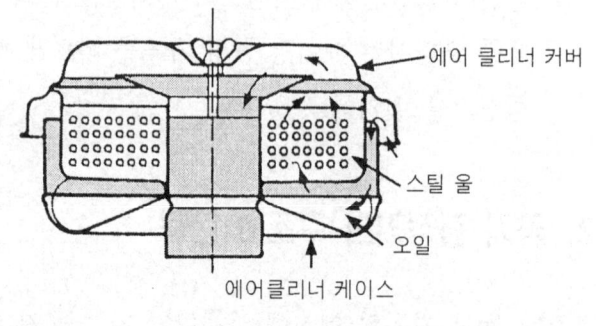

그림 8-2. 습식 공기 청정기

린더에 흡입되는 구조이다. 습식 공기 청정기의 여과 효율은 엔진의 회전속도가 증가 될수록 향상되며, 1000~4000km마다 정기적으로 청소 및 윤활유를 교환한다.

2 다기관 및 소음기

1. 다기관의 구조와 기능

다기관에는 흡기 다기관과 배기 다기관으로 분류되며, 흡기 다기관은 흡입행정을 할 때 공기의 균형을 유지하고 배기 다기관은 실린더에서 연소된 가스를 대기 중으로 배출시키는 것이다.

1-1. 흡기 다기관(intake manifold)

흡기 다기관은 엔진의 각 실린더에 연결되어 있으며 흡입되는 공기를 각 실린더에 분배하는 역할을 한다. 흡기 다기관의 재질은 주철 및 알루미늄 합금의 파이프 형태로 되어 있으며 그 구조는 그림 8-3에 나타낸 것과 같다. 엔진의 흡입 효율을 좋게 하기 위하여 흡기 다기관의 필요한 조건을 들면 다음과 같다.

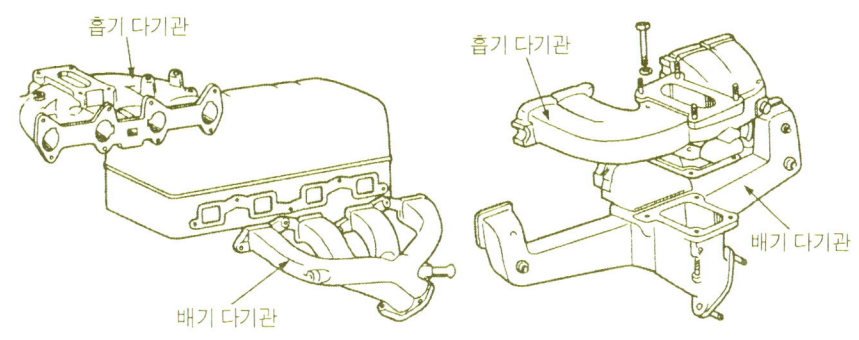

그림 8-3. 흡기 다기관과 배기 다기관

(1) 공기 공급(空氣供給)의 균일화

일반적으로 직렬 4실린더 또는 6실린더 엔진에서 흡기 다기관의 길이가 서로 다르면 실린더와의 거리가 가깝고 다기관의 길이가 짧은 실린더는 많은 공기량이 공급되고 실린더와 거리가 멀고 다기관의 길이가 긴 실린더는 적은 공기량이 공급되는 경향이 있으므로 파이프의 굵기나 단면의 형상, 구부러짐, 길이 등을 고려하여 실린더에 공급되는 공기가 균일하게 분배될 수 있도록 한다.

(2) 체적 효율(體積效率)의 향상(向上)

공기의 흐름은 항상 일정하지 않고 각 사이클마다 밸브가 개폐(開閉)되는 시간적인 공간 때문에 흡입되는 공기가 단속적(斷續的)인 흐름이 된다. 그 때 발생되는 맥동(脈動) 효과나 간섭(干涉)효과 및 흡기 관성(慣性)의 효과가 최대인 동시에 유효하게 발휘될 수 있도록 다른 요소(要素)와 합하여 설계되어 있다.

1-2. 배기 다기관(exhaust manifold)

배기 다기관은 그림 8-3에 나타낸 것과 같은 형상으로서 각 실린더에서 배출되는 배기가스를 1개소에 합류(合流)시켜 배기 파이프로 유도하며, 유출 저항이나 배기 간섭이 적은 형상으로 한 것이다.

2. 소음기(muffler)

2-1. 소음기의 기능

소음기는 배기가스의 온도 및 압력을 저하시켜 소음 방지 작용을 하는 것으로서 그 기능은 다음과 같다.

① 배기가스를 배기 다기관에서 직접적으로 대기(大氣)중에 방출(放出)시키면, 대단한 소음(消音)이 발생되기 때문에 소음기로 소리를 작게 할 수 있다.
② 실린더에서 방출되는 배기가스의 온도는 약 600~900℃ 정도이고, 압력은 약10 kgf/cm² 정도로 높기 때문에 이것을 서서히 팽창시켜 대기로 방출한다.
③ 배기가스의 유해 성분이 운전자에게 미치지 않도록 설치하여야 한다.

2-2. 소음기의 구조

소음(消音)기에는 소음 방지 작용에 따라 다음과 같은 종류가 있다.

(1) 팽창형(膨脹形) 소음기

배기 파이프의 일부분을 확장(擴張)하고 또한 수축(收縮)함으로써 배기 소음이 내부에서 반사 왕복(反射往復)하여 소음을 방지한다.

(2) 저항형(抵抗形) 소음기

확장 내부에 지절판(支切板)을 서로 번갈아 설치하여 압력 변동(壓力變動)의 폭을 증가시켜 배기 소음을 감소시키는 것이다.

(3) 공명형(共鳴形) 소음기

확장 내부에 연결하는 배기 파이프에 여러 개의 크고 작은 구멍을 설치하여 공명(共鳴) 감쇠작용(減衰作用)을 응용시킨 것이다. 또한 구멍이 적으면 고주파 영역의 감소에 효과가 있으며, 구멍이 크면 저주파 영역의 감소에 효과가 있다.

(4) 흡음형(吸音形) 소음기

확장 내부에 흡음재(吸音材)를 사용하여 배기 소음을 흡수시킨다. 흡음재로서는 펠트, 석면, 글라스 울, 강모(鋼毛) 등이 사용되지만 배기가스에 의한 오염과 손상이 발생되므로 유효기간이 제한된다.

(5) 간섭형(干涉形) 소음기

배기의 통로를 분할하여 각각의 길이를 다르게 하여 소음을 서로 간섭시켜 배기 소음을 감소시키는 것이며, 그림 8-4에 나타내었다. 실제로 사용하는 것은 그림 8-5에 나타낸 것과 같이 배기 소음을 감소시키는 방법을 여러 종류별로 조합하여 소음 방지 효과가 발휘될 수 있도록 하고 있다.

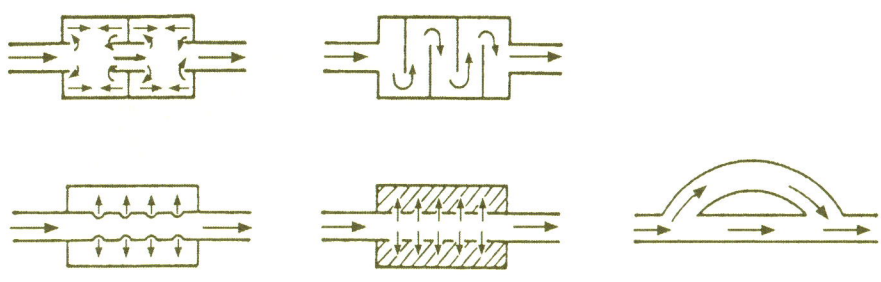

그림 8-4. 소음의 원리와 구조

그림 8-5. 소음기의 구조

3 과급기(Super Charger)

1. 과급기의 개요

실린더 내에 많은 양의 공기와 연료를 보내면 그만큼 많은 출력을 발생시킬 수 있다. 따라서 실린더 용량을 크게 하거나 실린더 수를 늘리면 엔진의 대형화를 초래한다. 이에 따라 고안된 것이 과급(過給)이다. 과급이란 실린더 용량 이상의 공기를 실린더에 보내는 것이라면 실린더 용량은 변하지 않기 때문에 엔진을 대형화하지 않고 출력향상을 할 수 있다.

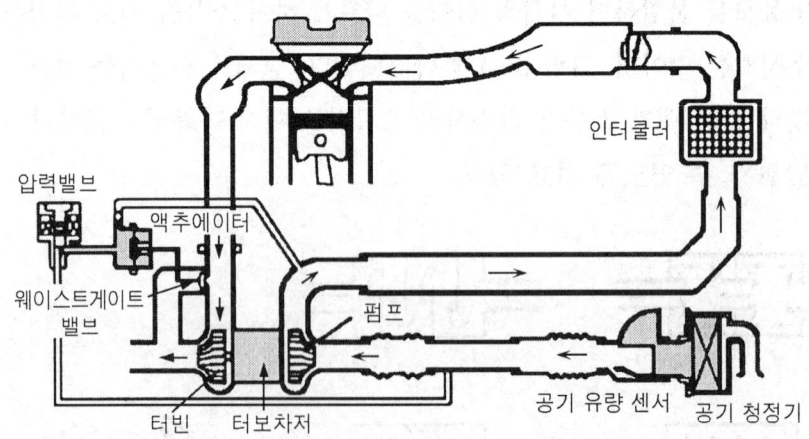

그림 8-6. 과급기의 구성

과급에는 흡입 장치에서 발생하는 흡입 공기의 관성력과 맥동, 공명을 이용하는 방법이 있다. 흡입 공기는 피스톤의 하강에 의하여 실린더가 빨아들일 때 관성력이 붙는다. 이 압력의 맥동과 공명을 이용해도 과급은 이루어지나 이 과급은 흡입 장치의 길이와 형상, 엔진의 회전속도에 영향을 받아 특정한 회전속도로만 유효한 결과를 얻을 수 있다. 따라서 회전속도에 따라서 흡입 형식을 바꾸는 가변 흡입 장치가 등장하였다. 이와 같이 비교적 소극적인 과급에 대하여 적극적인 과급을 하는 것이 과급기다.

1-1. 과급기 방식 및 종류

과급기에는 여러 가지 방식이 있으나 과급기의 구동력을 얻는 방법에 따라 분류할 수 있다. 일반적으로 배기가스의 압력을 이용하는 것을 터보 차저(turbor charger), 엔진 크랭크축의 회전력을 이용하는 것을 슈퍼 차저(super charger)라 한다. 그러나 영어에서 슈퍼 차저는 과급기의 총칭으로 터보 차저에 포함된다. 일반적으로 슈퍼 차저라고 부르는 것을 올바르게는 기계식(mechanical) 슈퍼 차저라 불러야 하는 것이다.

터보 차저의 경우 예전에는 그냥 배출시키던 배기가스의 에너지를 이용하고 있기 때문에 효율은 좋으나 배기가스의 압력이 높아지지 않으면 효율적으로 과급이 이루어지지 않는 타임 래그(time lag) 현상이라는 단점이 있다. 한편 기계식 슈퍼 차저는 엔진의 출력을 구동력으로 하기 때문에 출력이 약간 손실되기는 하지만 비교적 저 회전에서 안정된 과급이 이루어지는 장점이 있다. 과급의 방식은 인터 쿨러 터보 과급기, 웨이스트 게이트 터보 과급기, 가변 터보 과급기. 세라믹 터보 과급기, 터보 압축기 휠 파운드 과급기, 기계식 과급기가 있다.

주) 슈퍼차저와 타임래그   Explanatory note

1. 슈퍼 차저
배기가스를 이용하지 않고 엔진의 크랭크축으로부터 동력을 얻어 공기 압축기를 회전시켜 엔진의 실린더로 과급하는 장치이며, 기계식 과급기라고도 부르며 이미 1908년도에 실용화된 바 있고, 1922년에 메르세데스 자동차가 장착한 루트식 슈퍼 차저는 20 % 이상 출력을 향상시켰다.

2. 타임 래그
터보 차저는 배기가스의 에너지로 터빈을 회전시키고 터빈 축에 직결되어 있는 압축기로 흡입공기를 압축하여 높은 출력을 끌어내고 있다. 그러나 감속한 상태로부터 가속페달을 밟아도 압축기가 즉시 고속회전으로 되지 않는다. 그 이유는 가속페달을 밟아 엔진의 출력이 높아진 상태의 배기가스에 의해서 터빈을 회전시켜야 큰 회전력이 압축기에 전달되므로 터보의 효과를 얻게 된다. 이와 같이 가속 페달을 밟아도 즉시 강력한 응답(response)을 보이지 않고 약간의 시간적인 지연이 일어나는데 이것을 타임 래그라 한다. 이 타임 래그를 작게 하는 수단으로 가능한 한 가벼운 터빈을 쓰거나 감속 시에 발생하는 흡입 쪽의 압력 상승을 억제하여 이것을 터빈 쪽에 리사이클 시켜서 회전 저하를 억제하는 방식(posrsche) 또는 레이싱 카와 같이 작은 터빈을 2개 사용하는 등의 방법이 이용되고 있다.

---

(1) 과급기 형식에 의한 분류

① 프레셔 웨이브형 슈퍼 차저

일본의 마쯔다와 스위스의 브라운 보베리 회사가 공동으로 개발한 것이며, 안쪽과 바깥쪽에 각각 여러 개로 구분한 통로를 지닌 로터를 크랭크축에서 벨트를 이용하여 구동시켜 압축이 이루어진다. 로터에 흡입과 배기가 들어오면 기체는 압력을 균일화하도록 작용하므로 압력이 높은 배기에 의하여 흡입 압력을 높일 수 있다.

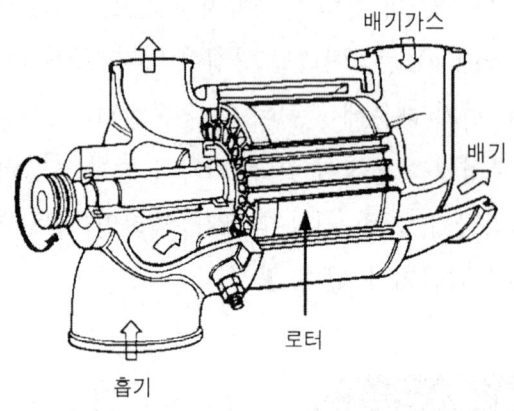

그림 8-7. 프레셔 웨이브형 슈퍼 차저

② 리쇼룸형 슈퍼 차저

일본의 마쯔다가 미라 사이클 엔진을 위하여 개발한 과급기이다. 미라 사이클이란 통상의 4사이클인 오토 사이클과 같은 실린더를 사용하면서도 흡입 밸브의 개폐시기를 바꿈으로써 흡입 공기량을 줄여 실질적인 압축비를 낮추고 오히려 팽창비를 크게 하여 출력을 향상시켜 낮은 연료 소비율을 실현하고 있다.

그러나 실질적인 흡입 공기량은 줄기 때문에 그 상태로는 높은 출력을 얻을 수 없으므로 과급에 의하여 흡입 공기량을 증가시킬 필요가 있다. 리쇼룸형에서는 비틀린 홈과 산을 갖는 2개의 로터가 크랭크축에서 벨트를 통하여 구동된다. 흡입 공기는 홈과 산 사이를 통과할 때 압축되어 실린더로 보내진다.

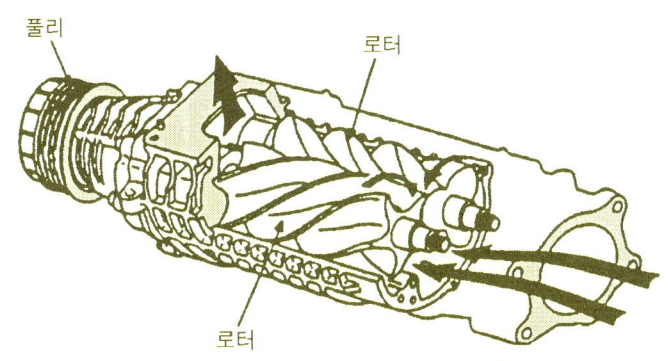

그림 8-8. 리쇼룸형 슈퍼 차저

③ 하이브리드형 슈퍼 차저

터보 차저와 루트형 기계식 슈퍼 차저를 합성한 것이 하이브리드형이다. 슈퍼 차저의 장점을 최대로 살리기 위하여 엔진 회전속도에 따라서 2개를 동시에 사용하거나 한쪽만을 사용하는 등의 전환을 행하고 있다.

그림 8-9. 하이브리드형 슈퍼 차저

제8장. 흡입 및 배기장치

(2) 과급 방식에 의한 분류

① 인터쿨러 터보 과급 방식

터보 과급의 경우는 압축기에 의하여 공기를 압축하게 되어 100℃이상으로 온도가 높아지므로 일종의 열 교환기인 인터쿨러(inter cooler)로 공기를 냉각시켜 인터쿨러가 없는 과급 엔진에 비하여 연소 온도의 저하로 질소산화물(NOx) 발생을 감소시킬 수 있어 흑연의 발생도 억제될 수 있다.

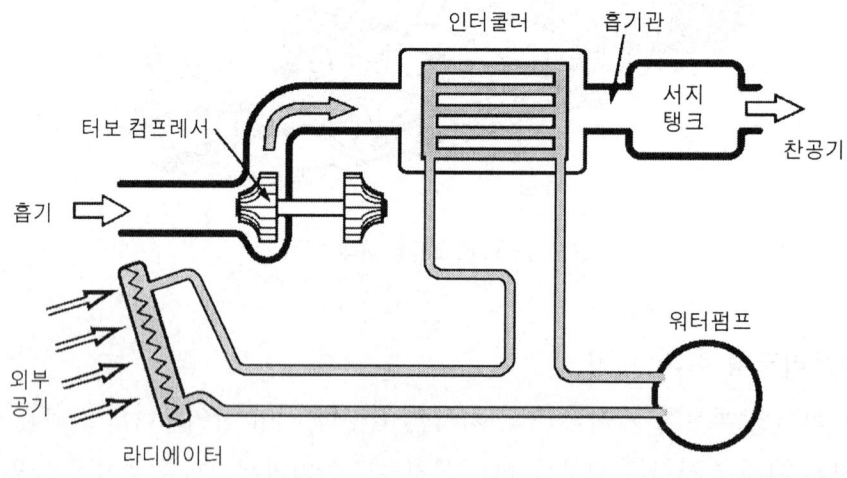

그림 8-10. 인터쿨러 터보 과급

열 교환은 공기 또는 엔진 냉각수를 이용하는 방식이 있다. 공기를 이용하는 방식은 열 교환기가 커지게 되어 탑재성이나 배관의 배치 등에 문제가 있으나 자동차용의 경우 주행 중 받는 바람을 효과적으로 이용할 수 있어 급기 온도를 약 50 ℃ 정도까지 저하가 가능하다. 그리고 엔진 냉각수를 열 교환 매체로 사용하는 방식은 열 교환기가 간단하여 엔진과 일체구조로 할 수 있는 이점이 있으나 급기 온도를 냉각수온도 이하로는 저하시킬 수 없어서 현재 자동차용으로는 거의 사용되지 않고 있다.

② 웨이스트 게이트 터보 과급기

터보 과급의 특성을 개선할 목적으로 터빈에 그림 8-11에 나타낸 것과 같이 웨이스트 게이트(WG ; waste gate) 밸브를 부착하는 경우가 있다. 웨이스트 게이트 밸브의 역할은 급기 압력, 배기 압력이 과대하게 되는 것을 방지하기 위하여 일부를 바이패스시켜서 배기 터빈의 일량을 감소시킨다.

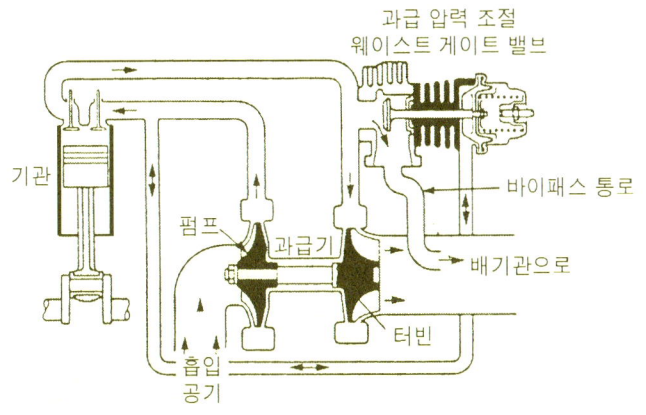

그림 8-11. 웨이스트 게이트의 구조

일반적으로 과급기의 효율이 높은 작동점을 저속·중속 영역에 오도록 하면 터보 과급의 저속영역에서의 회전력 부족이 감소될 수 있고, 사용 빈도가 높은 중속 영역에서 성능개선을 도모할 수 있다. 고속영역에서는 웨이스트 게이트 밸브에 의하여 배기가스의 일부를 바이패스 시키므로 효율은 저하되나 급기 압력이 지나치게 커져 엔진의 기계적 부하가 증대되거나 배기 압력의 과대로 인한 펌프 손실의 증대 등의 문제를 피할 수 있다. 웨이스트 게이트 밸브는 배기 에너지의 일부를 버리는 기구이므로 유효하지 못한 것으로 보이나 저속영역에서의 회전력향상, 과도 응답성의 향상, 터보 과급기의 오버 런(over run)의 억제가 가능하다.

③ **가변 터보 과급기**

그림 8-12는 엔진의 저속 회전영역의 특성을 개선하기 위하여 과급기 배기 터빈의 입구면적을 가변시키는 VG(variable geometry)과급기의 한 예를 나타낸 것이다.

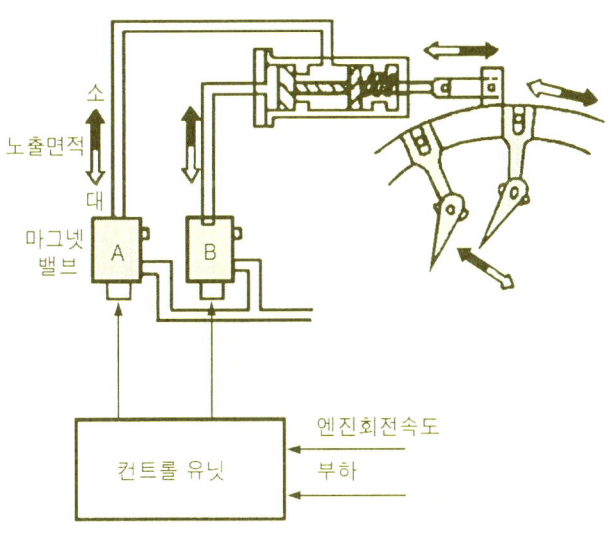

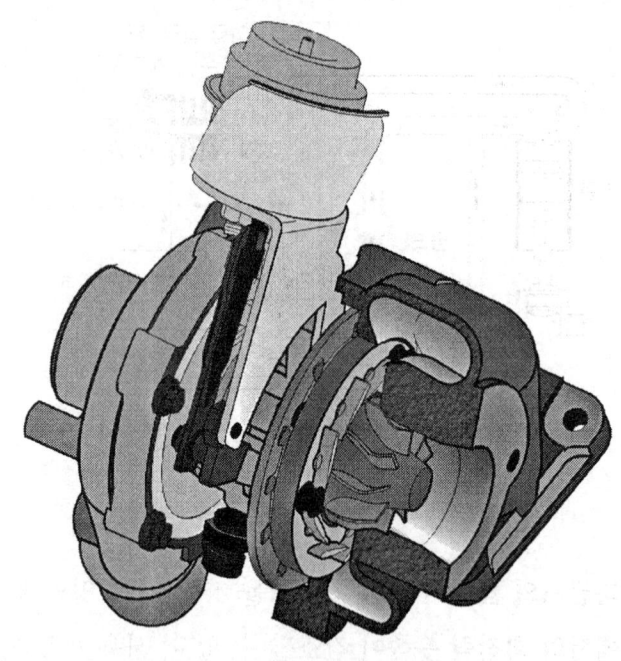

그림 8-12. VG 터보 장치

　　가변 터보 과급기는 배기 터빈의 노즐 부분에 듀티(Duty)로 제어되는 VGT 솔레노이드 밸브(배큠 액추에이터)와 연결된 베인(Vane)을 설치하여 터빈 입구의 배기가스 유로 면적을 변화시켜 엔진의 저속 영역 등 과급기의 작동에 충분한 양의 가스가 유입되지 않을 때에는 노즐 면적을 작게 하여 스로틀 링(throttling) 하여 배출 가스의 속도를 증대시켜 배기 터빈의 회전 에너지를 크게 만들어 급기 압력을 높여 엔진 출력향상, 차량 가속성능 향상, 연비향상 등에 기여하며 작동원리는 다음과 같다.

- 고속 고부하(대유량) 조건 베인 유로 넓힘 → 배기유량 증가 → 터빈 전달 에너지 증대
- 저속 저부하(저유량) 조건(액추에이터 당김)베인 유로 좁힘 → 배기가스 통과속도 증가 → 터빈 전달 에너지 증대

그림 8-13. VG 터보 작동원리

④ 터보 콤파운드 방식 과급기

배기 에너지를 터빈을 통해 회수하여 엔진의 크랭크축에 되돌려서 엔진 전체의 효율을 개선하는 방식을 터보 콤파운드(Turbo Compound)방식 과급이라고 한다. 이 방식은 가스 터빈과 피스톤 식 엔진의 하이브리드(Hybrid)화로 볼 수 있다.

이 경우 높은 부하 영역에서는 효율의 개선이 이루어지나 경 부하 영역에서는 배기온도가 낮고 배기의 유효 에너지가 적어 그 효과가 크지 않다. 고속으로 회전하는 터빈의 동력을 회전력 변동이 큰 피스톤 형식 엔진으로 전달하는 데는 그림 8-14에 나타낸 것과 같이 유체 커플링(fluid coupling) 등의 조합으로 이루어지는 감속 기어 장치가 필요하다. 냉각손실을 감소시킬 목적으로 한 때 피스톤 등 연소실 주변을 세라믹으로 단열(斷熱)하는 단열 엔진이 시도되었으나, 이 때 단열되는 열의 많은 부분이 유효 열로 전환되기는 어렵고 또한 배기 온도를 상승시킨다.

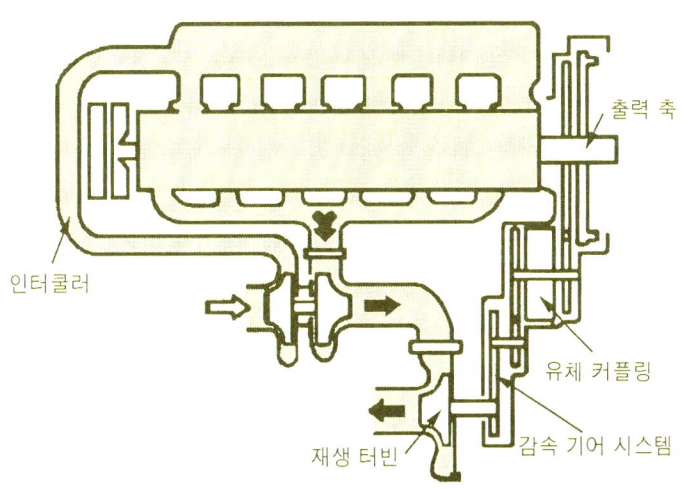

그림 8-14. 터보 콤파운드 엔진

⑤ 기계식 과급 방식

루츠 블로워(roots blower) 등 체적형의 압축기를 엔진의 출력 일부를 이용하여 직접 구동하는 방식을 기계식 과급이라 한다. 급기 압력의 증대로 높은 출력화는 가능하나 배기 에너지의 회수가 불가능하여 열효율이 떨어지고 실용화되는 예는 크게 많지 않다. 그러나 기계식 과급기는 체적형이어서 터보 과급의 경우와 같은 저속영역에서의 성능저하는 없으며, 근래에는 터보 과급기와 조합하여 저속영역에서만 기계식 과급기를 작동시키고 연료 소비율이 중요시되는 중속 및 고속 영역은 터보 과급기를 작동시키는 복합 과급 장치가 시도되고 있다.

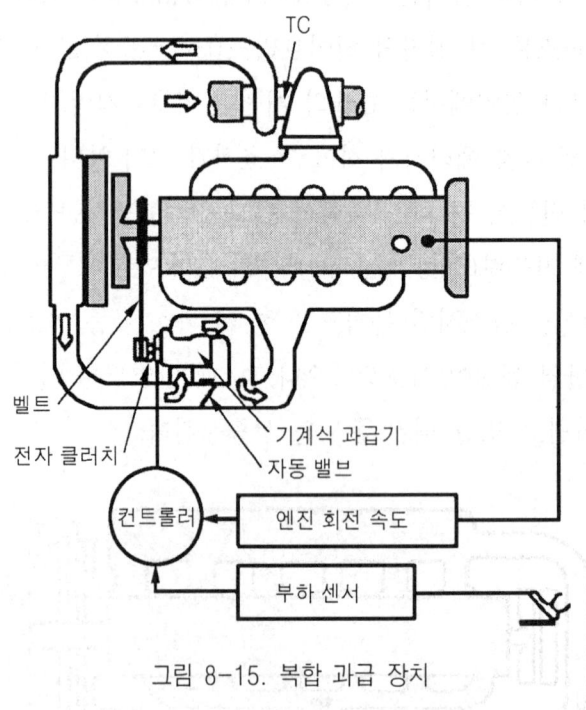

그림 8-15. 복합 과급 장치

이 방식의 경우는 서로 다른 방식의 압축기가 2개 장착된 상태에서 운전되므로 작동의 변환을 위한 장치가 복잡해지는 문제점이 있다. 그림 8-15는 복합 과급 장치의 예를 나타낸 것이다.

2. 터보 차저(Turbo Charger)

터보 차저는 배기가스를 구동력으로 이용하고 있다. 엔진은 연료의 연소에 의해 발생한 에너지를 이용하고 있으나 전 발열량의 모두를 출력으로 하는 것은 아니다. 실제로 출력으로 나오는 것은 30% 정도이다. 냉각에 의한 손실이 약 30%, 기계적 손실이 약 5%, 그리고 배기가스의 열이 약 30% 있다. 본래는 버려지는 배기가스의 에너지를 이용할 수 있기 때문에 효율적인 과급기인 것이다. 터보 차저는 공기가 엷어지는 고공(高空)에서 엔진에 충분한 공기를 보내기 위하여 항공기의 기술로 개발되었다. 터보란 터빈에서 파생된 용어로 배기가스로 터빈을 회전시켜 구동력을 얻고 있다.

기본적인 구조는 1개의 축 양끝에 2개의 날개가 설치되며, 날개마다 케이스에 내장되어 있다. 이 중 배기가스에 의하여 회전되는 날개를 터빈, 그 회전에 의하여 흡입을 가속하여 압축하는 날개를 압축기(펌프)라 한다.

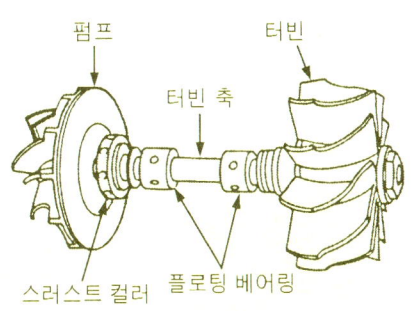

그림 8-16. 터빈&압축기 날개

터빈은 1000℃에 도달하기도 하는 배기가스 때문에 내열성이 높은 재료가 필요하다. 또 무거운 소재를 사용하면 잘 회전되지 않아 손실이 발생하거나 엔진에 배압(back pressure)을 발생시키므로 가벼운 재료가 필요하다. 따라서 니켈 계열의 특수 내열 합금이나 세라믹을 사용한다. 배기 다기관으로부터의 배기가스는 속도를 높이기 위하여 서서히 가늘어진 스크롤 부분이라 부르는 와류실로 유입되어 터빈을 회전시킨다.

압축기도 터빈과 같은 형상이지만 높은 열과 만나는 일이 없으므로 가벼운 재료가 적합하기 때문에 세라믹이 사용되기도 하나 알루미늄 합금이 이용되기도 한다. 압축기로 흡입 공기가 들어와 그 회전에 의하여 공기를 압축한다. 압축기의 형상에 따라 과급 능력 즉 흡입 공기를 압축하는 능력과 성격이 변화하기 때문에 설계할 때 세심한 주의를 하고 있다. 터빈과 압축기를 접속하는 축은 고속으로 회전하기 때문에 높은 성능의 베어링이 필요하다.

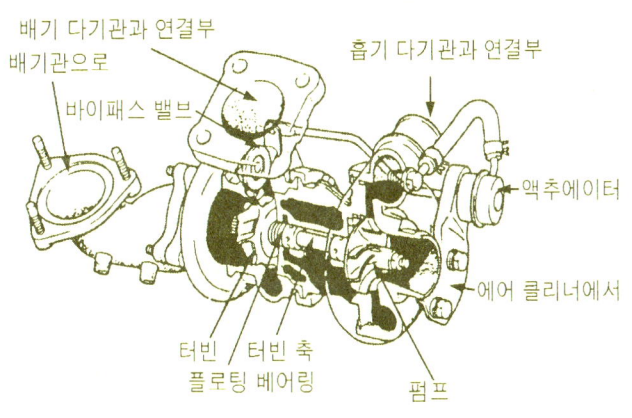

그림 8-17. 터보 차저

최근에는 세라믹 베어링도 등장하고 있지만 충분한 윤활이 필요하다. 그리고 고속회전에 의한 발열도 일어나기 쉽다. 따라서 엔진 냉각계통의 일부에서 냉각수로 냉각을 하고 있다. 그리고 터보 차저는 배기량이 증가할 때까지 과급 효율이 높아지지 않는 단점이 있다. 그리고 터보 래그라고 하여 가속페달을 밟아도 배기가스가 증가할 때까지는 과급 효율이 높아지지 않는 결점이 있다.

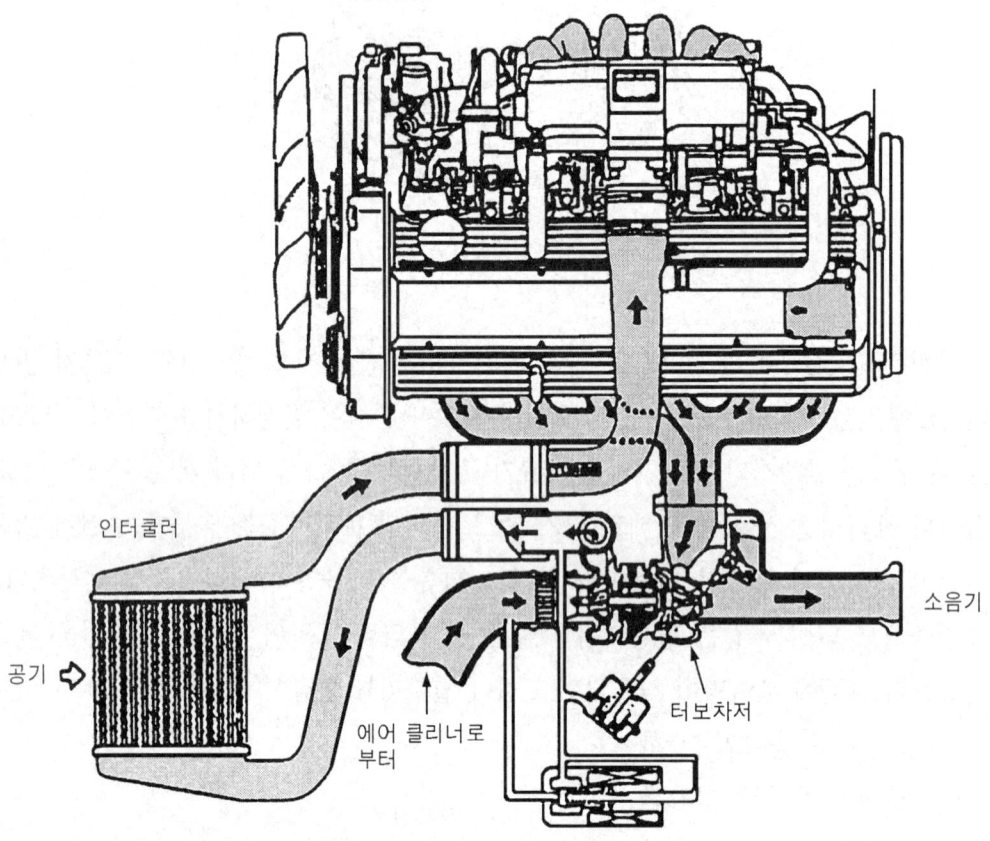

그림 8-18. 흡입 공기 & 배기가스의 흐름

(1) 터보 차저의 특성

① 흡입공기온도의 압력 상승률이 낮아 일반엔진보다 소음이 적다.
② 저 부하시(저속구간)에서는 일반엔진대비 오르막길 정지 후 출발시 성능은 떨어지나 소음이 작고 중·고부하 영역에서는 연비 성능이 좋다.
③ 터보 작동시 충분한 공기가 흡입되어 완전연소로 매연발생이 적고 HC, CO, NOx 등의 유해 생성물질이 감소한다.

(2) 터보 차저 차량의 관리요령 및 운전요령

① 엔진 급가속 금지조건

시동 후 엔진이 워밍업 되기 전이나 엔진오일 및 필터 교환시 급가속을 하면, 안된다. 이유는 오일순환이 약 1~2분정도 소요되므로 과도한 엔진 회전수를 올릴 경우 터빈 저널베어링과 컴프레서에 치명적 원인이 된다.

② 엔진오일 및 필터 관리

터보차저의 내부 윤활은 엔진오일로 사용되며 오일량과 오일색상을 수시 점검하여 필요시 오일과 필터를 동시에 교환하여야 한다.

③ 초기 시동할 경우

혹한기 및 장시간 운행을 하지 않는 차량은 수차례 크랭킹 후 시동을 걸어야 하며 시동 직후 가속하지 말고 2~3분 가량 공회전을 유지해야 한다.

④ 엔진 시동을 끌 경우

주행 후 정차시 엔진은 공회전 상태이지만 터보차저의 터빈은 약 30,000rpm으로 고속 회전함으로 엔진 정지시에는 2~3분 정도 공회전 상태를 유지 후 시동을 끈다.

3. 인터쿨러(Inter Cooler)

기체를 압축하면 온도가 상승하는데 터보차저에 의해 압축된 공기도 온도가 상승하게 된다. 온도가 상승하면 아무리 압축을 하여도 팽창에 의해 흡입 효율이 저하되고 높은 온도인 상태로 실린더에 보내면 자연 발화와 소음의 원인이 되기 때문에 인터쿨러에 의한 냉각으로 흡입 효율을 더욱 높일 수 있으며, 배기가스 저감 및 엔진 출력증대 및 연비성능을 향상시킨다.

인터쿨러는 공랭식과 수랭식 2종류가 있는데 공랭식은 엔진 냉각계통의 라디에이터와 비슷한 구조로 압축된 공기 주위에 외부 공기를 공급하여 냉각시키는 방식이다. 인터쿨러의 설치위치는 주행 중 받는 바람을 고려하여 보닛 상단이나 앞 범퍼 부위에 장착되고 차속이 60km/h이하, 급기온도 50℃ 이상시 팬 모터 작동, 차속이 상승하면 과급압도 같이 상승한다.

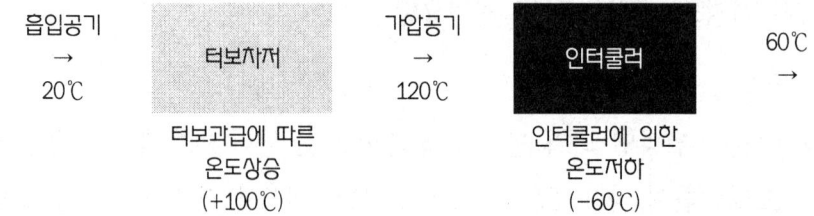

수랭식인 경우는 냉각수의 순환은 전용 펌프에 의해 강제적으로 이루어지고, 최대 냉각온도능력은 40℃ 정도이다.

인터 쿨러	공랭식	수랭식
시가지 주행 때 (저속 일정 주행)	저 부하 영역에서는 공랭식, 수랭식 인터쿨러 모두 효과가 크지 않다(터보차저 과급압의 양이 적다).	
저속 전개 주행	냉각바람이 적기 때문에 흡기의 냉각효과는 고속일 때보다 떨어지나 인터쿨러가 없는 자동차보다는 출력이 향상된다.	운전초기는 수랭식이 냉각 효과가 크지만, 일단 수온이 상승 하면 효과가 떨어진다. 차속이 천천히 상승하면 고온의 냉각수가 안정화되어 냉각효과가 크게 저하된다.
고속 전개 주행 (고속 주행 및 추월 가속 주행)	냉각바람이 증대되지 않더라도 냉각효과가 높아 흡기의 충진 효율로 향상되고, 그 결과 고속주행 성능은 급속도로 향상된다.	인터쿨러를 설치하지 않은 자동차 보다 출력이 많이 향상된다.
정 비 성	구조가 간단하고 고장이 나는 부품은 거의 없다.	전용 라디에이터와 워터 펌프가 필요하며, 구조가 복잡하여 고장 원인이 있다.

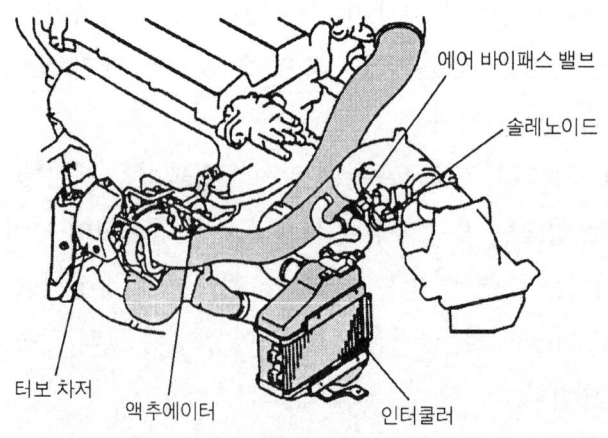

그림 8-19. 인터쿨러

> **주) 인터쿨러의 필요성**　　　　　　　　　　　　　　　　　　Explanatory note
>
> 터보에서 압력이 가해진 흡입 공기는 온도가 상승하고 흡입 튜브(Inlet Tube) 내를 흐를 때에도 파이프 내와의 마찰열에 의해 더욱 발열한다. 그렇게 되면 충전효율이 악화(온도 상승에 의한 공기의 밀도가 떨어지기 때문에 과급율이 나빠진다)될 뿐만 아니라 노크도 일어나기 쉬우므로 착화시기도 늦추지 않으면 안 된다. 이것은 최적 회전력을 낼 수 있는 착화시기로부터 늦춰지기 때문에 회전력 저하도 크고 배기 온도도 높아져 터빈의 온도가 허용 온도를 넘어서서 터빈의 내구성을 떨어뜨리는 결과가 된다. 이 대책으로 압력을 가한 다음의 흡입 공기 온도를 낮추고 과급 압력을 더욱 높여서 출력을 증가시킬 목적으로 인터쿨러가 사용된다.

4. 과급 압력 제어

터보 차저에 의한 과급 압력은 과급이 늘어날수록 높아지지만 너무 높아지면 인터쿨러로 냉각을 해도 이상을 일으킨다. 이 때문에 터보 차저를 장착한 차량에서는 엔진에 노크 센서를 설치하여 이상이 발생할 듯 하면 과급 압력을 낮추도록 하고 있다. 또 일정한 과급 압력을 넘지 않도록 과급 압력 제어를 하도록 한다. 이와 같이 과급 압력 제어에 이용하는 것이 웨이스트 게이트 밸브이며, 웨이스트 게이트 밸브는 배기가스의 흐름 도중에 설치된 밸브로 이 밸브가 열리면 일부의 배기가스가 터빈에 공급되지 않고 바이패스 경로에 의하여 배기 장치로 직접 흐른다.

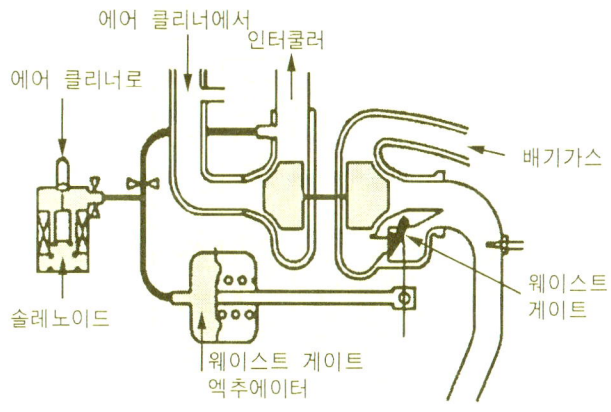

그림 8-20. 과급 압력 제어

밸브의 작동은 공기 압력에 의해 작동되는 액추에이터에 의한다. 일정한 과급 압력에 의한 제어의 경우에는 과급 후의 흡입 공기가 액추에이터로 흐르며, 액추에이터에는 스프링이 들어 있으며 과급 압력이 이 스프링 장력을 이겨내면, 웨이스트 게이트 밸브가 열려 과급 압력이 저하한다. 이상 발생으로 인한 제어의 경우 전자밸브를 사이에 두고 흡입 공기 압력이 액추에이터로 가게 된다. 과급 압력을 낮출 필요가 있으면 이 전자 밸브가 열려 액추에이터에 공기 압력을 공급하여 웨이스트 게이트 밸브를 작동시키도록 한다.

5. 트윈 터보(Twin Turbo)

배기량이 큰 엔진과 실린더 수가 많은 엔진에서는 터보 차저가 2개 설치되기도 한다. V형 엔진 등에서는 좌우 흡·배기 장치별로 터보 차저가 부착되는 경우도 있는데 이것은 각각의 터빈을 경량화 할 수 있으며, 배기량이 작은 저속 영역에서도 과급이 이루어지기 쉬우며 민감하게 작동하는 과급기를 만들 수 있다. 최근에는 저속에서는 1개의 터보 차저에 배기가스를 집중시켜 고속상태가 되면 2개의 터보 차저를 병행하여 사용하는 시퀀셜 트윈 터보 차저(Sequential Twin Turbo Charger)도 있다. 연속적으로 2개의 터보 차저를 사용함으로서 저속 상태의 작은 배기량을 낭비 없이 사용할 수 있으며 고속상태에서는 충분한 과급 효과를 얻을 수 있다.

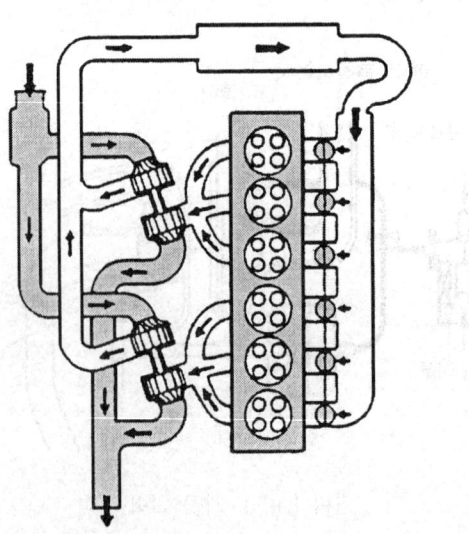

그림 8-21. 트윈 터보 차저

6. 기계식 슈퍼 차저(Mechanical Super Charger)

일반적으로 슈퍼 차저라 할 때 루츠형을 말하는 경우가 많은데 이 루츠형의 단면을 보면 긴 원형의 하우징 속에 2개의 로터가 편성되어 있다. 크랭크축의 회전은 벨트에 의하여 한쪽 로터에 접속된 풀리로 전해지지만 한쪽 로터는 기어에 의하여 회전이 전달된다. 2개의 로터가 같은 속도로 회전하면 로터와 하우징에 의하여 좁아진 공간은 커지거나 작아진다. 이 공간을 이용하여 공기의 압축을 행한다. 압축에 이용하는 공간은 각각 로터의 하우징 쪽에 발생하기 때문에 2개의 공간을 사용하여 연속적으로 과급을 실행할 수 있다.

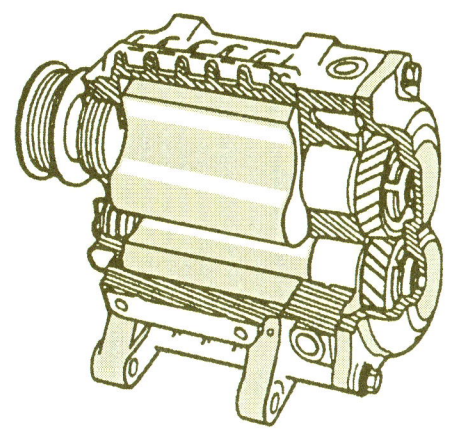

그림 8-22. 루츠형 슈퍼 차저

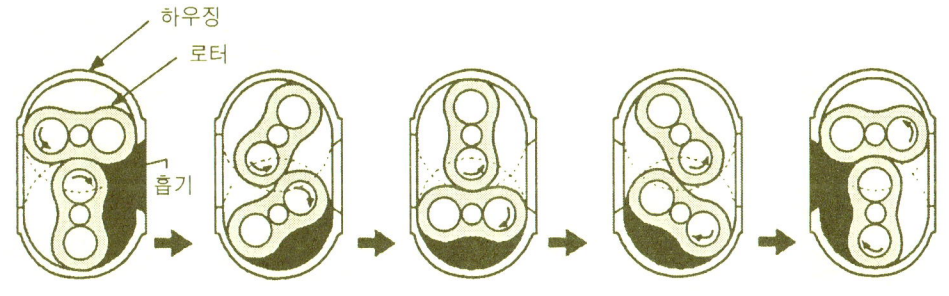

그림 8-23. 과급기의 작동

기계식 슈퍼 차저에 의한 과급에서도 터보 차저와 같이 과급 압력을 높이면 과급기의 온도가 상승하기 때문에 인터 쿨러를 병용하는 것이 일반적이다. 그리고 이상 상태

방지를 위한 과급 압력 제어도 이루어진다. 그리고 저속 상태에서 과급을 실행할 수 있는 장점이 있으나 구동력을 엔진의 출력에서 얻고 있기 때문에 과급이 불필요한 상태라도 과급이 이루어지면 출력 손실이 발생한다. 그러므로 필요에 따라 과급을 하도록 풀리 부분에 전자 클러치를 갖추고 있는 경우가 많다. 각종 센서의 정보로 과급 압력을 낮추거나 필요로 하지 않는다고 판단했을 경우에는 전자 클러치를 떼어 내어 과급 작동을 정지시킴과 동시에 엔진 출력을 소비 않도록 하고 있다.

7. 가변용량제어 터보 차저(VGT ; Variable Geometry Turbocharger)

7-1. VGT란?

VGT는 배기가스 흐름을 이용하여 흡입되는 공기량을 증가시키는 터보 차저의 일종으로 엔진의 변화하는 운전조건에서도 흡입되는 공기량이 효과적으로 유입될 수 있게 하는 가변식 터보 차저이다. 듀티로 제어되는 VGT 솔레노이드 밸브(배큠 액추에이터)와 연결된 베인 기구에 의해 터빈 입구의 배기가스 유로 면적을 변화시켜 고속 고부하 및 저속 저부하 조건에서 터빈 전달 에너지를 증대시켜 엔진 출력향상, 차량 가속성능 향상, 연비향상 등에 기여한다.

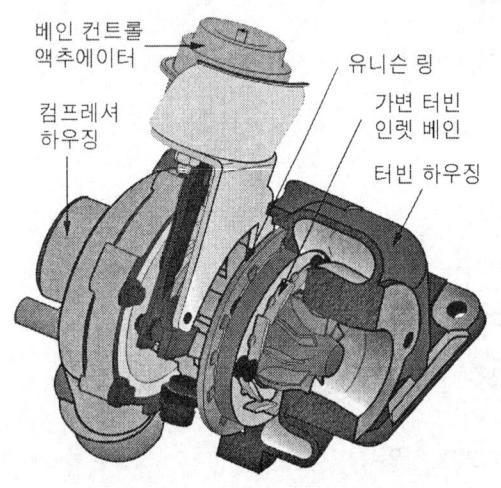

그림 8-24. 가변용량제어 터보 차저

그림 8-25. 일반 터보 차저

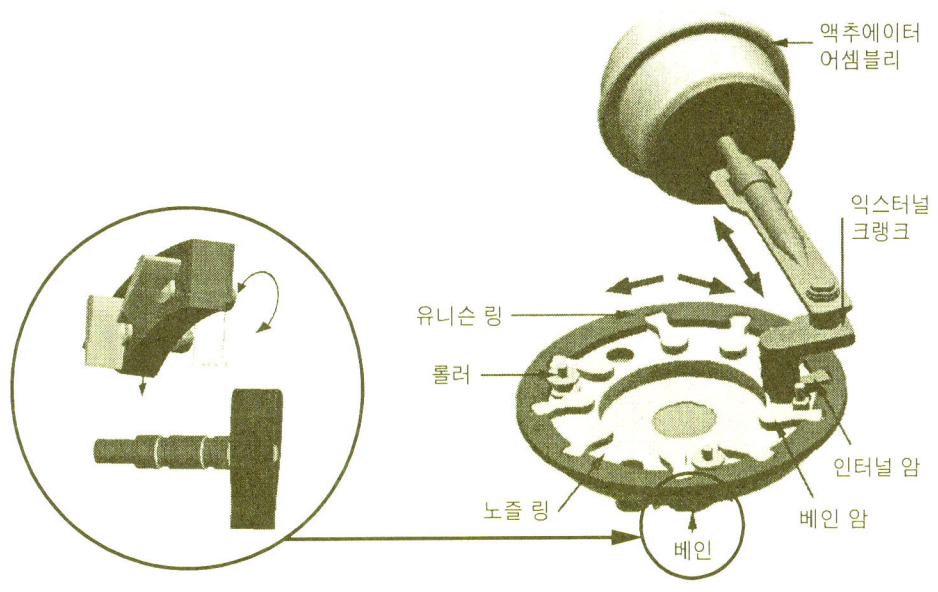

그림 8-26. 베인(VANE) 조정가구

7-2. 작동원리

(1) 고속 고부하(대유량) 조건

① 베인 유로 넓힘 → 배기유량 증가 → 터빈 전달 에너지 증대

(2) 저속 저부하(저유량) 조건(액추에이터 당김)

① 베인 유로 좁힘 → 배기가스 통과속도 증가 → 터빈 전달 에너지 증대

 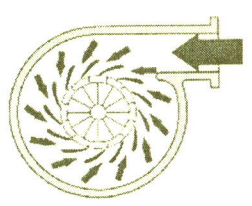  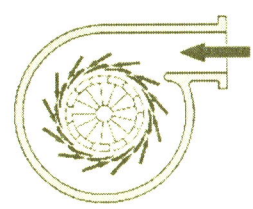

그림 8-27. 고부하 : 베인 열림   그림 8-28. 저부하 : 베인 닫힘

제9장. 예열장치

1. 흡기가열방식 예열장치
2. 예열플러그방식 예열장치

제 9 장

예열장치

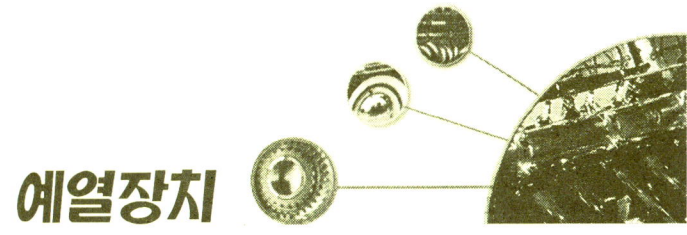

예열장치는 겨울철에 외부의 온도가 낮거나 또는 엔진이 냉각되어 있을 때 공기의 압축열이 실린더 벽 및 실린더 헤드로 흡수되어 연료가 착화할 수 있는 높은 온도가 되지 못하므로 예 연소실 내의 공기를 미리 가열하여 시동이 용이하게 하는 장치이다. 예열 장치에는 일반적으로 직접 분사실식 연소실에는 사용하는 흡기 가열 방식(intake air heater type)과 복실식(예연소실식, 와류실식) 연소실에 사용하는 예열 플러그 방식(glow plug type)이 있다.

1 흡기가열방식 예열장치

 입 공기를 가열하는 열원에 따라 흡기가열방식 예열장치를 분류하면 연소방식과 전열방식으로 크게 나눌 수 있다.

1. 흡기 히터(intake heater)

연료 탱크와 흡기 히터로 구성되어 있으며, 연료여과기에서 보낸 연료를 흡기다기관 안에서 연소시켜 흡입 공기를 가열하여 실린더로 보내는 방식이다. 이것은 그림 9-1에 나타낸 바와 같이 흡기 히터용 연료탱크가 흡기다기관의 위 부분에 부착되어 있고, 히터는 흡기다기관 안에 부착되어 있다.

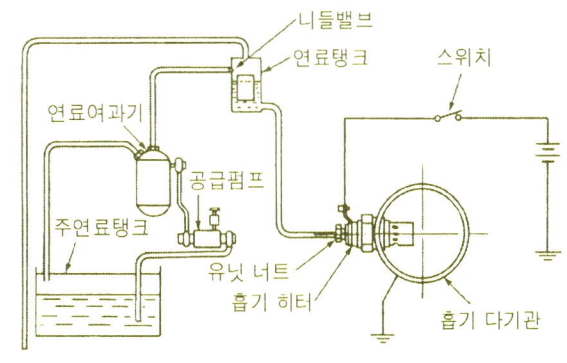

그림 9-1. 연소 방식 히터 회로

연소 방식 히터의 작동은, 그림 9-2에서 스위치를 닫으면(ON으로) 히터 코일에 전류가 흘러 노즐 보디가 가열된다. 노즐 보디가 가열되면 노즐 보디와 밸브 스템의 열팽창 차이로 볼 밸브(ball valve)가 열린다. 볼 밸브가 열려 노즐 보디 내에 연료가 들어오면 열 때문에 기화하여 점화 기구(ignitor)부분으로 유출된다.

유출된 연료는 실드(shield)에 마련된 구멍으로부터 들어오는 공기와 혼합되고, 점화 기구에 의해 착화되어 연소를 일으킨다. 이 연소열이 흡기다기관 내의 흡입 공기를 가열한다. 스위치를 닫고 나서부터 10~15초 후에 엔진을 시동하며, 시동이 되면 스위치를 연다(OFF로). 스위치를 열면 흡기 다기관 내의 흡입 공기에 의해 히터가 냉각되므로 볼 밸브가 닫혀 연료의 유입이 중지된다.

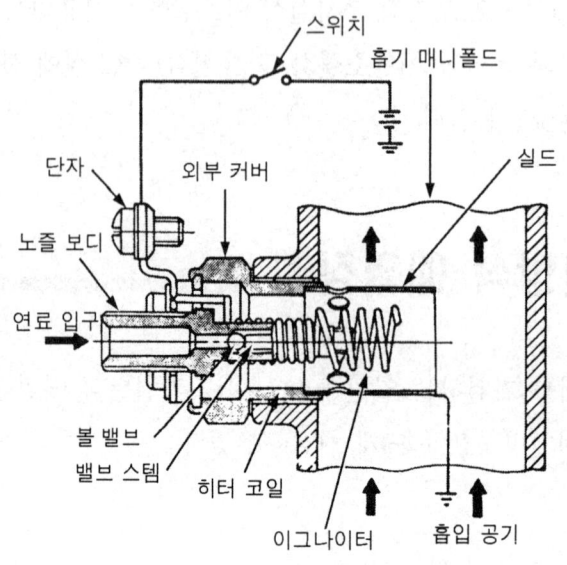

그림 9-2. 연소 방식 히터의 작동

2. 히트 레인지(heat range)

흡입공기의 통로에 설치한 흡기 히터와 히터의 통전을 제어하는 히터 릴레이, 히터의 적열 상태를 운전석에 표시하는 표시등(indicator)으로 구성되어 있다. 흡기 히터는 흡기다기관의 도중에 설치되어 있으며, 적열된 히터코일로 흡입공기를 데워준다.

2 예열플러그방식 예열장치

예열 플러그 방식은 그림 9-3에 나타낸 바와 같이 연소실 내의 압축 공기를 직접 예열하도록 된 것이며, 예열 플러그는 실린더 헤드에 설치하고, 예연소실식 및 와류실식 엔진에서 일반적으로 사용된다. 또 종류에는 직렬로 결선되는 코일형(coil type)과 병렬로 결선되는 실드형(shield type)이 있으며, 최근에는 실드형이 주로 사용된다. 그 구성은 예열 플러그를 비롯하여 예열 플러그 파일럿, 예열 플러그 저항기, 히트 릴레이 등이다.

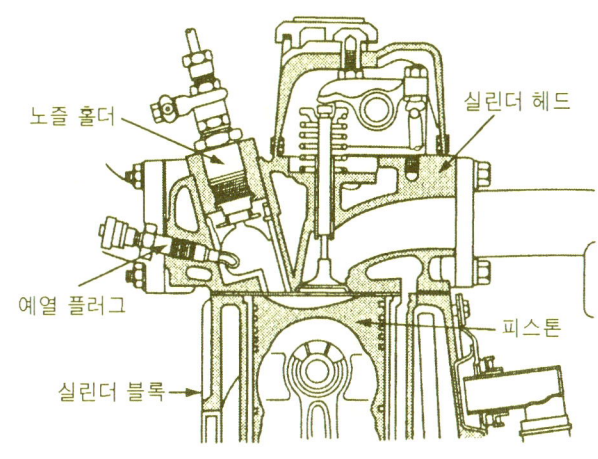

그림 9-3. 예열 플러그 설치 상태

1. 예열 플러그(glow plug)

1-1. 코일형 예열 플러그

코일형 예열 플러그는 그림 9-4에 나타낸 바와 같이 히트 코일(heat coil)이 노출된 것이며, 히트 코일, 홀딩 핀(holding pin), 연결 하우징, 플러그 하우징 등으로 구성되어 있다. 그리고 홀딩 핀과 연결 하우징 및 연결 하우징과 플러그 하우징 사이에는 각각 절연물로 절연되어 있다.

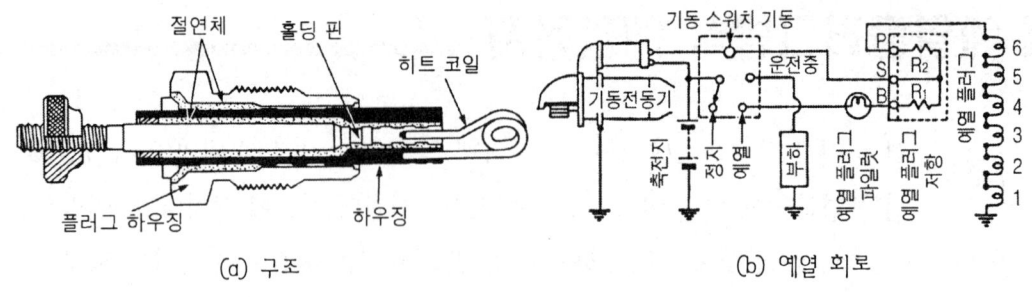

그림 9-4. 코일형 예열 플러그 구조와 그 회로

그리고, 코일형은 히트 코일이 노출되어 있기 때문에 적열될 때까지의 시간이 짧다. 그러나 연소가스와 직접 접촉하므로 기계적 강도(내진성), 가스에 의한 부식 등에 약하다. 또 히트 코일은 자기 자신에 의해 그 형상을 유지하여야 하므로 굵은 히트 코일로 만들어진다. 때문에 예열 플러그 1개가 지니는 저항값이 매우 적어 그림 9-4에 나타낸 바와 같이 직렬로 연결된다. 직렬로 연결하여도 예열 플러그 전체의 저항값이 작아 축전지와 직접 연결하면 히트 코일에 과대 전류가 흘러 손상되기 때문에 회로 내에 예열 플러그 저항기를 두고 있다.

1-2. 실드형 예열 플러그

이것은 그림 9-5에 나타낸 바와 같이 히트 코일을 금속 보호 튜브 속에 넣은 형식이며, 히트 코일, 보호 금속 튜브, 홀딩 핀, 플러그 하우징 등으로 구성되어 있다. 히트 코일과 금속 보호 튜브 사이에는 내열성의 절연 분말이 충전되어 있으며, 이것은 절연과 히트 코일을 지지하는 일을 한다. 따라서 실드형에서는 전류가 흐르면 보호 금속관 전체가 적열되어 예열 작용을 한다.

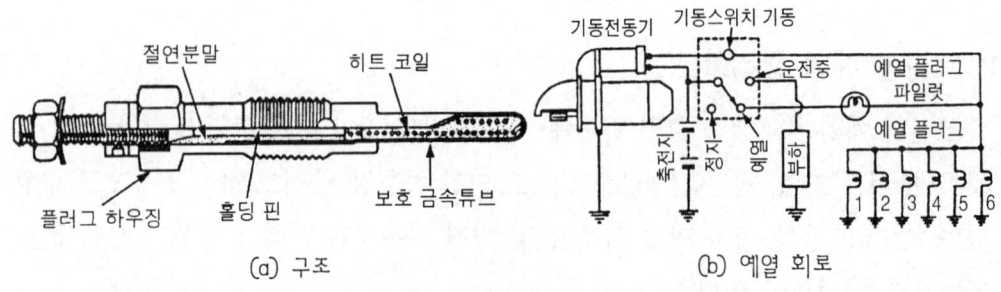

그림 9-5. 실드형 예열 플러그 구조와 그 회로

실드형은 구조상 적열까지의 시간이 코일형에 비해 조금 길다. 그러나 1개당의 발열량이 크고, 열용량도 크기 때문에 시동 성능이 향상된다. 또 히트 코일이 연소열의 영향을 덜 받기 때문에 예열 플러그 자체의 내구 성능도 향상되고, 병렬 회로로 되어 있기 때문에 어느 1개가 단선 되어도 다른 것들은 작용을 계속한다.

> **참고) 예열 플러그 명세**   Reference

항목	코일형 예열 플러그	실드형 예열 플러그
발열량	30 ~ 40W	60 ~ 100W
발열 부분의 온도	950 ~ 1050℃	
전압	0.9 ~ 1.4V	24V : 20 ~ 23V 12V : 9 ~ 11V
전류	30 ~ 60A	24V : 5 ~ 6A 12V : 10 ~ 11A
회로	직렬 회로	병렬 회로
예열 시간	40 ~ 60초	60 ~ 90초

2. 예열 플러그 파일럿 램프

예열 플러그의 적열 상태를 점검하기 위한 것으로 최근에는 시동 스위치를 ON으로 하면 계기판에 코일을 감은 모양의 램프가 점등이 되며, 이 램프가 소등된 후 시동 스위치를 시동 위치로 하면 된다.

3. 예열 플러그 저항기

코일형 예열 회로 내에 삽입하는 저항이다. 즉, 예열 플러그에 규정된 전압이 가해지도록 직렬로 저항기를 접속하여 축전지 전압과 예열 플러그 전압 차이만큼 전압을 강하시킨다.

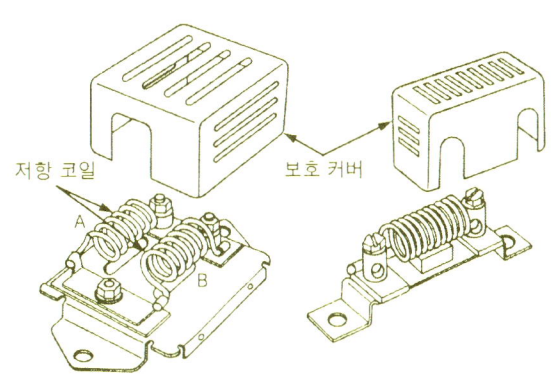

그림 9-6. 예열 플러그 저항기의 구조

4. 예열 플러그 릴레이(히트 릴레이)

예열 회로를 흐르는 전류가 크기 때문에 기동 전동기 스위치의 손상을 방지하기 위하여 둔 것이다.

5. 예열 장치의 작동

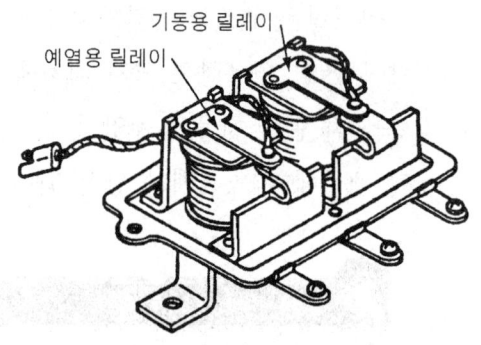

그림 9-7. 그림 히트 릴레이의 구조

예열 장치의 회로도는 그림 9-8에 나타낸 바와 같으며, 작동원리는 다음과 같다. 시동 스위치를 ON으로 하면 제어 타이머가 작동되어 예열 플러그 릴레이가 ON이 되고 예열 플러그 및 파일럿 램프에 전류가 흐르게 된다. 냉각수 온도에 따라 타이머가 자동적으로 예열 시간을 조절하며 예열이 완료되면 파일럿 램프가 소등되어 시동하라는 표시를 해준다. 파일럿 램프 소등 후 시동 스위치를 시동으로 하면 엔진이 시동된다.

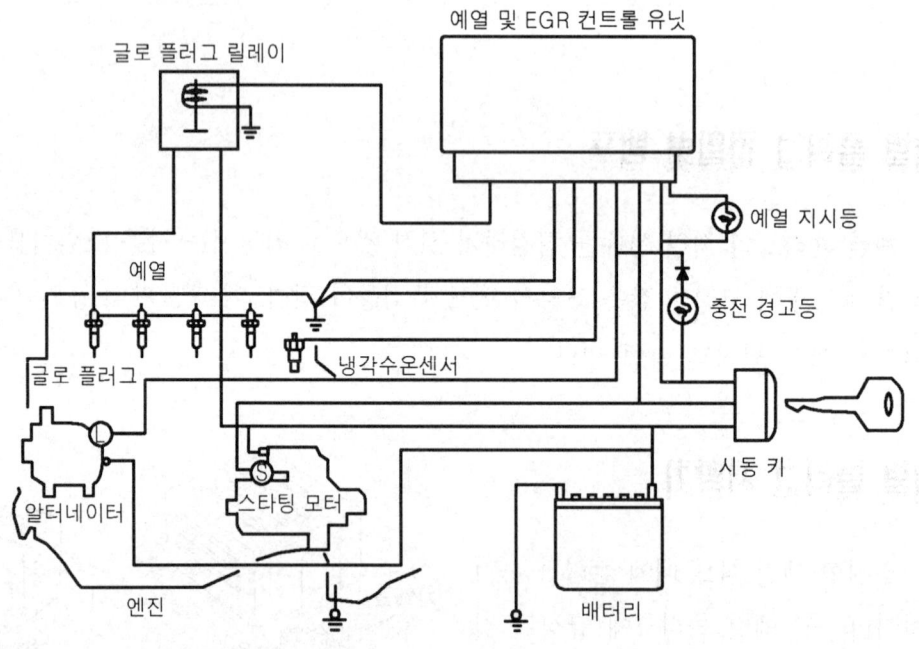

그림 9-8. 예열 장치 회로도

이와 같은 내용을 그림 9-9에 나타낸 퀵 스타팅 시스템에 대한 제어 타이머의 작동 형태를 구체적으로 구분하여 설명하면 다음과 같다.

① 램프 타이머(lamp timer)

시동 스위치 ON상태에서 약 5초 동안 파일럿 램프를 점등시킨다.

② 프리히터(Pre-heater) 타이머

작동조건은 시동 스위치 ON인 경우이며, 예열 플러그를 급속 예열시키기 위하여 약 6~7초간 예열 플러그 릴레이를 통전시킨다.

③ 쵸핑(Chopping) 타이머

시동 스위치를 ON으로 유지할 때 프리히터(pre-heater)를 통한 예열 플러그의 예열 온도를 릴레이 ON-OFF 형태로 유지시키고, 다시 시동 스위치를 ON에서 시동 위치로 하면 프리히터를 통한 예열 플러그 예열 온도를 시동 스위치를 시동 위치로 하는 동안 쵸핑 타이머는 작동된다.

④ 애프터 글로(After glow) 타이머

엔진 시동 후 공전 안정성 향상 및 냉간 상태에서 백연 감소를 위하여 약 15초 동안 예열 플러그 릴레이를 ON-OFF시킨다. 이 때 시동 후 시동스위치는 ON으로 유지한다.

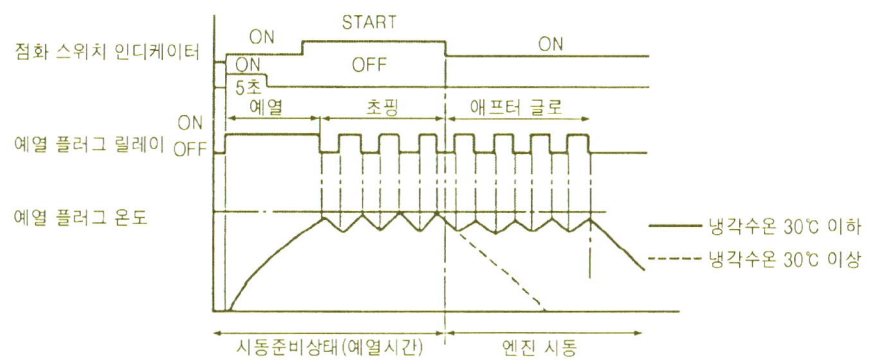

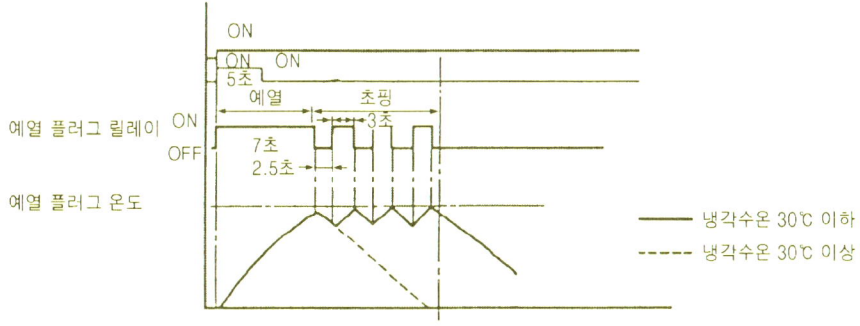

그림 9-9. 퀵 스타팅 시스템 작동

제10장.
배출가스 발생원리 및 감소대책

1. 디젤 엔진의 배출가스 발생원리
2. 디젤 엔진의 배출가스 감소대책

제 10 장

배출가스 발생원리 및 감소대책

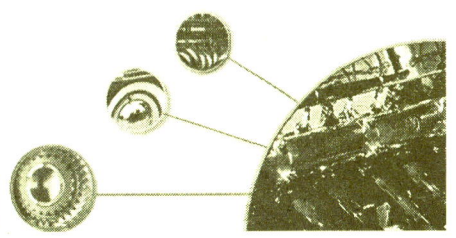

디젤 엔진은 가솔린 엔진과는 다르게 일산화탄소와 탄화수소의 발생이 적고, 질소산화물과 입자상 물질(PM)의 배출이 많다. 또 블로바이 가스나 증발 가스도 가솔린 엔진에 비해 그 발생량이 거의 없다.

1 디젤 엔진의 배출가스 발생 원리

1. 일산화탄소(CO)의 생성

일반적으로 디젤 엔진은 공기 과잉율 1.2~10 범위에서 작동되며, 가솔린 엔진에 비하여 공기 과잉 상태에서 작동되기 때문에 일산화탄소의 배출량은 적다. 그러나 부분적으로 연료와 공기의 혼합이 불충분한 곳에서는 공기 부족으로 일산화탄소가 생성된다.

2. 탄화수소(HC)의 생성

탄화수소도 일산화탄소와 마찬가지 이유로 디젤 엔진에서는 배출량이 적으나 다음과 같은 경우에는 비교적 많이 생성된다.
① 연료가 연소되지 않은 상태로 또는 화염이 온도가 낮은 연소실 벽면에 접촉하여 연소 반응이 정지되었을 때 탄화수소로 배출된다.
② 혼합가스가 매우 희박한 부분에서는 소염 때문에 탄화수소로 배출된다.
③ 후적 등 안개화가 잘되지 않은 연료가 탄화수소로 배출된다.

3. 질소산화물(NOx)의 생성

높은 온도 상태에서 질소분자(N_2)와 산소분자(O_2)가 결합하여 일산화질소(NOx)가 생성되지만, 이 일산화질소는 화학적으로 불안정하기 때문에 그 일부는 이산화질소(NO_2)로 다시 산화된다. 이들을 총칭하여 질소산화물(NOx)이라 부른다. 디젤 엔진에서 발생하는 일산화질소는 엔진에서의 열 반응에 의한 열 반응 일산화질소(thermal NO)와 연료 중에 포함된 질소가 산화하여 발생하는 연료 일산화질소(fuel N)로 분류된다. 일반적으로 열 반응에 의한 일산화질소의 발생이 많으므로 이에 대해 설명하도록 한다. 디젤 엔진의 연소에서는 여러 가지 종류의 복잡한 상태가 일어나고 있는 것으로 생각되지만, 대략 다음과 같은 반응 모델이 된다.

먼저 공기 과잉의 연소에서 질소분자(N_2)의 해리(解離)에 의한 질소(N)가 산화되어 일산화질소가 생성되고, 이 일산화질소를 젤도비치(Zeldovich) 일산화질소라 부른다. 질소가 생성되는 해리 반응은 강한 흡열(吸熱) 반응이며, 온도가 높을 때에는 지수 함수적으로 반응이 진행된다. 그 후의 폭발행정에서 온도가 내려가도 이 일산화질소는 거의 해리되어 배출된다. 다른 모델은 농후한 혼합가스 중에는 비교적 온도가 낮음에도 불구하고 연료 중의 HC의 존재에 의해 질소분자가 분리되어 질소가 생성된다고 알려져 있으며 이 반응에 의해 발생하는 것을 프롬포트(Prompt) 일산화질소라 한다.

① 젤도비치(Zeldovich) 일산화질소의 생성

$$N_2 + O \rightleftarrows NO + N$$
$$N + O_2 \rightleftarrows NO + O$$
$$N + OH \rightleftarrows NO + H$$

② 프롬포트(Prompt) 일산화질소의 생성

$$N_2 + CH \rightleftarrows HCN + N$$
$$N + O_2 \rightleftarrows NO + O$$
$$N + OH \rightleftarrows NO + H$$

4. 입자상 물질(PM ; Particulate Matter)의 생성

입자상 물질의 주성분은 연료에 의하여 발생하는 흑연이지만, 여러 종류의 성분으로 된 혼합물도 있다. 유기용제(염화메탄 등)에 녹는가 또는 녹지 않는가에 따라 비유기성 용해물질과 유기성 용해물질(SOF ; Soluble Organic Fraction)로 분리한다. 비유기성 용해물질은 크게 흑연과 황산 염(sulfate)으로 분류할 수 있는데 흑연은 주로 공기 부족 상태에서 연소할 때 복잡한 반응이 발생하여 생기는 것이라 생각된다.

즉 연료 분자는 열분해에 의해 탈수소반응을 하여 미립자의 핵을 생성하고, 핵의 응집, 합체를 통하여 흑연을 생성한다. 디젤 엔진의 연소에서는 확산 연소 중에 많은 양의 흑연이 생성되지만, 연소 후 화염 중으로 공기가 도입되어 다시 연소가 일어나고, 흑연은 급속히 감소한다. 한편, 황산염은 연료 중의 황 성분이 산화되어 황산화물을 형성하고 이것이 다시 물과 결합하여 황산염으로 된다. 용해성 유기성 용해 물질은 액체 상태의 미연소 탄화수소가 주성분이지만, 연소실 내에서 유입된 윤활유의 미연소된 부분도 있다.

2 디젤 엔진의 배출가스 감소대책

디젤 엔진의 배출가스 감소 대책은 크게 엔진 개량에 의한 방법, 후처리 장치에 의한 방법 및 대체 연료 사용에 의한 방법으로 분류할 수 있다. 여기서는 엔진 개량에 의한 방법과 후처리 장치에 의한 방법에 대해 설명하도록 한다.

1. 엔진 개량에 의한 방법

디젤 엔진에서는 탄화수소와 일산화탄소의 배출량은 매우 희박하기 때문에 디젤 엔진에서의 배출가스 감소는 질소산화물과 입자상 물질이다. 질소산화물의 감소는 연소 온도를 낮추는 것이 가장 확실한 방법이지만 이것은 불완전 연소를 초래하여 입자상 물질의 배출을 증가시키고, 연료 소비율의 증대를 초래한다. 그리고 입자상 물질을 감소시키기 위해서는 연소 온도의 고온화와 연소 후기의 공기 도입 개선에 의한 재 연소의 촉진이 효과적인 방법이다. 이와 같은 질소산화물과 입자상 물질은 서로 상반관계가 있다. 예를 들면 분사시기의 지연으로 질소산화물을 감소시키면 연소 불량을 동반하여 입자상 물질이 증가한다.

연료 소비율을 낮추기 위해서는 연소의 촉진이 필요하지만, 이것은 질소산화물의 증가로 된다. 또 입자상 물질 감소를 위한 고압 분사는 소음 증대를 초래한다. 이와 같이 디젤 엔진에서의 배출가스를 감소시키기 위해서는 서로 상반되는 현상에 대하여 배출 가스 뿐만 아니라 연료 소비율, 소음의 문제도 배려되어야 한다. 이에 따라 각 요인을 해석하여 균형 있는 감소 대책을 실행할 필요성이 있다. 배출 가스에 큰 영향을 미치는 요인들은 다음과 같다.

1-1. 분사시기의 늦춤

연료의 분사시기를 늦추는 것이 질소산화물 감소의 가장 효과적인 방법이다. 폭발 행정에서 초기 연소가 발생하므로 실린더 내의 온도가 낮아져 질소산화물 감소효과가 크다. 그러나 열효율이 저하하여 연료 소비율 증가와 출력 등의 성능이 저하된다(그림 10-1).

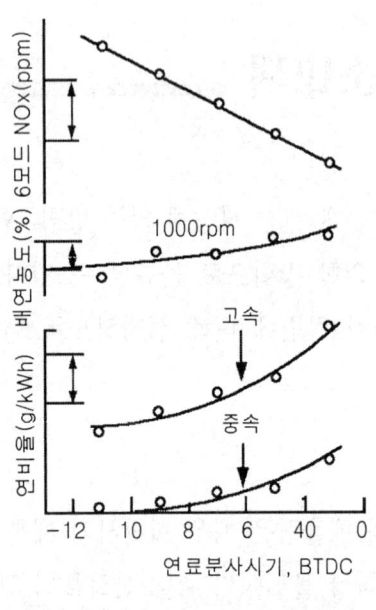

그림 10-1. 분사시기의 늦춤

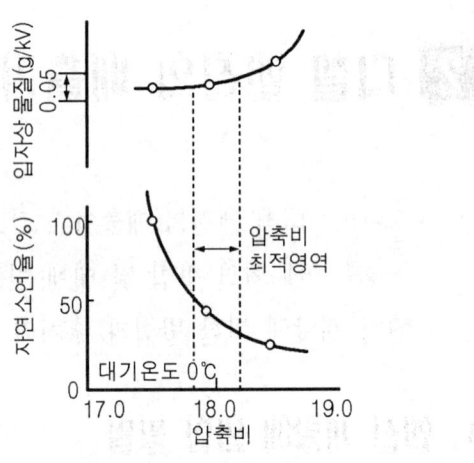

그림 10-2. 압축비의 영향

또 입자상 물질, 탄화수소, 일산화탄소 발생량이 증가하여 저온 시동성능 불량 등으로 이어진다. 이 때문에 압축비를 높이는 것이 필요하지만, 압축비를 너무 높이면 피스톤 위쪽의 쓸데없는 체적에 대하여 상대적으로 유효한 연소실 체적이 감소하고 연소 불량, 입자상 물질의 증가도 되기 때문에 적절한 압축비 선정이 필요하다(그림 10-2).

1-2. 연료 분사와 노즐 색(nozzle sack)의 체적

분사노즐의 끝 부분은 가공을 쉽게 하기 위하여 복수(複數)로 하고 분사 구멍의 유량계수를 크게 하기 위하여 작은 체적으로 한다. 이것을 노즐 색(nozzle sack)이라 하며, 노즐 색의 체적을 작게 하여 연료 분사 완료 후 연소가 감소하고, 미연소 연료에 원인 하는 탄화수소를 감소시킬 수 있다.

1-3. 흡입 공기의 냉각(給氣冷却)

터보 차저를 설치한 과급 엔진에서 터보 차저를 통과한 후 압축된 공기는 100℃ 이상의 높은 온도이며, 이대로 연소에 이용하면 연소 온도가 상승한다. 이 흡입 공기의 온도를 냉각시키면 실린더 내의 온도를 낮출 수 있고 질소산화물을 감소시킬 수 있다. 또 흡입 공기의 온도를 낮추면 실린더 내의 공기 밀도가 커지고, 연소에 관여하는 공기량의 증가와 함께 연소 개선, 흑연 감소, 연료 소비율 저하의 효과가 있다. 동시에 흡입 공기의 냉각은 연소 후 배기가스 온도의 저하로 되고 엔진의 내구성도 향상시킬 수 있다.

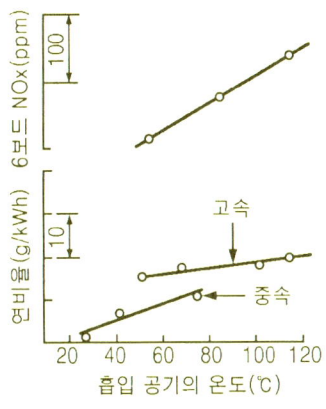

그림 10-3. 흡입 공기의 냉각

1-4. 와류(swirl) 비율의 감소

와류(渦流) 비율의 감소는 연소 초기에 관여하는 예혼합 연소량을 저하시켜 질소산화물의 배출을 감소하는 효과가 있다. 그러나 와류 비율을 낮추면 고속 영역에서의 성능은 개선되지만, 저속·높은 부하 영역에서는 혼합가스의 생성이 불충분하게 되어 매연 농도와 일산화탄소의 배출이 증가하는 경향이 있다. 이 때문에 각 운전조건에 일치하는 것과 같은 가변 와류 비율 장치도 실용화되고 있다.

1-5. 연소실의 개선

실린더 내에서는 와류라 부르는 공기의 회전운동이 있지만, 피스톤의 상사점 부근에서는 공기의 대부분이 작은 지름의 연소실로 들어가서 실제의 연소는 이 연소실 내에서 실행된다. 그러므로 이 작은 지름의 형상은 연소에 큰 영향을 준다. 일반적으로 연소실에 대해 입구 부분을 작게 한 리엔트런트 볼(reentrant bowl)형에서는 폭발 행정에서 피스톤이 하강하기 시작하여도 높은 와류 비율이 존재하여 후 연소기간에서의 연소 개선, 입자상 물질 감소 효과가 있다. 그러나 이 리엔트런트형 연소실은 피스톤 온도가 상승하기 때문에 냉각 문제가 고려되어야 한다.

1-6. 고압 연료 분사

연료 분사의 고압화는 분사된 연료의 미립화가 촉진되어 공기와의 혼합을 쉽게 하기 때문에 입자상 물질의 감소에 큰 효과가 있다. 고압화에는 분사펌프의 대형화 등에 의해 연료의 송출율을 향상시키는 방법과 분사 노즐의 분사 구멍의 지름을 작게 하는 방법이 있다. 연료의 송출율을 향상시킴으로서 분사압력이 높아지고, 분무의 미세화와 혼합가스 생성의 촉진에 의해 입자상 물질의 감소가 가능하다.

동시에 단위 시간당 연료량이 많아지기 때문에 연소 기간이 단축되는 이점이 있지만, 반대로 연소 온도의 상승에 의해 질소산화물의 배출량 증대와 예혼합 연소의 증가에 의한 소음이 증가하는 결점이 있다. 또 연료의 송출율과 분사 압력 향상을 위해 연료 분사 장치의 대폭적인 개선 또는 분사펌프만으로는 한계가 있기 때문에 분사펌프와 노즐 일체형의 유닛 인젝터(unit injector)의 사용 등이 필요하다.

1-7. 파일럿(pilot)연료 분사

질소산화물의 배출에 영향이 큰 예혼합 연소를 감소시키는 방법으로 파일럿 연료 분사가 있다. 이것은 연료의 주 분사에 앞서 작은 양의 연료를 분사한 후 일단 연료 분사를 중지하고, 그 연료가 착화된 다음에 본격적으로 연료 분사를 실행하는 것이다. 착화 지연기간 중의 연료 분사량의 감소에 의해 예혼합 연소량이 감소하며, 이에 따라 질소산화물 배출 감소와 소음 감소에 효과적이다. 그러나 작은 양의 연료를 파일럿 분사를 실시하기 위해서는 미세한 분사량의 조절이 필요하며, 실제로 실린더 수가 많은 엔진의 넓은 회전속도 영역에서 안전한 파일럿 분사를 실현하는 것은 매우 어렵다.

1-8. 물 분사(water spray)

연소할 때 연료와 함께 물을 도입하는 방식은 보일러 등에서 적용하는 경우가 있으며, 질소산화물 감소 효과가 있다. 디젤 엔진의 경우 연료와 물을 혼합한 물 분사 연료를 사용하는 것으로 질소산화물의 배출을 감소시킬 수 있다. 물의 존재에 의한 연소 온도의 저하에도 불구하고 물의 기화, 수증기에 의한 희석, 분무 관통력의 증가, 분무에의 공기 도입의 강화, 연료의 열분해 억제 작용 때문에 연료 소비율이 많이 증가하지는 않는다. 그러나 탄화수소 배출의 증가, 연료 분사 통의 부식 발생과 연료의 제조·공급 등의 문제가 잇다. 새로운 시도로서 같은 노즐로부터 연료와 물을 층상으로 분사하는 장치 등도 연구되고 있다.

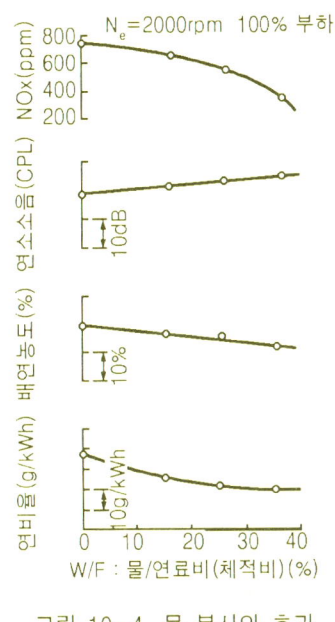

그림 10-4. 물 분사의 효과

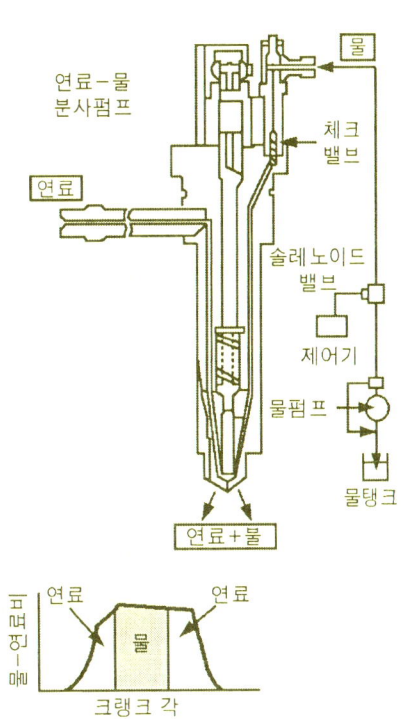

그림 10-5. 물·연료 층상 분사 장치

1-9. 배기가스 재순환장치

배기가스 재순환장치(EGR, Exhaust Gas Recirculation)는 배출 가스의 일부를 다시 흡입 계통으로 환류(還流)시키는 것이며, 혼합가스 중에 비열이 큰 이산화탄소(CO_2) 농도가 증가하고, 연소 온도의 저하에 의해 질소산화물의 감소가 가능하다. 그러나 산소의 농도가 감소하므로 공기가 충분하지 못한 높은 부하 영역에서는 매연 농도 및 탄화수소가 증가하기 때문에 배기가스 재순환장치는 중 부하 영역에서만 실행한다. 배기가스 재순환 장치의 효과를 높이기 위해서는 전자제어 등에 의한 부하, 회전속도에 따른 재순환되는 배기가스 양의 정밀 제어가 필요하다.

또 질소산화물 때문에 연료 분사시기를 대폭적으로 늦춘 경우에는 탄화수소의 증가도 동반하지만, 이때 적정량의 Hot EGR을 실행하면 연소실의 온도를 상승시키고, 탄화수소의 증가를 방지하는 효과도 있다. 배기가스 재순환장치는 승용차용 소형 디젤 엔진에서 일부 실용화되어 있으나, 배기 중의 흑연과 황산화물이 다시 엔진의 실린더 내부로 흡입되기 때문에 피스톤과 실린더 주위의 마모, 윤활유 수명에 대한 영향이 크고, 대형 상용 차량의 엔진에 적용하기 위해서는 엔진 본체 부분의 개선이 필요하다. 또 연료 중 황(S)성분의 감소도 필요하다.

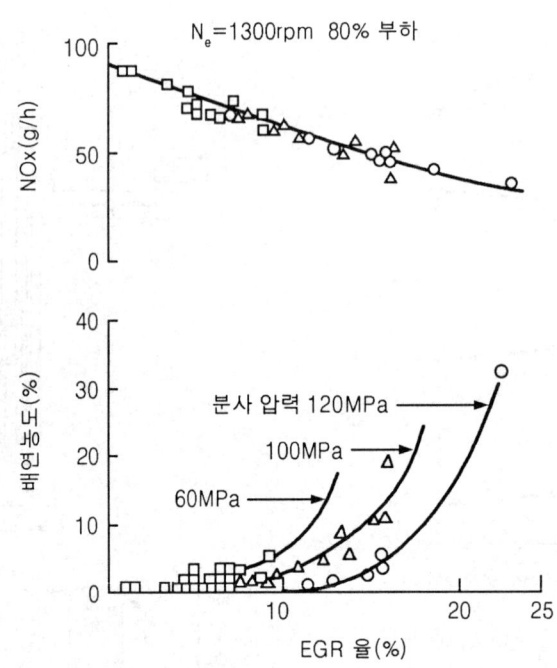

그림 10-6. EGR에 의한 질소산화물의 감소

1-10. 윤활유 소비량의 감소

입자상 물질은 앞에서 설명한 것처럼 비용해성 유기물질과 용해성 유기물질로 이루어져 있으며, 여러 가지 엔진 개선 방법으로 입자상 물질이 감소됨에 따라 연소에 의한 입자상 물질의 발생 이외에 윤활유에 의한 입자상 물질의 발생도 무시할 수 없는 부분이다.

연소실로 유입된 윤활유의 일부는 연소되지만, 나머지는 탄화수소로 배출된다. 이 탄화수소의 대부분은 흑연에 흡착되어 입자상 물질의 총 배출량을 증가시킨다. 또 과급 엔진의 경우는 터보 차저의 터빈에서의 윤활유도 입자상 물질의 배출을 증가시킨다.

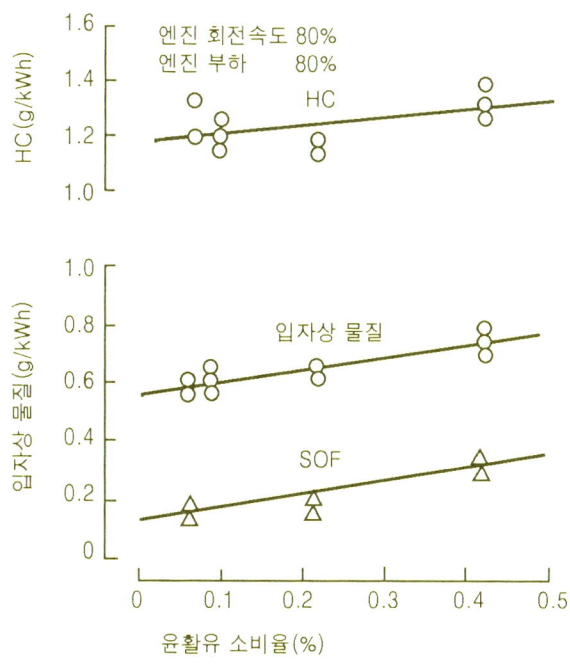

그림 10-7. 윤활유 소비량 감소 효과

2. 후처리 장치에 의한 배출 가스 감소대책

우리나라에서의 자동차 배기가스 규제는 이미 선진국 수준으로 크게 강화되고 있으며 디젤자동차에서 배출되는 입자상물질(PM ; Particulate matters) 및 NOx의 대기오염 비중이 점차 증가하고 있어 이에 대한 배출가스 저감대책을 필요로 하고 있다.

디젤 자동차의 저공해를 위해서 후처리 기술(後處理裝置)뿐만 아니라 Intake air, Injection, Combustion chamber, 분사시기 조절과 Common Rail 방식 등의 연소계 개선방법이 있지만 PM 저감기술을 적용할 경우 PM과 NOx의 상반관계(Trade-off)로 인해 PM저감에 따른 엔진 내구성 및 연료소비율 악화 그리고 HC, CO 및 NOx 등의 오염물질 증가에 따른 기술개발에 어려움이 있다.

후처리 방법은 DPF(Diesel Particulate Filter), CRT(Continuously Regenerating

Trap) 및 DPNR(Diesel Particulate NOx Reduction System) 등의 기술이 효과적인 저감방안으로 대두되고 있다. 입자상물질의 저감기술로는 Burner, Heater, 촉매연소 및 Jet air를 이용한 물리적 방법 외에 Trap 기술과 가솔린 자동차와 같이 산화촉매를 이용한 배출가스 내 가스물질인 HC, CO 및 NOx와 입자상 물질내의 SOF(Soluble Organic Fraction) 등을 제거하는 방법이 있다.

산화촉매에 의한 입자상물질의 제거효율은 Trap시스템보다 다소 떨어지나 입자상 물질 중의 SOF성분과 가스성분을 효과적으로 제거하는 것이 장점이 있으며 재생과정이 없어 촉매 및 담체의 내구성이 우수하고 재생장치 등이 필요 없기 때문에 장착이 용이하다.

2-1. 질소산화물 촉매(de-NOx Catalyst)

디젤 엔진은 앞에서 설명한 바와 같이 대부분의 영역에서 공기 과잉 상태로 작동되기 때문에 배기가스 중에 많은 양의 산소가 존재한다. 산소의 존재에 의해 질소산화물을 감소시키는 방법은 2가지가 있다.

하나는 환원제로 암모니아와 요소를 사용하여 일산화질소를 분해하는 방법이다. 산업용으로는 널리 사용되고 있으나 차량용으로는 회전속도와 부하의 변동에 의해 작동 상태가 항상 변화하기 때문에 남은 암모니아 배출 등의 문제점이 있어 부적합하다.

다른 방법은 질소산화물을 직접 분해하는 SCR(Selective Catalytic Reduction) 촉매가 연구되고 있는데, 질소산화물의 변환 비율이 낮은 점과 황(S)성분과 수분에 의해 피독에 의한 변환 효율의 저하 등의 해결되지 않은 문제가 있다. 질소산화물 촉매는 아직 기초 연구단계이지만 실용화되면 연료 소비율을 희생시키지 않고도 질소산화물을 감소시킬 수 있다.

2-2. 산화 촉매(Diesel Oxidation Catalyst)

산화 촉매는 백금(Pt), 팔라듐(Pd) 등의 촉매 효과로 배기가스 중의 산소를 사용하여 탄화수소와 일산화탄소를 산화시키는 것이다. 디젤 엔진은 탄화수소 및 일산화탄소 등의 배출은 적지만, 산화 촉매에 의해 입자상 물질의 구성 성분인 탄화수소가 감소하여 입자상 물질을 20~30% 정도 감소시킬 수 있다.

그러나 반대로 경유 중의 황(S) 성분에 대해서도 산화작용이 되어 황산염의 증가를 초래하고 이것이 입자상 물질의 양을 증가시키기 때문에 산화촉매의 사용에는 황(S)

함유량이 낮은 경유의 사용이 필수적이다. 디젤 엔진은 부분 부하영역에서는 배기가스의 온도가 낮기 때문에 산화촉매도 저온 활성(低溫活性)이 좋아야 한다. 그러나 저온 활성이 좋은 촉매는 낮은 온도에서 황산염의 발생이 시작되기 때문에 입자상 물질의 총배출량은 증가한다. 엔진의 실제 사용 부하와 회전속도에 따라 촉매의 조성을 변화시켜 저온 활성화 및 황산염의 생성 억제를 동시에 실행할 수 있는 촉매의 선정이 필요하다.

2-3. 입자상 물질 필터(DPF ; Diesel Particulate Filter)

입자상 물질은 매우 작은 입자이지만 필터를 사용하여 포집이 가능하다. 일반적으로 필터는 세라믹을 주로 사용한다. 그러나 이 필터는 입자상 물질의 포집에 의해 짧은 시간 내에 저항이 증가하므로 포집된 입자상 물질을 제거하여야 한다. 디젤 엔진의 배기가스 중에는 산소가 함유되어 있기 때문에 높은 부하의 운전 상태처럼 배출가스가 높은 온도이며 자연적으로 입자상 물질은 연소된다.

그러나 실제의 운전상태에서는 이런 높은 배기가스 온도는 거의 기대를 할 수 없다. 이에 따라 전기 히터와 버너를 사용하여 강제로 재생시키는 방법과 압축 공기를 역방향으로 불어서 입자상 물질을 역 세척(逆洗滌)하는 방식, 필터에 촉매 작용을 지니도록 하여 자기 연소(自己燃燒)를 하도록 하는 방법 등이 시도되고 있다. 입자상 물질이 필터에 포집된 상태에서 연소를 시키는 경우 입자상 물지의 양이 너무 많으면 높은 온도에 의해 필터의 파손이 일어나기 쉽고, 반대로 너무 적으면 착화가 일어나지 않는다. 따라서 강제 재생시키는 방법은 입자상 물질의 포집량 측정이 중요한 기술적 과제이다.

이 입자상 물질 포집량의 측정하고 제어 장치를 포함하는 장치의 구성이 이루어져야 한다. 그림 10-8에는 입자상 물질 필터 장치의 구성도를, 그림 10-9에는 필터 내에서 입자상 물질을 여과하는 모습을 나타낸 것이다.

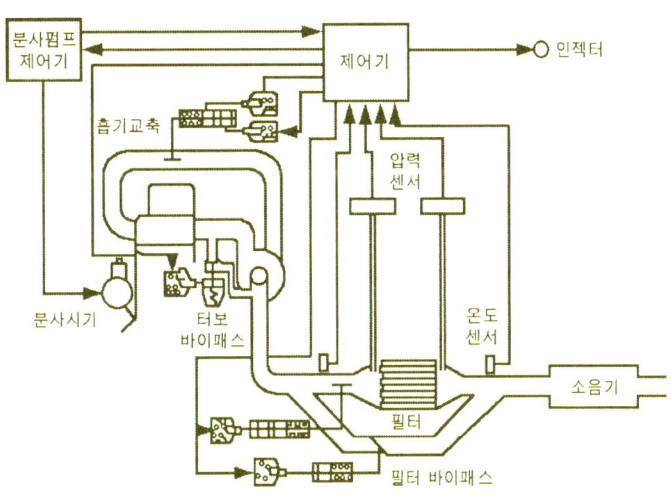

그림 10-8. 입자상 물질 필터 장치의 구성도

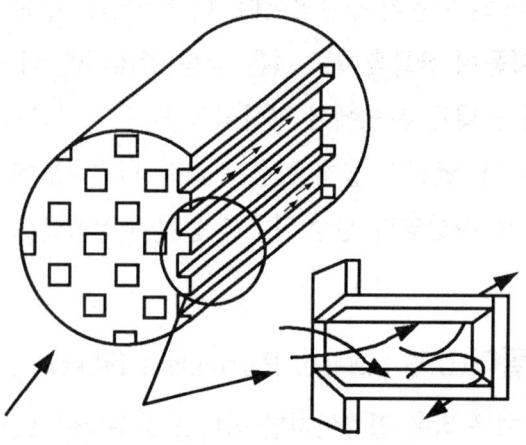

그림 10-9. 입자상 물질 필터의 내부

3. 대기환경 보전법 시행규칙

2002년 5월 1일부터 수도권지역에서 선진국형 자동차 배출가스 검사 제도를 도입하여 정기(무부하)검사외 중간검사(부하)검사 시행.

3-1. 자동차의 종류(2002년 7월 1일 이후)

종 류	정 의		규 모
경자동차	사람 또는 화물을 운송하기 적합하게 제작된 것		엔진배기량 800cc미만
승용 자동차	사람을 운송하기 적합하게 제작된 것	승용1	배기량 800cc이상, 차량총중량 3.5톤 미만, 승차인원 8인이하 및 차량너비 2,000mm, 높이 1,800mm 미만
		승용2	배기량800cc이상, 차량총중량 3.5톤 미만의 다목적형 승용자동차
		승용3	배기량 800cc이상, 차량총중량 3.5톤 미만, 승차인원 15인 이하 (승용1에 해당하지 아니하는 자동차에 한한다)
		승용4	차량총중량 3.5톤 이상
화물 자동차	화물을 운송하기 적합하게 제작된 것	화물1	엔진배기량 800cc 이상, 차량총중량 2톤미만
		화물2	엔진배기량 800cc 이상, 차량총중량 2톤 이상, 3.5톤 미만
		화물3	차량총중량 3.5톤 이상
이륜 자동차	1인 또는 2인정도의 사람을 운송하기 적합하게 제작된 것		공차중량 0.5톤 미만

3-2. 중간검사

2002년 5월1일부터 시행 : 배출가스 중간검사(정밀검사 또는 부하검사).

(1) 중간검사 항목

① **관능 및 기능검사**
② **배출가스검사** : 휘발유 또는 가스사용 자동차 ASM2525모드, 경유 사용 자동차는 Lug-Down 3모드로 측정.

구분	휘발유 또는 가스사용 자동차		경유사용 자동차	
	부하검사방법	무부하검사방법	부하검사방법	무부하검사방법
대상자동차	차량총중량 5.5톤 이하 자동차	차량총중량 5.5톤 초과자동차 또는 특수구조자동차	차량총중량 5.5톤 이하 자동차	차량총중량 5.5톤 초과자동차 또는 특수구조자동차
검사모드	ASM2525	정지가동(아이들링)	Lug-Down 3모드	무부하급가속
검사항목	관능 및 기능검사, 배출가스 검사	관능 및 기능검사, 배출가스 검사	관능 및 기능검사, 배출가스 검사	관능 및 기능검사, 배출가스 검사
배출가스 검사항목	CO, HC, Nox	CO, HC, λ	매연, 엔진회전수, 엔진출력	매연
검사장비	배출가스측정기, 차대동력계	배출가스측정기	광투과식매연측정기, 차대동력기	광투과식 매연측정기

㉮ **ASM2525모드**

휘발유, 가스, 알콜 사용 자동차를 차대동력계에서 측정 대상자동차의 도로 부하력 25%에 해당하는 부하력을 설정하고 40km/h(25mile/h)의 속도로 주행하면서 배출가스를 측정.

검사항목	검사기준	검사방법
배출가스 검사 - 일산화탄소 - 탄화수소 - 질소산화물	부하검사방법에 의한 일산화탄소, 탄화수소, 질소산화물의 측정결과가 운행차 중간검사의 배출 허용기준에 적합할 것.	- 측정대상 자동차의 상태가 정상으로 확인되면 차대 동력계에서 25%의 도로부하로 40Km/h의 속도로 주행하고 있는 상태에서 검사모드 시작25초경과 이후 모드가 안정된 구간에서 10초 동안의 배출가스를 측정하여 그 산술평균값을 최종 측정치로 한다. - 일산화탄소는 소수점 둘째자리 이하는 버리고 0.1%단위로, 탄화수소와 질소산화물은 소수점 첫째자리 이하는 버리고 1ppm단위로 최종 측정치를 읽고 기록한다. - 차대 동력계에서의 배출가스 시험 중량은 차량중량에 136kg을 더한 수치로 한다.

ⓛ Lug-Down 3모드

경유사용 자동차를 차대동력계에서 가속페달을 최대로 밟은 상태에서 주행하면서 엔진정격 회전수에서 1모드, 엔진정격 회전수 90%에서 2모드, 엔진정격 회전수 80%에서 3모드로 각각 형성하여 엔진정격 출력, 엔진정격 회전수, 매연농도(%)를 측정.

검사항목	검사기준	검사방법

- 매연
 	
- 엔진정격
  회전수
 	
- 엔진최대
  출력
	- 부하검사방법 1모드에서 엔진정격회전수, 엔진정격최대출력의 측정결과가 엔진정격회전수의 ±5.0%이내이고, 엔진정격 최대출력의 50.0%이상일 것.
	- 부하검사방법에 따라 부분유량채취방식 광투과식 분석방법을 채택한 매연측정기를 사용하여 측정한 매연농도가 운행차 중간검사의 배출허용기준에 적합할 것.
		- 측정대상 자동차의 상태가 정상으로 확인되면 차대 동력계에서 가속페달을 최대로 밟은 상태에서 자동차 속도가 가능한 70km/h에 근접하되 100km/h를 초과하지 않는 변속기어를 선정하여 부하검사방법에 따라 검사모드를 시작한다.
		- 검사모드는 가속페달을 최대로 밟은 상태에서 최대출력의 엔진정격회전수에서 1모드, 엔진정격회전수의 90%에서 2모드, 엔진정격회전수의 80%에서 3모드를 형성하여 각 검사모드에서 모드시작 5초 경과이후 모드가 안정되면 엔진회전수, 최대출력 및 매연측정을 시작하여 10초 동안 측정한 결과를 산출평균한 값을 최종 측정치로 한다.
		- 엔진회전수 및 최대출력은 소수점 첫째자리에서 반올림하여 각각 1rpm, 1ps단위로 매연농도는 소수점이하는 버리고 1%단위로 산출한 값을 최종 측정치로 한다.

제11장.
CNG 연료장치

1. CNG의 개요
2. CNG 엔진의 연료 계통의 구조와 기능

제 11 장

CNG 연료장치

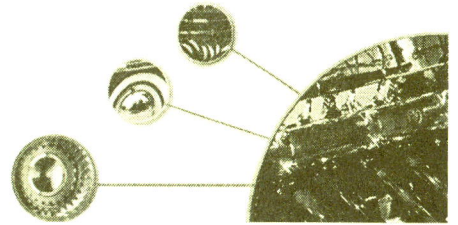

1 CNG(Compressed Natural Gas)의 개요

1. 천연가스(Natural Gas)

천연가스는 인공적인 과정을 거치는 석유(휘발유, 경유 등)와는 다르게 천연 상태에서 직접 채취한 상태에서 곧바로 사용할 수 있는 가스 에너지이며, 땅속에 퇴적한 유기물이 변화되어 생긴 화학 연료라는 점에서는 석유와 같다.

석유는 매장량이 중동, 북미 등 일부 지역에 집중되어 있으나 천연가스는 5대양 6대주에서 모두 생산되는 이점이 있다. 그리고 천연가스는 생산 지역에 따라 조금씩의 차이는 있으나 메탄(Methane ; CH_4)이 80~90%를 차지하고 있으며, 나머지는 에탄(Ethane ; C_2H_6), 프로판(Propane ; C_3H_8)등의 불활성 기체를 포함하고 있다.

성분	메탄	에탄	프로판	부탄	펜탄	질소
화학식	CH_4	C_2H_6	C_3H_8	C_4H_{10}	C_5H_{10}	N_2
Vol(%)	88.872	8.939	1.344	0.758	0.060	0.028

액화 온도(液化溫度)는 -162℃이하로 냉각되어 액체 상태인 것을 LNG(Liquefied Natural Gas ; 액화천연가스)라 하며, 상온에서 기체 상태로 압력을 가하여 저장된 상태를 CNG(Compressed Natural Gas ; 압축천연가스)라 한다. 액화(液化)할 경우 체적이 기체 상태의 1/600으로 줄어들기 때문에 LNG는 생산지로부터 수송·운반 및 저장이 용이하다.

그러나 상온에서는 항상 기체 상태를 유지하기 때문에 일반적으로 200기압 정도로 압력을 가하여 고압 용기에 저장한다. 또한 천연가스의 물리적 특성은 가스의 화학 성분에 따라 발열량, 밀도, 인화 범위 등이 많이 달라지며, 메탄의 성분 비율이 높아질수록 메탄의 특성에 가까워진다. 상온, 대기 압력 상태에서는 공기보다 밀도가 낮다.

2. 천연가스의 물리적 특성 비교

천연가스는 화염 전파 속도가 느린 반면 자기 착화 온도가 다른 연료보다 높기 때문에 압축 착화 방식의 디젤 엔진보다는 외부 점화 방식인 오토 사이클(Otto cycle)인 가솔린 엔진에 훨씬 적합한 연료이다.

옥탄가는 130정도로 어느 연료보다 높은 편이며, 가솔린 보다 안티 노크(anti knock)가 우수함을 나타낸다. 이에 따라 엔진의 압축비를 12~15 : 1 정도로 높일 수 있으므로 열효율 개선을 기대할 수 있다. 또한 에너지 밀도 측면에서 보면, 단위 중량 당 에너지는 경유, 가솔린과 비슷하지만 단위 용적 당으로 비교할 때에는 대기 압력 상태에서는 석유의 1/1000으로 매우 낮다.

따라서 천연가스를 200기압으로 압력을 가하여 사용할 경우 석유와 동일한 에너지를 갖기 위해서는 약 5배의 체적이 필요하며, 액화시켜 LNG 상태로 저장하면 약 1.5배의 체적이 필요하다.

3. 천연가스 자동차의 장점

① 디젤 자동차와 비교시 매연이 100% 저감
② 가솔린 자동차와 비교시 CO_2 20~30%, CO 30~50% 배출량 감소
③ 저온 시동성이 우수하며, 옥탄가 130으로 가솔린 100 보다 높아 친환경적인 에너지임
④ 질소산화물 등 오존영향물질 70% 이상 저감
⑤ 소음 2~3dB(A)이상 낮음

4. 천연가스(CNG)와 액화석유가스(LPG)의 비교

4-1. 주성분 비교

구분	천연가스(CNG, LNG)	액화 석유 가스(LPG)
주성분	메탄	프로판, 부탄
비중	0.6	1.5
액화	어렵다(-162℃)	쉽다(부탄 ; -4℃, 프로판 -23℃)
매장 상태	기체 상태로 천연적으로 매장됨	석유 정제 과정에서 발생함

4-2. 자동차 연료로서의 비교

구분	천연가스	액화 석유 가스
저장 방법	LNG 수입, 도시가스 배관망공급 압축고압기체로 저장	액화 상태로 저장(부탄이 주성분)
엔진으로의 공급	기체 상태로 공급	기체 상태로 공급 (베이퍼라이저를 거침)
연료 상태	항상 안정적	불안정(기체~액체)
열효율	높다(연료 소비율이 우수함).	낮다.
이산화탄소 배출량	적다.	많다.
적용 엔진	모든 엔진에 적합	소형 엔진에 적용

4-3. 안정성 비교

구분	천연가스	액화 석유 가스
유해성	인체에 무해함	많은 양을 흡입하면 마취성이 있음
누출되었을 때	대기로 급속히 확산되므로 충전소에서의 위험성이 적다.	저압으로 방출되어 아래쪽에 고인다.
대기 확산	매우 빠르다.	매우 느리다.
연소 범위	좁다(5~15 Vol %)	넓다(인화 위험성이 크다).
착화 온도	428℃	
자연 발화 온도	536℃	405℃
안전 규제	충돌·화재에 대한 각종 규제	용기와 밸브만 규제
사고 사례(차량, 충전소)	거의 없음	사고 많음

4-4. 천연가스자동차(NGV ; Natural Gas Vehicle)

차량에 연료를 저장하는 방법에 따라 압축천연가스(CNG) 자동차, 액화천연가스(LNG) 자동차, 흡착천연가스(ANG) 자동차 등으로 분류되며, 천연가스는 현재 가정용 연료로 사용되고 있는 도시가스(주성분은 메탄)이다.

종류	내용
압축천연가스 자동차	천연가스를 약 200~250기압의 고압으로 압축하여 고압 기구에 저장하여 사용하며, 현재 대부분의 천연가스 자동차가 사용하는 방법이다.
액화천연가스 자동차	천연가스를 -162℃이하의 액체 상태로 초저온 단열 용기에 저장하여 사용하는 방법이다.
흡착천연가스 자동차	천연가스를 활성탄 등의 흡착제를 이용하여 압축 천연가스에 비해 1/5~1/3 정도의 중압(50~70 기압)으로 용기에 저장하는 방법이다.

또한 엔진 내부의 연소 형태에 따라 천연가스만을 사용하는 천연가스 전소 차량과 천연가스와 가솔린을 겸용하여 사용하는 바이 휴얼(Bi-Fuel)차량 및 천연가스와 경유를 혼합 연소시켜 사용하는 혼소(Duel-Fuel)차량으로 분류된다.

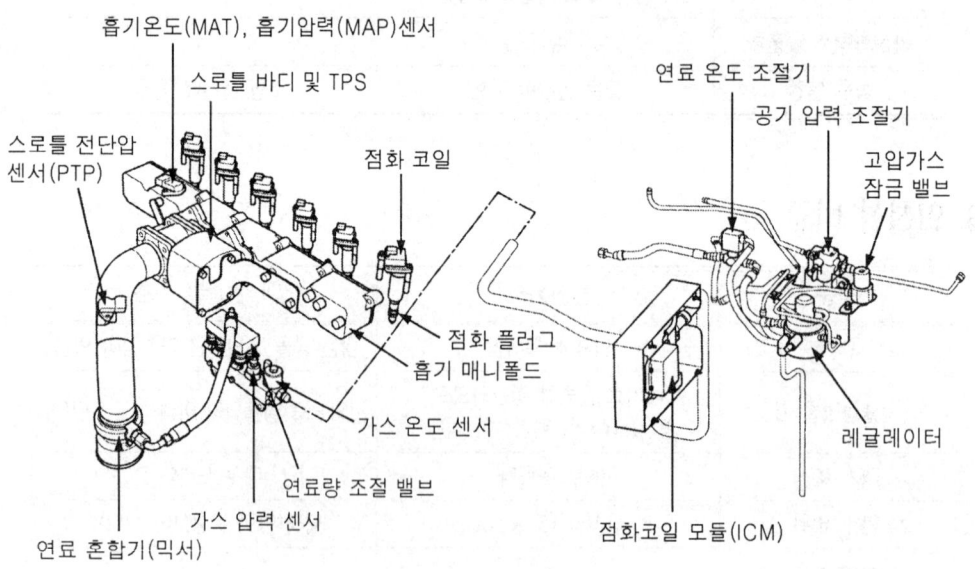

그림 11-1. CNG 엔진의 연료시

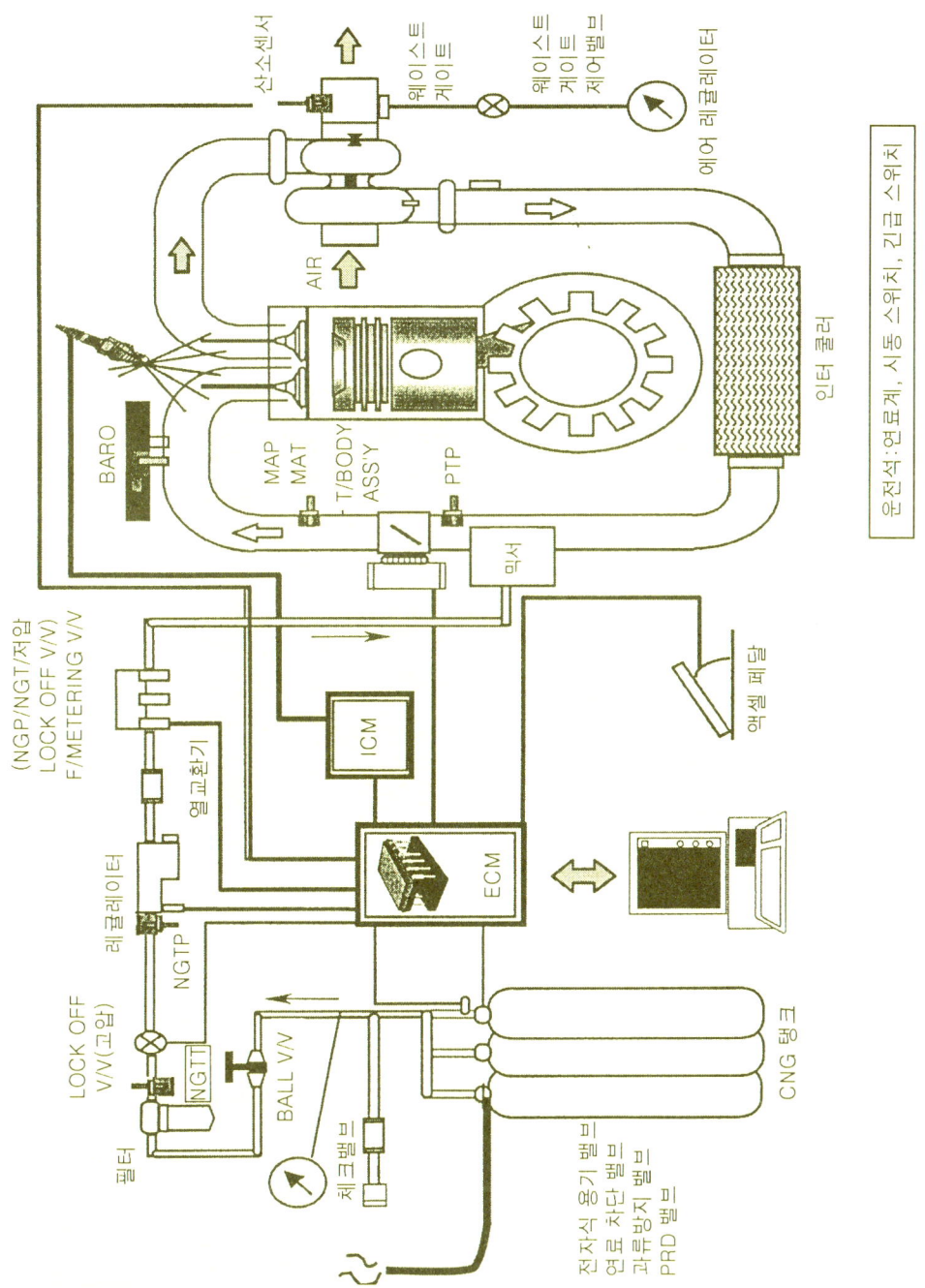

그림 11-2. CNG 엔진의 구성도

2 CNG 엔진의 연료 계통의 구조와 기능

1. 연료량 조절 밸브(FMV ; Fuel Metering Valve)

연료량 조절 밸브는 8개의 작은 인젝터(injector)로 구성되어 있으며, 컴퓨터로부터 구동 신호를 받아 엔진에서 요구하는 연료량을 정확하게 흡입관에 분사한다.

그림 11-3. 미터링 밸브 설치 위치

2. 천연가스 압력 센서(NGP ; Natural Gas Pressure Sensor)

천연가스 압력 센서는 압력 변환기로 미터링 밸브에 설치되어 있으며, 분사 직전의 조정된 가스 압력을 검출한다. 이 센서에 다른 기타 정보를 함께 사용하여 인젝터(연료 분사 장치)에서의 연료 밀도를 산출할 수 있다. 연료 밀도 내용은 컴퓨터의 연료 제어 알고리즘(algorithm)에 매우 중요하다.

그림 11-4. 천연가스 압력 센서 설치 위치

3. 천연가스 온도 센서(NGT ; Natural Gas Temperature Sensor)

천연가스 온도 센서는 부 특성 서미스터로 미터링 밸브 내에 위치한다. 이 센서는 분사 직전의 천연가스 온도를 측정하며, 이 온도와 천연가스 온도 센서의 압력을 함께 사용하여 인젝터의 연료 농도를 계산한다. 연료 농도 내용은 컴퓨터의 연료 제어 알고리즘에 매우 중요하다.

그림 11-5. 천연가스 온도 센서 설치 위치

4. 고압차단밸브(High Pressure Lock-off Valve)

고압차단밸브는 CNG 탱크에서 조절기 사이에 설치되어 있으며, 엔진의 가동을 정지시켰을 때 고압 라인을 차단한다.

그림 11-6. 고압차단밸브 설치 위치

5. 산소 센서

산소 센서는 배출 가스 중의 산소 농도를 검출한다. 컴퓨터는 산소 센서로부터 공연비를 얻어 엔진이 요구하는 공연비가 되도록 연료 공급량을 가감한다.

그림 11-7. 산소센서 설치 위치

6. CNG 탱크 압력 센서(NGPT ; Natural Gas Tank Pressure Sensor)

CNG 탱크 압력 센서는 조정 전에 가스 압력을 측정하는 압력 조절기에 설치된 압력 변환기이다. 이 센서는 CNG 탱크에 있는 연료 밀도를 산출하기 위해 CNG 탱크 온도 센서와 함께 사용된다. 밀도 정보는 계기판 위에 설치된 연료계를 구동하기 위해 사용된다.

그림 11-8. CNG 탱크 압력 센서의 설치 위치

7. CNG 탱크 온도 센서(Natural Gas Tank Temperature Sensor)

　　CNG 탱크 온도 센서는 탱크 속의 연료 온도를 측정하기 위해 사용하는 부 특성 서미스터이며, 탱크 위에 설치되어 있다. 연료 온도는 연료를 구동하기 위해 탱크 내의 압력 센서와 함께 사용된다.

 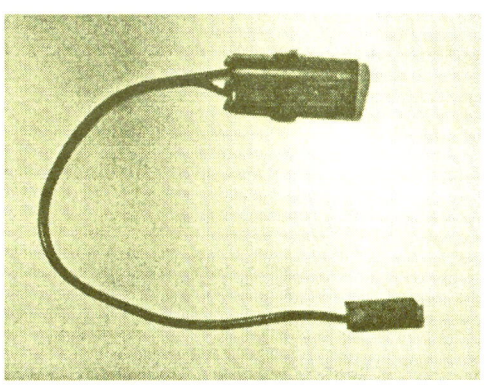

그림 11-9. CNG 탱크 온도 센서 설치 위치

8. 수온 센서(ECT ; Engine Coolant Temperature Sensor)

　　수온 센서는 부 특성 서미스터를 이용하여 엔진으로 유입되는 냉각수 공기 흐름을 산출할 수 있으며, 컴퓨터는 전압 분배 회로를 제고하여 냉각수가 차가울 때에는 이 신호의 높은 전압을 읽도록 하고, 따뜻할 때에는 낮은 전압을 읽도록 한다.

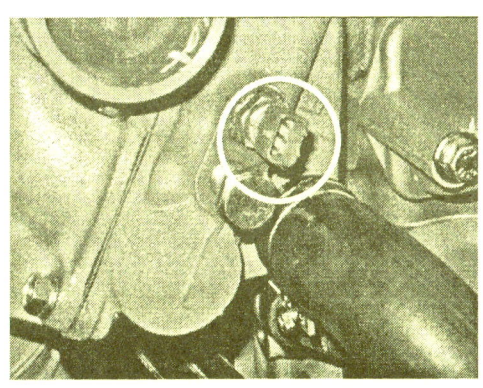 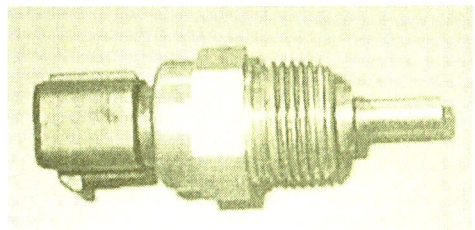

그림 11-10. 수온 센서의 설치 위치

9. 열 교환기(Heat Exchanger)

열 교환기는 압력 조절기와 미터링 밸브 사이에 설치되며, 압력을 낮출 때 냉각된 가스를 엔진의 냉각수로 난기 시킨다.

그림 11-11. 열 교환기

10. 연료 온도 조절기(Fuel Thermostat)

연료 온도 조절기는 열 교환기와 미터링 밸브 사이에 설치되며 가스의 난기 온도를 조절하기 위해 냉각수 흐름을 ON, OFF시킨다.

 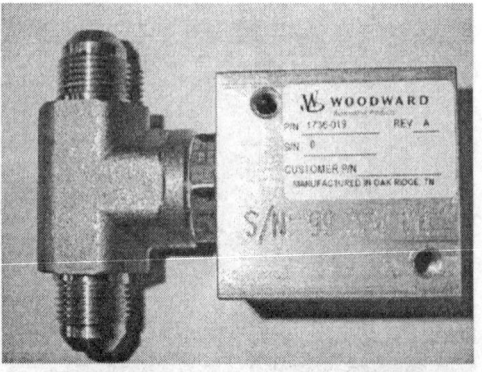

그림 11-12. 연료 온도 조절기

11. 압력 조절기(Pressure Regulator)

압력 조절기는 고압 차단 밸브와 열 교환기 사이에 설치되며, CNG 탱크 내의 200bar의 고압 천연가스를 엔진에 필요한 8bar로 감압 조절한다. 압력 조절기 내에는 고압의 가스가 저압으로 팽창되면서 가스 온도가 내려가므로 이를 난기 시키기 위해 엔진의 냉각수가 순환하도록 되어 있다.

그림 11-13. 압력 조절기의 설치 위치

12. 웨이스트 게이트 제어 밸브(Waist gate control valve)

터보 차저의 웨이스트 게이트와 공기 조절기 사이에 설치되며, 터보 차저의 웨이스트 게이트 액추에이터의 공기 압력을 제어한다. 부압 제어 회로는 압력을 웨이스트 게이트 다이어프램으로 향하는 압력을 제어하기 위해 솔레노이드를 사용한다. 압력 원은 터보 차저와 스로틀 밸브 사이에서 터보 차저 압축기 출구 압력이다.

솔레노이드는 다이어프램 또는 벤트(vent)로 향하는 압력 방향을 지정할 수 있으며, 압력이 완전히 제거되면 스프링은 웨이스트 게이트를 터보 차저는 최대 부압에 도달한다. 또한 압력이 웨이스트 게이트로 공급되면 부압은 최소화된다. 솔레노이드는 전원을 공급할 때 압력을 배출하며 컴퓨터의 펄스폭은 실제 부압 양을 제어하기 위해 솔레노이드를 조정한다.

 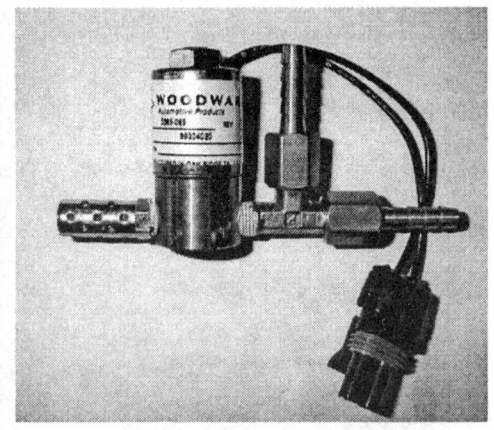

그림 11-14. 웨이스트 게이트 제어 밸브의 설치 위치

13. 스로틀 보디 및 스로틀 포지션 센서(TPS)

스로틀 보디는 가스와 공기가 혼합된 혼합가스를 엔진의 부하에 따라 실린더로 공급하는 기능을 한다. 작동은 컴퓨터에 의해 실행된다. 또 내부에는 스로틀 포지션 센서가 설치되어 있으며, 스로틀 포지션 센서는 가변 저항기를 이용하여 스로틀 밸브의 위치를 기준으로 신호 전압을 결정한다.

스로틀 밸브의 열림이 작으면 전압이 낮고, 열림이 크면 전압이 높아진다. 스로틀 포지션 센서의 값은 컴퓨터가 스로틀 밸브가 지시한 대로 개폐되고 있는지를 확인하는데 사용된다.

그림 11-15. 스로틀 보디 설치 위치

14. 흡기 온도 센서(MAT)와 흡기 압력(MAP)센서

흡입 공기의 밀도는 그 온도와 압력에 따라서 다르므로 흡기 압력 센서와 흡기 온도 센서를 흡기 다기관에 설치한다. 흡기 압력 센서는 압전 소자 방식을, 흡기 온도 센서는 가변 저항기 방식으로 되어 있다. 흡기 압력 센서와 흡기 온도 센서의 출력 전압을 컴퓨터로 입력시키면 컴퓨터는 이 신호를 기초로 하여 흡기 압력과 흡기 온도에 알맞은 연료 분사량을 조정한다.

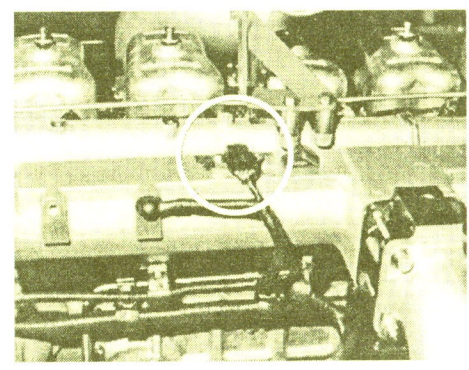 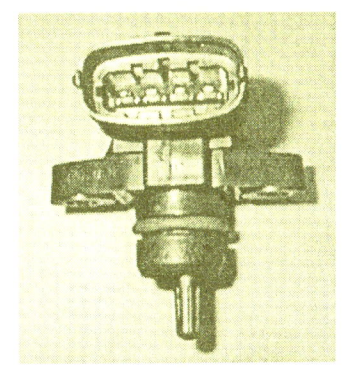

그림 11-16. 흡기 온도 센서와 압력 센서 설치 위치

15. 스로틀 압력 센서(PTP ; Pre-Throttle Pressure Sensor)

스로틀 압력 센서는 압력 변환기이며, 인터 쿨러(inter cooler)와 스로틀 보디 사이의 배관에 연결되어 있다. 터보 차저 직전의 배기 다기관 내의 압력을 측정하고 측정한 압력은 기타 다른 데이터들과 함께 엔진으로 흡입되는 공기 흐름을 산출할 수 있으며, 또한 웨이스트 게이트 제어를 수행한다.

그림 11-17. 스로틀 압력 센서 설치 위치

16. 대기 압력 센서(BPS ; Barometric Pressure Sensor)

대기 압력 센서는 압력 변환 계기이며 직접 공기의 압력을 측정한다. 대기 압력 밸브를 사용하여 차량의 운전 안정성, 터보 차저의 과속 방지, 가스 배출 압력 등을 측정한다.

그림 11-18. 대기 압력 센서 설치 위치

17. 공기 조절기(Air Regulator)

공기 조절기는 공기 탱크에서 웨이스트 게이트 제어 솔레노이드 밸브 사이에 설치되며, 공기 압력을 9bar에서 2bar로 압력을 낮춘다.

그림 11-19. 공기 조절기의 설치 위치

18. 가속 페달 센서 및 공전 스위치

가속 페달 센서(FPP ; Foot Pedal Position Sensor)는 가변 저항기를 사용하여 페달 위치에 따른 신호 전압을 확인한다. 페달을 조금 밟은 상태에서는 상대적으로 낮은 전압이며, 많이 밟으면 높은 전압이 발생한다.

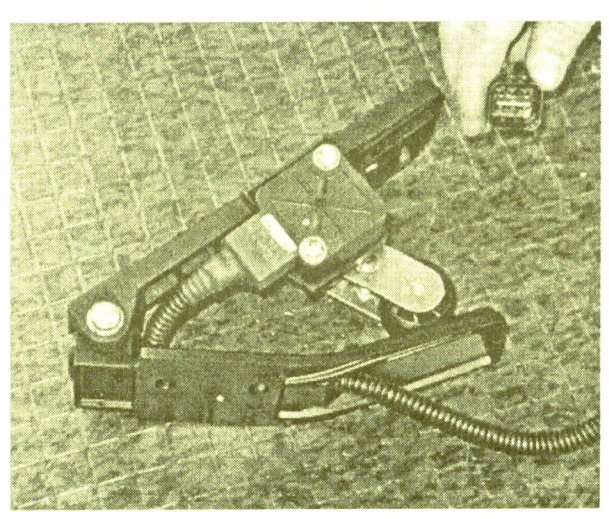

그림 11-20. 가속 페달 센서

19. 점화 제어 모듈(ICM ; Ignition Control Module)

점화 제어 모듈은 컴퓨터에 의해 제어되며, 점화 코일의 1차 전류를 단속한다.

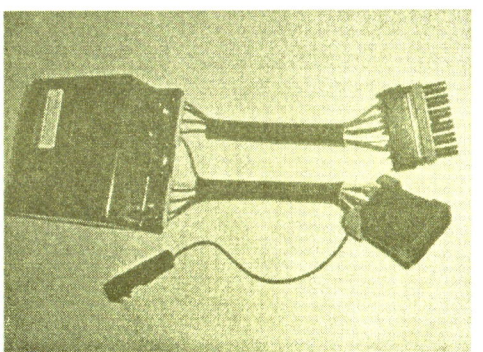

그림 11-21. 점화 제어 모듈 설치 위치

20. 점화 플러그

백금 전극 플러그를 사용하며 플러그의 간극은 0.4mm이다.

그림 11-22. 점화 플러그 설치 위치

21. 점화 코일

점화 코일은 점화 제어 모듈에 의해 제어되며, 높은 전압을 발생시켜 점화 플러그로 보낸다.

그림 11-23. 점화 코일의 설치 위치

22. 캠축 포지션 센서(Cam shaft Position Sensor)

캠축 포지션 센서는 엔진의 회전속도(rpm)를 측정하고 어느 실린더를 작동시킬 것인지를 결정한다. 센서 끝에는 원 둘레 방향으로 톱니 모양으로 된 센서 휠(sensor wheel)이 회전하며, 캠축 포지션 센서는 센서 휠이 회전하면서 발생하는 자기장 변화율에 따라 전압을 발생시킨다. 발생된 전압은 엔진 회전 속도가 증가하면서 진폭과 주기가 커진다.

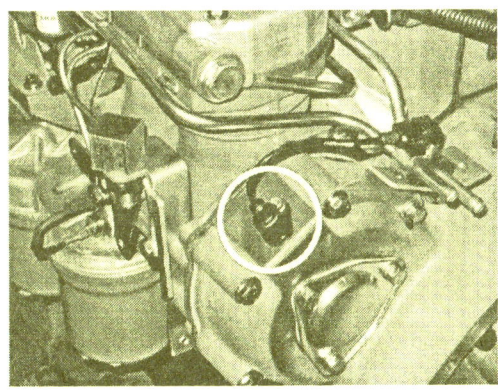
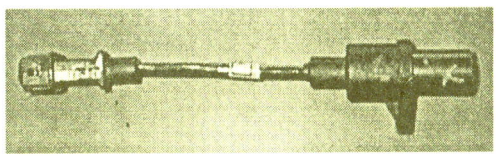

그림 11-24. 캠축 포지션 센서의 설치 위치

23. 컴퓨터(ECM ; Electronic Control Module)

컴퓨터는 엔진에 설치된 흡기 압력 센서, 흡기 온도 센서 등으로부터 흡입 공기량을 산출하고, 차량에 설치된 가속 페달 센서로부터 엔진 부하를 인지하여 엔진 회전속도와 부하에 알맞게 연료량을 계산하여 미터링 밸브, 스로틀 밸브를 제어하여 계산된 연료를 분사하도록 한다.

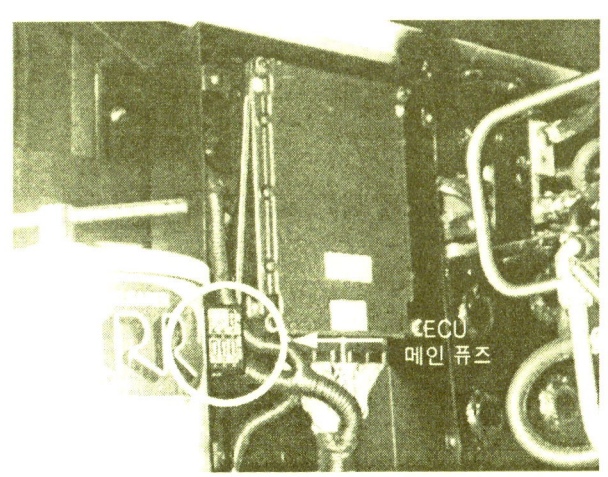

그림 11-25. 컴퓨터 설치 위치

◈ **자동차 디젤기관** 정가 19,000 원

초판 발행	2006년 2월 10일
재판 발행	2018년 1월 15일

엮은이 : 김관권 · 박광암 · 백태실
발행인 : 김 길 현
발행처 : 도서출판 골든벨
등 록 : 제 3-312호(87. 12. 11)
ⓒ 2006 Gdlden Belll
I S B N : 89-7971-565-X

㈜ 140-846 서울특별시 용산구 원효로 245 (원효로1가 53-1) 골든벨 빌딩
TEL : 영업부 (02) 713-4135／편집부 (02) 713-7452 ◦ FAX : (02) 718-5510
E-mail : 7134135@naver.com ◦ http : // www.gbbook.co.kr

※ 파본은 구입하신 서점에서 교환해 드립니다.

이 책에서 내용의 일부 또는 도해를 다음과 같은 행위자들이 사전 승인없이 인용할 경우에는 저작권법 제93조「손해배상청구권」에 적용 받습니다.
 ① 단순히 공부할 목적으로 부분 또는 전체를 복제하여 사용하는 학생 또는 복사업자
 ② 공공기관 및 사설교육기관(학원, 인정직업학교), 단체 등에서 영리를 목적으로 복제·배포하는 대표, 또는 당해 교육자
 ③ 디스크 복사 및 기타 정보 재생 시스템을 이용하여 사용하는 자